Ebene Potentialströmungen

Valentin Schröder

Ebene Potentialströmungen

Grundlagen und Fallbeispiele

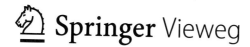 Springer Vieweg

Valentin Schröder
Königsbrunn, Deutschland

ISBN 978-3-662-64352-5   ISBN 978-3-662-64353-2 (eBook)
https://doi.org/10.1007/978-3-662-64353-2

Die Deutsche Nationalbibliothek verzeichnet diese Publikation in der Deutschen Nationalbibliografie; detaillierte bibliografische Daten sind im Internet über http://dnb.d-nb.de abrufbar.

Springer Vieweg

Springer Vieweg ist ein Imprint der eingetragenen Gesellschaft Springer-Verlag GmbH, DE und ist ein Teil von Springer Nature.
Die Anschrift der Gesellschaft ist: Heidelberger Platz 3, 14197 Berlin, Germany

Vorwort

Die Theorie der Potentialströmungen ist Gegenstand vieler strömungsmechanischer Lehr- und Fachbücher. Hierbei werden jedoch oft grundlegende Gleichungen der Potentialströmungen nur aufgelistet und auf die Herleitung der erforderlichen Zusammenhänge mittels nachvollziehbarer Einzelschritte verzichtet. Die Potentialströmungen sind in vielen Bereichen der Strömungsmechanik eine bedeutende Hilfe zum besseren Verständnis tatsächlicher Strömungsvorgänge. Bei relativ einfachen Körpergeometrien lassen sich z. B. analytische Lösungen der Umströmung betreffender Elemente ermitteln, also z. B. die jeweiligen Geschwindigkeitsfelder. Auch können gegebenenfalls sogenannte Auftriebs- oder Querkräfte an den Körpern bei deren Umströmung berechnet werden. Hierbei kommt dann noch die Bernoulli'sche Energiegleichung zur Anwendung.

Zwei Voraussetzungen der Potentialströmungstheorie müssen jedoch erfüllt sein:

1. Die Strömung soll **reibungsfrei** sein, d. h. es dürfen keine viskositätsbedingten Kräfte vorliegen oder nur untergeordnete Bedeutung haben.
2. Es darf keine Drehung der Fluidteilchen vorliegen, d. h. die Strömung muss **wirbelfrei** sein.

Vereinfachend wird weiter angenommen, dass die Strömung **zweidimensional**, **stationär** und **inkompressibel** sei. Alle Herleitungen und Anwendungsbeispiele erfolgen je nach Bedarf im kartesischen Koordinatensystem x-y oder dem Polarkoordinatensystem r-φ.

Dieses Buch soll nicht als ein weiteres Exemplar zur Thematik der Potentialströmung verstanden werden. Der Schwerpunkt liegt dagegen in der Betonung ausführlicher Ableitungsschritte zu verschiedenen benötigten Größen der Potentialströmung. Dies betrifft zum einen, die Herleitungen der **Basisgrößen** z. B. Kontinuität, Zirkulation, Drehung, etc. dem Leser Schritt für Schritt vorzustellen. Hiermit wird ein besseres Verständnis bei den anschließenden Anwendungen ermöglicht. Zum anderen steht gleichfalls bei der Ableitung wesentlicher Elemente der **Basispotentialströmungen,** wie Parallelströmung, Quelle-/Senkenströmung, Dipolströmung, etc. die detaillierte Vorgehensweise im Focus. Auch hier soll dem Leser die Möglichkeit gegeben werden, von den Ausgangsgrundlagen bis zum Endergebnis den jeweiligen Werdegang nachzuvollziehen. Auf den Basispotentialströmungen aufbauend ermöglicht es das **Überlagerungsprinzip** (Superposition) komplexere Strömungsfelder zu generieren. Hier sei z. B. ein schon lange bekannter Fall, der **Flettner-Rotor**, genannt. Das Überlagerungsprinzip basiert dabei auf der Superposition einer Parallelströmung, Dipolströmung und Zirkulationsströmung eines rotierenden Zylinders. Dies führt letztlich zu einer Querkraft am Zylinder, die man sich z. B. auf einem Schiff zum Vortrieb zu Nutze machen kann.

Berechnungen verschiedenartiger Geschwindigkeitsfelder und gegebenenfalls Druckverteilungen werden anschaulich, – „step by step" –, vorgestellt. Auch wird der Verwendung **komplexer Potentialfunktionen** ein Kapitel eingeräumt. Mit verschiedenen Anwendungsbeispielen erfolgt schließlich die Abrundung der Thematik.

Abschließend soll als Besonderheit dieses Buchs noch folgender Punkt erwähnt werden. Die grafische Darstellung wesentlicher Kurvenverläufe wie z. B. Stromlinien Ψ, Potentiallinien Φ etc. erfolgt oft mittels konstruktivem Vorgehen. Dieses aufwändige Verfahren lässt sich mit den heute verfügbaren Tabellenkalkulationsprogrammen (hier: EXCEL) wesentlich schneller, genauer und einem uneingeschränkten Datenumfang ersetzen. Für jeweils einen Punkt eines gesuchten Kurvenverlaufs sind die Berechnungsschritte des Excel-Programms exemplarisch aufgelistet. Analog hierzu erfolgt dann die Ermittlung der restlichen gewünschten Kurvenpunkte. Wo immer möglich wird von diesem Verfahren Gebrauch gemacht.

Hinweis

Bei der Bewertung von experimentell gewonnenen Versuchsergebnissen benutzt man die bildliche **Darstellung** der **Messpunkte** als Grundlage der resultierenden Kurvenverläufe. Die in den folgenden Diagrammen erkennbaren Kurven sind jedoch das Ergebnis ausschließlich von **Berechnungen**. Für die betreffenden Kurvenverläufe wurde dennoch die **Punktdarstellung** der reinen Liniendarstellung vorgezogen.

Inhaltsverzeichnis

Grundlagen zu den ebenen Potentialströmungen 1

In den folgenden Kapiteln wird die Kenntnis verschiedener wichtiger Zusammenhänge der Strömungsmechanik benötigt. Zur Auffrischung dieser Kenntnisse sollen die anschließenden Kapitel eine Hilfestellung bieten. Es wird bewusst der Schwerpunkt auf eine detaillierte Herleitung der betreffenden Gleichungen gelegt, um dem Leser ein besseres Verständnis bei den späteren Anwendungen zu ermöglichen.

1.1 Kontinuität

Die Kontinuitätsgleichung, die im Folgenden hergeleitet werden soll, stellt eine der fundamentalen Gleichungen der Strömungsmechanik dar. Im Rahmen der Potentialströmungen wird sie u. a. zum Nachweis einer solchen Strömungsform benötigt, wie auch ebenfalls die Drehungsfreiheit (Abschn. 1.2).

Ausgangspunkt ist das in Abb. 1.1 dargestellte Massenelement dm mit den dort eingetragenen Zusammenhängen.

In der nächsten Abb. 1.2 ist dieses Massenelement mit seinen geometrische Abmessungen sowie den ein- und ausfließenden Massenströmen vergrößert dargestellt. Folgende Feststellungen lassen sich erkennen.

$$
\left.\begin{array}{l}
c_x = c_x(x, y, z, t) \\
c_y = c_y(x, y, z, t) \\
c_z = c_z(x, y, z, t) \\
\rho = \rho(x, y, z, t)
\end{array}\right\}
$$
Die Geschwindigkeitskomponenten und auch die Dichte hängen von den unabhängigen Variablen x, y, z und der Zeit t ab.

$dV = dx \cdot dy \cdot dz$ Das ortsfeste und zeitunabhängige Volumen ist konstant.

Diejenigen die Oberfläche des Quaders überschreitenden Massenströme lauten wie folgt.

© Der/die Autor(en), exklusiv lizenziert durch Springer-Verlag GmbH, DE, ein Teil von Springer Nature 2022
V. Schröder, *Ebene Potentialströmungen*, https://doi.org/10.1007/978-3-662-64353-2_1

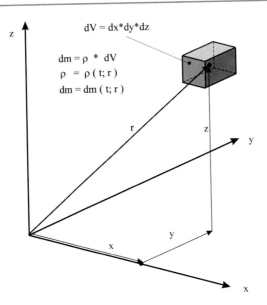

Abb. 1.1 Massenelement an der Stelle $\vec{r}$

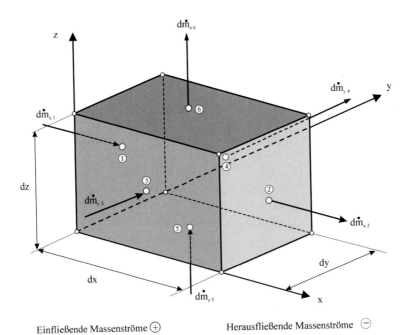

Einfließende Massenströme $\oplus$ Herausfließende Massenströme $\ominus$

Abb. 1.2 Vergrößertes Massenelement

x-Richtung
Stelle 1:

$$d\dot{m}_{x_1} = \rho(x, y, z, t) \cdot d\dot{V}_{x_1};$$
$$d\dot{V}_{x_1} = c_x(x, y, z, t) \cdot dA_x; \quad dA_x = dy \cdot dz$$
$$d\dot{m}_{x_1} = \rho(x, y, z, t) \cdot c_x(x, y, z, t) \cdot dy \cdot dz$$

Der Einfachheit halber werden die unabhängigen Variablen nicht weiter angegeben. Somit wird:

$$d\dot{m}_{x_1} = \underbrace{(\rho \cdot c_x)}_{\text{variabel}} \cdot \underbrace{dy \cdot dz}_{\text{konstant}}$$

Substituiert man $k = (\rho \cdot c_x)$, wobei $k = k(x, y, z, t)$, so lautet

$$d\dot{m}_{x_1} = k \cdot dy \cdot dz.$$

Hierin ist k die Variable und dy und dz sind feste Größen.

Stelle 2: Der Massenstrom verändert sich von $d\dot{m}_{x_1}$ zu $d\dot{m}_{x_2}$ entlang dx nur auf Grund der Variablen k, denn dy und dz sind feste Größen.

$$d\dot{m}_{x_2} = (k + dk) \cdot dy \cdot dz.$$

Hierin ist

$$dk = \frac{\partial k}{\partial x} \cdot dx$$

und folglich erhält man

$$d\dot{m}_{x_2} = \left(k + \frac{\partial k}{\partial x} \cdot dx\right) \cdot dy \cdot dz$$

Setzt man $k = (\rho \cdot c_x)$ wieder zurück, so folgt

$$d\dot{m}_{x_2} = \left((\rho \cdot c_x) + \frac{\partial(\rho \cdot c_x)}{\partial x} \cdot dx\right) \cdot dy \cdot dz$$

y-Richtung

Analog zu den Massenströmen an den Stellen 1 und 2 erhält man die Massenströme an den Stellen 3 und 4 wie folgt:

Stelle 3:

$$d\dot{m}_{y_3} = (\rho \cdot c_y) \cdot dx \cdot dz.$$

Stelle 4:

$$d\dot{m}_{y_4} = \left((\rho \cdot c_y) + \frac{\partial(\rho \cdot c_y)}{\partial y} \cdot dy \right) \cdot dx \cdot dz$$

z-Richtung

Analog zu den Massenströmen an den Stellen 1 und 2 erhält man die Massenströme an den Stellen 5 und 6 wie folgt:

Stelle 5:

$$d\dot{m}_{z_5} = (\rho \cdot c_z) \cdot dx \cdot dy.$$

Stelle 6:

$$d\dot{m}_{y_6} = \left((\rho \cdot c_z) + \frac{\partial(\rho \cdot c_z)}{\partial z} \cdot dz \right) \cdot dx \cdot dz$$

Die Massenstrombilanz im **ortsfesten** Raumelement führt im allgemeinen Fall zu einer Änderung der Masse in diesem Volumen. Diese Massenänderung kann nur zeitlich erfolgen, da das ortsfeste Volumen $dV = dx \cdot dy \cdot dz$ konstant ist.

Bezieht man diese Massenänderung

$$dm = \rho \cdot dV = \rho \cdot dx \cdot dy \cdot dz$$

mit $\rho = \rho(x, y, z, t)$ auf die Zeit dt, so liefert dies die Massenstromänderung im Raumelement dV. Somit folgt

$$d\dot{m} = \frac{\partial m}{\partial t} = \frac{\partial(\rho \cdot dx \cdot dy \cdot dz)}{\partial t}$$

oder

$$d\dot{m} = \frac{\partial m}{\partial t} = \frac{\partial \rho}{\partial t} \cdot dx \cdot dy \cdot dz.$$

Die Massenstrombilanz mit der Änderung $d\dot{m}$ lässt sich nun unter Beachtung der Vorzeichen $+$ für einströmendes Fluid und $-$ für herausströmendes Fluid aufstellen zu:

$$d\dot{m} = d\dot{m}_{x_1} - d\dot{m}_{x_2} + d\dot{m}_{y_3} - d\dot{m}_{y_4} + d\dot{m}_{z_5} - d\dot{m}_{z_6}$$

Unter Verwendung der oben ermittelten Zusammenhänge entsteht zunächst

$$\frac{\partial \rho}{\partial t} \cdot dx \cdot dy \cdot dz = (\rho \cdot c_x) \cdot dy \cdot dz - \left((\rho \cdot c_x) + \frac{\partial(\rho \cdot c_x)}{\partial x} \cdot dx \right) \cdot dy \cdot dz$$
$$+ (\rho \cdot c_y) \cdot dx \cdot dz - \left((\rho \cdot c_y) + \frac{\partial(\rho \cdot c_y)}{\partial y} \cdot dy \right) \cdot dx \cdot dz$$
$$+ (\rho \cdot c_z) \cdot dx \cdot dy - \left((\rho \cdot c_z) + \frac{\partial(\rho \cdot c_z)}{\partial z} \cdot dy \right) \cdot dx \cdot dy.$$

Da sich gleiche Größen (hier Produkte) verschiedener Vorzeichen aufheben, erhält man weiterhin

$$\frac{\partial \rho}{\partial t} \cdot dx \cdot dy \cdot dz = -\left(\left(\frac{\partial(\rho \cdot c_x)}{\partial x} \right) + \left(\frac{\partial(\rho \cdot c_y)}{\partial y} \right) + \left(\frac{\partial(\rho \cdot c_z)}{\partial z} \right) \right) \cdot dx \cdot dy \cdot dz$$

und nach Kürzen von dx, dy, dz und Umsortieren als Ergebnis die **Kontinuitätsgleichung** wie folgt

$$\frac{\partial \rho}{\partial t} + \left(\frac{\partial(\rho \cdot c_x)}{\partial x} \right) + \left(\frac{\partial(\rho \cdot c_y)}{\partial y} \right) + \left(\frac{\partial(\rho \cdot c_z)}{\partial z} \right) = 0$$

oder

$$\frac{\partial \rho}{\partial t} + \operatorname{div}(\rho \cdot c) = 0.$$

Sonderfälle

1. **Kompressible** und **stationäre** Verhältnisse, d. h. $\rho = \rho(x, y, z); c_x = c_x(x, y, z); \ldots;$
$\frac{\partial \rho}{\partial t} = 0$

$$\left(\frac{\partial(\rho \cdot c_x)}{\partial x} \right) + \left(\frac{\partial(\rho \cdot c_y)}{\partial y} \right) + \left(\frac{\partial(\rho \cdot c_z)}{\partial z} \right) = 0$$

$$\operatorname{div}(\rho \cdot c) = 0$$

2. **Inkompressibel** und **instationäre** Verhältnisse, d. h. $\rho = $ konst.
Mit

$$\frac{\partial \rho}{\partial t} + \left(\frac{\partial(\rho \cdot c_x)}{\partial x} \right) + \left(\frac{\partial(\rho \cdot c_y)}{\partial y} \right) + \left(\frac{\partial(\rho \cdot c_z)}{\partial z} \right) = 0$$

wird, wenn $\rho = $ konst. und sich damit die Dichte weder zeitlich noch örtlich ändern kann,

$$\frac{\partial \rho}{\partial t} = 0; \quad \frac{\partial \rho}{\partial c_x} = 0; \quad \dots$$

oder

$$\rho \cdot \left[\left(\frac{\partial c_x}{\partial x} \right) + \left(\frac{\partial c_y}{\partial y} \right) + \left(\frac{\partial c_z}{\partial z} \right) \right] = 0$$

und somit

$$\left(\frac{\partial c_x}{\partial x} \right) + \left(\frac{\partial c_y}{\partial y} \right) + \left(\frac{\partial c_z}{\partial z} \right) = 0$$

$$\operatorname{div} c = 0$$

3. **Inkompressibel** und **stationäre** Verhältnisse, d. h. $\rho = $ konst.

$$\left(\frac{\partial c_x}{\partial x} \right) + \left(\frac{\partial c_y}{\partial y} \right) + \left(\frac{\partial c_z}{\partial z} \right) = 0$$

$$\operatorname{div} c = 0$$

Umformung der Kontinuitätsgleichung

Mit

$$\frac{\partial \rho}{\partial t} + \left(\frac{\partial (\rho \cdot c_x)}{\partial x} \right) + \left(\frac{\partial (\rho \cdot c_y)}{\partial y} \right) + \left(\frac{\partial (\rho \cdot c_z)}{\partial z} \right) = 0$$

sowie

$$\frac{\partial (\rho \cdot c_x)}{\partial x} = \rho \cdot \frac{\partial c_x}{\partial x} + c_x \cdot \frac{\partial \rho}{\partial x}; \quad \dots \quad \text{usw.}$$

erhält man

$$\frac{\partial \rho}{\partial t} + \underbrace{\rho \cdot \left[\left(\frac{\partial c_x}{\partial x} \right) + \left(\frac{\partial c_y}{\partial y} \right) + \left(\frac{\partial c_z}{\partial z} \right) \right]}_{= \rho \operatorname{div} c} + \underbrace{\left[c_x \cdot \left(\frac{\partial \rho}{\partial x} \right) + c_y \cdot \left(\frac{\partial \rho}{\partial y} \right) + c_z \cdot \left(\frac{\partial \rho}{\partial z} \right) \right]}_{= c \operatorname{grad} \rho} = 0$$

oder auch

$$\frac{\partial \rho}{\partial t} + \rho \operatorname{div} c + c \operatorname{grad} \rho = 0.$$

Mit i.a.

$$\rho = \rho(x, y, z, t)$$

und dem „Totalen Differential" folgt

$$D\rho = \left(\frac{\partial \rho}{\partial t}\right) \cdot dt + \left(\frac{\partial \rho}{\partial x}\right) \cdot dx + \left(\frac{\partial \rho}{\partial y}\right) \cdot dy + \left(\frac{\partial \rho}{\partial z}\right) \cdot dz.$$

Dividiert durch dt führt zu

$$\frac{D\rho}{dt} = \left(\frac{\partial \rho}{\partial t}\right) + \left(\frac{\partial \rho}{\partial x}\right) \cdot \frac{dx}{dt} + \left(\frac{\partial \rho}{\partial y}\right) \cdot \frac{dy}{dt} + \left(\frac{\partial \rho}{\partial z}\right) \cdot \frac{dz}{dt}$$

bzw.

$$\underbrace{\frac{D\rho}{dt}}_{\text{substantiell}} = \underbrace{\left(\frac{\partial \rho}{\partial t}\right)}_{\text{lokal}} + \underbrace{\left(\frac{\partial \rho}{\partial x}\right) \cdot c_x + \left(\frac{\partial \rho}{\partial y}\right) \cdot c_y + \left(\frac{\partial \rho}{\partial z}\right) \cdot c_z}_{\substack{\text{konvektiv} \\ =c\,\text{grad}\,\rho}}$$

Mit (s. o.)

$$\frac{\partial \rho}{\partial t} = -\rho\,\text{div}\,c - c\,\text{grad}\,\rho$$

wird dann

$$\frac{D\rho}{dt} = -\rho\,\text{div}\,c - c\,\text{grad}\,\rho + c\,\text{grad}\,\rho$$

oder

$$\frac{D\rho}{dt} = -\rho\,\text{div}\,c$$

bzw.

$$\frac{D\rho}{dt} + \rho \cdot \text{div}\,c = 0$$

Anwendungsbeispiel

Eindimensionale, stationäre Strömung   Mit

$$\frac{\partial \rho}{\partial t} + \rho \cdot \left[\left(\frac{\partial c_x}{\partial x} \right) + \left(\frac{\partial c_y}{\partial y} \right) + \left(\frac{\partial c_z}{\partial z} \right) \right] + \left[c_x \cdot \left(\frac{\partial \rho}{\partial x} \right) + c_y \cdot \left(\frac{\partial \rho}{\partial y} \right) + c_z \cdot \left(\frac{\partial \rho}{\partial z} \right) \right] = 0$$

und

$$\frac{\partial \rho}{\partial t} = 0; \quad c_x = c; \quad c_y = c_z = 0$$

folgt

$$\rho \cdot \frac{dc}{dx} + c \cdot \frac{d\rho}{dx} = 0.$$

Multipliziert mit dx liefert

$$\rho \cdot dc + c \cdot d\rho = 0$$

und noch multipliziert mit $\frac{1}{c \cdot \rho}$ führt zu

$$\frac{dc}{c} + \frac{d\rho}{\rho} = 0.$$

Durch Integration erhält man zunächst

$$\ln c + \ln \rho = C$$

bzw.

$$\ln(c \cdot \rho) = C.$$

Mit

$$e^{\ln a} = a$$

folgt schließlich

$$c \cdot \rho = e^C = C^*$$

oder

$$c \cdot \rho = \text{konst.}$$

Multipliziert man mit dem Querschnitt A, so wird

$$\rho \cdot c \cdot A = \text{konst.}$$

Dies ist das **Kontinuitätsgesetz** der **stationären**, **eindimensionalen** Strömung.

Im Rahmen der hier betrachteten zweidimensionalen, inkompressiblen, stationären Potentialströmungen lautet die Kontinuitätsgleichung wie folgt

$$\left(\frac{\partial c_x}{\partial x}\right) + \left(\frac{\partial c_y}{\partial y}\right) = 0.$$

1.2 Drehung

Wie schon in Abschn. 1.1 erwähnt muss zum Nachweis der Potentialströmung neben der Kontinuität ebenfalls Drehungsfreiheit erfüllt sein. Kontinuität und Drehungsfreiheit sind auch Grundlage der Laplace'schen Differentialgleichungen als Basis der Potentialströmungen (Abschn. 1.3 und 1.4). Zur Herleitung der Drehung eines ebenen Fluidelements dient Abb. 1.3 mit den hier eingetragenen Größen.

Der Flüssigkeitsquader mit den Eckpunkten ABCD möge sich entgegen dem Uhrzeigersinn drehen. Dabei verändert sich der zur Zeit t ursprüngliche Rechteckquerschnitt zu einem zur Zeit $(t + dt)$ vorliegenden Parallelogrammquerschnitt. Der Punkt B verschiebt

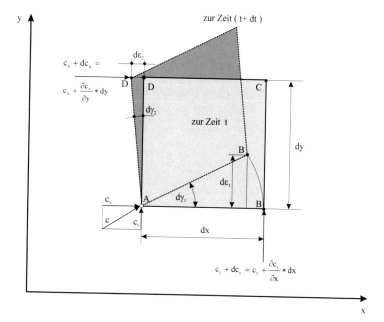

Abb. 1.3 Flüssigkeitsquader zur Ermittlung der Drehung ω

sich in der Zeit dt um $d\varepsilon_1$ in y-Richtung und der Punkt D in derselben Zeit um $d\varepsilon_2$ **entgegen x-Richtung**. Hieraus entstehen gemäß Abb. 1.3 folgende Zusammenhänge:

$$\sin(d\gamma_1) \approx d\gamma_1 = \frac{d\varepsilon_1}{dx}$$

und

$$\sin(d\gamma_2) \approx d\gamma_2 = \frac{d\varepsilon_2}{dy}.$$

Weiterhin lauten

$$dc_y = \frac{d\varepsilon_1}{dt}$$

als Geschwindigkeitszuwachs in y-Richtung sowie

$$dc_x = -\frac{d\varepsilon_2}{dt}$$

als Geschwindigkeitszuwachs in x-Richtung (negativ, da ε_2 entgegen x-Richtung).

Mit den partiellen Differentialen

$$dc_y = \frac{\partial c_y}{\partial x} \cdot dx$$

sowie

$$dc_x = \frac{\partial c_x}{\partial y} \cdot dy$$

lassen sich unter Verwendung o. g. Zusammenhänge die folgenden Winkelgeschwindigkeiten herleiten.

ω_1 Zunächst lautet

$$\omega_1 = \frac{d\gamma_1}{dt}.$$

Hierin

$$d\gamma_1 = \frac{d\varepsilon_1}{dx}$$

gesetzt führt zu

$$\omega_1 = \frac{d\varepsilon_1}{dt} \cdot \frac{1}{dx}.$$

Da $dc_y = \frac{d\varepsilon_1}{dt}$, erhält man

$$\omega_1 = \frac{dc_y}{dx} = \frac{\partial c_y}{\partial x}.$$

Das Resultat lautet

$$\omega_1 = \frac{\partial c_y}{\partial x}.$$

$\boldsymbol{\omega_2}$ Zunächst lautet

$$\omega_2 = \frac{d\gamma_2}{dt}.$$

Hierin

$$d\gamma_2 = \frac{d\varepsilon_2}{dy}$$

gesetzt führt zu

$$\omega_2 = \frac{d\varepsilon_2}{dt} \cdot \frac{1}{dy}.$$

Da $dc_x = -\frac{d\varepsilon_2}{dt}$, erhält man

$$\omega_2 = -\frac{dc_x}{dy} = -\frac{\partial c_x}{\partial y}.$$

Das Resultat lautet

$$\omega_2 = -\frac{\partial c_x}{\partial y}.$$

Die Winkelgeschwindigkeit ω ist als **arithmetisches Mittel aus ω_1 und ω_2** definiert, also

$$\omega = \frac{1}{2} \cdot (\omega_1 + \omega_2).$$

Mit den oben gefundenen Ergebnissen erhält man als Ergebnis der Drehung eines Flüssigkeitselements

$$\omega = \frac{1}{2} \cdot \left(\frac{\partial c_y}{\partial x} - \frac{\partial c_x}{\partial y} \right).$$

Bei **Drehungsfreiheit** reduziert sich die Gleichung mit $\omega = 0$ wie folgt

$$\left(\frac{\partial c_y}{\partial x} - \frac{\partial c_x}{\partial y} \right) = 0$$

oder auch

$$\frac{\partial c_y}{\partial x} = \frac{\partial c_x}{\partial y}.$$

Zusammenfassung

Ebene, stationäre, inkompressible Potentialströmungen müssen die Forderungen von

- Reibungsfreiheit
- Drehungsfreiheit
- Kontinuität

erfüllen. Hierzu stehen folgende Gleichungen zur Verfügung:

$$\left(\frac{\partial c_y}{\partial x} - \frac{\partial c_x}{\partial y} \right) = 0 \quad \text{Drehungsfreiheit}$$

$$\left(\frac{\partial c_x}{\partial x} + \frac{\partial c_y}{\partial y} \right) = 0 \quad \text{Kontinuität.}$$

1.3 Potentialfunktion und ihre Laplace'sche DGL

Das Gesetz der **Drehungsfreiheit** einer ebenen, stationären, inkompressiblen, reibungs-freien Strömung lautet gemäß Abschn. 1.2

$$\frac{\partial c_y}{\partial x} - \frac{\partial c_x}{\partial y} = 0.$$

Die Lösung dieser Differentialgleichung ist mit der **Potentialfunktion $\Phi(x, y)$** möglich, wenn deren partielle Ableitungen den Geschwindigkeitskomponenten c_x und c_y von c gleich sind, also

$$c_x = \frac{\partial \Phi(x, y)}{\partial x} \quad \text{und} \quad c_y = \frac{\partial \Phi(x, y)}{\partial y}.$$

Dies lässt sich mit o. g. Gleichung der Drehungsfreiheit wie folgt nachweisen.

$$\frac{\partial c_y}{\partial x} - \frac{\partial c_x}{\partial y} = \frac{\partial \left(\frac{\partial \Phi(x, y)}{\partial y} \right)}{\partial x} - \frac{\partial \left(\frac{\partial \Phi(x, y)}{\partial x} \right)}{\partial y} = 0$$

oder in anderer Schreibweise

$$\frac{\partial c_y}{\partial x} - \frac{\partial c_x}{\partial y} = \frac{\partial^2 \Phi(x, y)}{\partial y \partial x} - \frac{\partial^2 \Phi(x, y)}{\partial x \partial y} = 0.$$

Hieraus folgt

$$\frac{\partial^2 \Phi(x, y)}{\partial y \partial x} = \frac{\partial^2 \Phi(x, y)}{\partial x \partial y}.$$

Da bei stetigen Funktionen die Reihenfolge der Ableitungen beliebig ist, liegt hiermit der Nachweis für die Voraussetzungen von $\Phi(x, y)$ mit $c_x = \frac{\partial \Phi(x,y)}{\partial x}$ und $c_y = \frac{\partial \Phi(x,y)}{\partial y}$ vor. Setzt man des Weiteren die so definierten Geschwindigkeitskomponenten

$$c_x = \frac{\partial \Phi(x, y)}{\partial x} \quad \text{und} \quad c_y = \frac{\partial \Phi(x, y)}{\partial y}$$

in die **Kontinuitätsgleichung** der ebenen, stationären, inkompressiblen Strömung

$$\frac{\partial c_x}{\partial x} + \frac{\partial c_y}{\partial y} = 0$$

ein, so erhält man zunächst

$$\frac{\partial c_x}{\partial x} + \frac{\partial c_y}{\partial y} = \frac{\partial \left(\frac{\partial \Phi(x,y)}{\partial x} \right)}{\partial x} + \frac{\partial \left(\frac{\partial \Phi(x,y)}{\partial y} \right)}{\partial y} = 0.$$

Hieraus folgt in anderer Schreibweise

$$\frac{\partial^2 \Phi(x, y)}{\partial x^2} + \frac{\partial^2 \Phi(x, y)}{\partial y^2} = 0.$$

Diese Gleichung wird auch als **Laplace'sche Differentialgleichung** der **Potentialfunktion** bezeichnet oder auch

$$\Delta(\Phi) = 0 \quad (\Delta = \text{Laplaceoperator}).$$

1.4 Stromfunktion und ihre Laplace'sche DGL

Das **Kontinuitätsgesetz** einer ebenen, stationären, inkompressiblen, reibungsfreien Strömung lautet gemäß Abschn. 1.1

$$\frac{\partial c_x}{\partial x} + \frac{\partial c_y}{\partial y} = 0.$$

Die Lösung dieser Differentialgleichung ist mit der **Stromfunktion $\Psi(x, y)$** möglich, wenn deren partielle Ableitungen den Geschwindigkeitskomponenten c_x und c_y von c gleich sind, also

$$c_x = \frac{\partial \Psi(x, y)}{\partial y}$$

und

$$c_y = -\frac{\partial \Psi(x, y)}{\partial x}.$$

Dies lässt sich mit o. g. Kontinuitätsgesetz wie folgt nachweisen.

$$\frac{\partial c_x}{\partial x} + \frac{\partial c_y}{\partial y} = \frac{\partial \left(\frac{\partial \Psi(x,y)}{\partial y} \right)}{\partial x} - \frac{\partial \left(\frac{\partial \Psi(x,y)}{\partial x} \right)}{\partial y} = 0$$

oder in anderer Schreibweise

$$\frac{\partial c_x}{\partial x} + \frac{\partial c_y}{\partial y} = \frac{\partial^2 \Psi(x, y)}{\partial y \partial x} - \frac{\partial^2 \Psi(x, y)}{\partial x \partial y} = 0.$$

Hieraus folgt

$$\frac{\partial^2 \Psi(x, y)}{\partial y \partial x} = \frac{\partial^2 \Psi(x, y)}{\partial x \partial y}.$$

Da bei stetigen Funktionen die Reihenfolge der Ableitungen beliebig ist, liegt hiermit der Nachweis für die Voraussetzungen von $\Psi(x, y)$ mit

$$c_x = \frac{\partial \Psi(x, y)}{\partial y}$$

und

$$c_y = -\frac{\partial \Psi(x, y)}{\partial x}$$

vor. Setzt man des Weiteren die so definierten Geschwindigkeitskomponenten in die Gleichung der **Drehungsfreiheit**

$$\frac{\partial c_y}{\partial x} - \frac{\partial c_x}{\partial y} = 0$$

ein, so erhält man zunächst

$$\frac{\partial c_y}{\partial x} - \frac{\partial c_x}{\partial y} = -\frac{\partial \left(\frac{\partial \Psi(x,y)}{\partial x} \right)}{\partial x} - \frac{\partial \left(\frac{\partial \Psi(x,y)}{\partial y} \right)}{\partial y} = 0$$

oder

$$\frac{\partial^2 \Psi(x, y)}{\partial x^2} + \frac{\partial^2 \Psi(x, y)}{\partial y^2} = 0$$

Diese Gleichung wird auch als **Laplace'sche Differentialgleichung** der **Stromfunktion** bezeichnet oder auch

$$\Delta(\Psi) = 0 \quad (\Delta = \text{Laplaceoperator}).$$

1.5 Stromlinien und Potentiallinien

Des Weiteren entstehen aus der Potentialfunktion $\Phi(x, y)$ und der Stromfunktion $\Psi(x, y)$ mit ihren partiellen Ableitungen

$$\frac{\partial \Phi(x, y)}{\partial x} = c_x \quad \text{und} \quad \frac{\partial \Psi(x, y)}{\partial y} = c_x$$

sowie

$$\frac{\partial \Phi(x, y)}{\partial y} = c_y \quad \text{und} \quad -\frac{\partial \Psi(x, y)}{\partial x} = c_y$$

die Verknüpfungen

$$\frac{\partial \Phi(x, y)}{\partial x} = \frac{\partial \Psi(x, y)}{\partial y}$$

und

$$\frac{\partial \Phi(x, y)}{\partial y} = -\frac{\partial \Psi(x, y)}{\partial x}$$

Stromlinien

Für Kurven mit $\Psi(x, y) = $ konst. folgt unter Anwendung des totalen Differentials

$$D\Psi(x, y) = \frac{\partial \Psi}{\partial x} \cdot dx + \frac{\partial \Psi}{\partial y} \cdot dy.$$

Da $\Psi(x, y) = $ konst. ist, wird $D\Psi(x, y) = 0$ und folglich

$$\frac{\partial \Psi}{\partial x} \cdot dx + \frac{\partial \Psi}{\partial y} \cdot dy = 0.$$

Abb. 1.4 Stromlinien

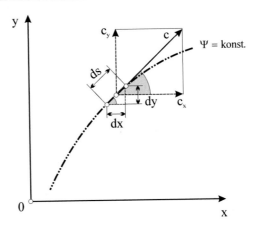

Dann führt dies mit

$$\frac{\partial \Psi(x, y)}{\partial x} = -c_y$$

sowie

$$\frac{\partial \Psi(x, y)}{\partial y} = c_x$$

zu

$$-c_y \cdot dx + c_x \cdot dy = 0.$$

Umgestellt liefert

$$c_y \cdot dx = c_x \cdot dy$$

auch

$$\left(\frac{dy}{dx} \right)_{\Psi_i = \text{konst.}} = \frac{c_y}{c_x} \quad \text{(Abb. 1.4)}$$

Da $\left(\frac{dy}{dx} \right)_{\Psi_i = \text{konst.}}$ $(= \tan \alpha)$ die Steigung der Tangente an die Kurve $\Psi(x, y) = \text{konst.}$ ist und gleichzeitig $(\tan \alpha =) \frac{c_y}{c_x}$ lautet, muss c **Tangente an die Stromlinie $\boldsymbol{\Psi(x, y) = \text{konst.}}$** sein.

Potentiallinien

Für Kurven mit $\Phi(x, y) = \text{konst.}$ folgt unter Anwendung des totalen Differentials

$$D\Phi(x, y) = \frac{\partial \Phi(x, y)}{\partial x} \cdot dx + \frac{\partial \Phi(x, y)}{\partial y} \cdot dy.$$

Da $\Phi(x, y) = $ konst. ist, wird $D\Phi(x, y) = 0$ und folglich

$$\frac{\partial \Phi(x, y)}{\partial x} \cdot dx + \frac{\partial \Phi(x, y)}{\partial y} \cdot dy = 0.$$

Dann führt dies mit

$$\frac{\partial \Phi(x, y)}{\partial x} = c_x$$

sowie

$$\frac{\partial \Phi(x, y)}{\partial y} = c_y$$

zu

$$c_x \cdot dx + c_y \cdot dy = 0.$$

Umgestellt liefert

$$c_y \cdot dy = -c_x \cdot dx$$

auch

$$\left(\frac{dy}{dx}\right)_{\Phi_i = \text{konst.}} = -\frac{c_x}{c_y}.$$

Die Kurven mit $\Phi_i(x, y) = $ konst. $(D\Phi_i(x, y) = 0)$ werden **Äquipotentiallinien** oder auch nur **Potentiallinien** genannt. Potentiallinien $\Phi_i(x, y) = $ konst. und Stromlinien $\Psi_i(x, y) = $ konst. stehen senkrecht aufeinander und bilden ein sog. orthogonales Netz (Abschn. 1.6).

1.6 Orthogonalität von Strom- und Potentiallinien

Der Nachweis, dass Strom- und Potentiallinien an jeder Stelle senkrecht (orthogonal) zueinander stehen, lässt sich wie folgt führen. Verwendet man gemäß Abschn. 1.5 zunächst die Tangentensteigung an die Stromlinien

$$\left(\frac{dy}{dx}\right)_{\Psi_i = \text{konst.}} = \frac{c_y}{c_x}$$

und diejenige an die Potentiallinien

$$\left(\frac{dy}{dx}\right)_{\Phi_i = \text{konst.}} = -\frac{c_x}{c_y}$$

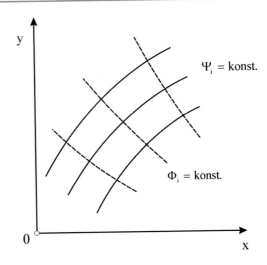

Abb. 1.5 Orthogonalität von
Strom- und Potentiallinien

und formt letztere um zu

$$\left(\frac{dy}{dx}\right)_{\Phi_i=\text{konst.}} = -\frac{1}{\frac{c_y}{c_x}},$$

so liefert dies

$$\frac{c_y}{c_x} = \left(\frac{dy}{dx}\right)_{\Psi_i=\text{konst.}} = -\frac{1}{\left(\frac{dy}{dx}\right)_{\Phi_i=\text{konst.}}}.$$

Ersetzt man jetzt die Tangentensteigung an die Stromlinie

$$\left(\frac{dy}{dx}\right)_{\Psi_i=\text{konst.}} = m_1$$

und die Steigung an die Potentiallinie

$$\left(\frac{dy}{dx}\right)_{\Phi_i=\text{konst.}} = m_2,$$

so erhält man des Weiteren

$$m_1 = -\frac{1}{m_2}.$$

Im Fall zweier sich schneidender Kurven und folglich auch der sich im Schnittpunkt auch
schneidenden Tangenten (Geraden) kennt man folgenden Zusammenhang.

$$\tan \gamma = \frac{(\tan \alpha_2 - \tan \alpha_1)}{(1 + \tan \alpha_2 \cdot \tan \alpha_1)}.$$

Hierin sind α_1 der Winkel der Tangente t_1 und α_2 der Winkel der Tangente t_2 bezüglich der x-Achse. Beide Tangenten schneiden sich unter dem Winkel γ. Wenn man jetzt noch

$$\left(\frac{dy}{dx}\right)_{\Phi_i=\text{konst.}} = \tan\alpha_2 \equiv m_2$$

und

$$\left(\frac{dy}{dx}\right)_{\Psi_i=\text{konst.}} = \tan\alpha_1 \equiv m_1$$

einsetzt, dann führt dies zu

$$\tan\gamma = \frac{(m_2 - m_1)}{(1 + m_2 \cdot m_1)}.$$

Bei dem hier vorliegenden Sonderfall $m_1 = -\frac{1}{m_2}$ (s. o.) erhält man

$$\tan\gamma = \frac{\left(m_2 + \frac{1}{m_2}\right)}{\left(1 - m_2 \cdot \frac{1}{m_2}\right)} = \frac{\left(m_2 + \frac{1}{m_2}\right)}{1 - 1} = \frac{\left(m_2 + \frac{1}{m_2}\right)}{0} = \infty.$$

Mit $\tan\gamma = \infty$ lautet der gesuchte Winkel $\gamma = 90°$. Als Resultat für die Stromlinien $\Psi_i = $ konst. und die Potentiallinien $\Phi_i = $ konst. eines ebenen Strömungsfeldes lässt sich feststellen, dass sie jeweils einen rechten Winkel zueinander aufweisen und somit ein orthogonales Netz bilden.

1.7   Strom- und Potentialfunktion im t-n-Koordinatensystem

Will man die Strom- und Potentialfunktion nicht mit kartesischen Koordinaten beschreiben, sondern mit einem Koordinatensystem, dessen t-Achse die Stromlinie tangiert und dessen n-Achse normal zur t-Achse angeordnet ist, so wird eine Drehung des kartesischen Koordinatensystems um z. B. den Winkel β erforderlich (Abb. 1.6). Hieraus ergeben sich folgende veränderte Zusammenhänge.

Stromfunktion $\Psi(t, n)$
Das totale Differential von $\Psi(x, y)$ lautet

$$D\Psi(x, y) = \frac{\partial\Psi(x, y)}{\partial x} \cdot dx + \frac{\partial\Psi(x, y)}{\partial y} \cdot dy.$$

Mit

$$c_x = \frac{\partial\Psi(x, y)}{\partial y} \quad \text{und} \quad c_y = -\frac{\partial\Psi(x, y)}{\partial x}$$

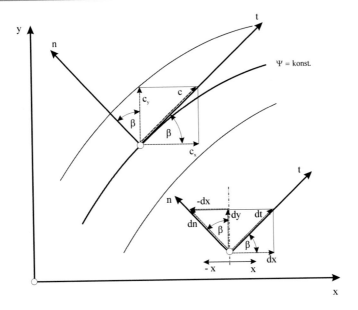

Abb. 1.6 Kartesische Koordinaten mit Drehung um den Winkel β

oben eingesetzt erhält man weiterhin

$$D\Psi(x, y) = -c_y(x, y) \cdot dx + c_x(x, y) \cdot dy.$$

Gemäß Abb. 1.6 bestehen folgende Zusammenhänge

$$c_x(x, y) = c(x, y) \cdot \cos\beta, \quad c_y(x, y) = c(x, y) \cdot \sin\beta.$$

Dies führt zu

$$D\Psi(x, y) = -c(x, y) \cdot \sin\beta \cdot dx + c(x, y) \cdot \cos\beta \cdot dy.$$

Ebenfalls kann man Abb. 1.6

$$-dx = dn \cdot \sin\beta \quad \text{und} \quad dy = dn \cdot \cos\beta$$

entnehmen. Hiermit erhält man

$$D\Psi(t, n) = -c(t, n) \cdot \sin\beta \cdot (-)dn \cdot \sin\beta + c(t, n) \cdot \cos\beta \cdot dn \cdot \cos\beta.$$

Zusammengefasst wird

$$D\Psi(t, n) = c(t, n) \cdot dn \cdot (\sin^2\beta + \cos^2\beta).$$

Da $(\sin^2 \beta + \cos^2 \beta) = 1$ ist, entsteht

$$D\Psi(t,n) = c(t,n) \cdot dn$$

und somit

$$\Psi(t,n) = \int D\Psi(t,n) = \int c(t,n) \cdot dn$$

wobei auch

$$c(t,n) = \frac{D\Psi(t,n)}{dn}$$

lautet.

Potentialfunktion $\Phi(t,n)$

Das totale Differential von $\Phi(x,y)$ lautet

$$D\Phi(x,y) = \frac{\partial\Phi(x,y)}{\partial x} \cdot dx + \frac{\partial\Phi(x,y)}{\partial y} \cdot dy.$$

Mit

$$c_x = \frac{\partial\Phi(x,y)}{\partial x} \quad \text{und} \quad c_y = \frac{\partial\Phi(x,y)}{\partial y}$$

oben eingesetzt erhält man weiterhin

$$D\Phi(x,y) = c_x(x,y) \cdot dx + c_y(x,y) \cdot dy.$$

Gemäß Abb. 1.6 bestehen folgende Zusammenhänge

$$c_x(x,y) = c(x,y) \cdot \cos\beta, \quad c_y(x,y) = c(x,y) \cdot \sin\beta.$$

Dies führt zu

$$D\Phi(x,y) = c(x,y) \cdot \cos\beta \cdot dx + c(x,y) \cdot \sin\beta \cdot dy.$$

Ebenfalls kann man Abb. 1.6

$$dx = dt \cdot \cos\beta \quad \text{und} \quad dy = dt \cdot \sin\beta$$

entnehmen. Hiermit erhält man

$$D\Phi(t,n) = c(t,n) \cdot \cos\beta \cdot dt \cdot \cos\beta + c(t,n) \cdot \sin\beta \cdot dt \cdot \sin\beta.$$

Zusammengefasst wird

$$D\Phi(t,n) = c(t,n) \cdot dt \cdot (\sin^2 \beta + \cos^2 \beta).$$

Da $(\sin^2 \beta + \cos^2 \beta) = 1$ ist, entsteht

$$D\Phi(t,n) = c(t,n) \cdot dt$$

und somit

$$\Phi(t,n) = \int D\Phi(t,n) = \int c(t,n) \cdot dt$$

wobei auch

$$c(t,n) = \frac{D\Phi(t,n)}{dt}$$

lautet.

1.8 Darstellung mittels Polarkoordinaten

Die Berechnung von Potentialströmungen lässt sich in manchen Fällen mittels kartesischer Koordinaten nur sehr schwierig, wenn überhaupt durchführen. Hier ist es hilfreich, von den Polarkoordinaten r, φ Gebrauch zu machen. Im Folgenden sollen verschiedene wichtige Größen, deren Darstellungen mit kartesischen Koordinaten bekannt sind, in die Beschreibung mittels Polarkoordinaten überführt werden. Ebenso wird auch die Verknüpfung und Transformation der Größen in diesen zwei Systemen angegeben.

Geschwindigkeitskomponenten c_x und c_y
Wie in Abb. 1.7 erkennbar lässt sich die Geschwindigkeit c in ihre Komponenten c_x und c_y (kartesische Koordinaten) bzw. c_r und c_φ (Polarkoordinaten) aufspalten. Im ersten Schritt sollen c_x und c_y in Verbindung mit c_r, c_φ und φ gebracht werden. Im zweiten Schritt erfolgt dann der umgekehrte Vorgang. Die Vorgehensweise zur Darstellung von c_x bzw. $c_y = f(c_r; c_\varphi; \varphi)$ gestaltet sich wie folgt. In Abb. 1.7 stellt man fest $x = r \cdot \cos \varphi$ sowie $y = r \cdot \sin \varphi$. Die jeweiligen „Totalen Differentialen" von x und y lauten

$$dx = \frac{\partial x}{\partial r} \cdot dr + \frac{\partial x}{\partial \varphi} \cdot d\varphi$$

sowie

$$dy = \frac{\partial y}{\partial r} \cdot dr + \frac{\partial y}{\partial \varphi} \cdot d\varphi$$

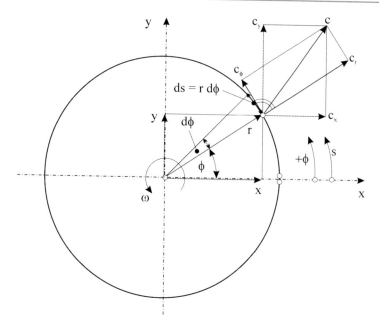

Abb. 1.7 Geschwindigkeit c mit ihren Komponenten c_x und c_y bzw. c_r und c_φ

Die partiellen Differentialquotienten stellt man wie folgt fest.

$$\frac{\partial x}{\partial r} = \cos\varphi, \quad \frac{\partial y}{\partial r} = \sin\varphi, \quad \frac{\partial x}{\partial \varphi} = -r \cdot \sin\varphi \quad \text{und} \quad \frac{\partial y}{\partial \varphi} = r \cdot \cos\varphi.$$

In die jeweiligen „Totalen Differentiale" eingesetzt liefert

$$dx = \cos\varphi \cdot dr - r \cdot \sin\varphi \cdot d\varphi$$
$$dy = \sin\varphi \cdot dr + r \cdot \cos\varphi \cdot d\varphi.$$

Dividiert durch dt führt zu

$$\frac{dx}{dt} = \frac{dr}{dt} \cdot \cos\varphi - \frac{d\varphi}{dt} \cdot r \cdot \sin\varphi$$

bzw.

$$\frac{dy}{dt} = \frac{dr}{dt} \cdot \sin\varphi + \frac{d\varphi}{dt} \cdot r \cdot \cos\varphi.$$

Da weiterhin

$$c_x = \frac{dx}{dt} \quad \text{und} \quad c_y = \frac{dy}{dt}$$

lauten sowie

$$\frac{dr}{dt} = c_r \quad \text{und} \quad \frac{d\varphi}{dt} = \omega$$

darstellen, erhält man mit

$$r \cdot \omega = c_\varphi$$

die Resultate

$$c_x = c_r \cdot \cos\varphi - c_\varphi \cdot \sin\varphi$$

und

$$c_y = c_r \cdot \sin\varphi + c_\varphi \cdot \cos\varphi.$$

Die **umgekehrte** Vorgehensweise zur Darstellung von c_r bzw. $c_\varphi = f(c_x; c_y; \varphi)$ lässt sich wie folgt angeben. Benutzt man die o. g. Ergebnisse

$$c_x = c_r \cdot \cos\varphi - c_\varphi \cdot \sin\varphi$$
$$c_y = c_r \cdot \sin\varphi + c_\varphi \cdot \cos\varphi$$

und löst die zweite Gleichung nach $c_\varphi \cdot \cos\varphi$ auf, so folgt zunächst

$$c_\varphi \cdot \cos\varphi = c_y - c_r \cdot \sin\varphi.$$

Multipliziert mit $\frac{\sin\varphi}{\cos\varphi}$ führt zu

$$c_\varphi \cdot \sin\varphi = c_y \cdot \frac{\sin\varphi}{\cos\varphi} - c_r \cdot \frac{\sin^2\varphi}{\cos\varphi}.$$

In die erste Gleichung oben eingesetzt liefert

$$c_x = c_r \cdot \cos\varphi - c_y \cdot \frac{\sin\varphi}{\cos\varphi} + c_r \cdot \frac{\sin^2\varphi}{\cos\varphi}.$$

Mit $\cos\varphi$ multipliziert ergibt weiterhin

$$c_x \cdot \cos\varphi = c_r \cdot \cos^2\varphi - c_y \cdot \sin\varphi + c_r \cdot \sin^2\varphi$$

oder umgestellt

$$c_x \cdot \cos\varphi + c_y \cdot \sin\varphi = c_r \cdot (\sin^2\varphi + \cos^2\varphi).$$

Da

$$\sin^2 \varphi + \cos^2 \varphi = 1,$$

erhält man als Resultat

$$c_r = c_x \cdot \cos \varphi + c_y \cdot \sin \varphi.$$

Mit

$$c_x = c_r \cdot \cos \varphi - c_\varphi \cdot \sin \varphi$$

jetzt umgestellt zu

$$c_\varphi \cdot \sin \varphi = c_r \cdot \cos \varphi - c_x$$

und das o. g. Ergebnis für c_r eingesetzt liefert zunächst

$$c_\varphi \cdot \sin \varphi = (c_x \cdot \cos \varphi + c_y \cdot \sin \varphi) \cdot \cos \varphi - c_x.$$

Dann die Klammer ausmultipliziert

$$c_\varphi \cdot \sin \varphi = c_x \cdot \cos^2 \varphi + c_y \cdot \sin \varphi \cdot \cos \varphi - c_x$$

und danach

$$\cos^2 \varphi = (1 - \sin^2 \varphi)$$

benutzt führt zu

$$c_\varphi \cdot \sin \varphi = c_x \cdot (1 - \sin^2 \varphi) + c_y \cdot \sin \varphi \cdot \cos \varphi - c_x$$

und folglich nach Division durch $\sin \varphi$ zum gesuchten Resultat

$$c_\varphi = c_y \cdot \cos \varphi - c_x \cdot \sin \varphi$$

Potentialfunktion und betreffende Laplace-DGL

Die Potentialfunktion $\Phi(x, y)$ soll in folgenden Schritten mit Polarkoordinaten $\Phi(r, \varphi)$ beschrieben werden. Hierbei müssen die kartesischen Koordinaten x und y in Zusammenhang mit r und φ gebracht werden Die Potentialfunktion und die Koordinaten lauten zunächst

$$\Phi(x, y); \quad x(r, \varphi); \quad y(r, \varphi).$$

Dann lässt sich auch anschreiben

$$\Phi[x(r,\varphi), y(r,\varphi)] = \Phi(r,\varphi).$$

Soll nun im ersten Schritt $\frac{\partial \Phi}{\partial r}$ ermittelt werden, so macht man von der „Kettenregel" wie folgt Gebrauch:

$$\frac{\partial \Phi}{\partial r} = \frac{\partial \Phi}{\partial x} \cdot \frac{\partial x}{\partial r} + \frac{\partial \Phi}{\partial y} \cdot \frac{\partial y}{\partial r}$$

Die partiellen Differentialquotienten lauten

$$\frac{\partial \Phi}{\partial x} = c_x, \quad \frac{\partial \Phi}{\partial y} = c_y$$

sowie weiter aus $x = r \cdot \cos\varphi, y = r \cdot \sin\varphi$

$$\frac{\partial x}{\partial r} = \cos\varphi, \quad \frac{\partial y}{\partial r} = \sin\varphi.$$

Oben eingesetzt erhält man zunächst

$$\frac{\partial \Phi}{\partial r} = c_x \cdot \cos\varphi + c_y \cdot \sin\varphi$$

und mit (s. o.)

$$c_r = c_x \cdot \cos\varphi + c_y \cdot \sin\varphi$$

$$c_r = \frac{\partial \Phi(r,\varphi)}{\partial r}$$

Analog hierzu geht man im zweiten Schritt bei der Ermittlung von $\frac{\partial \Phi}{\partial \varphi}$ vor. In diesem Fall lautet die „Kettenregel"

$$\frac{\partial \Phi}{\partial \varphi} = \frac{\partial \Phi}{\partial x} \cdot \frac{\partial x}{\partial \varphi} + \frac{\partial \Phi}{\partial y} \cdot \frac{\partial y}{\partial \varphi}.$$

Hierin sind wieder

$$\frac{\partial \Phi}{\partial x} = c_x, \quad \frac{\partial \Phi}{\partial y} = c_y.$$

sowie jetzt

$$\frac{\partial x}{\partial \varphi} = -r \cdot \sin\varphi, \quad \frac{\partial y}{\partial \varphi} = r \cdot \cos\varphi.$$

Diese in o. g. „Kettenregel" eingesetzt liefert

$$\frac{\partial \Phi}{\partial \varphi} = c_x \cdot (-r) \cdot \sin \varphi + c_y \cdot r \cdot \cos \varphi$$

oder

$$\frac{\partial \Phi}{\partial \varphi} = r \cdot (c_y \cdot \cos \varphi - c_x \cdot \sin \varphi).$$

Unter Verwendung von $c_\varphi = c_y \cdot \cos \varphi - c_x \cdot \sin \varphi$ (s. o.) führt dies zu Resultat

$$c_\varphi = \frac{1}{r} \cdot \frac{\partial \Phi(r, \varphi)}{\partial \varphi}.$$

Die Laplacegleichung der Potentialfunktion in Polarkoordinatendarstellung lässt sich in nachfolgenden Schritten herleiten. Ausgangspunkt ist die Kontinuität in ihrer Formulierung mittels Polarkoordinaten

$$\frac{\partial c_r}{\partial r} + \frac{c_r}{r} + \frac{1}{r} \cdot \frac{\partial c_\varphi}{\partial \varphi} = 0.$$

Weiterhin kennen wir schon

$$c_r = \frac{\partial \Phi}{\partial r} \quad \text{und} \quad c_\varphi = \frac{1}{r} \cdot \frac{\partial \Phi}{\partial \varphi}.$$

Beides in die oben genannte Kontinuitätsgleichung eingesetzt liefert zunächst

$$\frac{\partial \left(\frac{\partial \Phi}{\partial r} \right)}{\partial r} + \frac{1}{r} \cdot \frac{\partial \Phi}{\partial r} + \frac{1}{r} \cdot \frac{\left(\frac{1}{r} \cdot \frac{\partial \Phi}{\partial \varphi} \right)}{\partial \varphi} = 0$$

oder auch

$$\frac{\partial^2 \Phi}{\partial r^2} + \frac{1}{r} \cdot \frac{\partial \Phi}{\partial r} + \frac{1}{r^2} \cdot \frac{\partial^2 \Phi}{\partial \varphi^2} = 0.$$

Dies ist die **Laplace-Gleichung der Potentialfunktion** in der Darstellung mittels Polarkoordinaten.

Stromfunktion und betreffende Laplace-DGL

Analog zu den vorangegangenen Schritten werden jetzt die Zusammenhänge bei der Stromfunktion ermittelt. Die Stromfunktion und die Koordinaten lauten zunächst

$$\Psi(x, y); \quad x(r, \varphi); \quad y(r, \varphi).$$

Dann lässt sich auch anschreiben

$$\Psi[x(r,\varphi), y(r,\varphi)] = \Psi(r,\varphi).$$

Soll nun im ersten Schritt $\frac{\partial\Psi}{\partial r}$ ermittelt werden, so macht man von der „Kettenregel" wie folgt Gebrauch:

$$\frac{\partial\Psi}{\partial r} = \frac{\partial\Psi}{\partial x}\cdot\frac{\partial x}{\partial r} + \frac{\partial\Psi}{\partial y}\cdot\frac{\partial y}{\partial r}$$

Die partiellen Differentialquotienten lauten

$$\frac{\partial\Psi}{\partial x} = -c_y, \quad \frac{\partial\Psi}{\partial y} = c_x$$

sowie weiter aus $x = r\cdot\cos\varphi$, $y = r\cdot\sin\varphi$

$$\frac{\partial x}{\partial r} = \cos\varphi, \quad \frac{\partial y}{\partial r} = \sin\varphi.$$

Oben eingesetzt erhält man zunächst

$$\frac{\partial\Psi}{\partial r} = -c_y\cdot\cos\varphi + c_x\cdot\sin\varphi$$

und mit (s. o.)

$$c_\varphi = -(c_y\cdot\cos\varphi - c_x\cdot\sin\varphi)$$

$$c_\varphi = -\frac{\partial\Psi(r,\varphi)}{\partial r}$$

Analog hierzu geht man im zweiten Schritt bei der Ermittlung von $\frac{\partial\Psi}{\partial\varphi}$ vor. In diesem Fall lautet die „Kettenregel"

$$\frac{\partial\Psi}{\partial\varphi} = \frac{\partial\Psi}{\partial x}\cdot\frac{\partial x}{\partial\varphi} + \frac{\partial\Psi}{\partial y}\cdot\frac{\partial y}{\partial\varphi}.$$

Hierin sind wieder

$$\frac{\partial\Psi}{\partial x} = -c_y, \quad \frac{\partial\Psi}{\partial y} = c_x.$$

sowie jetzt

$$\frac{\partial x}{\partial\varphi} = -r\cdot\sin\varphi, \quad \frac{\partial y}{\partial\varphi} = r\cdot\cos\varphi.$$

Diese in o. g. „Kettenregel" eingesetzt liefert

$$\frac{\partial \Psi}{\partial \varphi} = -(c_y) \cdot (-r) \cdot \sin \varphi + c_x \cdot r \cdot \cos \varphi$$

oder

$$\frac{\partial \Psi}{\partial \varphi} = r \cdot (c_x \cdot \cos \varphi + c_y \cdot \sin \varphi).$$

Unter Verwendung von $c_r = c_x \cdot \cos \varphi + c_y \cdot \sin \varphi$ (s. o.) führt dies zu Resultat

$$c_r = \frac{1}{r} \cdot \frac{\partial \Psi(r, \varphi)}{\partial \varphi}.$$

Die Laplacegleichung der Stromfunktion in Polarkoordinatendarstellung lässt sich in nachfolgenden Schritten herleiten. Ausgangspunkt ist die Gleichung für Drehungsfreiheit in ihrer Formulierung mittels Polarkoordinaten

$$\frac{\partial c_\varphi}{\partial r} - \frac{1}{r} \cdot \frac{\partial c_r}{\partial \varphi} + \frac{c_\varphi}{r} = 0.$$

Weiterhin kennen wir schon

$$c_r = \frac{1}{r} \cdot \frac{\partial \Psi}{\partial \varphi} \quad \text{und} \quad c_\varphi = -\frac{\partial \Psi}{\partial r}.$$

Beides in die oben genannte Kontinuitätsgleichung eingesetzt liefert zunächst

$$\frac{\partial\left(-\frac{\partial \Psi}{\partial r}\right)}{\partial r} - \frac{1}{r} \cdot \frac{\left(\frac{1}{r} \cdot \frac{\partial \Psi}{\partial \varphi}\right)}{\partial \varphi} - \frac{1}{r} \cdot \frac{\partial \Psi}{\partial r} = 0$$

oder auch

$$-\frac{\partial^2 \Psi}{\partial r^2} - \frac{1}{r} \cdot \frac{\partial \Psi}{\partial r} - \frac{1}{r^2} \cdot \frac{\partial^2 \Psi}{\partial \varphi^2} = 0.$$

bzw.

$$\frac{\partial^2 \Psi}{\partial r^2} + \frac{1}{r} \cdot \frac{\partial \Psi}{\partial r} + \frac{1}{r^2} \cdot \frac{\partial^2 \Psi}{\partial \varphi^2} = 0$$

Dies ist die **Laplace-Gleichung der Stromfunktion** in der Darstellung mittels Polarkoordinaten.

Kontinuität

Die Kontinuitätsgleichung der ebenen, inkompressiblen, stationären Strömung in Abhängigkeit von kartesischen Koordinaten lautet gemäß Abschn. 1.1

$$\left(\frac{\partial c_x}{\partial x}\right) + \left(\frac{\partial c_y}{\partial y}\right) = 0$$

Dies sei der Ausgangspunkt für die Darstellung der Kontinuitätsgleichung mittels Polarkoordinaten.

Gemäß Abb. 1.7 erkennt man

$$c_x = c_x(r, \varphi); \quad c_y = c_y(r, \varphi).$$

Da weiterhin $r = r(x, y)$ und $\varphi = \varphi(x, y)$, lässt sich auch schreiben

$$c_x \cdot [r(x, y), \varphi(x, y)]$$

und

$$c_y \cdot [r(x, y), \varphi(x, y)].$$

Somit erhält man für den **ersten** Term in der o. g. Kontinuitätsgleichung gemäß „Kettenregel für Funktionen mehrerer Variablen", hier r und φ

$$\frac{\partial c_x}{\partial x} = \frac{\partial c_x}{\partial r} \cdot \frac{\partial r}{\partial x} + \frac{\partial c_x}{\partial \varphi} \cdot \frac{\partial \varphi}{\partial x}$$

und für den **zweiten** Term

$$\frac{\partial c_y}{\partial y} = \frac{\partial c_y}{\partial r} \cdot \frac{\partial r}{\partial y} + \frac{\partial c_y}{\partial \varphi} \cdot \frac{\partial \varphi}{\partial y}.$$

Betrachten wir zunächst den **ersten** Term. Hierin sollen im Folgenden die beiden partiellen Differentialquotienten $\frac{\partial r}{\partial x}$ und $\frac{\partial \varphi}{\partial x}$ und danach $\frac{\partial c_x}{\partial r}$ sowie $\frac{\partial c_x}{\partial \varphi}$ ermittelt werden. Dabei macht man von nachstehenden Zusammenhängen gemäß Abb. 1.7 Gebrauch.

$$r = \sqrt{x^2 + y^2},$$
$$x = r \cdot \cos \varphi,$$
$$y = r \cdot \sin \varphi,$$
$$\varphi = \arctan \frac{y}{x}.$$

$\dfrac{\partial r}{\partial x}$ Mit

$$r = (x^2 + y^2)^{\frac{1}{2}}$$

und der Substitution

$$z = x^2 + y^2$$

liefert

$$r = z^{\frac{1}{2}}.$$

Somit folgt mit $\dfrac{\partial r}{\partial x} = \dfrac{\partial r}{\partial z} \cdot \dfrac{\partial z}{\partial x}$

$$\frac{\partial r}{\partial z} = \frac{1}{2} \cdot z^{-\frac{1}{2}} = \frac{1}{2} \frac{1}{\sqrt{z}} \quad \text{und} \quad \frac{\partial z}{\partial x} = 2 \cdot x.$$

Oben eingesetzt führt zu

$$\frac{\partial r}{\partial x} = \frac{1}{2} \cdot \frac{1}{\sqrt{x^2 + y^2}} \cdot 2 \cdot x = \frac{x}{r} = \cos \varphi.$$

Das Ergebnis lautet folglich

$$\frac{\partial r}{\partial x} = \cos \varphi.$$

Betrachten wir jetzt den zweiten Differentialquotienten des ersten Terms.

$\dfrac{\partial \varphi}{\partial x}$ Mit

$$\varphi = \arctan \frac{y}{x}$$

und der Substitution

$$z = \frac{y}{x}$$

erhält man zunächst

$$\varphi = \arctan z.$$

Dann lautet

$$\frac{\partial \varphi}{\partial x} = \frac{\partial \varphi}{\partial z} \cdot \frac{\partial z}{\partial x}$$

Hierin ist

$$\frac{\partial \varphi}{\partial z} = \frac{1}{1 + z^2} = \frac{1}{1 + \frac{y^2}{x^2}} = \frac{1}{\frac{x^2 + y^2}{x^2}}$$

und somit

$$\frac{\partial \varphi}{\partial z} = \frac{x^2}{(x^2 + y^2)}$$

Des Weiteren wird

$$\frac{\partial z}{\partial x} = y \cdot (-1) \cdot x^{-2}.$$

Oben eingesetzt ergibt

$$\frac{\partial \varphi}{\partial x} = \frac{x^2}{(x^2 + y^2)} \cdot (-1) \cdot \frac{y}{x^2} = -\frac{y}{r^2}$$

oder

$$\frac{\partial \varphi}{\partial x} = -\frac{y}{r} \cdot \frac{1}{r}.$$

Da weiterhin $\frac{y}{r} = \sin \varphi$ ist, lautet jetzt das Resultat

$$\frac{\partial \varphi}{\partial x} = -\frac{\sin \varphi}{r}$$

Nun sollen im Folgenden die beiden noch ausstehenden partiellen Differentialquotienten $\frac{\partial c_x}{\partial r}$ und $\frac{\partial c_x}{\partial \varphi}$ des ersten Terms ermittelt werden. Dabei macht man von

$$c_x = c_r \cdot \cos \varphi - c_\varphi \cdot \sin \varphi$$

Gebrauch. Im Einzelnen führen anschließende Schritte zum gesuchten Ergebnis.

$\frac{\partial c_x}{\partial r}$ Es wird

$$\frac{\partial c_x}{\partial r} = \left(\frac{\partial c_r}{\partial r} \cdot \cos \varphi + c_r \cdot \frac{\partial \cos \varphi}{\partial r} \right) - \left(\frac{\partial c_\varphi}{\partial r} \cdot \sin \varphi + c_\varphi \cdot \frac{\partial \sin \varphi}{\partial r} \right)$$

Da $\varphi \neq f(r)$ sowie $r \neq f(\varphi)$ entfallen $\frac{\partial \cos \varphi}{\partial r}$ und $\frac{\partial \sin \varphi}{\partial r}$. Es bleibt übrig

$$\frac{\partial c_x}{\partial r} = \frac{\partial c_r}{\partial r} \cdot \cos \varphi - \frac{\partial c_\varphi}{\partial r} \cdot \sin \varphi.$$

$\dfrac{\partial c_x}{\partial \varphi}$ Es wird

$$\frac{\partial c_x}{\partial \varphi} = \left(\frac{\partial c_r}{\partial \varphi} \cdot \cos \varphi + c_r \cdot \frac{\partial \cos \varphi}{\partial \varphi} \right) - \left(\frac{\partial c_\varphi}{\partial \varphi} \cdot \sin \varphi + c_\varphi \cdot \frac{\partial \sin \varphi}{\partial \varphi} \right).$$

Da $\frac{\partial \cos \varphi}{\partial \varphi} = -\sin \varphi$ und $\frac{\partial \sin \varphi}{\partial \varphi} = \cos \varphi$ lauten, erhält man

$$\frac{\partial c_x}{\partial \varphi} = \frac{\partial c_r}{\partial \varphi} \cdot \cos \varphi - c_r \cdot \sin \varphi - \frac{\partial c_\varphi}{\partial \varphi} \cdot \sin \varphi - c_\varphi \cdot \cos \varphi.$$

Diese vier ermittelten partiellen Differentialquotienten in die Ausgangsgleichung

$$\frac{\partial c_x}{\partial x} = \frac{\partial c_x}{\partial r} \cdot \frac{\partial r}{\partial x} + \frac{\partial c_x}{\partial \varphi} \cdot \frac{\partial \varphi}{\partial x}$$

eingesetzt liefert zunächst

$$\frac{\partial c_x}{\partial x} = \left(\frac{\partial c_r}{\partial r} \cdot \cos \varphi - \frac{\partial c_\varphi}{\partial r} \cdot \sin \varphi \right) \cdot \cos \varphi$$

$$+ \left(\frac{\partial c_r}{\partial \varphi} \cdot \cos \varphi - c_r \cdot \sin \varphi - \frac{\partial c_\varphi}{\partial \varphi} \cdot \sin \varphi - c_\varphi \cdot \cos \varphi \right) \cdot \left(-\frac{\sin \varphi}{r} \right).$$

Ausmultipliziert führt zum Resultat

$$\frac{\partial c_x}{\partial x} = \frac{\partial c_r}{\partial r} \cdot \cos^2 \varphi - \frac{\partial c_\varphi}{\partial r} \cdot \sin \varphi \cdot \cos \varphi - \frac{\partial c_r}{\partial \varphi} \cdot \frac{1}{r} \cdot \sin \varphi \cdot \cos \varphi$$

$$+ \frac{c_r}{r} \cdot \sin^2 \varphi + \frac{\partial c_\varphi}{\partial \varphi} \cdot \frac{1}{r} \cdot \sin^2 \varphi + \frac{c_\varphi}{r} \cdot \sin \varphi \cdot \cos \varphi.$$

Jetzt betrachten wir den **zweiten** Term. Hierin sollen im Folgenden die beiden partiellen Differentialquotienten $\frac{\partial r}{\partial y}$ und $\frac{\partial \varphi}{\partial y}$ und danach $\frac{\partial c_y}{\partial r}$ sowie $\frac{\partial c_y}{\partial \varphi}$ ermittelt werden. Dabei macht man ebenfalls von nachstehenden Zusammenhängen gemäß Abb. 1.7 Gebrauch.

$$r = \sqrt{x^2 + y^2},$$

$$x = r \cdot \cos \varphi,$$

$$y = r \cdot \sin \varphi,$$

$$\varphi = \arctan \frac{y}{x}.$$

$\dfrac{\partial r}{\partial y}$ Mit

$$r = (x^2 + y^2)^{\frac{1}{2}}$$

und der Substitution $z = x^2 + y^2$ liefert

$$r = z^{\frac{1}{2}}.$$

Somit folgt mit $\frac{\partial r}{\partial y} = \frac{\partial r}{\partial z} \cdot \frac{\partial z}{\partial y}$

$$\frac{\partial r}{\partial z} = \frac{1}{2} \cdot z^{-\frac{1}{2}} = \frac{1}{2} \frac{1}{\sqrt{z}} \quad \text{und} \quad \frac{\partial z}{\partial y} = 2 \cdot y.$$

Oben eingesetzt führt zu

$$\frac{\partial r}{\partial y} = \frac{1}{2} \cdot \frac{1}{\sqrt{x^2 + y^2}} \cdot 2 \cdot y = \frac{y}{r} = \sin \varphi.$$

Das Ergebnis lautet folglich

$$\frac{\partial r}{\partial y} = \sin \varphi.$$

$\dfrac{\partial \varphi}{\partial y}$ Mit

$$\varphi = \arctan \frac{y}{x}$$

und der Substitution

$$z = \frac{y}{x}$$

erhält man zunächst

$$\varphi = \arctan z.$$

Dann lautet

$$\frac{\partial \varphi}{\partial y} = \frac{\partial \varphi}{\partial z} \cdot \frac{\partial z}{\partial y}$$

Hierin ist

$$\frac{\partial \varphi}{\partial z} = \frac{1}{1 + z^2} = \frac{1}{1 + \frac{y^2}{x^2}} = \frac{1}{\frac{x^2 + y^2}{x^2}}$$

und somit

$$\frac{\partial \varphi}{\partial z} = \frac{x^2}{(x^2 + y^2)}$$

Des Weiteren wird

$$\frac{\partial z}{\partial y} = \frac{1}{x}.$$

Oben eingesetzt ergibt

$$\frac{\partial \varphi}{\partial y} = \frac{x^2}{(x^2 + y^2)} \cdot \frac{1}{x}$$

oder

$$\frac{\partial \varphi}{\partial y} = \frac{x}{(x^2 + y^2)} = \frac{x}{r^2} = \frac{1}{r} \cdot \frac{x}{r}.$$

Da weiterhin $\frac{x}{r} = \cos \varphi$ ist, lautet jetzt das Resultat

$$\frac{\partial \varphi}{\partial y} = \frac{\cos \varphi}{r}.$$

Nun sollen im Folgenden die beiden noch ausstehenden partiellen Differentialquotienten

$$\frac{\partial c_y}{\partial r} \quad \text{und} \quad \frac{\partial c_y}{\partial \varphi}$$

des zweiten Terms ermittelt werden. Dabei macht man von

$$c_y = c_r \cdot \sin \varphi + c_\varphi \cdot \cos \varphi$$

Gebrauch. Im Einzelnen führen anschließende Schritte zum gesuchten Ergebnis.

$\frac{\partial c_y}{\partial r}$ Es wird

$$\frac{\partial c_y}{\partial r} = \left(\frac{\partial c_r}{\partial r} \cdot \sin \varphi + c_r \cdot \frac{\partial \sin \varphi}{\partial r} \right) + \left(\frac{\partial c_\varphi}{\partial r} \cdot \cos \varphi + c_\varphi \cdot \frac{\partial \cos \varphi}{\partial r} \right)$$

Da $\varphi \neq f(r)$ sowie $r \neq f(\varphi)$ entfallen $\frac{\partial \sin \varphi}{\partial r}$ und $\frac{\partial \cos \varphi}{\partial r}$. Es bleibt übrig

$$\frac{\partial c_y}{\partial r} = \frac{\partial c_r}{\partial r} \cdot \sin \varphi + \frac{\partial c_\varphi}{\partial r} \cdot \cos \varphi.$$

$\frac{\partial c_y}{\partial \varphi}$ Es wird

$$\frac{\partial c_y}{\partial \varphi} = \left(\frac{\partial c_r}{\partial \varphi} \cdot \sin \varphi + c_r \cdot \frac{\partial \sin \varphi}{\partial \varphi} \right) + \left(\frac{\partial c_\varphi}{\partial \varphi} \cdot \cos \varphi + c_\varphi \cdot \frac{\partial \cos \varphi}{\partial \varphi} \right).$$

Da $\frac{\partial \sin \varphi}{\partial \varphi} = \cos \varphi$ und $\frac{\partial \cos \varphi}{\partial \varphi} = -\sin \varphi$ lauten, erhält man

$$\frac{\partial c_y}{\partial \varphi} = \frac{\partial c_r}{\partial \varphi} \cdot \sin \varphi + c_r \cdot \cos \varphi + \frac{\partial c_\varphi}{\partial \varphi} \cdot \cos \varphi - c_\varphi \cdot \sin \varphi.$$

Diese vier ermittelten partiellen Differentialquotienten in die Ausgangsgleichung

$$\frac{\partial c_y}{\partial y} = \frac{\partial c_y}{\partial r} \cdot \frac{\partial r}{\partial y} + \frac{\partial c_y}{\partial \varphi} \cdot \frac{\partial \varphi}{\partial y}$$

eingesetzt liefert zunächst

$$\frac{\partial c_y}{\partial y} = \left(\frac{\partial c_r}{\partial r} \cdot \sin \varphi + \frac{\partial c_\varphi}{\partial r} \cdot \cos \varphi \right) \cdot \sin \varphi$$
$$+ \left(\frac{\partial c_r}{\partial \varphi} \cdot \sin \varphi + c_r \cdot \cos \varphi + \frac{\partial c_\varphi}{\partial \varphi} \cdot \cos \varphi - c_\varphi \cdot \sin \varphi \right) \cdot \frac{\cos \varphi}{r}.$$

Ausmultipliziert führt zum Resultat

$$\frac{\partial c_y}{\partial y} = \frac{\partial c_r}{\partial r} \cdot \sin^2 \varphi + \frac{\partial c_\varphi}{\partial r} \cdot \sin \varphi \cdot \cos \varphi + \frac{\partial c_r}{\partial \varphi} \cdot \frac{1}{r} \cdot \sin \varphi \cdot \cos \varphi$$
$$+ \frac{c_r}{r} \cdot \cos^2 \varphi + \frac{\partial c_\varphi}{\partial \varphi} \cdot \frac{1}{r} \cdot \cos^2 \varphi - \frac{c_\varphi}{r} \cdot \sin \varphi \cdot \cos \varphi.$$

Von der ursprünglichen Kontinuitätsgleichung in der Darstellung mittels kartesischer Koordinaten ausgehend

$$\left(\frac{\partial c_x}{\partial x} \right) + \left(\frac{\partial c_y}{\partial y} \right) = 0$$

werden jetzt die oben ermittelten partiellen Differentialquotienten $\frac{\partial c_x}{\partial x}$ und $\frac{\partial c_y}{\partial y}$ in Verbindung mit Polarkoordinaten in die Gleichung eingesetzt. Dies stellt sich wie folgt dar:

$$\left(\frac{\partial c_x}{\partial x} \right) + \left(\frac{\partial c_y}{\partial y} \right) = \frac{\partial c_r}{\partial r} \cdot \cos^2 \varphi - \frac{\partial c_\varphi}{\partial r} \cdot \sin \varphi \cdot \cos \varphi - \frac{\partial c_r}{\partial \varphi} \cdot \frac{1}{r} \cdot \sin \varphi \cdot \cos \varphi$$
$$+ \frac{c_r}{r} \cdot \sin^2 \varphi + \frac{\partial c_\varphi}{\partial \varphi} \cdot \frac{1}{r} \cdot \sin^2 \varphi + \frac{c_\varphi}{r} \cdot \sin \varphi \cdot \cos \varphi + \frac{\partial c_r}{\partial r} \cdot \sin^2 \varphi$$
$$+ \frac{\partial c_\varphi}{\partial r} \cdot \sin \varphi \cdot \cos \varphi + \frac{\partial c_r}{\partial \varphi} \cdot \frac{1}{r} \cdot \sin \varphi \cdot \cos \varphi + \frac{c_r}{r} \cdot \cos^2 \varphi$$
$$+ \frac{\partial c_\varphi}{\partial \varphi} \cdot \frac{1}{r} \cdot \cos^2 \varphi - \frac{c_\varphi}{r} \cdot \sin \varphi \cdot \cos \varphi = 0.$$

Gleiche Terme mit unterschiedlichen Vorzeichen heben sich hierin auf. Fasst man die restlichen Glieder zusammen und ordnet sie sinnvoll

$$\frac{\partial c_r}{\partial r} \cdot \cos^2 \varphi + \frac{c_r}{r} \cdot \sin^2 \varphi + \frac{\partial c_\varphi}{\partial \varphi} \cdot \frac{1}{r} \cdot \sin^2 \varphi$$
$$+ \frac{\partial c_r}{\partial r} \cdot \sin^2 \varphi + \frac{c_r}{r} \cdot \cos^2 \varphi + \frac{\partial c_\varphi}{\partial \varphi} \cdot \frac{1}{r} \cdot \cos^2 \varphi = 0,$$

so resultiert

$$\frac{\partial c_r}{\partial r} \cdot (\sin^2 \varphi + \cos^2 \varphi) + \frac{c_r}{r} \cdot (\sin^2 \varphi + \cos^2 \varphi) + \frac{\partial c_\varphi}{\partial \varphi} \cdot \frac{1}{r} \cdot (\sin^2 \varphi + \cos^2 \varphi) = 0.$$

Es gilt weiterhin $(\sin^2 \varphi + \cos^2 \varphi) = 1$, was folglich zum Ergebnis der **Kontinuitätsgleichung in Polarkoordinaten** wie folgt führt

$$\frac{\partial c_r}{\partial r} + \frac{c_r}{r} + \frac{1}{r} \cdot \frac{\partial c_\varphi}{\partial \varphi} = 0,$$

oder

$$\frac{1}{r} \cdot \left(r \cdot \frac{\partial c_r}{\partial r} + c_r + \frac{\partial c_\varphi}{\partial \varphi} \right) = 0,$$

oder auch

$$\frac{1}{r} \cdot \left(\frac{\partial (r \cdot c_r)}{\partial r} + \frac{\partial c_\varphi}{\partial \varphi} \right) = 0.$$

Drehung

Die Gleichung der Drehungsfreiheit einer ebenen, inkompressiblen, stationären Strömung in Abhängigkeit von kartesischen Koordinaten lautet gemäß Abschn. 1.2

$$\left(\frac{\partial c_y}{\partial x} \right) - \left(\frac{\partial c_x}{\partial y} \right) = 0$$

Dies sei der Ausgangspunkt für die Darstellung der betreffenden Gleichung mittels Polarkoordinaten.

Gemäß Abb. 1.7 erkennt man

$$c_x = c_x(r, \varphi); \quad c_y = c_y(r, \varphi).$$

Da weiterhin $r = r(x, y)$ und $\varphi = \varphi(x, y)$, lässt sich auch schreiben

$$c_x \cdot [r(x, y), \varphi(x, y)]$$

und

$$c_y \cdot [r(x, y), \varphi(x, y)].$$

Somit erhält man für den **ersten** Term in der o. g. Gleichung gemäß „Kettenregel für Funktionen mehrerer Variablen", hier r und φ

$$\frac{\partial c_y}{\partial x} = \frac{\partial c_y}{\partial r} \cdot \frac{\partial r}{\partial x} + \frac{\partial c_y}{\partial \varphi} \cdot \frac{\partial \varphi}{\partial x}$$

und für den **zweiten** Term

$$\frac{\partial c_x}{\partial y} = \frac{\partial c_x}{\partial r} \cdot \frac{\partial r}{\partial y} + \frac{\partial c_x}{\partial \varphi} \cdot \frac{\partial \varphi}{\partial y}.$$

Betrachten wir zunächst wieder den **ersten** Term. Hierin sollen im Folgenden die beiden partiellen Differentialquotienten $\frac{\partial r}{\partial x}$ und $\frac{\partial \varphi}{\partial x}$ und danach $\frac{\partial c_y}{\partial r}$ sowie $\frac{\partial c_y}{\partial \varphi}$ ermittelt werden.

Hierbei werden die Ergebnisse von den vorangegangenen Betrachtungen wieder verwendet.

$$\frac{\partial r}{\partial x}: \quad \frac{\partial r}{\partial x} = \cos \varphi$$

$$\frac{\partial \varphi}{\partial x}: \quad \frac{\partial \varphi}{\partial x} = -\frac{\sin \varphi}{r}$$

$$\frac{\partial c_y}{\partial r}: \quad \frac{\partial c_y}{\partial r} = \frac{\partial c_r}{\partial r} \cdot \sin \varphi + \frac{\partial c_\varphi}{\partial r} \cdot \cos \varphi$$

$$\frac{\partial c_y}{\partial \varphi}: \quad \frac{\partial c_y}{\partial \varphi} = \frac{\partial c_r}{\partial \varphi} \cdot \sin \varphi + c_r \cdot \cos \varphi + \frac{\partial c_\varphi}{\partial \varphi} \cdot \cos \varphi - c_\varphi \cdot \sin \varphi$$

Diese vier ermittelten partiellen Differentialquotienten in die Ausgangsgleichung

$$\frac{\partial c_y}{\partial x} = \frac{\partial c_y}{\partial r} \cdot \frac{\partial r}{\partial x} + \frac{\partial c_y}{\partial \varphi} \cdot \frac{\partial \varphi}{\partial x}$$

eingesetzt liefert zunächst

$$\frac{\partial c_y}{\partial x} = \left(\frac{\partial c_r}{\partial r} \cdot \sin \varphi + \frac{\partial c_\varphi}{\partial r} \cdot \cos \varphi \right) \cdot \cos \varphi$$

$$+ \left(\frac{\partial c_r}{\partial \varphi} \cdot \sin \varphi + c_r \cdot \cos \varphi + \frac{\partial c_\varphi}{\partial \varphi} \cdot \cos \varphi - c_\varphi \cdot \sin \varphi \right) \cdot \left(-\frac{\sin \varphi}{r} \right)$$

Ausmultipliziert führt zum Resultat

$$\frac{\partial c_y}{\partial x} = \frac{\partial c_r}{\partial r} \cdot \sin \varphi \cdot \cos \varphi + \frac{\partial c_\varphi}{\partial r} \cdot \cos^2 \varphi - \frac{\partial c_r}{\partial \varphi} \cdot \frac{1}{r} \cdot \sin^2 \varphi$$

$$- \frac{c_r}{r} \cdot \sin \varphi \cdot \cos \varphi - \frac{\partial c_\varphi}{\partial \varphi} \cdot \frac{1}{r} \cdot \sin \varphi \cdot \cos \varphi + \frac{c_\varphi}{r} \cdot \sin^2 \varphi.$$

Jetzt betrachten wir den **zweiten** Term. Hierin sollen im Folgenden die beiden partiellen Differentialquotienten $\frac{\partial r}{\partial y}$ und $\frac{\partial \varphi}{\partial y}$ und danach $\frac{\partial c_x}{\partial r}$ sowie $\frac{\partial c_x}{\partial \varphi}$ ermittelt werden. Hierbei werden die folgenden Ergebnisse ebenfalls wieder verwendet.

$$\frac{\partial r}{\partial y}: \quad \frac{\partial r}{\partial y} = \sin \varphi$$

$$\frac{\partial \varphi}{\partial y}: \quad \frac{\partial \varphi}{\partial y} = \frac{\cos \varphi}{r}$$

$$\frac{\partial c_x}{\partial r}: \quad \frac{\partial c_x}{\partial r} = \frac{\partial c_r}{\partial r} \cdot \cos \varphi - \frac{\partial c_\varphi}{\partial r} \cdot \sin \varphi$$

$$\frac{\partial c_x}{\partial \varphi}: \quad \frac{\partial c_x}{\partial \varphi} = \frac{\partial c_r}{\partial \varphi} \cdot \cos \varphi - c_r \cdot \sin \varphi - \frac{\partial c_\varphi}{\partial \varphi} \cdot \sin \varphi - c_\varphi \cdot \cos \varphi$$

Diese vier ermittelten partiellen Differentialquotienten in die Ausgangsgleichung

$$\frac{\partial c_x}{\partial y} = \frac{\partial c_x}{\partial r} \cdot \frac{\partial r}{\partial y} + \frac{\partial c_x}{\partial \varphi} \cdot \frac{\partial \varphi}{\partial y}$$

eingesetzt liefert zunächst

$$\frac{\partial c_x}{\partial y} = \left(\frac{\partial c_r}{\partial r} \cdot \cos \varphi - \frac{\partial c_\varphi}{\partial r} \cdot \sin \varphi \right) \cdot \sin \varphi$$
$$+ \left(\frac{\partial c_r}{\partial \varphi} \cdot \cos \varphi - c_r \cdot \sin \varphi - \frac{\partial c_\varphi}{\partial \varphi} \cdot \sin \varphi - c_\varphi \cdot \cos \varphi \right) \cdot \frac{\cos \varphi}{r}$$

Ausmultipliziert führt zum Resultat

$$\frac{\partial c_x}{\partial y} = \frac{\partial c_r}{\partial r} \cdot \sin \varphi \cdot \cos \varphi - \frac{\partial c_\varphi}{\partial r} \cdot \sin^2 \varphi + \frac{\partial c_r}{\partial \varphi} \cdot \frac{1}{r} \cdot \cos^2 \varphi$$
$$- \frac{c_r}{r} \cdot \sin \varphi \cdot \cos \varphi - \frac{\partial c_\varphi}{\partial \varphi} \cdot \frac{1}{r} \cdot \sin \varphi \cdot \cos \varphi - \frac{c_\varphi}{r} \cdot \cos^2 \varphi.$$

Von der ursprünglichen Gleichung der Drehungsfreiheit in der Darstellung mittels kartesischer Koordinaten ausgehend

$$\left(\frac{\partial c_y}{\partial x} \right) - \left(\frac{\partial c_x}{\partial y} \right) = 0$$

werden jetzt die oben ermittelten partiellen Differentialquotienten $\frac{\partial c_y}{\partial x}$ und $\frac{\partial c_x}{\partial y}$ in Verbindung mit Polarkoordinaten in die Gleichung eingesetzt. Dies stellt sich wie folgt dar:

$$\left(\frac{\partial c_y}{\partial x} \right) - \left(\frac{\partial c_x}{\partial y} \right) = \frac{\partial c_r}{\partial r} \cdot \sin \varphi \cdot \cos \varphi + \frac{\partial c_\varphi}{\partial r} \cdot \cos^2 \varphi - \frac{\partial c_r}{\partial \varphi} \cdot \frac{1}{r} \cdot \sin^2 \varphi$$
$$- \frac{c_r}{r} \cdot \sin \varphi \cdot \cos \varphi - \frac{\partial c_\varphi}{\partial \varphi} \cdot \frac{1}{r} \cdot \sin \varphi \cdot \cos \varphi + \frac{c_\varphi}{r} \cdot \sin^2 \varphi$$
$$- \frac{\partial c_r}{\partial r} \cdot \sin \varphi \cdot \cos \varphi + \frac{\partial c_\varphi}{\partial r} \cdot \sin^2 \varphi - \frac{\partial c_r}{\partial \varphi} \cdot \frac{1}{r} \cdot \cos^2 \varphi$$
$$+ \frac{c_r}{r} \cdot \sin \varphi \cdot \cos \varphi + \frac{\partial c_\varphi}{\partial \varphi} \cdot \frac{1}{r} \cdot \sin \varphi \cdot \cos \varphi + \frac{c_\varphi}{r} \cdot \cos^2 \varphi = 0$$

Gleiche Terme mit unterschiedlichen Vorzeichen heben sich hierin auf. Fasst man die restlichen Glieder zusammen und ordnet sie sinnvoll

$$\frac{\partial c_\varphi}{\partial r} \cdot \cos^2 \varphi - \frac{\partial c_r}{\partial \varphi} \cdot \frac{1}{r} \cdot \sin^2 \varphi + \frac{c_\varphi}{r} \cdot \sin^2 \varphi$$
$$+ \frac{\partial c_\varphi}{\partial r} \cdot \sin^2 \varphi - \frac{\partial c_r}{\partial \varphi} \cdot \frac{1}{r} \cdot \cos^2 \varphi + \frac{c_\varphi}{r} \cdot \cos^2 \varphi = 0$$

so resultiert

$$\frac{\partial c_\varphi}{\partial r} \cdot (\sin^2 \varphi + \cos^2 \varphi) - \frac{\partial c_r}{\partial \varphi} \cdot \frac{1}{r} \cdot (\sin^2 \varphi + \cos^2 \varphi) + \frac{c_\varphi}{r} \cdot (\sin^2 \varphi + \cos^2 \varphi) = 0.$$

Es gilt weiterhin $(\sin^2 \varphi + \cos^2 \varphi) = 1$, was folglich zum Ergebnis der Gleichung der **Drehungsfreiheit in Polarkoordinaten** wie folgt führt

$$\frac{\partial c_\varphi}{\partial r} + \frac{c_\varphi}{r} - \frac{1}{r} \cdot \frac{\partial c_r}{\partial \varphi} = 0,$$

oder

$$\frac{1}{r} \cdot \left(r \cdot \frac{\partial c_\varphi}{\partial r} + c_\varphi - \frac{\partial c_r}{\partial \varphi} \right) = 0,$$

oder

$$\frac{1}{r} \cdot \left(\frac{\partial (c_\varphi \cdot r)}{\partial r} - \frac{\partial c_r}{\partial \varphi} \right) = 0.$$

1.9 Linien-, Kurvenintegrale

Gemäß Abb. 1.8. schneidet eine Kurve $\overset{\frown}{AB}$ die Stromlinien eines ebenen Strömungsfeldes in den Punkten A, P und B. Es wird von einem idealen Fluid ausgegangen. Die Geschwindigkeiten $\vec{c}$ seien nach Größe und Richtung bekannt. Entlang der Kurve $\overset{\frown}{AB}$ werde das Skalarprodukt des Geschwindigkeitsvektors $\vec{c}$ und des Wegelements $d\vec{s}$ gebildet zu $d\Lambda = \vec{c} \cdot d\vec{s}$. Die Integration zwischen den Stellen A und B liefert das Linienintegral $\Lambda_{A \div B}$

$$\Lambda_{A \div B} = \int_{(A)}^{(B)} \vec{c} \cdot d\vec{s}.$$

$\vec{c}$: Geschwindigkeitsvektor an die Stromlinie Ψ_i im Punkt P$(x; y)$.
$d\vec{s}$: Wegelement der Kurve $\overset{\frown}{AB}$

Es bedeuten in Abb. 1.8

c_x: Betrag der x-Komponente von c
c_y: Betrag der y-Komponente von c
$\vec{i}$: Einheitsvektor in x-Richtung mit dem Betrag $= 1$
$\vec{j}$: Einheitsvektor in y-Richtung mit dem Betrag $= 1$

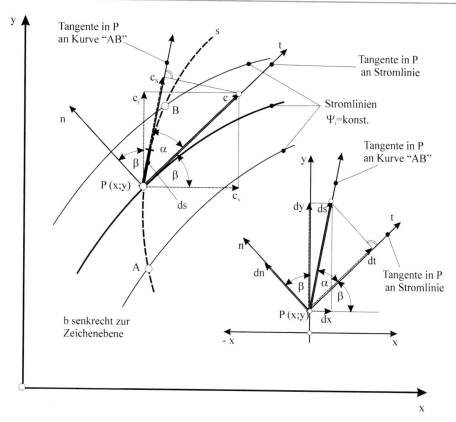

Abb. 1.8 Linienintegral

Man erhält somit

$$\vec{c} = c_x \cdot \vec{i} + c_y \cdot \vec{j}.$$

In gleicher Weise verfährt man mit dem Vektor des Wegelements $d\vec{s} = d\vec{x} + d\vec{y}$. Hierin werden $d\vec{x} = |dx| \cdot \vec{i}$ und $d\vec{y} = |dy| \cdot \vec{j}$ oder auch durch $d\vec{x} = dx \cdot \vec{i}$ und $d\vec{y} = dy \cdot \vec{j}$ ersetzt. Es bedeuten in Abb. 1.8

dx: Betrag der x-Komponente von ds
dy: Betrag der y-Komponente von ds
$\vec{i}$: Einheitsvektor in x-Richtung mit dem Betrag $= 1$
$\vec{j}$: Einheitsvektor in y-Richtung mit dem Betrag $= 1$.

Man erhält somit

$$d\vec{s} = dx \cdot \vec{i} + dy \cdot \vec{j}.$$

Die Ergebnisse für $\vec{c}$ und $d\vec{s}$ in das Linienintegral $\Lambda_{A \div B} = \int_{(A)}^{(B)} \vec{c} \cdot d\vec{s}$ eingesetzt liefert

$$\Lambda_{A \div B} = \int_{(A)}^{(B)} (c_x \cdot \vec{i} + c_y \cdot \vec{j}) \cdot (dx \cdot \vec{i} + dy \cdot \vec{j}).$$

Hierin werden jetzt die beiden Klammern ausmultipliziert. Dies führt zu

$$\Lambda_{A \div B} = \int_{(A)}^{(B)} c_x \cdot dx \cdot \vec{i} \cdot \vec{i} + c_x \cdot dy \cdot \vec{i} \cdot \vec{j} + c_y \cdot dx \cdot \vec{i} \cdot \vec{j} + c_y \cdot dy \cdot \vec{j} \cdot \vec{j}$$

Mit dem Skalarprodukt $\vec{i} \cdot \vec{i} = |i| \cdot |i| \cdot \cos(i, i)$ und $|i| = 1$ sowie $\cos(i, i) = \cos 0° = 1$ folgt

$$\vec{i} \cdot \vec{i} = 1 \cdot 1 \cdot 1 = 1.$$

Mit dem Skalarprodukt $\vec{j} \cdot \vec{j} = |j| \cdot |j| \cdot \cos(j, j)$ und $|j| = 1$ sowie $\cos(j, j) = \cos 0° = 1$ folgt

$$\vec{j} \cdot \vec{j} = 1 \cdot 1 \cdot 1 = 1.$$

Mit dem Skalarprodukt $\vec{i} \cdot \vec{j} = |i| \cdot |j| \cdot \cos(i, j)$ und $|i| = |j| = 1$ sowie $\cos(i, j) = \cos 90° = 0$ folgt

$$\vec{i} \cdot \vec{j} = 1 \cdot 1 \cdot 0 = 0.$$

Mit diesen Ergebnissen erhält man für das ebene Linienintegral

$$\Lambda_{A \div B} = \int_{(A)}^{(B)} (c_x \cdot dx + c_y \cdot dy).$$

Hierin sind c_x, c_y, dx, dy skalare Größen. Diese werden jetzt gemäß Abb. 1.8 ersetzt durch

$$c_x = c \cdot \cos \beta, \quad c_y = c \cdot \sin \beta, \quad dx = ds \cdot \cos(\alpha + \beta) \quad \text{und} \quad dy = ds \cdot \sin(\alpha + \beta).$$

In $\Lambda_{A \div B}$ eingesetzt führt zunächst zu

$$\Lambda_{A \div B} = \int_{(A)}^{(B)} (c \cdot \cos \beta \cdot ds \cdot \cos(\alpha + \beta) + c \cdot \sin \beta \cdot ds \cdot \sin(\alpha + \beta))$$

oder umgeformt

$$\Lambda_{A \div B} = \int\limits_{(A)}^{(B)} c \cdot ds \cdot (\cos \beta \cdot \cos(\alpha + \beta) + \sin \beta \cdot \sin(\alpha + \beta)).$$

Mit den Additionstheoremen

$$\cos(\alpha + \beta) = \cos \alpha \cdot \cos \beta - \sin \alpha \cdot \sin \beta$$

und

$$\sin(\alpha + \beta) = \sin \alpha \cdot \cos \beta + \cos \alpha \cdot \sin \beta$$

folgt

$$\Lambda_{A \div B} = \int\limits_{(A)}^{(B)} c \cdot ds \cdot \big[\cos \beta \cdot (\cos \alpha \cdot \cos \beta - \sin \alpha \cdot \sin \beta) \\ + \sin \beta \cdot (\sin \alpha \cdot \cos \beta + \cos \alpha \cdot \sin \beta)\big].$$

Den Klammerausdruck ausmultipliziert liefert zunächst

$$\Lambda_{A \div B} = \int\limits_{(A)}^{(B)} c \cdot ds \cdot \big[\cos \alpha \cdot \cos^2 \beta - \sin \alpha \cdot \sin \beta \cdot \cos \beta \\ + \sin \alpha \cdot \sin \beta \cdot \cos \beta + \cos \alpha \cdot \sin^2 \beta\big]$$

oder

$$\Lambda_{A \div B} = \int\limits_{(A)}^{(B)} c \cdot ds \cdot \big[\cos \alpha \cdot \cos^2 \beta + \cos \alpha \cdot \sin^2 \beta\big].$$

$\cos \alpha$ ausgeklammert hat

$$\Lambda_{A \div B} = \int\limits_{(A)}^{(B)} c \cdot ds \cdot \cos \alpha \big[\cos^2 \beta + \sin^2 \beta\big]$$

zur Folge.

Da $\cos^2 \beta + \sin^2 \beta = 1$ ist, lautet das Ergebnis

$$\Lambda_{A \div B} = \int\limits_{(A)}^{(B)} c \cdot \cos \alpha \cdot ds$$

oder auch mit $c \cdot \cos \alpha = c_s$

$$\Lambda_{A \div B} = \int\limits_{(A)}^{(B)} c_S \cdot ds.$$

Gemäß Abb. 1.8 gilt auch $c_s = c \cdot \cos\alpha$ und $ds = \frac{dt}{\cos\alpha}$. Dies führt, oben eingesetzt, zum Resultat

$$\Lambda_{A\div B} = \int\limits_{(A)}^{(B)} c \cdot dt.$$

Zusammenhang zwischen $\Lambda_{A\div B}$ und $\Delta\Phi_{A\div B} = \Phi_B - \Phi_A$ der ebenen Strömung
Mit dem oben angegebenen Zwischenergebnis

$$\Lambda_{A\div B} = \int\limits_{(A)}^{(B)} (c_x \cdot dx + c_y \cdot dy)$$

und den Geschwindigkeitskomponenten $c_x = \frac{\partial\Phi}{\partial x}$ und $c_y = \frac{\partial\Phi}{\partial y}$ in Verbindung mit der Potentialfunktion lässt sich das Linienintegral umformen zu

$$\Lambda_{A\div B} = \int\limits_{(A)}^{(B)} \left(\frac{\partial\Phi}{\partial x} \cdot dx + \frac{\partial\Phi}{\partial y} \cdot dy \right).$$

Der Klammerausdruck im Integral stellt aber nichts anderes dar als das „Totale Differential" der Potentialfunktion

$$D\Phi = \frac{\partial\Phi}{\partial x} \cdot dx + \frac{\partial\Phi}{\partial y} \cdot dy.$$

Somit folgt

$$\Lambda_{A\div B} = \int\limits_{(A)}^{(B)} D\Phi = \Phi\Big|_A^B = \Delta\Phi_{A\div B} = \Phi_B - \Phi_A.$$

Mit anderen Worten: Das Linienintegral zwischen zwei Punkten A und B auf zwei Stromlinien eines ebenen Strömungsfeldes ist gleich dem Potentialunterschied zwischen den beiden Stromlinien.

Volumenstrom in Zusammenhang mit der Stromfunktion der ebenen Strömung
Gemäß Abb. 1.8 lautet der infinitesimale Volumenstrom $d\dot{V} = c \cdot dA$. Hierbei tangiert c in P die Stromlinie und dA ist in P normal (n) zur Stromlinie orientiert. Man erhält mit $dA = dn \cdot b$ folglich den Volumenstrom zu

$$d\dot{V} = c \cdot dn \cdot b.$$

Das „Totale Differential" der Stromfunktion Ψ wird mit

$$D\Psi = \frac{\partial\Psi}{\partial x} \cdot dx + \frac{\partial\Psi}{\partial y} \cdot dy$$

beschrieben. Unter Verwendung der Geschwindigkeitskomponenten $c_x = \frac{\partial\Psi}{\partial y}$ und $c_y = -\frac{\partial\Psi}{\partial x}$ in Verbindung mit der Stromfunktion entsteht

$$D\Psi = c_x \cdot dy - c_y \cdot dx.$$

Weiterhin lassen sich die Geschwindigkeitskomponenten c_x und c_y gemäß Abb. 1.8 wie folgt ersetzen $c_x = c \cdot \cos\beta$ sowie $c_y = c \cdot \sin\beta$. Dies führt dann zu

$$D\Psi = c \cdot \cos\beta \cdot dy - c \cdot \sin\beta \cdot dx$$

oder mit c ausgeklammert

$$D\Psi = c \cdot (\cos\beta \cdot dy - \sin\beta \cdot dx).$$

Der Klammerausdruck kann gemäß Abb. 1.8 ersetzt werden mit

$$dn = \cos\beta \cdot dy - \sin\beta \cdot dx.$$

Dies führt dann zunächst zu

$$D\Psi = c \cdot dn.$$

In $d\dot{V}$ eingesetzt liefert dies

$$d\dot{V} = D\Psi \cdot b.$$

Mit der Integration zwischen den Punkten A und B erhält man

$$\int_{(A)}^{(B)} d\dot{V} = b \cdot \int_{(A)}^{(B)} D\Psi$$

oder

$$\Delta\dot{V}_{A\div B} = b \cdot (\Psi_B - \Psi_A) = b \cdot \Delta\Psi_{A\div B}.$$

$\Delta\dot{V}_{A\div B}$: Volumenstrom, der durch die von dem Kurvenstück $\overset{\frown}{AB}$ und der Höhe b gebildeten Fläche strömt. Fließrichtung ist die Richtung von c.

$\Delta\Psi_{A\div B}$: Differenz der Stromfunktionswerte an den Bezugsstellen B und A

$\Delta\Psi$:   Allgemein ein Maß für den Volumenstrom

1.10 Zirkulation

Die Zirkulation Γ wird gemäß Abb. 1.9 als Linienintegral (Abschn. 1.9) der Geschwindigkeit von Punkt A weiter nach Punkt A entlang einer **geschlossenen** Kurve verstanden. Die Kurve schneidet dabei die Stromlinien des angenommenen ebenen Strömungsfelds. Die Zirkulation ermöglicht es, festzustellen, ob eine Strömung wirbelbehaftet ist, und wenn ja, eine Aussage über die Wirbelintensität zu treffen.

Ausgehend von $d\Lambda = \vec{c} \cdot d\vec{s}$ als **Skalarprodukt** des Geschwindigkeitsvektors $\vec{c}$ und des Wegelements $d\vec{s}$ lässt sich die Zirkulation Γ als Integral entlang einer **geschlossenen** Kurve wie folgt darstellen:

$$\Gamma = \oint_{A \div A} d\Lambda = \oint_{A \div A} \vec{c} \cdot d\vec{s}.$$

Das Skalarprodukt $\vec{c} \cdot d\vec{s}$ wurde oben hergeleitet zu $\vec{c} \cdot d\vec{s} = c_x \cdot dx + c_y \cdot dy$. Damit erhält man für die Zirkulation folgenden Zusammenhang

$$\Gamma = \oint_{A \div A} (c_x \cdot dx + c_y \cdot dy).$$

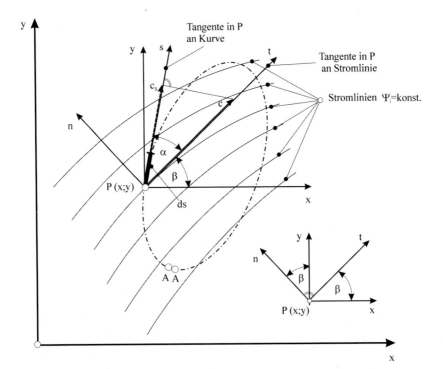

Abb. 1.9 Zirkulation

Die Geschwindigkeitskomponenten $c_x = \frac{\partial \Phi}{\partial x}$ und $c_y = \frac{\partial \Phi}{\partial y}$ in Verbindung mit der Potentialfunktion (Potentialströmung!!) verändern die Zirkulation zu

$$\Gamma = \oint_{A \div A} \left(\frac{\partial \Phi}{\partial x} \cdot dx + \frac{\partial \Phi}{\partial y} \cdot dy \right).$$

Der Klammerausdruck im Integral stellt aber wiederum nichts anderes dar als das „Totale Differential" der Potentialfunktion

$$D\Phi = \frac{\partial \Phi}{\partial x} \cdot dx + \frac{\partial \Phi}{\partial y} \cdot dy.$$

Somit folgt

$$\Gamma = \oint_{A \div A} D\Phi = \Delta \Phi_{A \div A} = \Phi_A - \Phi_A$$

$$\Gamma = 0.$$

D. h. die Zirkulation einer Potentialströmung (**wirbelfreie** Strömung eines idealen Fluids) ist gleich Null. Umgekehrt liegt im Fall einer vorhandenen Zirkulation eine drehungsbehaftete Strömung vor, deren Wirbelstärke umso größer ist, je höher die Zirkulation Γ ausfällt. Folgende Beispiele sollen die wirbelbehaftete und wirbelfreie Strömung belegen.

Zirkulation eines starren Wirbels

In Abb. 1.10 ist ein Wirbel dargestellt, wie man ihn sich z. B. bei der Rotation eines Wasserglases (außerhalb der Anlaufphase) vorstellen kann. Jedes Fluidelement dreht sich mit derselben Winkelgeschwindigkeit ω um die Drehachse (Festkörperrotation). Mit den zwei Radien r_1 und r_2 wird ein Kreisring gebildet, aus dem unter dem Winkel φ ein Fläche A_{ABCD} herausgegriffen wird. Im positiven Drehsinn (entgegen der Uhrzeigerrichtung) soll nun die Zirkulation entlang der Kontur von A_{ABCD} ermittelt werden. Diese lässt sich als Summe der Linienintegrale Λ_i von A–B–C–D–A wie folgt angeben.

$$\Gamma = \Lambda_{A \div B} + \Lambda_{B \div C} + \Lambda_{C \div D} + \Lambda_{D \div A}$$

$\boldsymbol{\Lambda_{A \div B}}$ So sind mit z. B. dem Linienintegral

$$\Lambda_{A \div B} = \int_{(A)}^{(B)} \vec{c} \cdot d\vec{s}$$

oder gemäß Abschn. 1.9

$$\Lambda_{A \div B} = \int_{(A)}^{(B)} c_S \cdot ds$$

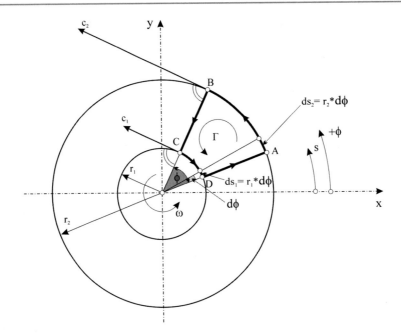

Abb. 1.10 Starrer Wirbel (Festkörperrotation)

die o. g. einzelnen Linienintegrale wie folgt gegeben:

$$\Lambda_{A \div B} = \int_{(A)}^{(B)} c_2 \cdot ds_2$$

Mit $c_2 = \frac{ds_2}{dt}$, $ds_2 = r_2 \cdot d\varphi$ und somit $c_2 = r_2 \cdot \frac{d\varphi}{dt}$ sowie $\frac{d\varphi}{dt} = \omega$ wird

$$c_2 = r_2 \cdot \omega.$$

Oben eingesetzt führt zu

$$\Lambda_{A \div B} = \int_{(A)}^{(B)} r_2 \cdot \omega \cdot ds_2 = \int_{(A)}^{(B)} r_2 \cdot \omega \cdot r_2 \cdot d\varphi = \int_{(A)}^{(B)} r_2^2 \cdot \omega \cdot d\varphi = r_2^2 \cdot \omega \cdot \int_{0}^{\varphi} d\varphi$$

$$\Lambda_{A \div B} = \omega \cdot \varphi \cdot r_2^2.$$

$\Lambda_{C \div D}$

$$\Lambda_{C \div D} = - \int_{(C)}^{(D)} c_1 \cdot ds_1.$$

Das negative Vorzeichen wird erforderlich, da das Linienintegral $\Lambda_{C \div D}$ entgegen dem vereinbarten positiven Drehsinn gerichtet ist.

Mit $c_1 = \frac{ds_1}{dt}$, $ds_1 = r_1 \cdot d\varphi$ und somit $c_1 = r_1 \cdot \frac{d\varphi}{dt}$ sowie $\frac{d\varphi}{dt} = \omega$ wird

$$c_1 = r_1 \cdot \omega.$$

Oben eingesetzt führt zu

$$\Lambda_{C \div D} = -\int_{(C)}^{(D)} r_1 \cdot \omega \cdot ds_1 = -\int_{(C)}^{(D)} r_1 \cdot \omega \cdot r_1 \, d\varphi = -\int_{(C)}^{(D)} r_1^2 \cdot \omega \cdot d\varphi = -r_1^2 \cdot \omega \cdot \int_0^{\varphi} d\varphi$$

oder

$$\Lambda_{C \div D} = -\omega \cdot \varphi \cdot r_1^2$$

$\boldsymbol{\Lambda_{B \div C}}$; $\boldsymbol{\Lambda_{D \div A}}$

$$\Lambda_{B \div C} = \Lambda_{D \div A} = 0,$$

da in beiden Fällen in Richtung von $\overline{BC}$ bzw. $\overline{DA}$ bei dieser Kreisströmung keine Geschwindigkeitskomponenten existieren. Zusammengefasst lässt sich also jetzt formulieren

$$\Gamma = \omega \cdot \varphi \cdot r_2^2 + 0 - \omega \cdot \varphi \cdot r_1^2 + 0$$

oder

$$\Gamma = \omega \cdot \varphi \cdot r_2^2 - \omega \cdot \varphi \cdot r_1^2.$$

Schlussendlich erhält man für die Fläche A_{ABCD} dann

$$\Gamma = \omega \cdot \varphi \cdot (r_2^2 - r_1^2).$$

Wird dieses Ergebnis weiterhin auf die gesamte Kreisringfläche A_{KR} übertragen, so liefert dies mit

$$\frac{A_{ABCD}}{A_{KR}} = \frac{\varphi}{2 \cdot \pi} = \frac{\Gamma}{\Gamma_{KR}}$$

und daraus

$$\Gamma_{KR} = \frac{2 \cdot \pi}{\varphi} \cdot \Gamma.$$

Nun das Resultat für Γ eingesetzt ergibt zunächst

$$\Gamma_{KR} = \frac{2 \cdot \pi}{\varphi} \cdot \omega \cdot \varphi \cdot (r_2^2 - r_1^2)$$

und dem zu Folge dann

$$\Gamma_{KR} = 2 \cdot \omega \cdot \pi \cdot (r_2^2 - r_1^2).$$

Da die Fläche des Kreisrings mit $A_{KR} = \pi \cdot (r_2^2 - r_1^2)$ vorliegt, erhält man die Zirkulation auch zu

$$\Gamma_{KR} = 2 \cdot \omega \cdot A_{KR}.$$

Lässt man jetzt den Radius r_1 immer kleiner werden und somit **gegen Null streben** (aber nicht Null werden!!), so erhält man $\Gamma_{KR} \approx 2 \cdot \omega \cdot \pi \cdot r_2^2$, wobei $\pi \cdot r_2^2$ jetzt die Kreisfläche darstellt. In allgemeiner Schreibweise (ohne Index 2) gilt für die **Zirkulation des starren Wirbels**

$$\Gamma = 2 \cdot \omega \cdot A.$$

Hierin ist $A = \pi \cdot r^2$. Umgeformt entsteht auch $\Gamma = 2 \cdot \omega \cdot \pi \cdot r \cdot r$ und mit $c = \omega \cdot r$ dann

$$\Gamma = 2 \cdot \pi \cdot r \cdot c.$$

Zirkulation eines Potentialwirbels ohne eingeschlossenen Wirbelkern
Im Unterschied zu der wie ein Festkörper rotierenden Kreisströmung soll jetzt der Fall eines Potentialwirbels (Abschn. 2.5) betrachtet und die Frage nach dessen Zirkulation gelöst werden. Das Gesetz des Potentialwirbels lautet, bezogen auf Abb. 1.11

$$c_r \cdot r = c_R \cdot R = c \cdot r = \text{konst.}$$

Gemäß Abb. 1.11 sind beispielhaft zwei kreisförmige Stromlinien mit den Radien r und R sowie den tangierenden Geschwindigkeiten c_r und c_R dargestellt. Im Zentrum ist des Weiteren ein mit ω rotierender Wirbelkern zu erkennen. In Richtung des positiven Drehsinns (entgegen der Uhrzeigerrichtung) soll nun die Zirkulation entlang einer geschlossenen Kurve 1–2–3–4–1 ermittelt werden. Die Kurve wird so gewählt, dass der rotierende Wirbelkern **nicht innerhalb** der gebildeten Fläche liegt. Der Abstand der Kurvenstücke $\overline{1 \div 4}$ und $\overline{2 \div 3}$ sei sehr klein.

Die Zirkulation Γ lässt sich jetzt als Summe der Linienintegrale Λ_i von 1–2–3–4–1 wie folgt angeben.

$$\Gamma = \Lambda_{1 \div 2} + \Lambda_{2 \div 3} + \Lambda_{3 \div 4} + \Lambda_{4 \div 1}$$

$\Lambda_{1 \div 2}$

$$\Lambda_{1 \div 2} = \int\limits_{(1)}^{(2)} \vec{c} \cdot d\vec{s} = \int\limits_{(1)}^{(2)} c_R \cdot ds_R.$$

Abb. 1.11 Potentialwirbel

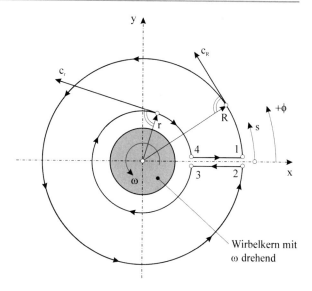

In Anlehnung an Abb. 1.7 ist $ds_R = R \cdot d\varphi$, sodass damit

$$\varLambda_{1 \div 2} = \int\limits_{0}^{2 \cdot \pi} c_R \cdot R \cdot d\varphi$$

oder

$$\varLambda_{1 \div 2} = c_R \cdot R \cdot \int\limits_{0}^{2 \cdot \pi} d\varphi$$

entsteht. Die Integration führt zu

$$\varLambda_{1 \div 2} = 2 \cdot \pi \cdot c_R \cdot R$$

$\varLambda_{3 \div 4}$

$$\varLambda_{3 \div 4} = \int\limits_{(3)}^{(4)} \vec{c} \cdot d\vec{s} = - \int\limits_{(3)}^{(4)} c_r \cdot ds_r.$$

Das negative Vorzeichen wird erforderlich, da das Linienintegral $\varLambda_{3 \div 4}$ entgegen dem vereinbarten positiven Drehsinn gerichtet ist.

In Anlehnung an Abb. 1.7 ist $ds_r = r \cdot d\varphi$, sodass damit

$$\varLambda_{3 \div 4} = - \int\limits_{0}^{2 \cdot \pi} c_r \cdot r \cdot d\varphi$$

oder

$$\Lambda_{3 \div 4} = -c_r \cdot r \cdot \int\limits_{0}^{2 \cdot \pi} d\varphi$$

entsteht. Die Integration führt zu

$$\Lambda_{3 \div 4} = -2 \cdot \pi \cdot c_r \cdot r$$

$\Lambda_{2 \div 3}; \Lambda_{4 \div 1}$

$$\Lambda_{2 \div 3} = \Lambda_{4 \div 1} = 0$$

da in beiden Fällen in Richtung von $\overline{4 \div 1}$ bzw. $\overline{2 \div 3}$ bei dieser Kreisströmung keine Geschwindigkeitskomponenten existieren. Zusammengefasst lässt sich also jetzt formulieren

$$\Gamma = 2 \cdot \pi \cdot c_R \cdot R + 0 - 2 \cdot \pi \cdot c_r \cdot r + 0$$

oder

$$\Gamma = 2 \cdot \pi \cdot c_R \cdot R - 2 \cdot \pi \cdot c_r \cdot r.$$

Schlussendlich erhält man dann

$$\Gamma = 2 \cdot \pi \cdot (c_R \cdot R - c_r \cdot r).$$

Da aber beim Potentialwirbel wie oben schon angegeben

$$c_r \cdot r = c_R \cdot R = c \cdot r = \text{konst.}$$

gilt, wird

$$\Gamma = 0.$$

Die Zirkulation eines Potentialwirbels **ohne eingeschlossenen Wirbelkern** ist gleich Null, d. h. diese Strömung ist wirbelfrei.

Basispotentialströmungen

Zur Ermittlung der in Kap. 4 vorgestellten diversen Strömungskonfigurationen sind die Grundlagenkenntnisse verschiedener Basispotentialströmungen (Strömungstypen) erforderlich. Durch eine geeignete Superposition (Überlagerung) von zwei oder auch mehr dieser Basispotentialströmungen entstehen neue Gesamtströmungsfelder. Deren Berechnung und bildliche Darstellung ist eine zentrale Aufgabe der folgenden Kapitel. Die wichtigsten dieser Basispotentialströmungen mit ihren grundlegenden Zusammenhängen sollen in nachstehenden Schritten betrachtet werden.

2.1 Schräge Parallelströmung

Eine gegenüber der x-Achse um den Winkel α geneigte Parallelströmung weist neben dem konstanten Strömungswinkel eine homogene Translationsgeschwindigkeit c_∞ auf. An der Stelle P ist der Geschwindigkeitsvektor c_∞ mit seinen Komponenten $c_{\infty x}$ und $c_{\infty y}$ zu erkennen. Ebenfalls eingetragen ist ein zweites Koordinatensystem t-n, dessen t-Achse in Richtung von c_∞ und die n-Achse senkrecht dazu orientiert sind. Für beide Koordinatensysteme x-y und t-n sollen die Stromfunktion Ψ und die Potentialfunktion Φ bestimmt werden. Weiterhin ist der Nachweis zu erbringen, dass es sich im vorliegenden Fall um eine Potentialströmung handelt.

Stromfunktion $\Psi(x, y)$
Das totale Differential von $\Psi(x, y)$ lautet

$$D\Psi(x, y) = \frac{\partial \Psi(x, y)}{\partial x} \cdot dx + \frac{\partial \Psi(x, y)}{\partial y} \cdot dy.$$

Mit

$$c_x(x, y) = \frac{\partial \Psi(x, y)}{\partial y} \quad \text{und} \quad c_y(x, y) = -\frac{\partial \Psi(x, y)}{\partial x}$$

V. Schröder, *Ebene Potentialströmungen*, https://doi.org/10.1007/978-3-662-64353-2_2

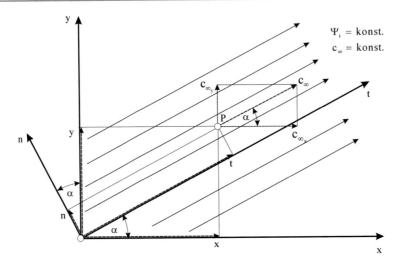

Abb. 2.1 Schräge Parallelströmung

oben eingesetzt erhält man weiterhin

$$D\Psi(x, y) = -c_y(x, y) \cdot dx + c_x(x, y) \cdot dy.$$

Gemäß Abb. 2.1 lauten

$$c_x(x, y) \equiv c_{\infty x} \quad \text{sowie} \quad c_y(x, y) \equiv c_{\infty y}.$$

Dies führt dann zunächst zu

$$D\Psi(x, y) = -c_{\infty y} \cdot dx + c_{\infty x} \cdot dy.$$

Mit den Zusammenhängen

$$c_{\infty y} = c_\infty \cdot \sin \alpha \quad \text{und} \quad c_{\infty x} = c_\infty \cdot \cos \alpha$$

erhält man im nächsten Schritt

$$D\Psi(x, y) = -c_\infty \cdot \sin \alpha \cdot dx + c_\infty \cdot \cos \alpha \cdot dy.$$

Nach Ausklammern von c_∞ entsteht

$$D\Psi(x, y) = c_\infty \cdot (dy \cdot \cos \alpha - dx \cdot \sin \alpha).$$

Die Integration liefert dann mit

$$\int D\Psi(x, y) = c_\infty \cdot \left(\cos \alpha \cdot \int dy - \sin \alpha \cdot \int dx \right)$$

das Ergebnis

$$\Psi(x, y) = c_\infty \cdot (y \cdot \cos \alpha - x \cdot \sin \alpha) + C.$$

Potentialfunktion $\Phi(x, y)$

Das totale Differential von $\Phi(x, y)$ lautet

$$D\Phi(x, y) = \frac{\partial \Phi(x, y)}{\partial x} \cdot dx + \frac{\partial \Phi(x, y)}{\partial y} \cdot dy.$$

Mit

$$c_x(x, y) = \frac{\partial \Phi(x, y)}{\partial x} \quad \text{und} \quad c_y(x, y) = \frac{\partial \Phi(x, y)}{\partial y}$$

oben eingesetzt erhält man weiterhin

$$D\Phi(x, y) = c_x(x, y) \cdot dx + c_y(x, y) \cdot dy.$$

Gemäß Abb. 2.1 lauten

$$c_x(x, y) \equiv c_{\infty x} \quad \text{sowie} \quad c_y(x, y) \equiv c_{\infty y}.$$

Dies führt dann zunächst zu

$$D\Phi(x, y) = c_{\infty x} \cdot dx + c_{\infty y} \cdot dy.$$

Mit den Zusammenhängen

$$c_{\infty x} = c_\infty \cdot \cos \alpha \quad \text{und} \quad c_{\infty y} = c_\infty \cdot \sin \alpha$$

erhält man im nächsten Schritt

$$D\Phi(x, y) = c_\infty \cdot \cos \alpha \cdot dx + c_\infty \cdot \sin \alpha \cdot dy.$$

Nach Ausklammern von c_∞ entsteht

$$D\Phi(x, y) = c_\infty \cdot (dx \cdot \cos \alpha + dy \cdot \sin \alpha).$$

Die Integration liefert dann mit

$$\int D\Phi(x, y) = c_\infty \cdot \left(\cos \alpha \cdot \int dx + \sin \alpha \cdot \int dy \right)$$

das Ergebnis

$$\Phi(x, y) = c_\infty \cdot (x \cdot \cos \alpha + y \cdot \sin \alpha) + C.$$

Abb. 2.2 x-y-Koordinaten-
system und t-n-Koordinaten-
system bei einem Neigungs-
winkel α

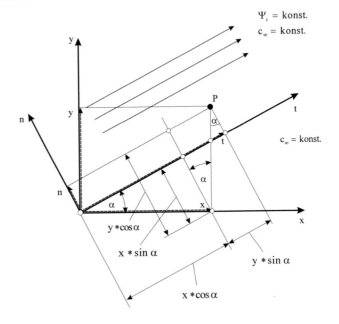

Stromfunktion $\Psi(n)$

Die Umwandlung der Stromfunktion $\Psi(x, y)$ und Potentialfunktion $\Phi(x, y)$ im kartesischen Koordinatensystem in die Abhängigkeit vom n-t-Koordinatensystem lässt sich
gemäß Abb. 2.2 folgendermaßen herstellen. Demnach folgt

$$n = (y \cdot \cos\alpha - x \cdot \sin\alpha).$$

Dies führt zum Ergebnis

$$\Psi(n) = c_\infty \cdot n + C.$$

Potentialfunktion $\Phi(t)$

Weiterhin lautet

$$t = (x \cdot \cos\alpha + y \cdot \sin\alpha),$$

was als Resultat die Potentialfunktion

$$\Phi(t) = c_\infty \cdot t + C$$

zur Folge hat.

Potentialströmungsnachweis

Eine Potentialströmung liegt dann vor, wenn einerseits das **Kontinuitätsgesetz** erfüllt ist
und des Weiteren **Drehungsfreiheit** vorliegt.

Kontinuität

Das Kontinuitätsgesetz der ebenen, stationären, inkompressiblen Strömung lautet

$$\frac{\partial c_x}{\partial x} + \frac{\partial c_y}{\partial y} = 0.$$

Mit der ermittelten Potentialfunktion

$$\Phi(x, y) = c_\infty \cdot (x \cdot \cos\alpha + y \cdot \sin\alpha)$$

und den Geschwindigkeitskomponenten

$$c_x = \frac{\partial \Phi(x, y)}{\partial x} \quad \text{und} \quad c_y = \frac{\partial \Phi(x, y)}{\partial y}$$

lässt sich das Kontinuitätsgesetz im vorliegenden Fall wie folgt darstellen:

$$c_x = \frac{\partial [c_\infty \cdot (x \cdot \cos\alpha + y \cdot \sin\alpha)]}{\partial x}$$

partiell nach x differenziert führt zu $c_x = c_\infty \cdot \cos\alpha$.

$$c_y = \frac{\partial [c_\infty \cdot (x \cdot \cos\alpha + y \cdot \sin\alpha)]}{\partial y}$$

partiell nach y differenziert führt zu $c_y = c_\infty \cdot \sin\alpha$.

In das oben angegebene Kontinuitätsgesetz eingesetzt liefert

$$\frac{\partial (c_\infty \cdot \cos\alpha)}{\partial x} + \frac{\partial (c_\infty \cdot \sin\alpha)}{\partial y} = 0.$$

Da jeweils

$$\frac{\partial (c_\infty \cdot \cos\alpha)}{\partial x} = 0 \quad \text{und} \quad \frac{\partial (c_\infty \cdot \sin\alpha)}{\partial y} = 0$$

sind, erhält man als Ergebnis

$$0 + 0 = 0.$$

Folglich ist der Nachweis der Kontinuität bei der schrägen Parallelströmung erbracht.

Drehungsfreiheit

Drehungsfreiheit der ebenen, stationären, inkompressiblen Strömung liegt vor, wenn

$$\frac{\partial c_y}{\partial x} - \frac{\partial c_x}{\partial y} = 0.$$

Mit der ermittelten Potentialfunktion

$$\Phi(x, y) = c_\infty \cdot (x \cdot \cos\alpha + y \cdot \sin\alpha)$$

und den Geschwindigkeitskomponenten

$$c_x = \frac{\partial \Phi(x, y)}{\partial x} \quad \text{und} \quad c_y = \frac{\partial \Phi(x, y)}{\partial y}$$

lässt sich die Drehungsfreiheit im vorliegenden Fall wie folgt feststellen:

$$c_y = \frac{\partial [c_\infty \cdot (x \cdot \cos\alpha + y \cdot \sin\alpha)]}{\partial y}$$

partiell nach y differenziert führt zu $c_y = c_\infty \cdot \sin\alpha$.

$$c_x = \frac{\partial [c_\infty \cdot (x \cdot \cos\alpha + y \cdot \sin\alpha)]}{\partial x}$$

partiell nach x differenziert führt zu $c_x = c_\infty \cdot \cos\alpha$.

In das Gesetz der Drehungsfreiheit eingesetzt liefert

$$\frac{\partial (c_\infty \cdot \sin\alpha)}{\partial x} - \frac{\partial (c_\infty \cdot \cos\alpha)}{\partial y} = 0.$$

Da jeweils

$$\frac{\partial (c_\infty \cdot \sin\alpha)}{\partial x} = 0 \quad \text{und} \quad \frac{\partial (c_\infty \cdot \cos\alpha)}{\partial y} = 0$$

sind, erhält man als Ergebnis

$$0 - 0 = 0.$$

Folglich ist auch der Nachweis der Drehungsfreiheit bei der schrägen Parallelströmung erbracht. Beide Nachweise belegen, dass es sich im vorliegenden Fall um eine Potential-strömung handelt. Man wäre auch zum selben Ergebnis gelangt, wenn man an Stelle der Potentialfunktion

$$\Phi(x, y) = c_\infty \cdot (x \cdot \cos\alpha + y \cdot \sin\alpha)$$

die Stromfunktion

$$\Psi(x, y) = c_\infty \cdot (y \cdot \cos\alpha - x \cdot \sin\alpha)$$

verwendet hätte.

2.2 Quelleströmung, Senkenströmung

Bei einer Quelle-, Senkenströmung fließt das Fluid von einem zentralen Punkt (Singularität) radial nach außen (Quelle: $+\dot{V}$) bzw. nach innen (Senke: $-\dot{V}$). Bei der Quelle muss kontinuierlich der Volumenstrom $+\dot{V}$ bereitgestellt werden bzw. bei der Senke $-\dot{V}$ abfließen können. Den Strömungsvorgang kann man sich gemäß Abb. 2.3 zwischen zwei Platten mit gleichbleibendem Abstand b als zweidimensionale Flächenströmung (x-y) vorstellen, die man auch in ein t-n-Koordinatensystem transformieren kann. In Abb. 2.3 ist die Quelleströmung dargestellt. Wie die folgenden Betrachtungen zeigen werden verlaufen die Stromlinien Ψ_i strahlenförmig vom Zentrum nach außen (Quelle) bzw. nach innen (Senke) zum Zentrum hin. Die Potentiallinien stellen sich als konzentrische Kreise Φ_i um das Zentrum dar. Im Folgenden sollen die Potentialfunktion Φ sowie die Stromfunktion Ψ der Quelle-, Senkenströmung ermittelt werden. Dies sowohl für das kartesische Koordinatensystem x-y als auch für das t-n-System, wobei hier die t-Achse mit der Radienrichtung zusammenfällt. Weiterhin ist die Geschwindigkeit $c(r)$ mit ihren Komponenten c_x und c_y herzuleiten. Zum Schluss wird der Nachweis der Potentialströmung erbracht.

Abb. 2.3 Quelleströmung

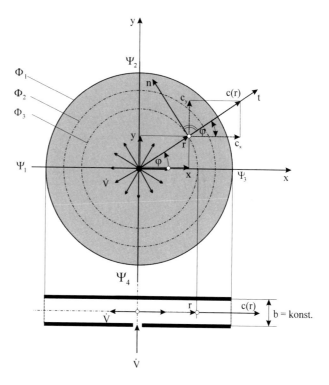

Potentialfunktion Φ

Das Kontinuitätsgesetz besagt, dass an jedem Radius r derselbe Volumenstrom vorliegt. Mittels der Durchflussgleichung $\dot{V} = c \cdot A$ und den Größen am Radius r, nämlich $c(r)$ und dem durchströmten Querschnitt $A(r) = 2 \cdot \pi \cdot r \cdot b$, folgt $\dot{V} = c(r) \cdot 2 \cdot \pi \cdot r \cdot b$. Umgestellt nach der Geschwindigkeit $c(r)$ führt dies zu $c(r) = \frac{\dot{V}}{2 \cdot \pi \cdot r \cdot b}$. Definiert man noch die **Ergiebigkeit** mit

$$E = \frac{\dot{V}}{b},$$

so erhält man

$$c(r) = \frac{E}{2 \cdot \pi} \cdot \frac{1}{r}.$$

Bei der Ermittlung der Potentialfunktion geht man zunächst vom totalen Differential von $\Phi(x, y)$ aus. Dieses lautet

$$D\Phi(x, y) = \frac{\partial \Phi(x, y)}{\partial x} \cdot dx + \frac{\partial \Phi(x, y)}{\partial y} \cdot dy.$$

Weiterhin mit

$$c_x(x, y) = \frac{\partial \Phi(x, y)}{\partial x} \quad \text{und} \quad c_y(x, y) = \frac{\partial \Phi(x, y)}{\partial y}$$

oben eingesetzt erhält man

$$D\Phi(x, y) = c_x(x, y) \cdot dx + c_y(x, y) \cdot dy.$$

Aufgrund von

$$c_x(x, y) = c(r) \cdot \cos \varphi$$

und

$$c_y(x, y) = c(r) \cdot \sin \varphi$$

folgt

$$D\Phi(x, y) = c(r) \cdot \cos \varphi \cdot dx + c(r) \cdot \sin \varphi \cdot dy.$$

Nach Ausklammern von $c(r)$ entsteht

$$D\Phi(x, y) = c(r) \cdot (dx \cdot \cos \varphi + dy \cdot \sin \varphi).$$

Den Klammerausdruck

$$(dx \cdot \cos \varphi + dy \cdot \sin \varphi)$$

kann man gemäß Abb. 2.2 noch ersetzen mit

$$dt = (dx \cdot \cos \varphi + dy \cdot \sin \varphi)$$

wobei $\alpha \equiv \varphi$, und x, y, t mit dx, dy, und dt ausgetauscht werden. Man erhält folglich

$$D\Phi(r) = c(r) \cdot dt.$$

Mit $dt \equiv dr$ entsteht

$$D\Phi(r) = c(r) \cdot dr.$$

Die Geschwindigkeit $c(r)$ gemäß der oben entwickelten Gleichung $c(r) = \frac{E}{2 \cdot \pi} \cdot \frac{1}{r}$ eingesetzt liefert das Ergebnis

$$D\Phi(r) = \frac{E}{2 \cdot \pi} \cdot \frac{1}{r} \cdot dr.$$

Mit der Integration

$$\int D\Phi(r) = \frac{E}{2 \cdot \pi} \cdot \int \frac{1}{r} \cdot dr$$

lautet das Resultat

$$\Phi(r) = \frac{E}{2 \cdot \pi} \cdot \ln r + C.$$

In kartesischen Koordinaten lässt sich mit $r = \sqrt{x^2 + y^2}$ feststellen

$$\Phi(x, y) = \frac{E}{2 \cdot \pi} \cdot \ln(\sqrt{x^2 + y^2}) + C.$$

Stromfunktion Ψ

Bei der Ermittlung der Stromfunktion Ψ wird ebenfalls zunächst vom totalen Differential von $\Psi(x, y)$, nämlich

$$D\Psi(x, y) = \frac{\partial \Psi(x, y)}{\partial x} \cdot dx + \frac{\partial \Psi(x, y)}{\partial y} \cdot dy$$

ausgegangen.

Weiterhin mit

$$c_x(x, y) = \frac{\partial \Psi(x, y)}{\partial y} \quad \text{und} \quad c_y(x, y) = -\frac{\partial \Psi(x, y)}{\partial x}$$

oben eingesetzt liefert

$$D\Psi(x, y) = -c_y(x, y) \cdot dx + c_x(x, y) \cdot dy.$$

Mit

$$c_x(x, y) = c(r) \cdot \cos\varphi \quad \text{und} \quad c_y(x, y) = c(r) \cdot \sin\varphi$$

folgt

$$D\Psi(x, y) = -c(r) \cdot \sin\varphi \cdot dx + c(r) \cdot \cos\varphi \cdot dy.$$

Nach Ausklammern von $c(r)$ entsteht

$$D\Psi(x, y) = c(r) \cdot (dy \cdot \cos\varphi - dx \cdot \sin\varphi).$$

Den Klammerausdruck

$$(dy \cdot \cos\varphi - dx \cdot \sin\varphi)$$

kann man noch ersetzen mit

$$dn = (dy \cdot \cos\varphi - dx \cdot \sin\varphi),$$

wobei $\alpha \equiv \varphi$, und x, y, n mit dx, dy, und dn ausgetauscht werden. Man erhält folglich

$$D\Psi(r) = c(r) \cdot dn.$$

Gemäß Abb. 1.7 lässt sich dn ersetzen mit $dn = r \cdot d\varphi$ und somit

$$D\Psi(r) = c(r) \cdot r \cdot d\varphi.$$

Führt man jetzt noch

$$c(r) = \frac{E}{2 \cdot \pi} \cdot \frac{1}{r}$$

ein, dann liefert dies

$$D\Psi(\varphi) = \frac{E}{2 \cdot \pi} \cdot \frac{1}{r} \cdot r \cdot d\varphi$$

oder

$$D\Psi(\varphi) = \frac{E}{2 \cdot \pi} \cdot d\varphi..$$

Mit der Integration

$$\int D\Psi(\varphi) = \frac{E}{2 \cdot \pi} \cdot \int d\varphi$$

folgt als Resultat

$$\Psi(\varphi) = \frac{E}{2 \cdot \pi} \cdot \varphi + C.$$

Setzt man dann gemäß Abb. 1.7 noch $\tan\varphi = \frac{y}{x}$ ein und hieraus die Umkehrfunktion $\varphi = \arctan(\frac{y}{x})$, dann lautet die Stromfunktion in kartesischen Koordinaten

$$\Psi(x, y) = \frac{E}{2 \cdot \pi} \cdot \arctan\left(\frac{y}{x}\right) + C.$$

Geschwindigkeiten c_x, c_y und c

$c_x(x, y)$ Benutzt man z. B.

$$c_x(x, y) = \frac{\partial \Phi(x, y)}{\partial x}$$

und setzt die ermittelte Potentialfunktion

$$\Phi(x, y) = \frac{E}{2 \cdot \pi} \cdot \ln(\sqrt{x^2 + y^2})$$

mit der vereinfachenden Annahme $C = 0$ ein, so folgt zunächst

$$c_x(x, y) = \frac{\partial\left(\frac{E}{2\cdot\pi} \cdot \ln(\sqrt{x^2 + y^2})\right)}{\partial x}$$

oder

$$c_x(x, y) = \frac{E}{2 \cdot \pi} \cdot \frac{\partial \ln(\sqrt{x^2 + y^2})}{\partial x}.$$

Die Substitution $z = x^2 + y^2$ verwendet führt zunächst zu

$$c_x(x, y) = \frac{E}{2 \cdot \pi} \cdot \frac{\partial \ln(\sqrt{z})}{\partial x}.$$

Mit einer zweiten Substitution $k = \sqrt{z}$ liefert dies dann

$$c_x(x, y) = \frac{E}{2 \cdot \pi} \cdot \frac{\partial(\ln k)}{\partial x}.$$

Jetzt die Kettenregel mit den einzelnen Differentialquotienten

$$\frac{\partial(\ln k)}{\partial x} = \frac{\partial(\ln k)}{\partial k} \cdot \frac{\partial k}{\partial z} \cdot \frac{\partial z}{\partial x}$$

angewendet:

$$\frac{\partial(\ln k)}{\partial k} = \frac{1}{k}; \quad \frac{\partial k}{\partial z} = \frac{\partial z^{\frac{1}{2}}}{\partial z} = \frac{1}{2} \cdot z^{-\frac{1}{2}} = \frac{1}{2} \cdot \frac{1}{\sqrt{z}}; \quad \frac{\partial z}{\partial x} = 2 \cdot x.$$

Oben eingesetzt führt zu

$$\frac{\partial(\ln k)}{\partial x} = \frac{1}{k} \cdot \frac{1}{2} \cdot \frac{1}{\sqrt{z}} \cdot 2 \cdot x.$$

Die Substitutionen wieder zurückgesetzt ergibt zunächst

$$\frac{\partial(\ln k)}{\partial x} = \frac{1}{\sqrt{x^2 + y^2}} \cdot \frac{1}{2} \cdot \frac{1}{\sqrt{x^2 + y^2}} \cdot 2 \cdot x = \frac{x}{(x^2 + y^2)}.$$

Das Gesamtergebnis lautet dann

$$c_x(x, y) = \frac{E}{2 \cdot \pi} \cdot \frac{x}{(x^2 + y^2)}.$$

$c_y(x, y)$ Mit $c_y(x, y) = \frac{\partial \Phi(x,y)}{\partial y}$ lässt sich analog zu $c_y(x, y)$ dann $c_y(x, y)$ herleiten zu

$$c_y(x, y) = \frac{E}{2 \cdot \pi} \cdot \frac{y}{(x^2 + y^2)}.$$

$c(x, y)$ Mit

$$c(x, y) = \sqrt{c_x^2(x, y) + c_y^2(x, y)} \quad \text{(Pythagoras)}$$

und oben angegebenen Ergebnissen für $c_x(x, y)$ und $c_y(x, y)$ erhält man zunächst

$$c(x, y) = \sqrt{\left(\frac{E}{2 \cdot \pi}\right)^2 \cdot \frac{x^2}{(x^2 + y^2)^2} + \left(\frac{E}{2 \cdot \pi}\right)^2 \cdot \frac{y^2}{(x^2 + y^2)^2}}$$

oder

$$c(x, y) = \frac{E}{2 \cdot \pi} \cdot \sqrt{\cdot \frac{x^2}{(x^2 + y^2)^2} + \frac{y^2}{(x^2 + y^2)^2}}$$

oder

$$c(x, y) = \frac{E}{2 \cdot \pi} \cdot \sqrt{\cdot \frac{(x^2 + y^2)}{(x^2 + y^2)^2}}.$$

Gekürzt entsteht das Ergebnis

$$c(x, y) = \frac{E}{2 \cdot \pi} \cdot \frac{1}{\sqrt{(x^2 + y^2)}}.$$

$c_x(r, \varphi)$ Mit dem Ergebnis

$$c_x(x, y) = \frac{E}{2 \cdot \pi} \cdot \frac{x}{(x^2 + y^2)}$$

lässt sich mittels

$$r^2 = (x^2 + y^2) \quad \text{und} \quad x = r \cdot \cos \varphi$$

die Geschwindigkeitskomponente angeben

$$c_x(r, \varphi) = \frac{E}{2 \cdot \pi} \cdot \frac{r \cdot \cos \varphi}{r^2}$$

oder

$$c_x(r, \varphi) = \frac{E}{2 \cdot \pi} \cdot \frac{\cos \varphi}{r}.$$

$c_y(r, \varphi)$ Mit dem Ergebnis

$$c_y(x, y) = \frac{E}{2 \cdot \pi} \cdot \frac{y}{(x^2 + y^2)}$$

lässt sich mittels

$$r^2 = (x^2 + y^2) \quad \text{und} \quad y = r \cdot \sin \varphi$$

die Geschwindigkeitskomponente angeben

$$c_y(r, \varphi) = \frac{E}{2 \cdot \pi} \cdot \frac{r \cdot \sin \varphi}{r^2}$$

oder

$$c_y(r, \varphi) = \frac{E}{2 \cdot \pi} \cdot \frac{\sin \varphi}{r}.$$

$c(r, \varphi)$ Mit

$$c(x, y) = \frac{E}{2 \cdot \pi} \cdot \frac{1}{\sqrt{(x^2 + y^2)}}$$

entsteht unter Verwendung von $r^2 = (x^2 + y^2)$ das Resultat

$$c(r, \varphi) = \frac{E}{2 \cdot \pi} \cdot \frac{1}{r}.$$

Potentialströmungsnachweis

Eine Potentialströmung liegt dann vor, wenn einerseits das **Kontinuitätsgesetz** erfüllt ist
und des Weiteren **Drehungsfreiheit** vorliegt.

Kontinuität

Das Kontinuitätsgesetz der ebenen, stationären, inkompressiblen Strömung lautet

$$\frac{\partial c_x}{\partial x} + \frac{\partial c_y}{\partial y} = 0.$$

$\dfrac{\partial c_x}{\partial x}$ Mit

$$c_x(x, y) = \frac{E}{2 \cdot \pi} \cdot \frac{x}{(x^2 + y^2)}$$

folgt

$$\frac{\partial c_x}{\partial x} = \frac{E}{2 \cdot \pi} \cdot \frac{\partial \left(\frac{x}{(x^2 + y^2)} \right)}{\partial x}.$$

Benutzt man die Quotientenformel der Differentialrechnung hier in der partiellen Anwendung, so wird

$$\frac{\partial c_x}{\partial x} = \frac{E}{2 \cdot \pi} \cdot \frac{\partial \left(\frac{u}{v} \right)}{\partial x} = \frac{E}{2 \cdot \pi} \cdot \left(\frac{u' \cdot v - v' \cdot u}{v^2} \right).$$

Hierin bedeuten $u = x$ und $v = x^2 + y^2$. Die Ableitungen nach x lauten

$$u' = \frac{\partial u}{\partial x} = 1 \quad \text{und} \quad v' = \frac{\partial v}{\partial x} = 2 \cdot x.$$

Somit resultiert

$$\frac{\partial c_x}{\partial x} = \frac{E}{2 \cdot \pi} \cdot \left(\frac{1 \cdot (x^2 + y^2) - 2 \cdot x \cdot x}{(x^2 + y^2)^2} \right)$$

oder

$$\frac{\partial c_x}{\partial x} = \frac{E}{2 \cdot \pi} \cdot \left(\frac{y^2 - x^2}{(x^2 + y^2)^2} \right).$$

$\dfrac{\partial c_y}{\partial y}$ Mit

$$c_y(x, y) = \frac{E}{2 \cdot \pi} \cdot \frac{y}{(x^2 + y^2)}$$

folgt

$$\frac{\partial c_y}{\partial y} = \frac{E}{2 \cdot \pi} \cdot \frac{\partial \left(\frac{y}{(x^2 + y^2)} \right)}{\partial y}.$$

Benutzt man die Quotientenformel der Differentialrechnung, hier in der partiellen Anwendung, so wird

$$\frac{\partial c_y}{\partial y} = \frac{E}{2 \cdot \pi} \cdot \frac{\partial (\frac{u}{v})}{\partial y} = \frac{E}{2 \cdot \pi} \cdot \left(\frac{u' \cdot v - v' \cdot u}{v^2} \right).$$

Hierin bedeuten $u = y$ und $v = (x^2 + y^2)$. Die Ableitungen nach y lauten

$$u' = \frac{\partial u}{\partial y} = 1 \quad \text{und} \quad v' = \frac{\partial v}{\partial y} = 2 \cdot y.$$

Somit resultiert

$$\frac{\partial c_y}{\partial y} = \frac{E}{2 \cdot \pi} \cdot \left(\frac{1 \cdot (x^2 + y^2) - 2 \cdot y \cdot y}{(x^2 + y^2)^2} \right)$$

oder

$$\frac{\partial c_y}{\partial y} = \frac{E}{2 \cdot \pi} \cdot \left(\frac{x^2 - y^2}{(x^2 + y^2)^2} \right).$$

In die Kontinuitätsgleichung oben eingesetzt resultiert

$$\frac{E}{2 \cdot \pi} \cdot \left(\frac{y^2 - x^2}{(x^2 + y^2)^2} + \frac{x^2 - y^2}{(x^2 + y^2)^2} \right) = 0$$

und folglich

$$0 = 0.$$

Das Kontinuitätsgesetz ist somit im Fall der Quellen-(Senken-)strömung erfüllt.

Drehungsfreiheit

Drehungsfreiheit der ebenen, stationären, inkompressiblen Strömung liegt vor, wenn

$$\frac{\partial c_y}{\partial x} - \frac{\partial c_x}{\partial y} = 0.$$

$\dfrac{\partial c_y}{\partial x}$ Mit

$$c_y(x, y) = \frac{E}{2 \cdot \pi} \cdot \frac{y}{(x^2 + y^2)}$$

folgt

$$\frac{\partial c_y}{\partial x} = \frac{E}{2 \cdot \pi} \cdot \frac{\partial\left(\frac{y}{(x^2 + y^2)}\right)}{\partial x}.$$

Benutzt man die Quotientenformel der Differentialrechnung hier in der partiellen Anwendung, so wird

$$\frac{\partial c_y}{\partial x} = \frac{E}{2 \cdot \pi} \cdot \frac{\partial\left(\frac{u}{v}\right)}{\partial x} = \frac{E}{2 \cdot \pi} \cdot \left(\frac{u' \cdot v - v' \cdot u}{v^2}\right).$$

Hierin bedeuten $u = y$ und $v = (x^2 + y^2)$. Die Ableitungen nach x lauten

$$u' = \frac{\partial u}{\partial x} = 0 \quad \text{und} \quad v' = \frac{\partial v}{\partial x} = 2 \cdot x.$$

Somit resultiert

$$\frac{\partial c_y}{\partial x} = \frac{E}{2 \cdot \pi} \cdot \left(\frac{0 \cdot (x^2 + y^2) - 2 \cdot x \cdot y}{(x^2 + y^2)^2}\right)$$

oder

$$\frac{\partial c_y}{\partial x} = -\frac{E}{2 \cdot \pi} \cdot \left(\frac{2 \cdot x \cdot y}{(x^2 + y^2)^2}\right).$$

$\dfrac{\partial c_x}{\partial y}$ Mit

$$c_x(x, y) = \frac{E}{2 \cdot \pi} \cdot \frac{x}{(x^2 + y^2)}$$

folgt

$$\frac{\partial c_x}{\partial y} = \frac{E}{2 \cdot \pi} \cdot \frac{\partial\left(\frac{x}{(x^2 + y^2)}\right)}{\partial y}.$$

Benutzt man die Quotientenformel der Differentialrechnung, hier in der partiellen Anwendung, so wird

$$\frac{\partial c_x}{\partial y} = \frac{E}{2 \cdot \pi} \cdot \frac{\partial\left(\frac{u}{v}\right)}{\partial y} = \frac{E}{2 \cdot \pi} \cdot \left(\frac{u' \cdot v - v' \cdot u}{v^2}\right).$$

Hierin bedeuten $u = x$ und $v = (x^2 + y^2)$. Die Ableitungen nach y lauten

$$u' = \frac{\partial u}{\partial y} = 0 \quad \text{und} \quad v' = \frac{\partial v}{\partial y} = 2 \cdot y.$$

Somit resultiert

$$\frac{\partial c_x}{\partial y} = \frac{E}{2 \cdot \pi} \cdot \left(\frac{0 \cdot (x^2 + y^2) - 2 \cdot y \cdot x}{(x^2 + y^2)^2} \right)$$

oder

$$\frac{\partial c_x}{\partial y} = -\frac{E}{2 \cdot \pi} \cdot \left(\frac{2 \cdot x \cdot y}{(x^2 + y^2)^2} \right).$$

Beide Ergebnisse in die Ausgangsgleichung der Drehungsfreiheit eingesetzt führt zum Ergebnis

$$-\frac{E}{2 \cdot \pi} \cdot \left(\frac{2 \cdot x \cdot y}{(x^2 + y^2)^2} \right) - \left(-\frac{E}{2 \cdot \pi} \cdot \left(\frac{2 \cdot x \cdot y}{(x^2 + y^2)^2} \right) \right) = 0$$

oder auch

$$0 = 0.$$

Folglich ist auch der Nachweis der Drehungsfreiheit bei der Quellen-(Senken-)strömung erbracht. Beide Nachweise belegen, dass es sich im vorliegenden Fall um eine Potential-strömung handelt.

2.3 Quelle-Senkenpaarströmung

Im Unterschied zu Abschn. 2.2 wird jetzt nicht die einzelne Quelleströmung bzw. Sen-kenströmung betrachtet, sondern die Überlagerung dieser beiden Potentialströmungen. Im Vorgriff auf Kap. 4 ist bei Linearität der Laplace'schen Potentialgleichungen der Ein-zelströmungen die Addition zu einer gemeinsamen, ebenfalls linearen Potentialfunktion möglich. Das gleiche gilt auch für die Stromfunktionen. Die ermittelten Ergebnisse ge-mäß Abschn. 2.2 finden hierbei uneingeschränkte Verwendung. Es sei nochmals darauf hingewiesen (Abschn. 1.4), dass Strom- und Potentiallinien Kurvenverläufe mit jeweils **konstanter Strom- und Potentialfunktion** sind.

Bei den folgenden Herleitungen werden gemäß Abb. 2.4 alle Größen der Quelle mit dem Index „1" und die der Senke mit dem Index „2" belegt. Die Ergiebigkeit E bzw. der Volumenstrom $\dot{V}$ der Quelle werden positiv und die der Senke negativ gezählt. Betrags-mäßig sollen beide gleichgroß sein.

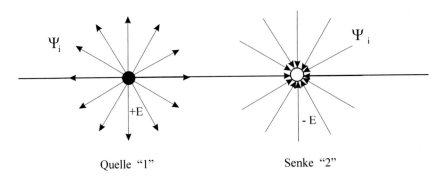

Quelle "1"   Senke "2"

Abb. 2.4 Quelle-Senkenpaar mit Stromlinien Ψ_i und Ergiebigkeit E

Stromlinien Ψ_{Ges_i} des Quelle-Senkenpaars

Die in Abb. 2.5 dargestellte Überlagerung (Superposition) der Stromlinien einer Quelle und einer Senke ist exemplarisch nur für jeweils vier Stromlinien der Quelle $\Psi_{1_1} \div \Psi_{1_4}$ und vier der Senke $\Psi_{2_1} \div \Psi_{2_4}$ dargestellt. Die singulären Punkte von Quelle und Senke weisen einen Abstand L zueinander auf. Weiterhin erfolgt die Stromlinienauswahl vereinfachend nur für diejenigen Stromlinien oberhalb der x-Achse. Unterhalb der x-Achse entstehen spiegelbildliche Verläufe. Gegenüber der x-Achse weisen die Stromlinien der Quelle (im mathematisch positiven Drehsinn) die Winkel $\varphi_{1_1} \div \varphi_{1_4}$ und die Stromlinien der Senke die Winkel $\varphi_{2_1} \div \varphi_{2_4}$ auf. In Abb. 2.5 sind zur besseren Übersicht nur die Winkel φ_{1_1} und φ_{2_1} eingetragen.

Die Ermittlung der resultierenden Stromlinien Ψ_{Ges_i} lässt sich wie folgt durchführen. Hierbei soll zunächst nur eine einzelne Stromlinie Ψ_{Ges_1} (Abb. 2.5) betrachtet werden.

Nach dem Überlagerungsprinzip (Kap. 4) gilt allgemein $\Psi_{Ges} = \Psi_1 + \Psi_2$ und im vorliegenden Fall im Schnittpunkt von Ψ_{1_1} und Ψ_{2_1} die resultierende Größe $\Psi_{Ges_1} = \Psi_{1_1} + \Psi_{2_1}$. Wenn man $\Psi_{Ges_1} =$ konst. als Merkmal einer neuen Gesamtstromlinie voraussetzt, lässt sich dies mit allen geeigneten Stromlinien von Quelle Ψ_{1_i} und Senke Ψ_{2_i} herbeiführen, deren Summenwert jeweils wieder $\Psi_{Ges_1} =$ konst. ergibt. Somit kann man $\Psi_{Ges_1} = \Psi_{1_1} + \Psi_{2_1}$ erweitern zu

$$\Psi_{Ges_1} = \Psi_{1_1} + \Psi_{2_1} = \Psi_{1_2} + \Psi_{2_2} = \Psi_{1_3} + \Psi_{2_3} = \Psi_{1_4} + \Psi_{2_4} + \dots$$

Setzt man jetzt noch das Ergebnis für

$$\Psi_{1_1} = \frac{E}{2 \cdot \pi} \cdot \varphi_{1_1} \quad \text{und} \quad \Psi_{2_1} = -\frac{E}{2 \cdot \pi} \cdot \varphi_{2_1}$$

in

$$\Psi_{Ges_1} = \Psi_{1_1} + \Psi_{2_1}$$

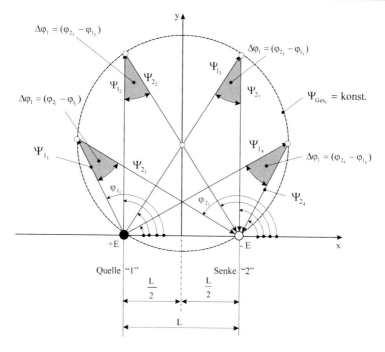

Abb. 2.5 Grundlagen der Stromlinien Ψ_{Ges_i} des Quelle-Senkenpaars

ein, so führt dies zu

$$\Psi_{\mathrm{Ges}_1} = -\frac{E}{2 \cdot \pi} \cdot (\varphi_{2_1} - \varphi_{1_1})$$

oder mit

$$\Delta\varphi_{1_1} = (\varphi_{2_1} - \varphi_{1_1})$$

dann

$$\Psi_{\mathrm{Ges}_1} = -\frac{E}{2 \cdot \pi} \cdot \Delta\varphi_{1_1}.$$

Dies ist ein Punkt der neuen Stromlinie Ψ_{Ges_1}. Weitere Punkte mit

$$(\varphi_{2_2} - \varphi_{1_2}) = \Delta\varphi_{1_2}, \quad (\varphi_{2_3} - \varphi_{1_3}) = \Delta\varphi_{1_3}, \quad (\varphi_{2_4} - \varphi_{1_4}) = \Delta\varphi_{1_4}$$

usw. ergeben zunächst

$$\Psi_{\mathrm{Ges}_1} = -\frac{E}{2 \cdot \pi} \cdot \Delta\varphi_{1_2}, \quad \Psi_{\mathrm{Ges}_1} = -\frac{E}{2 \cdot \pi} \cdot \Delta\varphi_{1_3}, \quad \Psi_{\mathrm{Ges}_1} = -\frac{E}{2 \cdot \pi} \cdot \Delta\varphi_{1_4}, \quad \text{usw.}$$

Abb. 2.6 Stromlinien eines
Quelle-Senkenpaars

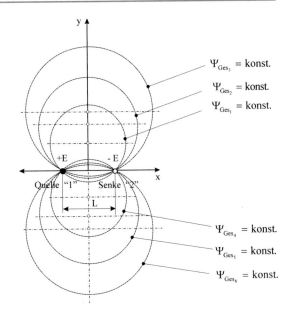

Da aber Ψ_{Ges_1} und $\frac{E}{2\cdot\pi}$ konstante Größen sind, folgt zwangsläufig, dass

$$\Delta\varphi_{1_1} = \Delta\varphi_{1_2} = \Delta\varphi_{1_3} = \Delta\varphi_{1_4} = \Delta\varphi_1$$

ist. Das Ergebnis für Punkte der neuen Stromlinie Ψ_{Ges_1} lautet

$$\Psi_{Ges_1} = -\frac{E}{2\cdot\pi}\cdot\Delta\varphi_1.$$

Dieser konstante Winkel $\Delta\varphi_1$ zwischen zwei Strecken über einer gleich bleibenden dritten Strecke (hier L) ist als Peripheriewinkel in einem Kreis bekannt. Folglich handelt es sich bei der neuen Stromlinie um **einen Kreis** mit dem Mittelpunkt auf der y-Achse, der die Länge L halbiert. Für weitere konstant gewählte Ψ_{Ges_i}-Werte lassen sich i-Stromlinien mit i-Peripheriewinkeln $\Delta\varphi_i$ bestimmen (Abb. 2.6).

Konstruktive Ermittlung der Stromlinien eines gegebenen Quelle-Senkenpaars
Zur beispielhaften Vorgehensweise bei der **konstruktiven** Ermittlung der resultierenden Stromlinien eines Quelle und Senkenpaars soll Abb. 2.7 dienen. Hierin sind 12 Stromlinien je einer Quelle und einer Senke vorgegeben. Die Stromlinien sind gleichmäßig um die singulären Punkte verteilt und weisen kontinuierlich steigende bzw. fallende Werte auf. Die Superposition zur Gesamtstromlinie erfolgt in der Weise, dass aus Ψ_{1_i} und Ψ_{2_i} jeweils gleiche Ψ_{Ges_i}-Werte entstehen, hier $\Psi_{Ges_1} = -1$ und $\Psi_{Ges_2} = 1$. Die so ermittelten Punkte der Gesamtstromlinien liegen wie schon erwähnt auf Kreisen.

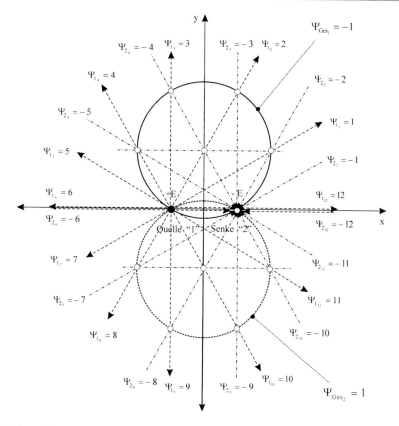

Abb. 2.7 Stromlinienkonstruktion eines Quelle-Senkenpaars

Berechnungsgrundlagen der Stromlinien eines gegebenen Quelle-Senkenpaars

Im Folgenden sollen Zusammenhänge hergeleitet werden, mit denen es möglich ist, die Stromlinien und Geschwindigkeiten rechnerisch zu bestimmen. Hierbei werden die Ergiebigkeit $E = \frac{\dot{V}}{b}$ und der Quelle-Senkenabstand L vorgegeben. Die Kenntnis von R und y_M ist bei der Ermittlung jeder kreisförmigen Stromlinie ψ_{Ges_i} zwingend erforderlich. Grundlage hierbei ist $\Delta\varphi_i = (\varphi_{2_i} - \varphi_{1_i}) = -2 \cdot \pi \cdot \frac{\psi_{Ges_i}}{E}$ bei konstanter Ergiebigkeit E. Aus Abb. 2.8 kann man R und y_M wie folgt leicht herleiten.

Es ist

$$\sin \Delta\varphi = \frac{\left(\frac{L}{2}\right)}{R}$$

oder

$$R = \left(\frac{L}{2}\right) \cdot \frac{1}{\sin \Delta\varphi}.$$

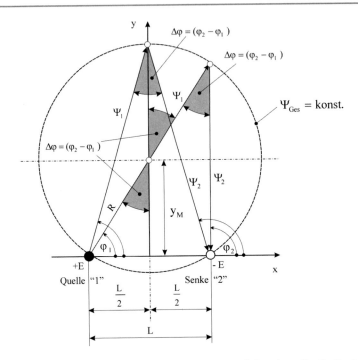

Abb. 2.8 Grundlagen der y_M- und R-Bestimmung von Stromlinien eines Quelle-Senkenpaars

Des Weiteren lautet

$$\cos \Delta\varphi = \frac{y_M}{R}$$

oder

$$y_M = R \cdot \cos \Delta\varphi.$$

Für die i-Stromlinien erhält man folglich

$$R_i = \left(\frac{L}{2}\right) \cdot \frac{1}{\sin \Delta\varphi_i}$$

sowie

$$y_{M_i} = R_i \cdot \cos \Delta\varphi_i.$$

Ermittlung der Stromlinienfunktion Ψ_{Ges}

Bei der Herleitung von Ψ_{Ges} verwendet man in der Regel zwei verschieden angeordnete kartesische Koordinatensysteme. Einmal kann der Ursprung in die Senke gelegt werden.

Als weitere Möglichkeit wählt man den „mittigen" Halbierungspunkt von L als Koordinatenbeginn. Für beide Fälle wird im Folgenden die Stromlinienfunktion ermittelt. Zur Vereinfachung soll des Weiteren der Index „i" der i-Stromlinien nicht angeschrieben werden.

$\Psi_{Ges}(r, \varphi)$ Zunächst soll das **in der Senke** angeordnete x-y-Koordinatensystem zugrunde gelegt werden. Der Punkt P liegt gemäß Abb. 2.9 auf einer Stromlinie $\Psi_{Ges}(x, y) = \Psi_1 + \Psi_2$.

Mit

$$\Psi_1 = \frac{E}{2 \cdot \pi} \cdot \varphi_1 \quad \text{und} \quad \Psi_2 = -\frac{E}{2 \cdot \pi} \cdot \varphi_2$$

erhält man

$$\Psi_{Ges}(r, \varphi) = \frac{E}{2 \cdot \pi} \cdot (\varphi_1 - \varphi_2).$$

Hierin sind (Abb. 2.9)

$$\tan \varphi_1 = \frac{y}{(L + x)} \quad \text{sowie} \quad \tan \varphi_2 = \frac{y}{x}.$$

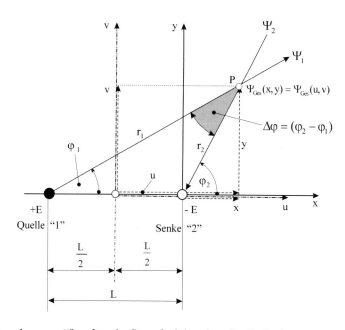

Abb. 2.9 Berechnungsgrößen Ψ_{Ges} der Stromfunktion eines Quelle-Senkenpaars

$\Psi_{Ges}(x, y)$ Verwendet man die Umkehrfunktion von $\tan \varphi$, so führt dies zu $\varphi_1 = \arctan(\frac{y}{L+x})$ und $\varphi_2 = \arctan(\frac{y}{L})$. In die Ausgangsgleichung eingesetzt liefert das Resultat

$$\Psi_{Ges}(x, y) = \frac{E}{2 \cdot \pi} \cdot \left(\arctan \left(\frac{y}{L + x} \right) - \arctan \left(\frac{y}{x} \right) \right).$$

Setzt man jetzt das „**mittig**" angelegte u-v-Koordinatensystem ein, so lässt sich aus o. g. Gleichung die neue Variante von Ψ_{Ges} wie folgt angeben. Gemäß Abb. 2.9 erhält man für $u = x + \frac{L}{2}$ und $v = y$. Umgeformt nach x und y führt zu $x = u - \frac{L}{2}$ und $y = v$. Dies mit o. g. Resultat hat

$$\Psi_{Ges}(u, v) = \frac{E}{2 \cdot \pi} \cdot \left(\arctan \left(\frac{v}{L + u - \frac{L}{2}} \right) - \arctan \left(\frac{v}{u - \frac{L}{2}} \right) \right)$$

zur Folge oder auch

$$\Psi_{Ges}(u, v) = \frac{E}{2 \cdot \pi} \cdot \left(\arctan \left(\frac{v}{u + \frac{L}{2}} \right) - \arctan \left(\frac{v}{u - \frac{L}{2}} \right) \right).$$

Ersetzt man jetzt die Koordinaten u und v mit x und y eines „**mittig**" angeordneten x-y-**Systems**, so entsteht

$$\Psi_{Ges}(x, y) = \frac{E}{2 \cdot \pi} \cdot \left(\arctan \left(\frac{y}{x + \frac{L}{2}} \right) - \arctan \left(\frac{y}{x - \frac{L}{2}} \right) \right).$$

Stromlinienauswertung

Die oben ermittelte Gleichung ist zur Auswertung der $\Psi_{Ges_i}(x, y)$-Verläufe durch ihre implizite Eigenschaft weniger geeignet. Eine Möglichkeit, dennoch relativ einfach eine Lösung zu finden, lässt sich durch Einführen von Polarkoordinaten r, φ herstellen. Die gegebenen Größen sind E und L sowie die jeweils gewählte Stromfunktion Ψ_{Ges_i} als Parameter. Dann führen folgende Schritte zur Lösung. Der Index i für die i-Stromfunktion Ψ_{Ges_i} und der Index j für die Variable φ_1 wird zur besseren Übersicht nicht angeschrieben.

1. E vorgegeben

2. L vorgegeben

3. Ψ_{Ges} als Kurvenparameter vorgeben

4. $\Delta\varphi = -\dfrac{2 \cdot \pi}{E} \cdot \Psi_{Ges}$ somit bekannt

5. φ_1 als Variable wählen

6. $\varphi_2 = \varphi_1 + \Delta\varphi$ somit bekannt

7. $r_2 = \dfrac{\sin \varphi_1}{\sin \Delta\varphi} \cdot L$ (aus Sinussatz)   somit bekannt

8. r_1 wird wie folgt hergeleitet

Gemäß Cosinussatz gilt (Abb. 2.9)

$$r_2^2 = r_1^2 + L^2 - 2 \cdot r_1 \cdot L \cdot \cos \varphi_1.$$

Nach r_1 auflösen führt zunächst zu

$$r_1^2 - 2 \cdot r_1 \cdot L \cdot \cos \varphi_1 = r_2^2 - L^2.$$

Die Addition von

$$L^2 \cdot \cos^2 \varphi_1$$

liefert

$$r_1^2 - 2 \cdot r_1 \cdot L \cdot \cos \varphi_1 + L^2 \cdot \cos^2 \varphi_1 = r_2^2 - L^2 + L^2 \cdot \cos^2 \varphi_1$$

oder

$$(r_1 - L \cdot \cos \varphi_1)^2 = r_2^2 - L^2 \cdot (1 - \cos^2 \varphi_1).$$

Mit

$$r_2^2 = \frac{\sin^2 \varphi_1}{\sin^2 \Delta\varphi} \cdot L^2 \quad \text{(s. o.)}$$

folgt

$$(r_1 - L \cdot \cos \varphi_1)^2 = \frac{\sin^2 \varphi_1}{\sin^2 \Delta\varphi} \cdot L^2 - L^2 \cdot (1 - \cos^2 \varphi_1)$$

oder

$$(r_1 - L \cdot \cos \varphi_1)^2 = L^2 \cdot \left(\frac{\sin^2 \varphi_1}{\sin^2 \Delta\varphi} - (1 - \cos^2 \varphi_1) \right).$$

Mit

$$1 - \cos^2 \varphi_1 = \sin^2 \varphi_1$$

wird

$$(r_1 - L \cdot \cos \varphi_1)^2 = L^2 \cdot \left(\frac{\sin^2 \varphi_1}{\sin^2 \Delta\varphi} - \sin^2 \varphi_1 \right).$$

Die Erweiterung $\frac{\sin^2 \Delta\varphi}{\sin^2 \Delta\varphi}$ des zweiten Terms in der Klammer liefert

$$(r_1 - L \cdot \cos\varphi_1)^2 = L^2 \cdot \left(\frac{\sin^2 \varphi_1}{\sin^2 \Delta\varphi} - \sin^2 \varphi_1 \cdot \frac{\sin^2 \Delta\varphi}{\sin^2 \Delta\varphi} \right)$$

oder auch

$$(r_1 - L \cdot \cos\varphi_1)^2 = L^2 \cdot \left(\frac{\sin^2 \varphi_1 - \sin^2 \varphi_1 \cdot \sin^2 \Delta\varphi}{\sin^2 \Delta\varphi} \right)$$

bzw.

$$(r_1 - L \cdot \cos\varphi_1)^2 = L^2 \cdot \left(\frac{\sin^2 \varphi_1 \cdot (1 - \sin^2 \Delta\varphi)}{\sin^2 \Delta\varphi} \right),$$

wobei

$$1 - \sin^2 \Delta\varphi = \cos^2 \Delta\varphi$$

ist.

Somit

$$(r_1 - L \cdot \cos\varphi_1)^2 = L^2 \cdot \left(\frac{\sin^2 \varphi_1 \cdot \cos^2 \Delta\varphi}{\sin^2 \Delta\varphi} \right)$$

und mit

$$\frac{\cos^2 \Delta\varphi}{\sin^2 \Delta\varphi} = \frac{1}{\tan^2 \Delta\varphi}$$

folgt

$$(r_1 - L \cdot \cos\varphi_1)^2 = L^2 \cdot \frac{\sin^2 \varphi_1}{\tan^2 \Delta\varphi}.$$

Jetzt noch die Wurzel gezogen führt zunächst zu

$$(r_1 - L \cdot \cos\varphi_1) = L \cdot \frac{\sin \varphi_1}{\tan \Delta\varphi}.$$

Hiermit erhält man dann das Ergebnis wie folgt

$$r_1 = L \cdot \left(\cos\varphi_1 + \frac{\sin \varphi_1}{\tan \Delta\varphi} \right) \qquad \text{somit bekannt}$$

9. $\quad y = r_1 \cdot \sin \varphi_1$ oder $y = r_2 \cdot \sin \varphi_2 \quad$ somit bekannt

10. $\quad x = r_1 \cdot \cos\varphi_1 - \dfrac{L}{2} \qquad\qquad$ somit bekannt

11. $\quad R = \left(\dfrac{L}{2} \right) \cdot \dfrac{1}{\sin \Delta\varphi} \qquad\qquad$ somit bekannt

12. $\quad y_M = R \cdot \cos \Delta\varphi \qquad\qquad$ somit bekannt

Beispiel

1. $E = 12\,\dfrac{\text{m}^2}{\text{s}}$ vorgegeben

2. $L = 2\,\text{m}$ vorgegeben

3. $\Psi_{\text{Ges}} = -1\,\dfrac{\text{m}^2}{2}$ als Kurvenparameter vorgeben

4. $\Delta\varphi = -\dfrac{2\cdot\pi}{12}\cdot(-1)$ $= 0{,}5236 \equiv 30°$

5. $\varphi_1 = 15°$ Variable wählen

6. $\varphi_2 = 15° + 30°$ $= 45°$

7. $r_2 = \dfrac{\sin 15°}{\sin 30°}\cdot 2$ $= 1{,}035\,\text{m}$

8. $r_1 = 2\cdot\left(\cos 15° + \dfrac{\sin 15°}{\tan 30°}\right)$ $= 2{,}828\,\text{m}$

9. $y = 2{,}828\cdot\sin 15°$ $= 0{,}732\,\text{m}$

10. $x = 2{,}828\cdot\cos 15° - \dfrac{2}{2}$ $= 1{,}732\,\text{m}$

11. $R = \left(\dfrac{2}{2}\right)\cdot\dfrac{1}{\sin 30°}$ $= 2{,}00\,\text{m}$

12. $y_M = 2{,}0\cdot\cos 30°$ $= 1{,}732\,\text{m}$

Damit ist ein erster Punkt $\text{P}(x; y) = \text{P}(1{,}732\,\text{m}; 0{,}732\,\text{m})$ der Stromlinie $\Psi_{\text{Ges}} = -1$ bekannt. Durch die Variation von φ_1 lassen sich nach der gezeigten Vorgehensweise weitere Punkte für $\Psi_{\text{Ges}} = -1$ finden. Das gleiche Procedere wird für alle anderen Stromlinien Ψ_{Ges_i} angewendet.

Potentiallinien Φ_{Ges_i} des Quelle-Senkenpaars

Die in Abb. 2.11 dargestellte Überlagerung (Superposition) der kreisförmigen Potentiallinien einer Quelle und einer Senke ist exemplarisch nur für jeweils eine Potentiallinie der Quelle Φ_1 und der Senke Φ_2 dargestellt. Hieraus ergibt sich ein Punkt der resultierenden Potentiallinie Φ_{Ges}, die wiederum als Kreis vorliegt (Abb. 2.11). Es sollen weiterhin zwei Koordinatensysteme Verwendung finden. Das x-y-System hat seinen Ursprung in der Senke im Punkt 0 und das u-v-System bei $\frac{L}{2}$ im Punkt 0'.

Ermittlung der Potentiallinienfunktion Φ_{Ges} des Quelle-Senkenpaars

Bei der Bestimmung der resultierenden Potentiallinien Φ_{Ges_i} geht man wie folgt vor. Hierbei soll zunächst nur eine einzelne Potentiallinie Φ_{Ges} (Abb. 2.11) betrachtet werden. Die Vorgehensweise ist bei allen anderen Φ_{Ges_i}-Potentiallinien identisch, jedoch mit jeweils verschiedenen Φ_{Ges_i}-Werten.

Im ersten Schritt soll der Ursprung 0 des **Koordinatensystems x-y** in der Singularität der Senke angeordnet sein. Mit der Superposition der Potentiallinien von Quelle

Abb. 2.10 Stromlinien des
Quelle-Senkenpaars

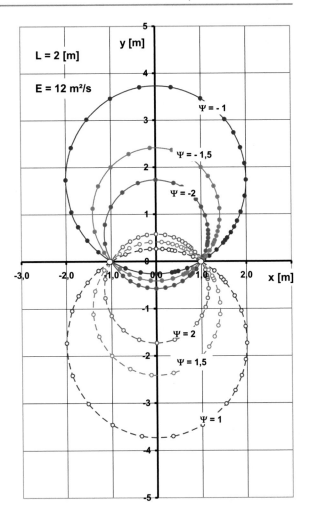

Φ_1 und Senke Φ_2 erhält man zunächst $\Phi_{\text{Ges}} = \Phi_1 + \Phi_2$. Für Φ wurde $\Phi = \frac{E}{2 \cdot \pi} \cdot \ln r$
hergeleitet, wenn die Konstante $C = 0$ gesetzt wird. Dies liefert für das vorliegende
Quelle-Senkenpaar mit

$$\Phi_1 = \frac{E}{2 \cdot \pi} \cdot \ln r_1 \quad \text{und} \quad \Phi_2 = -\frac{E}{2 \cdot \pi} \cdot \ln r_2$$

dann zunächst das Ergebnis

$$\Phi_{\text{Ges}} = \frac{E}{2 \cdot \pi} \cdot \ln r_1 - \frac{E}{2 \cdot \pi} \cdot \ln r_2.$$

Eine einfache Umformung führt dann zu dem Resultat

$$\Phi_{\text{Ges}} = \frac{E}{2 \cdot \pi} \cdot \ln \frac{r_1}{r_2}$$

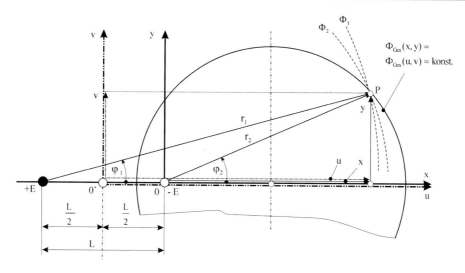

Abb. 2.11 Grundlagen der Potentiallinien des Quelle-Senkenpaars

Unter Verwendung des kartesischen Koordinatensystems x-y mit dem Ursprung in der Senke 0 erhält man gemäß Abb. 2.11

$$r_1^2 = (L + x)^2 + y^2 \quad \text{und} \quad r_2^2 = x^2 + y^2.$$

Somit wird dann

$$r_1 = \sqrt{(L + x)^2 + y^2} \quad \text{und} \quad r_2 = \sqrt{x^2 + y^2}.$$

In o. g. Ausgangsgleichung eingesetzt führt zu

$$\Phi_{\text{Ges}} = \frac{E}{2 \cdot \pi} \cdot \ln\left(\frac{\sqrt{(L + x)^2 + y^2}}{\sqrt{x^2 + y^2}} \right).$$

Wenn jetzt das kartesischen **Koordinatensystems u-v** mit dem Ursprung im Punkt $0'$ angewendet wird, folgt gemäß Abb. zunächst $u = x + \frac{L}{2}$ und $v = y$. Umgestellt nach x und y ergibt $x = u - \frac{L}{2}$ und $y = v$. In o. g. Gleichung verwendet liefert zunächst

$$\Phi_{\text{Ges}} = \frac{E}{2 \cdot \pi} \cdot \ln\left(\frac{\sqrt{\left(L + u - \frac{L}{2}\right)^2 + v^2}}{\sqrt{\left(u - \frac{L}{2}\right)^2 + v^2}} \right)$$

oder

$$\Phi_{\text{Ges}} = \frac{E}{2 \cdot \pi} \cdot \ln\left(\frac{\sqrt{\left(u + \frac{L}{2}\right)^2 + v^2}}{\sqrt{\left(u - \frac{L}{2}\right)^2 + v^2}} \right).$$

Benennt man nun noch die Koordinaten u und v des „mittigen" Systems um zu $v = y$ und $u = x$, so entsteht

$$\Phi_{\text{Ges}} = \frac{E}{2 \cdot \pi} \cdot \ln \left(\frac{\sqrt{\left(x + \frac{L}{2}\right)^2 + y^2}}{\sqrt{\left(x - \frac{L}{2}\right)^2 + y^2}} \right).$$

Hinweis:
Die Koordinaten x und y des Koordinatensystems in 0 und des „mittigen" Systems in $0'$ sind nicht identisch.

$\left(\dfrac{r_1}{r_2} \right)$ Das Radienverhältnis $\left(\frac{r_1}{r_2}\right)$ wird bei den weiteren Auswertungen zwingend erfor-

derlich.

Über $\left(\frac{r_1}{r_2}\right)$ der Potentiallinien Φ_1 mit r_1 und Φ_2 mit r_2 lässt sich folgende Feststellung treffen. Ausgangspunkt ist der oben ermittelte Zusammenhang $\Phi_{\text{Ges}} = \frac{E}{2 \cdot \pi} \cdot \ln(\frac{r_1}{r_2})$. Multipliziert mit $\frac{2 \cdot \pi}{E}$ erhält man zunächst $\Phi_{\text{Ges}} \cdot \frac{2 \cdot \pi}{E} = \cdot \ln(\frac{r_1}{r_2})$. Mit $e^{\ln a} = a$ hier angewendet liefert zunächst $e^{\Phi_{\text{Ges}} \cdot \frac{2 \cdot \pi}{E}} = e^{\ln(\frac{r_1}{r_2})}$ oder auch

$$\left(\frac{r_1}{r_2} \right) = e^{\left(\Phi_{\text{Ges}} \cdot \frac{2 \cdot \pi}{E} \right)}.$$

Für die i-Potentiallinien angeschrieben gilt

$$\left(\frac{r_1}{r_2} \right)_i = e^{\left(\Phi_{\text{Ges}_i} \cdot \frac{2 \cdot \pi}{E} \right)}.$$

Da $E =$ konst. vorausgesetzt wird und auch Φ_{Ges} für die jeweiligen Potentiallinien unveränderlich ist, erhält man **pro Potentiallinie** Φ_{Ges} jeweils ein konstantes Radienverhältnis

$$\left(\frac{r_1}{r_2} \right) = \text{konst.}$$

Ermittlung des Potentiallinienradius R und des Mittelpunktabstands x_{M}
Die Kenntnis von R und x_{M} ist bei der Ermittlung jeder kreisförmigen Potentiallinie Φ_{Ges_i} zwingend erforderlich. Der Ursprung des Koordinatensystems x-y wird „mittig" bei 0 angeordnet. Die Herleitung von R und x_{M} erfolgt für eine beliebige Potentiallinie Φ_{Ges} und vier Punkte auf der kreisförmigen Potentiallinie Φ_{Ges}. Diese Punkte sind gemäß Abb. 2.12

1. φ_2 mit r_1 und r_2.
2. $\varphi_2 = 90°$ mit $r_{1_{90°}}$ und $r_{2_{90°}}$
3. $\varphi_2 = 180°$ mit $r_{1_{180°}}$ und $r_{2_{180°}}$
4. $\varphi_2 = 0°$ mit $r_{1_{0°}}$ und $r_{2_{0°}}$.

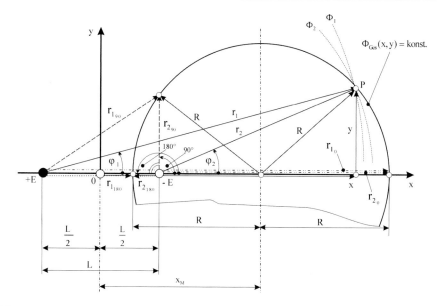

Abb. 2.12 Grundlagen der x_M- und R-Bestimmung von Potentiallinien eines Quelle-Senkenpaars

Für diese vier Fälle lassen sich folgende Zusammenhänge angeben:

1. φ_2:
   Nach dem Cosinussatz erhält man laut Abb. 2.12

$$R^2 = r_2^2 + \left(x_\mathrm{M} - \frac{L}{2}\right)^2 - 2 \cdot r_2 \cdot \left(x_\mathrm{M} - \frac{L}{2}\right) \cdot \cos \varphi_2.$$

2. $\varphi_2 = 90°$:
   Das Gesetz des Pythagoras liefert

$$r_{1_{90°}}^2 = r_{2_{90°}}^2 + L^2.$$

Nach L^2 aufgelöst

$$L^2 = r_{1_{90°}}^2 - r_{2_{90°}}^2 \quad \text{und} \quad r_{2_{90°}}^2$$

ausgeklammert führt zu

$$L^2 = r_{2_{90°}}^2 \cdot \left(\frac{r_{1_{90°}}^2}{r_{2_{90°}}^2} - 1\right).$$

Bei Potentiallinien des Quelle-Senkenpaars mit $\Phi_\mathrm{Ges} = $ konst. ist auch $\frac{r_1}{r_2} = $ konst.

Somit wird

$$\frac{r_1}{r_2} = \frac{r_{1_{90°}}}{r_{2_{90°}}}.$$

Dies oben eingesetzt liefert zunächst

$$L^2 = r_{2_{90°}}^2 \cdot \left(\frac{r_1^2}{r_2^2} - 1\right).$$

Aufgelöst nach $r_{2_{90°}}^2$ ergibt

$$r_{2_{90°}}^2 = \frac{L^2}{\left(\frac{r_1^2}{r_2^2} - 1\right)}.$$

Die Wurzel gezogen liefert

$$r_{2_{90°}} = \frac{L}{\sqrt{\left(\frac{r_1^2}{r_2^2} - 1\right)}}.$$

Weiterhin lässt sich $(x_M - \frac{L}{2})^2 = R^2 - r_{2_{90°}}^2$ feststellen.

3. $\varphi_2 = 180°$:

   Bei dieser Konstellation erkennt man in Abb. 2.12 folgende Zusammenhänge: Zunächst ist

$$L = r_{1_{180°}} + r_{2_{180°}}.$$

Hieraus folgt

$$r_{1_{180°}} = L - r_{2_{180°}}.$$

Ebenso gilt des Weiteren

$$\left(x_M - \frac{L}{2}\right) + r_{2_{180°}} = R.$$

Nach $r_{2_{180°}}$ aufgelöst führt zu

$$r_{2_{180°}} = R - \left(x_M - \frac{L}{2}\right).$$

4. $\varphi_2 = 0°$:

   Hier sind die nachstehenden geometrischen Verbindungen zu sehen: Zunächst ist

$$r_{2_{0°}} + r_{2_{180°}} = 2 \cdot R.$$

Darüber hinaus lautet

$$r_{1_{0°}} = R + x_{\mathrm{M}} + \frac{L}{2}$$

oder auch

$$x_{\mathrm{M}} = r_{1_{0°}} - R - \frac{L}{2}.$$

Mittels

$$\frac{r_1}{r_2} = \frac{r_{1_{0°}}}{r_{2_{0°}}}$$

und damit

$$r_{1_{0°}} = \frac{r_1}{r_2} \cdot r_{2_{0°}}$$

führt dann zu

$$x_{\mathrm{M}} = \frac{r_1}{r_2} \cdot r_{2_{0°}} - R - \frac{L}{2}.$$

Aus den verschiedenen Ergebnissen der Pkte. 1 $\div$ 4 werden jetzt Gleichungen für die gesuchten Größen x_{M} und R entwickelt.

$\boldsymbol{x_{\mathrm{M}}}$ Mit $x_{\mathrm{M}} = \frac{r_1}{r_2} \cdot r_{2_{0°}} - R - \frac{L}{2}$; $r_{2_{0°}} = 2 \cdot R - r_{2_{180°}}$ sowie $r_{2_{180°}} = R - (x_{\mathrm{M}} - \frac{L}{2})$ erhält man

$$x_{\mathrm{M}} = \frac{r_1}{r_2} \cdot \left[2 \cdot R - \left(R - \left(x_{\mathrm{M}} - \frac{L}{2} \right) \right) \right] - R - \frac{L}{2}.$$

Die Klammer vereinfacht führt zu

$$x_{\mathrm{M}} = \frac{r_1}{r_2} \cdot \left(R + x_{\mathrm{M}} - \frac{L}{2} \right) - R - \frac{L}{2}.$$

Dann ausmultipliziert liefert

$$x_{\mathrm{M}} = \frac{r_1}{r_2} \cdot R + \frac{r_1}{r_2} \cdot x_{\mathrm{M}} - \frac{r_1}{r_2} \cdot \frac{L}{2} - R - \frac{L}{2}$$

oder

$$x_{\mathrm{M}} = \frac{r_1}{r_2} \cdot R + \frac{r_1}{r_2} \cdot x_{\mathrm{M}} - \frac{r_1}{r_2} \cdot \frac{L}{2} - R - \frac{L}{2} + (L - L).$$

Fasst man gleiche Größen zusammen, so ergibt sich ein neuer Ausdruck wie folgt

$$x_M = \frac{r_1}{r_2} \cdot R + \frac{r_1}{r_2} \cdot x_M - \frac{r_1}{r_2} \cdot \frac{L}{2} - R - \frac{L}{2} + (L - L)$$

$$= \frac{r_1}{r_2} \cdot R + \frac{r_1}{r_2} \cdot x_M - \frac{r_1}{r_2} \cdot \frac{L}{2} - R + \frac{L}{2} - L$$

oder

$$x_M = \frac{r_1}{r_2} \cdot R + \frac{r_1}{r_2} \cdot x_M - \frac{r_1}{r_2} \cdot \frac{L}{2} - R + \frac{L}{2} - L$$

bzw.

$$x_M - \frac{r_1}{r_2} \cdot x_M = -R + \frac{r_1}{r_2} \cdot R + \frac{L}{2} - \frac{r_1}{r_2} \cdot \frac{L}{2} - L.$$

Dann kann man auch schreiben

$$x_M \cdot \left(1 - \frac{r_1}{r_2}\right) = -R \cdot \left(1 - \frac{r_1}{r_2}\right) + \frac{L}{2} \cdot \left(1 - \frac{r_1}{r_2}\right) - L.$$

Multipliziert mit (-1) ergibt

$$x_M \cdot \left(\frac{r_1}{r_2} - 1\right) = -R \cdot \left(\frac{r_1}{r_2} - 1\right) + \frac{L}{2} \cdot \left(\frac{r_1}{r_2} - 1\right) + L.$$

Dividiert durch $\left(\frac{r_1}{r_2} - 1\right)$ liefert

$$x_M = -R + \frac{L}{2} + \frac{L}{\left(\frac{r_1}{r_2} - 1\right)}$$

oder umgestellt

$$\left(x_M - \frac{L}{2}\right) = \frac{L}{\left(\frac{r_1}{r_2} - 1\right)} - R.$$

Hierin ist der Radius R noch unbekannt.

R Die Bestimmung von R lässt sich mittels

$$\left(x_M - \frac{L}{2}\right)^2 = R^2 - r_{2_{90°}}^2 \quad \text{und} \quad r_{2_{90°}}^2 = \frac{L^2}{\left(\frac{r_1^2}{r_2^2} - 1\right)}$$

sowie oben ermittelter, jetzt quadrierter Gleichung

$$\left(x_M - \frac{L}{2}\right)^2 = \left(\frac{L}{\left(\frac{r_1}{r_2} - 1\right)} - R\right)^2$$

wie folgt durchführen:

$$\left(x_M - \frac{L}{2}\right)^2 = R^2 - \frac{L^2}{\left(\frac{r_1^2}{r_2^2} - 1\right)} = \left(\frac{L}{\left(\frac{r_1}{r_2} - 1\right)} - R\right)^2.$$

Nach Quadrieren der rechten Seite folgt

$$R^2 - \frac{L^2}{\left(\frac{r_1^2}{r_2^2} - 1\right)} = \frac{L^2}{\left(\frac{r_1}{r_2} - 1\right)^2} - 2 \cdot R \cdot \frac{L}{\left(\frac{r_1}{r_2} - 1\right)} + R^2$$

oder

$$-\frac{L^2}{\left(\frac{r_1^2}{r_2^2} - 1\right)} = \frac{L^2}{\left(\frac{r_1}{r_2} - 1\right)^2} - 2 \cdot R \cdot \frac{L}{\left(\frac{r_1}{r_2} - 1\right)}.$$

Umgestellt nach R führt zu

$$2 \cdot R \cdot \frac{L}{\left(\frac{r_1}{r_2} - 1\right)} = \frac{L^2}{\left(\frac{r_1}{r_2} - 1\right)^2} + \frac{L^2}{\left(\frac{r_1^2}{r_2^2} - 1\right)}.$$

Multipliziert mit $\frac{\left(\frac{r_1}{r_2} - 1\right)}{L}$ ergibt

$$2 \cdot R = \frac{L^2}{\left(\frac{r_1}{r_2} - 1\right)^2} \cdot \frac{\left(\frac{r_1}{r_2} - 1\right)}{L} + \frac{L^2}{\left(\frac{r_1^2}{r_2^2} - 1\right)} \cdot \frac{\left(\frac{r_1}{r_2} - 1\right)}{L}.$$

Durch Kürzen erhält man mit $(a^2 - b^2) = (a - b) \cdot (a + b)$

$$2 \cdot R = \frac{L}{\left(\frac{r_1}{r_2} - 1\right)} + \frac{L}{\left(\frac{r_1}{r_2} + 1\right)}.$$

Die Brüche sinnvoll erweitert

$$2 \cdot R = \frac{L \cdot \left(\frac{r_1}{r_2} + 1\right)}{\left(\frac{r_1}{r_2} - 1\right) \cdot \left(\frac{r_1}{r_2} + 1\right)} + \frac{L \cdot \left(\frac{r_1}{r_2} - 1\right)}{\left(\frac{r_1}{r_2} + 1\right) \cdot \left(\frac{r_1}{r_2} - 1\right)}$$

liefern vorläufig

$$2 \cdot R = \frac{L \cdot \frac{r_1}{r_2} + L + L \cdot \frac{r_1}{r_2} - L}{\left(\frac{r_1^2}{r_2^2} - 1\right)} = \frac{2 \cdot L \cdot \frac{r_1}{r_2}}{\left(\frac{r_1^2}{r_2^2} - 1\right)}.$$

Das Resultat lautet

$$R = L \cdot \frac{\left(\frac{r_1}{r_2}\right)}{\left(\frac{r_1^2}{r_2^2} - 1\right)} .$$

Mit diesem Ergebnis lässt sich nun auch x_M aus nur bekannten Größen ermitteln.
Mit

$$\left(x_M - \frac{L}{2}\right) = \frac{L}{\left(\frac{r_1}{r_2} - 1\right)} - R$$

und

$$R = L \cdot \frac{\left(\frac{r_1}{r_2}\right)}{\left(\frac{r_1^2}{r_2^2} - 1\right)}$$

folgt

$$\left(x_M - \frac{L}{2}\right) = \frac{L}{\left(\frac{r_1}{r_2} - 1\right)} - L \cdot \frac{\left(\frac{r_1}{r_2}\right)}{\left(\frac{r_1^2}{r_2^2} - 1\right)} = \frac{L \cdot \left(\frac{r_1}{r_2} + 1\right) - L \cdot \left(\frac{r_1}{r_2}\right)}{\left(\frac{r_1^2}{r_2^2} - 1\right)} = \frac{L}{\left(\frac{r_1^2}{r_2^2} - 1\right)}$$

Die Addition von $\frac{L}{2}$ liefert

$$x_M = \frac{L}{2} + \frac{L}{\left(\frac{r_1^2}{r_2^2} - 1\right)}$$

oder als Resultat

$$x_M = \frac{L}{2} \cdot \left(1 + \frac{2}{\left(\frac{r_1^2}{r_2^2} - 1\right)}\right)$$

Potentiallinienauswertung
Die Auswertung der $\Phi_{\mathrm{Ges}_i}(x, y)$-Verläufe ist aufgrund der impliziten Eigenschaft von

$$\Phi_{\mathrm{Ges}} = \frac{E}{2 \cdot \pi} \cdot \ln\left(\frac{\sqrt{\left(x + \frac{L}{2}\right)^2 + y^2}}{\sqrt{\left(x - \frac{L}{2}\right)^2 + y^2}}\right)$$

weniger geeignet. Eine Möglichkeit, dennoch relativ einfach eine Lösung zu finden, lässt sich wie folgt realisieren. Die nachstehenden Schritte werden exemplarisch für eine Potentiallinie Φ_{Ges} beschrieben. Die Erweiterung auf die i-Potentiallinien Φ_{Ges_i} erfolgt analog hierzu. Die gegebenen Größen sind E und L sowie die jeweils gewählte Potentialfunktion Φ_{Ges} als Parameter. Es wird das „**mittige**" Koordinatensystem zugrunde gelegt. Dann führen folgende Schritte zur Lösung.

1. E — vorgegeben

2. L — vorgegeben

3. Φ_{Ges} — als Kurvenparameter vorgeben

4. $\left(\dfrac{r_1}{r_2}\right) = e^{\left(\Phi_{\text{Ges}} \cdot \frac{2 \cdot \pi}{E}\right)}$ — somit bekannt

5. $R = L \cdot \dfrac{\left(\frac{r_1}{r_2}\right)}{\left(\frac{r_1^2}{r_2^2} - 1\right)}$ — somit bekannt

6. $x_{\text{M}} = \dfrac{L}{2} \cdot \left(1 + \dfrac{2}{\left(\frac{r_1^2}{r_2^2} - 1\right)}\right)$ — somit bekannt

7. x-Koordinate — als Variable wählen

8. $y = \sqrt{R^2 - (x - x_{\text{M}})^2}$ — somit bekannt

Auf diese Weise ist ein Punkt auf der Potentiallinie $\Phi_{\text{Ges}}(x, y)$ festgelegt.

Beispiel

1. $E = 12\,\dfrac{\text{m}^2}{\text{s}}$ — vorgegeben

2. $L = 2{,}0\,\text{m}$ — vorgegeben

3. $\Phi_{\text{Ges}} = -1\,\dfrac{\text{m}^2}{\text{s}}$ — als Kurvenparameter vorgeben

4. $\left(\dfrac{r_1}{r_2}\right) = e^{\left(-1 \cdot \frac{2 \cdot \pi}{12}\right)}$ — $= 0{,}592$

5. $R = 2 \cdot \dfrac{0{,}592}{(0{,}592^2 - 1)}$ — $= -1{,}825\,\text{m}$

6. $x_{\text{M}} = \dfrac{2}{2} \cdot \left(1 + \dfrac{2}{(0{,}592^2 - 1)}\right)$ — $= -2{,}081\,\text{m}$

7. $x = -0{,}30\,\text{m}$ — Variable wählen

8. $y = \pm\sqrt{(-1{,}825)^2 - (-0{,}30 - (-2{,}081))^2}$ — $= \mp 0{,}3983\,\text{m}$

Damit sind zwei erste Punkte $\text{P}(x; y) = \text{P}(-0{,}30\,\text{m}; \mp 0{,}3983\,\text{m})$ der Potentiallinie $\Phi_{\text{Ges}} = -1$ bekannt. Durch die Variation von x lassen sich nach der gezeigten Vorgehensweise weitere Punkte für $\Phi_{\text{Ges}} = -1$ finden. Das gleiche Procedere wird für alle anderen Potentiallinien Φ_{Ges_i} angewendet.

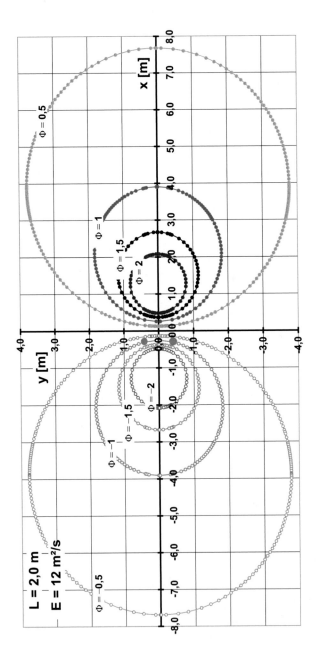

Abb. 2.13 Potentiallinien des Quelle-Senkenpaars

Nachweis der Kreiskontur von Φ_{Ges}

Eine kreisförmige Kontur liegt dann vor, wenn bei kartesischen Koordinaten der Zusammenhang $y = \sqrt{r^2 - x^2}$ vorliegt. Gelingt dieser Nachweis im Fall von Φ_{Ges}, dann ist auch die Potentiallinie des Quelle-Senkenpaars ein Kreis.

Ausgehend von

$$\Phi_{Ges} = \frac{E}{2 \cdot \pi} \cdot \ln \left(\frac{\sqrt{(L + x)^2 + y^2}}{\sqrt{x^2 + y^2}} \right)$$

mit dem Koordinatenursprung **in der Senke** erhält man zunächst durch Umformung

$$\Phi_{Ges} \cdot \frac{2 \cdot \pi}{E} = \ln \left(\frac{\sqrt{(L + x)^2 + y^2}}{\sqrt{x^2 + y^2}} \right).$$

Mittels $e^{\ln a} = a$ lässt sich

$$e^{\Phi_{Ges} \cdot \frac{2 \cdot \pi}{E}} = \frac{\sqrt{(L + x)^2 + y^2}}{\sqrt{x^2 + y^2}}$$

angeben. Die Multiplikation mit $\sqrt{x^2 + y^2}$ liefert

$$\sqrt{x^2 + y^2} \cdot e^{\Phi_{Ges} \cdot \frac{2 \cdot \pi}{E}} = \sqrt{(L + x)^2 + y^2}$$

und nach dem Quadrieren

$$(x^2 + y^2) \cdot e^{\Phi_{Ges} \cdot \frac{4 \cdot \pi}{E}} = [(L + x)^2 + y^2].$$

Zur Vereinfachung wird $\Phi_{Ges} \cdot \frac{4 \cdot \pi}{E} = C$ substituiert, also

$$(x^2 + y^2) \cdot e^C = [(L + x)^2 + y^2].$$

Ausmultipliziert liefert

$$x^2 \cdot e^C + y^2 \cdot e^C = (L + x)^2 + y^2.$$

Nach Gliedern y^2 und x^2 sortiert führt zu

$$y^2 - y^2 \cdot e^C = x^2 \cdot e^C - (L + x)^2$$

oder zusammengefasst

$$y^2 \cdot (1 - e^C) = x^2 \cdot e^C - (L + x)^2.$$

Dividiert man nun durch $(1 - e^C)$, so erhält man den Ausdruck

$$y^2 = x^2 \cdot \frac{e^C}{(1 - e^C)} - \frac{(L + x)^2}{(1 - e^C)}.$$

Man kann dann noch umformen zu

$$y^2 = x^2 \cdot \frac{1}{\left(\frac{1 - e^C}{e^C}\right)} - \frac{(L + x)^2}{\frac{(1 - e^C)}{e^C} \cdot e^C}$$

oder

$$y^2 = x^2 \cdot \frac{1}{\left(\frac{1}{e^C} - 1\right)} - \frac{(L + x)^2}{\left(\frac{1}{e^C} - 1\right) \cdot e^C}.$$

Mit dem Vorzeichenwechsel entsteht dann

$$y^2 = -x^2 \cdot \frac{1}{\left(1 - \frac{1}{e^C}\right)} + \frac{(L + x)^2}{\left(1 - \frac{1}{e^C}\right) \cdot e^C}.$$

Das Ausklammern von $\frac{1}{\left(1 - \frac{1}{e^C}\right)}$ hat

$$y^2 = \frac{1}{\left(1 - \frac{1}{e^C}\right)} \cdot \left(\frac{1}{e^C} \cdot (L + x)^2 - x^2\right)$$

zur Folge. Nach dem Wurzel ziehen erhält man

$$y = \pm \sqrt{\frac{1}{\left(1 - \frac{1}{e^C}\right)}} \cdot \sqrt{\left(\frac{1}{e^C} \cdot (L + x)^2 - x^2\right)}.$$

Wieder $C = \Phi_{\text{Ges}} \cdot \frac{4 \cdot \pi}{E}$ zurücksubstituiert ergibt

$$y = \pm \sqrt{\frac{1}{\left(1 - \frac{1}{e^{\Phi_{\text{Ges}} \cdot \frac{4 \cdot \pi}{E}}}\right)}} \cdot \sqrt{\left(\frac{1}{e^{\Phi_{\text{Ges}} \cdot \frac{4 \cdot \pi}{E}}} \cdot (L + x)^2 - x^2\right)}.$$

Mit dieser Gleichung soll der Nachweis der Kreiskontur $y = \sqrt{r^2 - x^2}$ für Φ_{Ges} erbracht werden. Zur vereinfachten Schreibweise werden im Folgenden verschiedene Substitutionen eingeführt.

$$C \equiv \Phi_{\text{Ges}} \cdot \frac{4 \cdot \pi}{E}$$

Damit wird

$$y = \pm \sqrt{\frac{1}{\left(1 - \frac{1}{e^C}\right)}} \cdot \sqrt{\left(\frac{1}{e^C} \cdot (L + x)^2 - x^2\right)} \quad \text{(s. o.)}.$$

$$a \equiv \sqrt{\frac{1}{\left(1 - \frac{1}{e^C}\right)}}$$

Somit

$$y = \pm a \cdot \sqrt{\left(\frac{1}{e^C} \cdot (L + x)^2 - x^2\right)}.$$

$$b \equiv \frac{1}{e^C}$$

Dies führt zu

$$y = \pm a \cdot \sqrt{(b \cdot (L + x)^2 - x^2)}.$$

b in der Wurzel ausklammern ergibt

$$y = \pm a \cdot \sqrt{b \cdot \left((L + x)^2 - \frac{1}{b} \cdot x^2\right)}$$

oder

$$y = \pm a \cdot \sqrt{b} \cdot \sqrt{\left((L + x)^2 - \frac{1}{b} \cdot x^2\right)}.$$

$$d \equiv a \cdot \sqrt{b}$$

Dann folgt

$$y = \pm d \cdot \sqrt{\left((L + x)^2 - \frac{1}{b} \cdot x^2\right)}.$$

$$g \equiv \frac{1}{b}$$

Dies führt zu

$$y = \pm d \cdot \sqrt{(L + x)^2 - g \cdot x^2}.$$

Die Klammer ausmultipliziert ergibt

$$y = \pm d \cdot \sqrt{L^2 + 2 \cdot x \cdot L + x^2 - g \cdot x^2}$$

oder

$$y = \pm d \cdot \sqrt{L^2 - g \cdot x^2 + x^2 + 2 \cdot x \cdot L}$$

oder

$$y = \pm d \cdot \sqrt{L^2 - x^2 \cdot (g - 1) + 2 \cdot x \cdot L}.$$
$$h \equiv (g - 1)$$

Damit folgt

$$y = \pm d \cdot \sqrt{L^2 - x^2 \cdot h + 2 \cdot x \cdot L}$$

oder

$$y = \pm d \cdot \sqrt{L^2 - h \cdot \left(x^2 - 2 \cdot x \cdot \frac{L}{h}\right)}.$$

Die Erweiterung um $\frac{L^2}{h^2}$ in der Klammer

$$y = \pm d \cdot \sqrt{L^2 - h \cdot \left(x^2 - 2 \cdot x \cdot \frac{L}{h} + \frac{L^2}{h^2} - \frac{L^2}{h^2}\right)}$$

und Zusammenfassung zu

$$y = \pm d \cdot \sqrt{L^2 - h \cdot \left(\left(x - \frac{L}{h}\right)^2 - \frac{L^2}{h^2}\right)}$$

sowie das Ausklammern von h führt zu

$$y = \pm d \cdot \sqrt{h \cdot \left(\frac{L^2}{h} - \left(\left(x - \frac{L}{h}\right)^2 - \frac{L^2}{h^2}\right)\right)}.$$

Umgeformt zu

$$y = \pm d \cdot \sqrt{h} \cdot \sqrt{\frac{L^2}{h} - \left(\left(x - \frac{L}{h}\right)^2 - \frac{L^2}{h^2}\right)}$$

oder zusammengefasst liefert

$$y = \pm d \cdot \sqrt{h} \cdot \sqrt{\left(\frac{L^2}{h} + \frac{L^2}{h^2}\right) - \left(x - \frac{L}{h}\right)^2}.$$
$$k \equiv d \cdot \sqrt{h}$$
$$m^2 \equiv \left(\frac{L^2}{h} + \frac{L^2}{h^2}\right)$$

Mit diesen Substitutionen erhält man

$$y = \pm k \cdot \sqrt{m^2 - \left(x - \frac{L}{h}\right)^2}$$

Ersetzt man jetzt noch

$$m^2 \equiv R^{*2} \quad \text{und} \quad \left(x - \frac{L}{h}\right)^2 \equiv x^{*2},$$

dann liegt die Kreisgleichung der Potentialfunktion Φ_{Ges} in einer modifizierten Form wie folgt vor

$$y = \pm k \cdot \sqrt{R^{*2} - x^{*2}}$$

Geschwindigkeiten des Quelle-Senkenpaars

Im Folgenden sollen die Geschwindigkeit c und ihre Komponenten c_x und c_y in Abhängigkeit sowie von kartesischen Koordinaten x und y als auch von Polarkoordinaten r und φ hergeleitet werden. Als Anordnung des Koordinatensystems soll die „mittige" Lage dienen, also der Ursprung im Halbierungspunkt von L liegen (z. B. Abb. 2.9). Bei bekannter Geschwindigkeit ist es dann auch möglich mittels Bernoulli'scher Energiegleichung den zugeordneten Druck zu bestimmen.

$c_x(x, y)$ Als Ausgangspunkt der c_x-Ermittlung bietet sich gemäß Abschn. 1.4 der partielle Differentialquotient

$$c_x = \frac{\partial \Psi(x, y)}{\partial y}$$

an. Die Stromfunktion des Quelle-Senkenpaars lautet bekanntlich

$$\Psi_{\text{Ges}}(x, y) = \frac{E}{2 \cdot \pi} \cdot \left(\arctan\left(\frac{y}{x + \frac{L}{2}}\right) - \arctan\left(\frac{y}{x - \frac{L}{2}}\right)\right).$$

In c_x eingesetzt erhält man

$$c_x = \frac{E}{2 \cdot \pi} \cdot \frac{\partial\left(\arctan\left(\frac{y}{x + \frac{L}{2}}\right) - \arctan\left(\frac{y}{x - \frac{L}{2}}\right)\right)}{\partial y}.$$

Man kann die Differentiation in zwei Teilschritten durchführen. Hierbei wird jeweils als Basis der Differentialquotient

$$\frac{d \arctan z}{dz} = \frac{1}{(1 + z^2)}$$

verwendet.

Im **ersten Schritt** erhält man unter Verwendung der Substitution

$$m \equiv \frac{y}{\left(x + \frac{L}{2}\right)}$$

die Ausgangsgleichung

$$\frac{\partial \arctan m}{\partial y} = \frac{\partial \arctan m}{\partial m} \cdot \frac{\partial m}{\partial y}$$

Hierin lautet (s. o.)

$$\frac{\partial \arctan m}{\partial m} = \frac{1}{(1 + m^2)}.$$

Des Weiteren lässt sich $\frac{\partial m}{\partial y}$ einfach bestimmen zu

$$\frac{\partial m}{\partial y} \equiv \frac{1}{\left(x + \frac{L}{2}\right)}.$$

In die Ausgangsgleichung

$$\frac{\partial \arctan m}{\partial y} = \frac{\partial \arctan m}{\partial m} \cdot \frac{\partial m}{\partial y}$$

eingesetzt liefert dies folgendes Ergebnis

$$\frac{\partial \arctan m}{\partial y} = \frac{1}{(1 + m^2)} \cdot \frac{1}{\left(x + \frac{L}{2}\right)}.$$

Mit der Ausgangsgleichung folgt

$$\frac{\partial \arctan \left(\frac{y}{(x+\frac{L}{2})}\right)}{\partial y} = \frac{1}{\left(1 + \frac{y^2}{(x+\frac{L}{2})^2}\right)} \cdot \frac{1}{\left(x + \frac{L}{2}\right)}.$$

Umgeformt folgt

$$\frac{\partial \arctan \left(\frac{y}{(x+\frac{L}{2})}\right)}{\partial y} = \frac{\left(x + \frac{L}{2}\right)^2}{\left(\left(x + \frac{L}{2}\right)^2 + y^2\right)} \cdot \frac{1}{\left(x + \frac{L}{2}\right)}$$

bzw. nach Kürzen liefert dies das erste Zwischenergebnis

$$\frac{\partial \arctan \left(\frac{y}{(x+\frac{L}{2})}\right)}{\partial y} = \frac{\left(x + \frac{L}{2}\right)}{\left(\left(x + \frac{L}{2}\right)^2 + y^2\right)}.$$

Der **zweite Schritt** folgt analog zum ersten Schritt, jetzt jedoch gemäß

$$\frac{\partial \arctan \left(\frac{y}{(x-\frac{L}{2})}\right)}{\partial y} = \frac{1}{\left(1 + \frac{y^2}{(x-\frac{L}{2})^2}\right)} \cdot \frac{1}{\left(x - \frac{L}{2}\right)}.$$

Umgeformt folgt

$$\frac{\partial \arctan \left(\frac{y}{(x-\frac{L}{2})}\right)}{\partial y} = \frac{\left(x - \frac{L}{2}\right)^2}{\left(\left(x - \frac{L}{2}\right)^2 + y^2\right)} \cdot \frac{1}{\left(x - \frac{L}{2}\right)}$$

bzw. nach Kürzen liefert das zweite Zwischenergebnis

$$\frac{\partial \arctan \left(\frac{y}{(x-\frac{L}{2})}\right)}{\partial y} = \frac{\left(x - \frac{L}{2}\right)}{\left(\left(x - \frac{L}{2}\right)^2 + y^2\right)}.$$

Setzt man nun beide Teilergebnisse in die ursprüngliche Gleichung für

$$c_x = \frac{E}{2 \cdot \pi} \cdot \frac{\partial \left(\arctan \left(\frac{y}{x+\frac{L}{2}}\right) - \arctan \left(\frac{y}{x-\frac{L}{2}}\right)\right)}{\partial y}$$

ein, so erhält man als Resultat für c_x

$$c_x(x, y) = \frac{E}{2 \cdot \pi} \cdot \left(\frac{\left(x + \frac{L}{2}\right)}{\left(x + \frac{L}{2}\right)^2 + y^2} - \frac{\left(x - \frac{L}{2}\right)}{\left(x - \frac{L}{2}\right)^2 + y^2}\right).$$

$c_y(x, y)$ Als Ausgangspunkt der c_y-Ermittlung bietet sich gemäß Abschn. 1.4 der partielle Differentialquotient

$$c_y = -\frac{\partial \Psi(x, y)}{\partial x}$$

an. Die Stromfunktion des Quelle-Senkenpaars lautet bekanntlich

$$\Psi_{\text{Ges}}(x, y) = \frac{E}{2 \cdot \pi} \cdot \left(\arctan \left(\frac{y}{x + \frac{L}{2}}\right) - \arctan \left(\frac{y}{x - \frac{L}{2}}\right)\right).$$

In c_y eingesetzt erhält man

$$c_y = -\frac{E}{2 \cdot \pi} \cdot \frac{\partial \left(\arctan \left(\frac{y}{x+\frac{L}{2}}\right) - \arctan \left(\frac{y}{x-\frac{L}{2}}\right)\right)}{\partial x}.$$

Man kann die Differentiation in zwei Teilschritten durchführen. Hierbei wird jeweils als Basis der Differentialquotient

$$\frac{d \arctan z}{dz} = \frac{1}{(1 + z^2)}$$

verwendet.

Im **ersten Schritt** erhält man unter Verwendung der Substitution

$$m \equiv \frac{y}{\left(x + \frac{L}{2}\right)}$$

die Ausgangsgleichung

$$\frac{\partial \arctan m}{\partial x} = \frac{\partial \arctan m}{\partial m} \cdot \frac{\partial m}{\partial x}.$$

Hierin lautet

$$\frac{\partial \arctan m}{\partial m} = \frac{1}{(1 + m^2)}.$$

Des Weiteren lässt sich $\frac{\partial m}{\partial x}$ wie folgt bestimmen.

Es wird

$$m \equiv \frac{y}{\left(x + \frac{L}{2}\right)} = \frac{y}{k}$$

mit $k = (x + \frac{L}{2})$ gesetzt.

Dann folgt

$$\frac{\partial m}{\partial x} = \frac{\partial m}{\partial k} \cdot \frac{\partial k}{\partial x}.$$

Mit $m = y \cdot k^{-1}$ erhält man

$$\frac{\partial m}{\partial k} = -y \cdot k^{-2} \quad \text{oder} \quad \frac{\partial m}{\partial k} = -y \cdot \frac{1}{k^2}$$

bzw.

$$\frac{\partial m}{\partial k} = -y \cdot \frac{1}{(x + \frac{L}{2})^2}.$$

Weiterhin ist $\frac{\partial k}{\partial x} = 1$ und folglich

$$\frac{\partial m}{\partial x} = -y \cdot \frac{1}{(x + \frac{L}{2})^2} \cdot 1$$

In Verbindung mit der Ausgangsgleichung liefern diese Zwischenergebnisse

$$\frac{\partial \arctan\left(\frac{y}{(x+\frac{L}{2})}\right)}{\partial x} = \frac{1}{\left(1 + \frac{y^2}{(x+\frac{L}{2})^2}\right)} \cdot (-1) \cdot \frac{y}{\left(x + \frac{L}{2}\right)^2}.$$

Umgeformt folgt

$$\frac{\partial \arctan\left(\frac{y}{(x+\frac{L}{2})}\right)}{\partial x} = -\frac{\left(x + \frac{L}{2}\right)^2}{\left(\left(x + \frac{L}{2}\right)^2 + y^2\right)} \cdot \frac{y}{\left(x + \frac{L}{2}\right)^2}$$

oder nach Kürzen das erste Zwischenergebnis

$$\frac{\partial \arctan\left(\frac{y}{(x+\frac{L}{2})}\right)}{\partial x} = -\frac{y}{\left(\left(x + \frac{L}{2}\right)^2 + y^2\right)}.$$

Im **zweiten Schritt** erhält man unter Verwendung der Substitution

$$m \equiv \frac{y}{\left(x - \frac{L}{2}\right)}$$

die Ausgangsgleichung

$$\frac{\partial \arctan m}{\partial x} = \frac{\partial \arctan m}{\partial m} \cdot \frac{\partial m}{\partial x}.$$

Hierin lautet

$$\frac{\partial \arctan m}{\partial m} = \frac{1}{(1 + m^2)} \quad \text{(s. o.).}$$

Des Weiteren lässt sich $\frac{\partial m}{\partial x}$ wie folgt bestimmen.
Es wird

$$m \equiv \frac{y}{\left(x - \frac{L}{2}\right)} = \frac{y}{k} \quad \text{mit } k = \left(x - \frac{L}{2}\right)$$

gesetzt. Dann folgt

$$\frac{\partial m}{\partial x} = \frac{\partial m}{\partial k} \cdot \frac{\partial k}{\partial x}.$$

Mit $m = y \cdot k^{-1}$ erhält man

$$\frac{\partial m}{\partial k} = -y \cdot k^{-2} \quad \text{oder} \quad \frac{\partial m}{\partial k} = -y \cdot \frac{1}{k^2}$$

bzw.

$$\frac{\partial m}{\partial k} = -y \cdot \frac{1}{\left(x - \frac{L}{2}\right)^2}.$$

Weiterhin ist $\frac{\partial k}{\partial x} = 1$ und folglich

$$\frac{\partial m}{\partial x} = -y \cdot \frac{1}{\left(x - \frac{L}{2}\right)^2} \cdot 1.$$

In Verbindung mit der Ausgangsgleichung liefern die Zwischenergebnisse

$$\frac{\partial \arctan\left(\frac{y}{\left(x - \frac{L}{2}\right)}\right)}{\partial x} = \frac{1}{\left(1 + \frac{y^2}{\left(x - \frac{L}{2}\right)^2}\right)} \cdot (-1) \cdot \frac{y}{\left(x - \frac{L}{2}\right)^2}.$$

Umgeformt folgt

$$\frac{\partial \arctan\left(\frac{y}{\left(x - \frac{L}{2}\right)}\right)}{\partial x} = -\frac{\left(x - \frac{L}{2}\right)^2}{\left(\left(x - \frac{L}{2}\right)^2 + y^2\right)} \cdot \frac{y}{\left(x - \frac{L}{2}\right)^2}$$

oder nach Kürzen das **zweite** Zwischenergebnis

$$\frac{\partial \arctan\left(\frac{y}{\left(x - \frac{L}{2}\right)}\right)}{\partial x} = -\frac{y}{\left(\left(x - \frac{L}{2}\right)^2 + y^2\right)}.$$

Setzt man nun beide Teilergebnisse in die ursprüngliche Gleichung für

$$c_y = -\frac{E}{2 \cdot \pi} \cdot \frac{\partial \left(\arctan\left(\frac{y}{x + \frac{L}{2}}\right) - \arctan\left(\frac{y}{x - \frac{L}{2}}\right)\right)}{\partial x}$$

ein, so erhält man als Resultat für c_y

$$c_y(x, y) = -\frac{E}{2 \cdot \pi} \cdot \left(-\frac{y}{\left(\left(x + \frac{L}{2}\right)^2 + y^2\right)} - (-)\frac{y}{\left(\left(x - \frac{L}{2}\right)^2 + y^2\right)}\right)$$

oder schließlich

$$c_y(x, y) = \frac{E}{2 \cdot \pi} \cdot y \cdot \left(\frac{1}{\left(\left(x + \frac{L}{2}\right)^2 + y^2\right)} - \frac{1}{\left(\left(x - \frac{L}{2}\right)^2 + y^2\right)}\right)$$

$c_x(r, \varphi)$ Mit o. g. Ergebnis $c_x(x, y)$ wird gemäß Abb. 1.7 die Darstellung $c_x(r, \varphi)$ in folgenden Schritten hergeleitet. Es sind nachstehende Zusammenhänge zu erkennen:

$$r_1^2 = \left(x + \frac{L}{2}\right)^2 + y^2 \quad \text{und} \quad r_2^2 = \left(x - \frac{L}{2}\right)^2 + y^2$$

$$\left(x + \frac{L}{2}\right) = r_1 \cdot \cos \varphi_1 \quad \text{und} \quad \left(x - \frac{L}{2}\right) = r_2 \cdot \cos \varphi_2.$$

In die Gleichung für c_x eingesetzt liefert zunächst

$$c_x(r, \varphi) = \frac{E}{2 \cdot \pi} \cdot \left(\frac{r_1 \cdot \cos \varphi_1}{r_1^2} - \frac{r_2 \cdot \cos \varphi_2}{r_2^2}\right)$$

und nach Kürzen erhält man als Resultat

$$c_x(r, \varphi) = \frac{E}{2 \cdot \pi} \cdot \left(\frac{\cos \varphi_1}{r_1} - \frac{\cos \varphi_2}{r_2}\right)$$

$c_y(r, \varphi)$ Mit o. g. Ergebnis $c_y(x, y)$ wird gemäß Abb. 1.7 die Darstellung $c_y(r, \varphi)$ in folgenden Schritten hergeleitet. Es sind nachstehende Zusammenhänge zu erkennen:

$$r_1^2 = \left(x + \frac{L}{2}\right)^2 + y^2 \quad \text{und} \quad r_2^2 = \left(x - \frac{L}{2}\right)^2 + y^2$$

$$y = r_1 \cdot \sin \varphi_1 \quad \text{und} \quad y = r_2 \cdot \sin \varphi_2.$$

In die Gleichung für c_y eingesetzt liefert zunächst mit

$$c_y(x, y) = \frac{E}{2 \cdot \pi} \cdot \left(\frac{y}{\left(\left(x + \frac{L}{2}\right)^2 + y^2\right)} - \frac{y}{\left(\left(x - \frac{L}{2}\right)^2 + y^2\right)}\right)$$

$$c_y(r, \varphi) = \frac{E}{2 \cdot \pi} \cdot \left(\frac{r_1 \cdot \sin \varphi_1}{r_1^2} - \frac{r_2 \cdot \sin \varphi_2}{r_2^2}\right).$$

Nach dem Kürzen erhält man als Resultat

$$c_y(r, \varphi) = \frac{E}{2 \cdot \pi} \cdot \left(\frac{\sin \varphi_1}{r_1} - \frac{\sin \varphi_2}{r_2}\right)$$

$c(r, \varphi)$ Bei der Ermittlung der Geschwindigkeit $c(r, \varphi)$ wird von dem Satz des Pythagoras Gebrauch gemacht, nämlich $c^2(r, \varphi) = c_x^2(r, \varphi) + c_y^2(r, \varphi)$ oder nach dem Wurzel ziehen

$$c(r, \varphi) = \sqrt{c_x^2(r, \varphi) + c_y^2(r, \varphi)}.$$

Hierin finden die oben gefundenen Ergebnisse für c_x und c_y Verwendung. Dies führt zunächst zu

$$c(r,\varphi) = \frac{E}{2 \cdot \pi} \cdot \sqrt{\left(\frac{\cos \varphi_1}{r_1} - \frac{\cos \varphi_2}{r_2}\right)^2 + \left(\frac{\sin \varphi_1}{r_1} - \frac{\sin \varphi_2}{r_2}\right)^2}.$$

Die Klammern ausmultipliziert

$$c(r,\varphi) = \frac{E}{2 \cdot \pi} \cdot \sqrt{\begin{array}{l} \dfrac{\cos^2 \varphi_1}{r_1^2} - \dfrac{2 \cdot \cos \varphi_1 \cdot \cos \varphi_2}{r_1 \cdot r_2} + \dfrac{\cos^2 \varphi_2}{r_2^2} \\ + \dfrac{\sin^2 \varphi_1}{r_1^2} - \dfrac{2 \cdot \sin \varphi_1 \cdot \sin \varphi_2}{r_1 \cdot r_2} + \dfrac{\sin^2 \varphi_2}{r_2^2} \end{array}}$$

und dann zur Vereinfachung wie folgt sortiert liefert im nächsten Schritt

$$c(r,\varphi) = \frac{E}{2 \cdot \pi} \cdot \sqrt{\begin{array}{l} \dfrac{1}{r_1^2} \cdot (\sin^2 \varphi_1 + \cos^2 \varphi_1) + \dfrac{1}{r_2^2} \cdot (\sin^2 \varphi_2 + \cos^2 \varphi_2) \\ - \dfrac{2}{r_1 \cdot r_2} (\sin \varphi_1 \cdot \sin \varphi_2 + \cos \varphi_1 \cdot \cos \varphi_2) \end{array}}.$$

Mit $\sin^2 \varphi_{1;2} + \cos^2 \varphi_{1;2} = 1$ vereinfacht sich die Gleichung zu

$$c(r,\varphi) = \frac{E}{2 \cdot \pi} \cdot \sqrt{\frac{1}{r_1^2} + \frac{1}{r_2^2} - \frac{2}{r_1 \cdot r_2} \cdot (\sin \varphi_1 \cdot \sin \varphi_2 + \cos \varphi_1 \cdot \cos \varphi_2)}.$$

Weiterhin kennt man folgende Zusammenhänge

$$\sin \varphi_1 \cdot \sin \varphi_2 = \frac{1}{2} \cdot [\cos(\varphi_1 - \varphi_2) - \cos(\varphi_1 + \varphi_2)] \quad \text{sowie}$$

$$\cos \varphi_1 \cdot \cos \varphi_2 = \frac{1}{2} \cdot [\cos(\varphi_1 - \varphi_2) + \cos(\varphi_1 + \varphi_2)].$$

Oben eingesetzt ergibt

$$c(r,\varphi) = \frac{E}{2 \cdot \pi} \cdot \sqrt{\frac{1}{r_1^2} + \frac{1}{r_2^2} - \frac{2}{r_1 \cdot r_2} \cdot \frac{1}{2} \cdot \left[\begin{array}{l} \cos(\varphi_1 - \varphi_2) - \cos(\varphi_1 + \varphi_2) \\ + \cos(\varphi_1 - \varphi_2) + \cos(\varphi_1 + \varphi_2) \end{array}\right]}.$$

Durch das Aufheben der Glieder $\cos(\varphi_1 + \varphi_2)$ und Kürzen mit 2 entsteht

$$c(r,\varphi) = \frac{E}{2 \cdot \pi} \cdot \sqrt{\frac{1}{r_1^2} + \frac{1}{r_2^2} - \frac{1}{r_1 \cdot r_2} \cdot (\cos(\varphi_1 - \varphi_2) + \cos(\varphi_1 - \varphi_2))}$$

oder auch

$$c(r, \varphi) = \frac{E}{2 \cdot \pi} \cdot \sqrt{\frac{1}{r_1^2} + \frac{1}{r_2^2} - \frac{2}{r_1 \cdot r_2} \cdot \cos(\varphi_1 - \varphi_2)}.$$

Weiterhin mit $\Delta\varphi = \varphi_2 - \varphi_1$ führt zu

$$c(r, \varphi) = \frac{E}{2 \cdot \pi} \cdot \sqrt{\frac{1}{r_1^2} + \frac{1}{r_2^2} - \frac{2}{r_1 \cdot r_2} \cdot \cos(-\Delta\varphi)}$$

und mit $\cos(-\Delta\varphi) = \cos\Delta\varphi$ dann

$$c(r, \varphi) = \frac{E}{2 \cdot \pi} \cdot \sqrt{\frac{1}{r_1^2} + \frac{1}{r_2^2} - \frac{2}{r_1 \cdot r_2} \cdot \cos\Delta\varphi}.$$

Dieses Ergebnis lässt sich durch folgende Schritte noch in einer vereinfachten Form formulieren. Der Cosinussatz gemäß Abb. 2.9 lautet bekanntermaßen

$$L^2 = r_1^2 + r_2^2 - 2 \cdot r_1 \cdot r_2 \cdot \cos\Delta\varphi.$$

Nach $\cos\Delta\varphi$ auflösen führt zunächst zu

$$2 \cdot r_1 \cdot r_2 \cdot \cos\Delta\varphi = r_1^2 + r_2^2 - L^2$$

und durch $2 \cdot r_1 \cdot r_2$ dividieren dann zu

$$\cos\Delta\varphi = \frac{r_1^2}{2 \cdot r_1 \cdot r_2} + \frac{r_2^2}{2 \cdot r_1 \cdot r_2} - \frac{L^2}{2 \cdot r_1 \cdot r_2}.$$

Gleiche Größen heraus gekürzt ergibt

$$\cos\Delta\varphi = \frac{r_1}{2 \cdot r_2} + \frac{r_2}{2 \cdot r_1} - \frac{L^2}{2 \cdot r_1 \cdot r_2}$$

oder

$$\cos\Delta\varphi = \frac{1}{2} \cdot \left(\frac{r_1}{r_2} + \frac{r_2}{r_1} - \frac{L^2}{r_1 \cdot r_2} \right).$$

In die Ausgangsgleichung eingesetzt führt zu

$$c(r, \varphi) = \frac{E}{2 \cdot \pi} \cdot \sqrt{\frac{1}{r_1^2} + \frac{1}{r_2^2} - \frac{2}{r_1 \cdot r_2} \cdot \frac{1}{2} \cdot \left(\frac{r_1}{r_2} + \frac{r_2}{r_1} - \frac{L^2}{r_1 \cdot r_2} \right)}$$

oder

$$c(r, \varphi) = \frac{E}{2 \cdot \pi} \cdot \sqrt{\frac{1}{r_1^2} + \frac{1}{r_2^2} - \left(\frac{r_1}{r_2} \cdot \frac{1}{r_1 \cdot r_2} + \frac{r_2}{r_1} \cdot \frac{1}{r_1 \cdot r_2} - \frac{L^2}{r_1 \cdot r_2} \cdot \frac{1}{r_1 \cdot r_2} \right)}$$

bzw. nach Kürzungen

$$c(r, \varphi) = \frac{E}{2 \cdot \pi} \cdot \sqrt{\frac{1}{r_1^2} + \frac{1}{r_2^2} - \frac{1}{r_2^2} - \frac{1}{r_1^2} + \frac{L^2}{r_1^2 \cdot r_2^2}}.$$

Als Resultat entsteht

$$c(r, \varphi) = \frac{E}{2 \cdot \pi} \cdot \frac{L}{r_1 \cdot r_2}.$$

$c(x, y)$ Die Formulierung von $c(x, y)$ in Abhängigkeit von kartesischen Koordinaten x und y lässt sich jetzt einfach aus o. g. Gleichung und den Radien r_1 und r_2 finden. Gemäß Abb. 2.9 lauten die beiden Radien für das „mittig" angeordnete Koordinatensystem

$$r_1 = \sqrt{\left(x + \frac{L}{2} \right)^2 + y^2}$$

und

$$r_2 = \sqrt{\left(x - \frac{L}{2} \right)^2 + y^2}.$$

Oben eingesetzt führt zum Ergebnis

$$c(x, y) = \frac{E}{2 \cdot \pi} \cdot \frac{L}{\sqrt{\left(x + \frac{L}{2} \right)^2 + y^2} \cdot \sqrt{\left(x - \frac{L}{2} \right)^2 + y^2}}$$

oder auch

$$c(x, y) = \frac{E}{2 \cdot \pi} \cdot \frac{L}{\sqrt{\left[\left(x + \frac{L}{2} \right)^2 + y^2 \right] \cdot \left[\left(x - \frac{L}{2} \right)^2 + y^2 \right]}}$$

Isotachen c_i = konst.
Neben den Potential- und Stromlinien sind die Linien gleicher Geschwindigkeit (Isotachen) von Bedeutung. Im Fall eines sinnvollen Bezugspunktes (z. B. c_∞, p_∞) wird mittels

der Isotachen und der Bernoulli'schen Energiegleichung auch die Bestimmung der Linien gleichen Drucks (Isobaren) möglich. Zur Herleitung der Isotachen in der Form $y = f(x; c_i = \text{konst})$ bei gegebenem E und L geht man von

$$c(x, y) = \frac{E}{2 \cdot \pi} \cdot \frac{L}{\sqrt{\left(x + \frac{L}{2}\right)^2 + y^2} \cdot \sqrt{\left(x - \frac{L}{2}\right)^2 + y^2}}$$

aus und erhält nach Umstellen

$$\sqrt{\left(x + \frac{L}{2}\right)^2 + y^2} \cdot \sqrt{\left(x - \frac{L}{2}\right)^2 + y^2} = \frac{E}{2 \cdot \pi} \cdot \frac{L}{c(x, y)}.$$

Das Quadrieren führt weiterhin zu

$$\left[\left(x + \frac{L}{2}\right)^2 + y^2\right] \cdot \left[\left(x - \frac{L}{2}\right)^2 + y^2\right] = \left(\frac{E}{2 \cdot \pi} \cdot \frac{L}{c(x, y)}\right)^2.$$

Ersetzt man

$$\left(x + \frac{L}{2}\right)^2 \equiv u^2$$

und

$$\left(x - \frac{L}{2}\right)^2 \equiv v^2$$

sowie

$$\left(\frac{E}{2 \cdot \pi} \cdot \frac{L}{c(x, y)}\right)^2 \equiv a^2,$$

so entsteht die einfachere Gleichung

$$(u^2 + y^2) \cdot (v^2 + y^2) = a^2.$$

Das Ausmultiplizieren der Klammerausdrücke liefert

$$u^2 \cdot v^2 + u^2 \cdot y^2 + v^2 \cdot y^2 + y^4 = a^2.$$

Weiterhin können

$$\left(x + \frac{L}{2}\right)^2 \equiv u^2 \quad \text{und} \quad \left(x - \frac{L}{2}\right)^2 \equiv v^2$$

ebenfalls durch Ausmultiplikation wie folgt ersetzt werden.

$$u^2 = \left(x^2 + x \cdot L + \frac{L^2}{4} \right)$$

und

$$v^2 = \left(x^2 - x \cdot L + \frac{L^2}{4} \right).$$

In o. g. Gleichung eingesetzt liefert

$$a^2 = \left(x^2 + x \cdot L + \frac{L^2}{4} \right) \cdot \left(x^2 - x \cdot L + \frac{L^2}{4} \right)$$
$$+ \left(x^2 + x \cdot L + \frac{L^2}{4} \right) \cdot y^2 + \left(x^2 - x \cdot L + \frac{L^2}{4} \right) \cdot y^2 + y^4.$$

Die Gleichung in die drei Produkte zerlegt führt zu

$$\left(x^2 + x \cdot L + \frac{L^2}{4} \right) \cdot \left(x^2 - x \cdot L + \frac{L^2}{4} \right)$$
$$= x^4 - x^3 \cdot L + x^2 \cdot \frac{L^2}{4} + x^3 \cdot L - x^2 \cdot L^2 + x \cdot \frac{L^3}{4} + x^2 \cdot \frac{L^2}{4} - x \cdot \frac{L^3}{4} + \frac{L^4}{16}$$

oder nach Zusammenfassung

$$\left(x^2 + x \cdot L + \frac{L^2}{4} \right) \cdot \left(x^2 - x \cdot L + \frac{L^2}{4} \right) = x^4 - \frac{1}{2} \cdot x^2 \cdot L^2 + \frac{L^4}{16} = \left(x^2 - \frac{L^2}{4} \right)^2.$$

Weiterhin erhält man durch einfaches Ausmultiplizieren

$$\left(x^2 + x \cdot L + \frac{L^2}{4} \right) \cdot y^2 = x^2 \cdot y^2 + x \cdot y^2 \cdot L + y^2 \cdot \frac{L^2}{4}$$

sowie

$$\left(x^2 - x \cdot L + \frac{L^2}{4} \right) \cdot y^2 = x^2 \cdot y^2 - x \cdot y^2 \cdot L + y^2 \cdot \frac{L^2}{4}.$$

Die drei Teilergebnisse in die Ausgangsgleichung eingesetzt liefert zunächst

$$a^2 = \left(x^2 - \frac{L^2}{4} \right)^2 + x^2 \cdot y^2 + x \cdot y^2 \cdot L + y^2 \cdot \frac{L^2}{4}$$
$$+ x^2 \cdot y^2 - x \cdot y^2 \cdot L + y^2 \cdot \frac{L^2}{4} + y^4$$

oder

$$a^2 = \left(x^2 - \frac{L^2}{4}\right)^2 + 2 \cdot x^2 \cdot y^2 + 2 \cdot y^2 \cdot \frac{L^2}{4} + y^4$$

oder

$$a^2 = \left(x^2 - \frac{L^2}{4}\right)^2 + 2 \cdot y^2 \cdot \left(x^2 + \frac{L^2}{4}\right) + y^4.$$

Umgestellt führt zu

$$a^2 - \left(x^2 - \frac{L^2}{4}\right)^2 = y^4 + 2 \cdot y^2 \cdot \left(x^2 + \frac{L^2}{4}\right).$$

Auf beiden Seiten $(x^2 + \frac{L^2}{4})^2$ addiert ergibt

$$a^2 - \left(x^2 - \frac{L^2}{4}\right)^2 + \left(x^2 + \frac{L^2}{4}\right)^2 = y^4 + 2 \cdot y^2 \cdot \left(x^2 + \frac{L^2}{4}\right) + \left(x^2 + \frac{L^2}{4}\right)^2$$

Die **rechte** Gleichungsseite lässt sich ersetzen durch

$$y^4 + 2 \cdot y^2 \cdot \left(x^2 + \frac{L^2}{4}\right) + \left(x^2 + \frac{L^2}{4}\right)^2 = \left(y^2 + \left(x^2 + \frac{L^2}{4}\right)\right)^2.$$

Die **linke** Gleichungsseite lautet nach Ausmultiplikation

$$a^2 - \left(x^2 - \frac{L^2}{4}\right)^2 + \left(x^2 + \frac{L^2}{4}\right)^2$$
$$= a^2 - \left(x^4 - \frac{1}{2} \cdot x^2 \cdot L^2 + \frac{L^4}{16}\right) + \left(x^4 + \frac{1}{2} \cdot x^2 \cdot L^2 + \frac{L^4}{16}\right)$$

oder

$$a^2 - \left(x^2 - \frac{L^2}{4}\right)^2 + \left(x^2 + \frac{L^2}{4}\right)^2 = a^2 + x^2 \cdot L^2.$$

Damit erhält man nach Zusammenfügen beider Gleichungsseiten

$$a^2 + x^2 \cdot L^2 = \left(y^2 + \left(x^2 + \frac{L^2}{4}\right)\right)^2.$$

Zieht man nun noch die Wurzel, so entsteht zunächst

$$\pm \sqrt{a^2 + x^2 \cdot L^2} = y^2 + \left(x^2 + \frac{L^2}{4} \right).$$

Die Subtraktion von $(x^2 + \frac{L^2}{4})$ liefert des Weiteren

$$y^2 = \pm \sqrt{a^2 + x^2 \cdot L^2} - \left(x^2 + \frac{L^2}{4} \right).$$

Wiederum die Wurzel gezogen ergibt schließlich

$$y = \pm \sqrt{ \pm \sqrt{a^2 + x^2 \cdot L^2} - \left(x^2 + \frac{L^2}{4} \right) }.$$

Mit $a^2 = (\frac{E}{2 \cdot \pi} \cdot \frac{L}{c(x,y)})^2$ zurückgeführt entsteht das Resultat

$$y = \pm \sqrt{ + \sqrt{ \left(\frac{E}{2 \cdot \pi} \cdot \frac{L}{c_i} \right)^2 + x^2 \cdot L^2 } - \left(x^2 + \frac{L^2}{4} \right) }.$$

Bei vorgegebenen Größen E und L lassen sich die Isotachen mit $c(x, y) \equiv c_i = $ konst. als Kurvenparameter in der Form $y = f(x; c_i = $ konst$)$ berechnen und mit einem Tabellenkalkulationsprogramm darstellen. Für die Singularitäten mit $c_i = \infty$ bei $y = 0$ erkennt man leicht, dass sie bei $\pm \frac{L}{2}$, also in der Quelle bzw. Senke liegen müssen.

Beispiel

$$E = 12 \, \frac{\text{m}^2}{\text{s}} \qquad \text{vorgegeben}$$

$$L = 2{,}0 \, \text{m} \qquad \text{vorgegeben}$$

$$c = 1 \, \text{m/s} \qquad \text{Kurvenparameter}$$

$$x = 1 \, \text{m} \qquad \text{Variable}$$

$$y = \pm \sqrt{ + \sqrt{ \left(\frac{12}{2 \cdot \pi} \cdot \frac{2}{1} \right)^2 + 1^2 \cdot 2^2 } - \left(1^2 + \frac{2^2}{4} \right) }$$

$$y = \pm 1{,}520 \, \text{m} \qquad \text{somit bekannt}$$

Damit sind zwei Punkte der Isotache $c = 1{,}0 \, \text{m/s}$ bekannt. Alle weiteren Punkte werden nach derselben Vorgehensweise ermittelt. In Abb. 2.14 sind beispielhaft verschiedene Isotachen zu o. g. Beispiel zu erkennen.

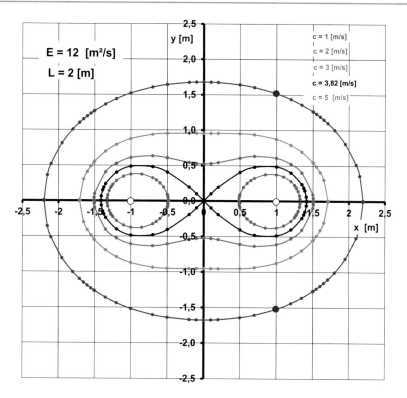

Abb. 2.14 Isotachen des Quelle-Senkenpaars

2.4 Dipolströmung

Eine Sonderform der Quelle-Senkenpaarströmung stellt die Dipolströmung dar. Hierbei lässt man gedanklich den Abstand L zwischen Quelle und Senke immer kleiner werden, im Grenzfall gegen Null streben, also $L \Rightarrow 0$ (Abb. 2.15), und steigert gleichzeitig die Ergiebigkeit E umgekehrt proportional zu L, also $E \sim \frac{1}{L}$, in der Weise, dass das Produkt $E \cdot L = $ konst. bleibt.

Dieses Produkt $E \cdot L$ wird als Dipolmoment $M = E \cdot L$ definiert (Abb. Abb. 2.16). Anschaulich lässt sich der Vorgang auch gut mit den Zugkrafthyperbeln in Abb. 2.16 vergleichen.

Potentialfunktion

$\Phi(x, y)$ Geht man von der Quelle-Senkenpaarströmung mit der gemeinsamen Potentialfunktion

$$\Phi_{\mathrm{Ges}} = \frac{E}{2 \cdot \pi} \cdot \ln\left(\frac{\sqrt{(L + x)^2 + y^2}}{\sqrt{x^2 + y^2}} \right)$$

Abb. 2.15 Dipolströmung

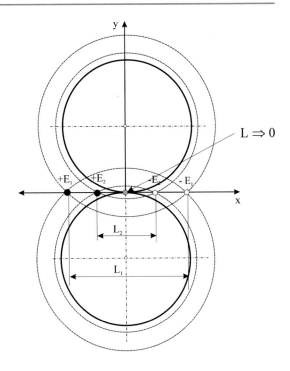

oder

$$\Phi_{\mathrm{Ges}} = \frac{E}{2 \cdot \pi} \cdot \Big[\ln\big(\sqrt{(L+x)^2 + y^2}\big) - \ln\big(\sqrt{x^2 + y^2}\big) \Big].$$

aus und erweitert mit $\frac{L}{L}$, so erhält man zunächst

$$\Phi_{\mathrm{Ges}} = \frac{E \cdot L}{2 \cdot \pi} \cdot \left[\frac{\ln\big(\sqrt{(L+x)^2 + y^2}\big) - \ln\big(\sqrt{x^2 + y^2}\big)}{L} \right].$$

Mit $M = E \cdot L$ eingesetzt ergibt dies

$$\Phi_{\mathrm{Ges}} = \frac{M}{2 \cdot \pi} \cdot \left[\frac{\ln\big(\sqrt{(L+x)^2 + y^2}\big) - \ln\big(\sqrt{x^2 + y^2}\big)}{L} \right].$$

Unter der Voraussetzung, dass bei der Dipolströmung $L \Rightarrow 0$ streben soll, wird der Klammerausdruck einem Grenzübergang bei partiellen Differentialen gemäß z. B.

$$\lim_{\Delta x \to 0} \frac{f\big((x + \Delta x); y\big) - f(x; y)}{\Delta x} = \frac{\partial z}{\partial x}\bigg|_{y = \mathrm{konst.}}$$

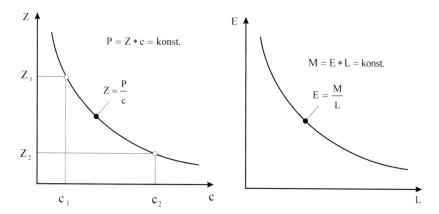

Abb. 2.16 Zugkrafthyperbel (*links*) und Dipolmoment (*rechts*)

zugeführt. Mit $L \equiv \Delta x$ und weiterhin $f(x, y) \equiv z(x, y) = \ln \sqrt{x^2 + y^2}$ erhält man zunächst

$$\Phi = \frac{M}{2 \cdot \pi} \cdot \left[\lim_{\Delta x \to 0} \frac{\ln(\sqrt{(x + \Delta x)^2 + y^2}) - \ln(\sqrt{x^2 + y^2})}{\Delta x} \right]$$

oder auch

$$\Phi = \frac{M}{2 \cdot \pi} \cdot \frac{\partial z}{\partial x} \bigg|_{y = \text{konst.}}.$$

Unter Verwendung von $z = \ln \sqrt{x^2 + y^2}$ erhält man dann

$$\Phi = \frac{M}{2 \cdot \pi} \cdot \frac{\partial(\ln \sqrt{x^2 + y^2})}{\partial x}.$$

Die partielle Differentiation wird jetzt bei festgehaltenem y wie folgt durchgeführt. In $\frac{\partial(\ln \sqrt{x^2 + y^2})}{\partial x}$ substituiert man zunächst $k = \ln m$, $m = \sqrt{n}$ und $n = x^2 + y^2$. Dies hat dann

$$\frac{\partial k}{\partial x} = \frac{\partial k}{\partial m} \cdot \frac{\partial m}{\partial n} \cdot \frac{\partial n}{\partial x}$$

zur Folge mit

$$\frac{\partial k}{\partial m} = \frac{1}{m}, \qquad \frac{\partial m}{\partial n} = \frac{1}{2} \cdot \frac{1}{n^{\frac{1}{2}}} \quad \text{und} \quad \frac{\partial n}{\partial x} = 2 \cdot x.$$

Die Ergebnisse in $\frac{\partial k}{\partial x}$ mit den zurücksubstituierten Größen eingesetzt liefert

$$\frac{\partial k}{\partial x} = \frac{1}{\sqrt{x^2 + y^2}} \cdot \frac{1}{2} \cdot \frac{1}{\sqrt{x^2 + y^2}} \cdot 2 \cdot x.$$

Als Resultat erhält man (auch bei beliebig vielen festgehaltenen y-Werten)

$$\frac{\partial(\ln \sqrt{x^2 + y^2})}{\partial x} = \frac{x}{(x^2 + y^2)}.$$

Die Potentialfunktion der Dipolströmung lautet mit kartesischen Koordinaten

$$\Phi(x, y) = \frac{M}{2 \cdot \pi} \cdot \frac{x}{(x^2 + y^2)}.$$

$\Phi(r, \varphi)$: Wegen $r^2 = x^2 + y^2$ und $x = r \cdot \cos \varphi$ führt dies mit Polarkoordinaten zu

$$\Phi(r, \varphi) = \frac{M}{2 \cdot \pi} \cdot \frac{\cos \varphi}{r}.$$

Stromfunktion

$\Psi(r, \varphi)$ Eine einfache Herleitung der Stromfunktion vorliegender Dipolströmung geht von der Potentialfunktion (s. o.) in Polarkoordinaten aus.

$$\Phi = \frac{M}{2 \cdot \pi} \cdot \frac{\cos \varphi}{r}.$$

Weiterhin kennt man

$$\frac{\partial \Phi}{\partial r} = c_r.$$

Den Differentialquotienten $\frac{\partial \Phi}{\partial r}$ aus der o. g. Potentialfunktion hergeleitet liefert

$$\frac{\partial \Phi}{\partial r} = \frac{M}{2 \cdot \pi} \cdot \frac{\partial \left(\frac{\cos \varphi}{r} \right)}{\partial r}.$$

oder auch

$$\frac{\partial \Phi}{\partial r} = \frac{M}{2 \cdot \pi} \cdot \frac{\partial \left(\frac{\cos \varphi}{r} \right)}{\partial r} = -\frac{M}{2 \cdot \pi} \cdot \frac{\cos \varphi}{r^2} = c_r.$$

Da auch ebenso

$$c_r = \frac{1}{r} \cdot \frac{\partial \Psi}{\partial \varphi}$$

bekannt ist, lässt sich durch Zusammenfügen und Kürzen

$$\frac{1}{r} \cdot \frac{\partial \Psi}{\partial \varphi} = -\frac{M}{2 \cdot \pi} \cdot \frac{\cos \varphi}{r^2}$$

sowie Umstellen

$$\partial \Psi = -\frac{M}{2 \cdot \pi} \cdot \frac{\cos \varphi}{r} \cdot \partial \varphi$$

und anschließender Integration

$$\int \partial \Psi = -\frac{M}{2 \cdot \pi} \cdot \frac{1}{r} \cdot \int \cos \varphi \cdot \partial \varphi$$

das gesuchte Ergebnis herleiten zu

$$\Psi = -\frac{M}{2 \cdot \pi} \cdot \frac{\sin \varphi}{r} + C.$$

Die Integrationskonstante $C = 0$ gesetzt liefert in Polarkoordinaten

$$\Psi(r, \varphi) = -\frac{M}{2 \cdot \pi} \cdot \frac{\sin \varphi}{r}.$$

$\Psi(x, y)$ Mit $y = r \cdot \sin \varphi$ und $r^2 = x^2 + y^2$ gelangt man zur kartesischen Form

$$\Psi(x, y) = -\frac{M}{2 \cdot \pi} \cdot \frac{y}{(x^2 + y^2)}$$

Geschwindigkeiten c_x; c_y; c
Zur Ermittlung der Geschwindigkeitskomponenten c_x; c_y und der Geschwindigkeit c werden deren Definitionen in Verbindung mit der Potentialfunktion Φ und der Stromfunktion Ψ herangezogen.

$c_x(x, y)$ Mit der Definition $c_x = \frac{\partial \Phi}{\partial x}$ und der ermittelten Potentialfunktion

$$\Phi = \frac{M}{2 \cdot \pi} \cdot \frac{x}{(x^2 + y^2)}$$

lässt sich zunächst schreiben

$$c_x = \frac{M}{2 \cdot \pi} \cdot \frac{\partial \left(\frac{x}{(x^2 + y^2)} \right)}{\partial x}.$$

Wird $u = x$ und $v = x^2 + y^2$ gesetzt, entsteht

$$c_x = \frac{M}{2 \cdot \pi} \cdot \frac{\partial\left(\frac{u}{v}\right)}{\partial x}.$$

Der Differentialquotient $\frac{\partial\left(\frac{u}{v}\right)}{\partial x}$ lautet nach dem Quotientengesetz

$$\frac{\partial\left(\frac{u}{v}\right)}{\partial x} = \frac{u' \cdot v - v' \cdot u}{v^2}.$$

Im Einzelnen werden

$$u' = \frac{\partial u}{\partial x} = 1 \quad \text{und} \quad v' = \left.\frac{\partial v}{\partial x}\right|_{y=\text{konst.}} = 2 \cdot x.$$

Somit lautet

$$\frac{\partial\left(\frac{u}{v}\right)}{\partial x} = \frac{1 \cdot (x^2 + y^2) - 2 \cdot x \cdot x}{(x^2 + y^2)^2} = -\frac{(x^2 - y^2)}{(x^2 + y^2)^2}.$$

In die Ausgangsgleichung für $c_x(x, y)$ eingesetzt liefert das Ergebnis

$$c_x(x, y) = -\frac{M}{2 \cdot \pi} \cdot \frac{(x^2 - y^2)}{(x^2 + y^2)^2}.$$

$c_y(x, y)$ Mit der Definition $c_y = \frac{\partial \Phi}{\partial y}$ und der oben ermittelten Potentialfunktion

$$\Phi = \frac{M}{2 \cdot \pi} \cdot \frac{x}{(x^2 + y^2)}$$

lässt sich zunächst schreiben

$$c_y = \frac{M}{2 \cdot \pi} \cdot \frac{\partial \frac{x}{(x^2+y^2)}}{\partial y}.$$

Wird $u = x$ und $v = x^2 + y^2$ gesetzt, entsteht

$$c_y = \frac{M}{2 \cdot \pi} \cdot \frac{\partial\left(\frac{u}{v}\right)}{\partial y}.$$

Der Differentialquotient $\frac{\partial\left(\frac{u}{v}\right)}{\partial y}$ lautet nach dem Quotientengesetz

$$\frac{\partial\left(\frac{u}{v}\right)}{\partial y} = \frac{u' \cdot v - v' \cdot u}{v^2}.$$

Im Einzelnen werden

$$u' = \frac{\partial u}{\partial y} = 0 \quad \text{und} \quad v' = \frac{\partial v}{\partial y}\bigg|_{x=\text{konst.}} = 2 \cdot y.$$

Somit lautet

$$\frac{\partial\left(\frac{u}{v}\right)}{\partial y} = \frac{0 \cdot (x^2 + y^2) - 2 \cdot y \cdot x}{(x^2 + y^2)^2} = -\frac{2 \cdot y \cdot x}{(x^2 + y^2)^2}.$$

In die Ausgangsgleichung für $c_y(x, y)$ eingesetzt liefert das Ergebnis

$$c_y(x, y) = -\frac{M}{2 \cdot \pi} \cdot \frac{2 \cdot x \cdot y}{(x^2 + y^2)^2}$$

$c(x, y)$ Grundlage ist

$$c^2(x, y) = c_x^2(x, y) + c_y^2(x, y)$$

oder

$$c(x, y) = \sqrt{c_x^2(x, y) + c_y^2(x, y)}.$$

Mit

$$c_x(x, y) = -\frac{M}{2 \cdot \pi} \cdot \frac{(x^2 - y^2)}{(x^2 + y^2)^2}$$

und

$$c_y(x, y) = -\frac{M}{2 \cdot \pi} \cdot \frac{2 \cdot x \cdot y}{(x^2 + y^2)^2}$$

oben eingesetzt

$$c(x, y) = \sqrt{\left[-\frac{M}{2 \cdot \pi} \cdot \frac{(x^2 - y^2)}{(x^2 + y^2)^2}\right]^2 + \left[-\frac{M}{2 \cdot \pi} \cdot \frac{2 \cdot x \cdot y}{(x^2 + y^2)^2}\right]^2}$$

oder nach Ausklammern und Wurzel ziehen

$$c(x, y) = \frac{M}{2 \cdot \pi} \cdot \frac{1}{(x^2 + y^2)^2} \cdot \sqrt{(x^2 - y^2)^2 + (2 \cdot x \cdot y)^2}$$

folgt zunächst

$$c(x, y) = \frac{M}{2 \cdot \pi} \cdot \frac{1}{(x^2 + y^2)^2} \cdot \sqrt{x^4 - 2 \cdot x^2 \cdot y^2 + y^4 + 4 \cdot x^2 \cdot y^2}$$

bzw.

$$c(x, y) = \frac{M}{2 \cdot \pi} \cdot \frac{1}{(x^2 + y^2)^2} \cdot \sqrt{x^4 + 2 \cdot x^2 \cdot y^2 + y^4}.$$

Der Wurzelausdruck lässt sich auch mit $a^2 + 2 \cdot a \cdot b + b^2 = (a + b)^2$ formulieren zu

$$c(x, y) = \frac{M}{2 \cdot \pi} \cdot \frac{1}{(x^2 + y^2)^2} \cdot \sqrt{(x^2 + y^2)^2}.$$

oder

$$c(x, y) = \frac{M}{2 \cdot \pi} \cdot \frac{(x^2 + y^2)}{(x^2 + y^2)^2}.$$

Dann lautet das Ergebnis

$$c(x, y) = \frac{M}{2 \cdot \pi} \cdot \frac{1}{(x^2 + y^2)}$$

$c_x(r, \varphi)$ Mit $y = r \cdot \sin \varphi$ und $x = r \cdot \cos \varphi$ in

$$c_x(x, y) = -\frac{M}{2 \cdot \pi} \cdot \frac{(x^2 - y^2)}{(x^2 + y^2)^2}$$

eingesetzt liefert

$$c_x = -\frac{M}{2 \cdot \pi} \cdot \frac{(r^2 \cdot \cos^2 x - r^2 \cdot \sin^2 x)}{(r^2 \cdot \sin^2 x + r^2 \cdot \cos^2 x)^2} = -\frac{M}{2 \cdot \pi} \cdot \frac{r^2 \cdot (\cos^2 x - \sin^2 x)}{r^4 \cdot (\sin^2 x + \cos^2 x)^2}.$$

Da

$$\sin^2 \varphi + \cos^2 \varphi = 1$$

und

$$(\cos^2 x - \sin^2 x) = \cos(2 \cdot \varphi),$$

erhält man als Resultat

$$c_x(r, \varphi) = -\frac{M}{2 \cdot \pi} \cdot \frac{\cos(2 \cdot \varphi)}{r^2}.$$

$c_y(r, \varphi)$ Mit $y = r \cdot \sin \varphi$ und $x = r \cdot \cos \varphi$ in

$$c_y(x, y) = -\frac{M}{2 \cdot \pi} \cdot \frac{2 \cdot x \cdot y}{(x^2 + y^2)^2}$$

eingesetzt liefert

$$c_y = -\frac{M}{2 \cdot \pi} \cdot \frac{2 \cdot r \cdot \cos\varphi \cdot r \cdot \sin\varphi}{(r^2 \cdot \sin^2 x + r^2 \cdot \cos^2 x)^2} = -\frac{M}{2 \cdot \pi} \cdot \frac{r^2 \cdot 2 \cdot \sin x \cdot \cos x}{r^4 \cdot (\sin^2 x + \cos^2 x)^2}.$$

Da

$$\sin^2\varphi + \cos^2\varphi = 1$$

und

$$2 \cdot \sin\varphi \cdot \cos\varphi = \sin(2 \cdot \varphi),$$

erhält man als Resultat

$$c_y(r, \varphi) = -\frac{M}{2 \cdot \pi} \cdot \frac{\sin(2 \cdot \varphi)}{r^2}.$$

$c(r, \varphi)$ Unter Verwendung von

$$c(x, y) = \frac{M}{2 \cdot \pi} \cdot \frac{1}{(x^2 + y^2)}$$

und

$$x^2 + y^2 = r^2$$

entsteht

$$c(r, \varphi) = \frac{M}{2 \cdot \pi} \cdot \frac{1}{r^2}.$$

Stromlinienauswertung

Die Auswertung der $\Psi(x, y)$-Verläufe mit einem Tabellenkalkulationsprogramm lässt sich unter Benutzung der Variante

$$\Psi = -\frac{M}{2 \cdot \pi} \cdot \frac{y}{(x^2 + y^2)} = -\frac{M}{2 \cdot \pi} \cdot \frac{y}{r^2}$$

wie folgt durchführen. Diese Gleichung muss zunächst nach y aufgelöst werden. Die nachstehenden Schritte werden exemplarisch für eine Stromlinie $\Psi =$ konst. beschrieben. Die Erweiterung auf die i-Stromlinien erfolgt analog hierzu. Die gegebenen Größen sind E und L sowie die jeweils gewählte Stromfunktion Ψ als Kurvenparameter. Dann führen folgende Schritte zur Lösung.

$$\Psi = -\frac{M}{2 \cdot \pi} \cdot \frac{y}{r^2}$$

Umgestellt nach y liefert das Ergebnis

$$y = -2 \cdot \pi \cdot \frac{\Psi}{M} \cdot r^2.$$

1. E vorgegeben

2. L vorgegeben

3. $M = E \cdot L$ somit bekannt

4. Ψ als Kurvenparameter vorgeben

5. r als Variable wählen

6. $y = -2 \cdot \pi \cdot \dfrac{\Psi}{M} \cdot r^2$ somit bekannt

7. $x = \pm \sqrt{r^2 - y^2}$ somit bekannt

Beispiel

1. $E = 8\,\dfrac{\mathrm{m}^2}{\mathrm{s}}$ vorgegeben

2. $L = 0{,}080\,\mathrm{m}$ vorgegeben

3. $M = 8 \cdot 0{,}080 = 0{,}64\,\dfrac{\mathrm{m}^3}{\mathrm{s}}$ somit bekannt

4. $\Psi = -1\,\dfrac{\mathrm{m}^2}{\mathrm{s}}$ als Kurvenparameter vorgeben

5. $r = 0{,}10\,\mathrm{m}$ als Variable wählen

6. $y = -(-1) \cdot \dfrac{2 \cdot \pi}{0{,}64} \cdot 0{,}10^2 \quad = 0{,}09817\,\mathrm{m}$

7. $x = \pm \sqrt{0{,}10^2 - 0{,}09817^2} \quad = \pm 0{,}01904\,\mathrm{m}$

Damit sind zwei erste Punkte $P(x; y) = P(\pm 0{,}01904\,\mathrm{m}; 0{,}09817\,\mathrm{m})$ der Stromlinie $\Psi = -1$ bekannt (in Abb. 2.17 größer dargestellt). Durch die Variation von r lassen sich nach der gezeigten Vorgehensweise weitere Punkte für $\Psi = -1$ finden. Das gleiche Procedere wird für alle anderen Stromlinien Ψ_i angewendet (s. Abb. 2.17).

Potentiallinienauswertung

Die Auswertung der $\Phi(x, y)$-Verläufe mit einem Tabellenkalkulationsprogramm lässt sich unter Benutzung der Variante

$$\Phi = \frac{M}{2 \cdot \pi} \cdot \frac{x}{(x^2 + y^2)} = \frac{M}{2 \cdot \pi} \cdot \frac{x}{r^2}$$

wie folgt durchführen. Diese Gleichung muss zunächst nach x aufgelöst werden. Die nachstehenden Schritte werden exemplarisch für eine Potentiallinie $\Phi = $ konst. beschrie-

Abb. 2.17 Stromlinien einer
Dipolströmung

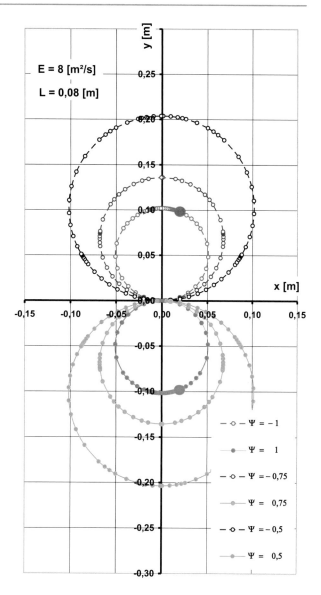

ben. Die Erweiterung auf die j-Potentiallinien erfolgt analog hierzu. Die gegebenen Größen sind E und L sowie die jeweils gewählte Potentialunktion Φ als Parameter. Dann führen folgende Schritte zur Lösung.

$$\Phi = \frac{M}{2 \cdot \pi} \cdot \frac{x}{r^2}$$

Umgestellt nach x liefert das Ergebnis.

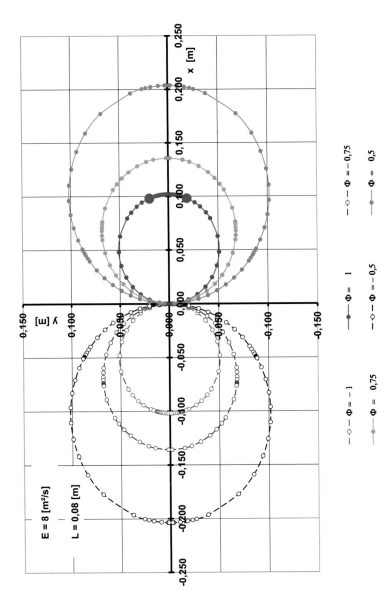

Abb. 2.18 Potentiallinien einer Dipolströmung

Das Ergebnis lautet

$$x = 2 \cdot \pi \cdot \frac{\Phi}{M} \cdot r^2.$$

1. E vorgegeben

2. L vorgegeben

3. $M = E \cdot L$ somit bekannt

4. Φ als Kurvenparameter vorgeben

5. r als Variable wählen

6. $x = 2 \cdot \pi \cdot \dfrac{\Phi}{M} \cdot r^2$ somit bekannt

7. $y = \pm\sqrt{r^2 - x^2}$ somit bekannt

Beispiel

1. $E = 8 \dfrac{\text{m}^2}{\text{s}}$ vorgegeben

2. $L = 0{,}080\,\text{m}$ vorgegeben

3. $M = 8 \cdot 0{,}080 = 0{,}64 \dfrac{\text{m}^3}{\text{s}}$ somit bekannt

4. $\Phi = 1 \dfrac{\text{m}^2}{\text{s}}$ als Kurvenparameter vorgeben

5. $r = 0{,}10\,\text{m}$ als Variable wählen

6. $x = 2 \cdot \pi \cdot \dfrac{1}{0{,}64} \cdot 0{,}10^2$ $x = 0{,}09817\,\text{m}$

7. $y = \pm\sqrt{0{,}10^2 - 0{,}09817^2}$ $= \pm 0{,}01904\,\text{m}$

Damit sind zwei erste Punkte $P(x; y) = P(0{,}09817\,\text{m}; \pm0{,}01904\,\text{m})$ der Potentiallinie $\Phi = 1$ bekannt (in Abb. 2.18 größer dargestellt). Durch die Variation von r lassen sich nach der gezeigten Vorgehensweise weitere Punkte für $\Phi = 1$ finden. Das gleiche Procedere wird für alle anderen Potentiallinien Φ_i angewendet (Abb. 2.18).

2.5 Potentialwirbel

Der Potentialwirbel ist eine Variante der Kreisströmungen unter der Voraussetzung von Reibungsfreiheit (keine Schubspannungen wirksam) und Drehungsfreiheit der Fluidteilchen. Somit ist der Potentialwirbel nur bei einem idealen Fluid möglich. Dennoch ist die Bedeutung des Potentialwirbels bei der theoretischen Darstellung verschiedener Strömungen von hohem Stellenwert. Hier spielen insbesondere die Überlagerungen (Kap. 4) unterschiedlicher Basisströmungen (Kap. 2) eine zentrale Rolle.

Im Folgenden soll zunächst das Gesetz des Potentialwirbels hergeleitet werden. Des Weiteren werden die Potentialfunktion Φ und die Stromfunktion Ψ dieserStrömung bestimmt. Die Geschwindigkeitskomponenten c_x und c_y sowie die Geschwindigkeit c selbst sind ebenfalls Gegenstand nachfolgender Betrachtungen. Schließlich soll noch der Nachweis erbracht werden, dass es sich im Fall des Potentialwirbels um eine Potentialströmung handelt.

Potentialwirbelgesetz

Die Herleitung des Potentialwirbelgesetzes beruht zum einen auf der Bernoulli'schen Energiegleichung reibungsfreier Kreisströmung (Abb. 2.19) und zum anderen auf der Druckänderung senkrecht zu den Stromlinien.

Die Bernoulli'sche Energiegleichung besagt bei der Anwendung im Fall verlustfreier Kreisströmung, dass auch hier die Gesamtenergie von Stromlinie zu Stromlinie gleich bleibt. Dies lässt sich u. a. mit dem 1. Hauptsatz der Thermodynamik belegen.

Somit gilt

$$\frac{p_1}{\rho} + \frac{c_1^2}{2} + g \cdot Z_1 = \frac{p_2}{\rho} + \frac{c_2^2}{2} + g \cdot Z_2 = \frac{p(r)}{\rho} + \frac{c(r)^2}{2} + Z(r)$$

Im Fall eines horizontalen Systems mit $Z_1 = Z_2 = Z(r)$ erhält man dann

$$\frac{p_1}{\rho} + \frac{c_1^2}{2} = \frac{p_2}{\rho} + \frac{c_2^2}{2} = \frac{p(r)}{\rho} + \frac{c(r)^2}{2}$$

und folglich

$$\frac{p(r)}{\rho} + \frac{c(r)^2}{2} = \text{konst.}$$

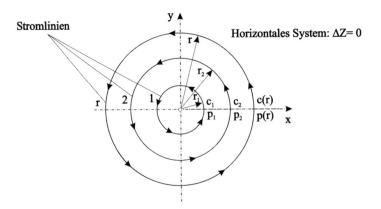

Abb. 2.19 Kreisförmige Stromlinien

Als Druckänderung $dp(r)$ in radialer Richtung, also senkrecht zu den kreisförmigen Stromlinien, kennt man

$$dp(r) = \rho \cdot \frac{c(r)^2}{r} \cdot dr.$$

Die o. g. Bernoulligleichung umgeformt zu

$$p(r) = -\frac{\rho}{2} \cdot c(r)^2 + C$$

und dann den Differentialquotienten $\frac{dp(r)}{dc(r)}$ gebildet führt zu

$$\frac{dp(r)}{dc(r)} = -\frac{\rho}{2} \cdot 2 \cdot c(r)$$

und schließlich

$$dp(r) = -\rho \cdot c(r) \cdot dc(r).$$

Die zwei Ausdrücke für $dp(r)$ gleichgesetzt liefert zunächst

$$\rho \cdot \frac{c(r)^2}{r} \cdot dr = -\rho \cdot c(r) \cdot dc(r)$$

und umgestellt

$$\frac{dc(r)}{c(r)} = -\frac{dr}{r}.$$

Die Integration

$$\int_{c_1}^{c_2} \frac{dc(r)}{c(r)} = -\int_{r_1}^{r_2} \frac{dr}{r}$$

zwischen z. B. den Stellen 1 und 2 ergibt

$$\ln c_2 - \ln c_1 = -(\ln r_2 - \ln r_1) = (\ln r_1 - \ln r_2)$$

bzw.

$$\ln \frac{c_2}{c_1} = \ln \frac{r_1}{r_2}.$$

Benutzt man jetzt $e^{\ln a} = a$, so entsteht

$$\frac{c_2}{c_1} = \frac{r_1}{r_2}$$

oder umgestellt

$$c_1 \cdot r_1 = c_2 \cdot r_2 = \text{konst.}$$

Das Gesetz des Potentialwirbels lautet folglich

$$c(r) \cdot r = C = \text{konst.}$$

Für die weiteren eingangs gestellten Einzelaufgaben ist es jetzt sinnvoll, den Begriff der **Zirkulation** einzuführen. Die Zirkulation Γ ist als Linienintegral des Skalarprodukts von Geschwindigkeitsvektor $\vec{c}$ und Wegelement $d\vec{s}$ entlang **einer geschlossenen Kurve** in einem Strömungsfeld definiert (Abschn. 1.10). Sie ist als Maß der Wirbelstärke einer wirbelbehafteten Strömung zu verstehen bzw. wenn die Zirkulation gleich Null ist, der Nachweis vorliegt, dass es sich um eine wirbelfreie Strömung handelt.

$$\Gamma = \oint \vec{c} \cdot d\vec{s} = \oint c_S \cdot ds$$

Hierin ist c_S die tangentiale Geschwindigkeit(-skomponente) und ds das gleichgerichtete Wegelement der Kurve.

In Abb. 2.20 sind drei kreisförmige Stromlinien eines Potentialwirbels mit einem im Zentrum mit ω_K rotierenden Wirbelkern zu erkennen. Außerhalb des Kerns wird der Potentialwirbel gemäß $c(r) \cdot r = C$ (s. o.) beschrieben. Betrachtet man zunächst die Stromlinie am Radius r mit der tangentialen Geschwindigkeit $c(r)$, so lässt sich die Zirkulation wie folgt darstellen.

$$\Gamma = \oint c_S \cdot ds = \int\limits_0^{2\cdot\pi} c(r) \cdot ds.$$

Da die Geschwindigkeit $c(r)$ an jeder Stelle des Kreisumfangs konstant ist, kann die Geschwindigkeit vor das Integral gezogen werden, sodass

$$\Gamma = c(r) \cdot \int\limits_0^{2\cdot\pi} ds$$

entsteht. Gemäß Abb. 2.20 ist weiterhin $ds = r \cdot d\varphi$, was nach Einsetzen im Integral

$$\Gamma = c(r) \cdot r \cdot \int\limits_0^{2\cdot\pi} d\varphi$$

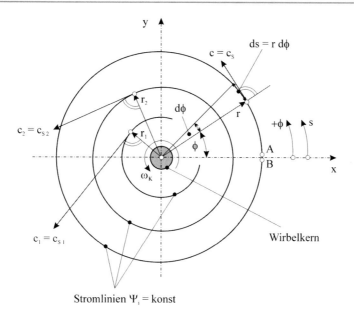

Abb. 2.20 Potentialwirbel mit Wirbelkern (Singularität)

zur Folge hat. Nach der Integration erhält man

$$\Gamma = 2 \cdot \pi \cdot c(r) \cdot r.$$

Außerhalb des Wirbelkerns (Singularität) liegt, wie schon erwähnt, Potentialströmung des Potentialwirbels mit $c(r) \cdot r = c_1 \cdot r_1 = c_2 \cdot r_2 = \ldots = C$ vor. Damit lässt sich die Zirkulation auch mit $\Gamma = 2 \cdot \pi \cdot C$ angeben. Umgestellt nach der Konstanten C erhält man auch

$$C = \frac{\Gamma}{2 \cdot \pi}.$$

Für alle anderen kreisförmigen Stromlinien des Potentialwirbels gilt

$$\Gamma_1 = 2 \cdot \pi \cdot c_1 \cdot r_1, \quad \Gamma_2 = 2 \cdot \pi \cdot c_2 \cdot r_2, \quad \ldots,$$

oder

$$\frac{\Gamma_1}{2 \cdot \pi} = c_1 \cdot r_1 = \frac{\Gamma_2}{2 \cdot \pi} = c_2 \cdot r_2 = \ldots = C.$$

Dies hat zur Folge, dass mit $c_1 \cdot r_1 = c_2 \cdot r_2 = \cdots = C$ man auch feststellt

$$\frac{\Gamma_1}{2 \cdot \pi} = \frac{\Gamma_2}{2 \cdot \pi} = \ldots = \frac{\Gamma}{2 \cdot \pi} \ldots = C,$$

oder

$$\Gamma_1 = \Gamma_2 = \ldots = \Gamma = \text{konst.}$$

Beim Potentialwirbel existiert aufgrund des eingeschlossenen Wirbelkerns (oder auch Singularität) eine endlich große Zirkulation, die konstant ist. Die Erweiterung von

$$\Gamma = 2 \cdot \pi \cdot c(r) \cdot r$$

mit $\frac{r}{r}$ führt zu

$$\Gamma = 2 \cdot \pi \cdot c(r) \cdot r \cdot \frac{r}{r}$$

oder dann

$$\Gamma = 2 \cdot \pi \cdot r^2 \cdot \frac{c(r)}{r}.$$

Da $A = \pi \cdot r^2$, liefert dies zunächst

$$\Gamma = 2 \cdot A \cdot \frac{c(r)}{r}.$$

Weiterhin ist $c(r) = r \cdot \omega$, wobei ω die bei r vorliegende Winkelgeschwindigkeit ist. Oben eingesetzt folgt

$$\Gamma = 2 \cdot A \cdot \frac{r \cdot \omega}{r}$$

oder als Ergebnis

$$\Gamma = 2 \cdot A \cdot \omega.$$

Potentialfunktion

$\boldsymbol{\Phi(r, \varphi)}$ Bei der Herleitung der gesuchten Potentialfunktion Φ des ebenen, stationären Potentialwirbels wird zunächst das **Totale Differential** wie folgt angeschrieben

$$D\Phi = \frac{\partial \Phi}{\partial x} \cdot dx + \frac{\partial \Phi}{\partial y} \cdot dy.$$

Gemäß Abschn. 1.4 liegt der Nachweis vor, dass $c_x = \frac{\partial \Phi}{\partial x}$ und $c_y = \frac{\partial \Phi}{\partial y}$ ist. In das Totale Differential von $\Phi(x, y)$ eingesetzt liefert im nächsten Schritt allgemein

$$D\Phi = c_x \cdot dx + c_y \cdot dy.$$

Abb. 2.21 Kreisförmige Stromlinie mit Geschwindigkeit c bzw. Komponenten c_x und c_y

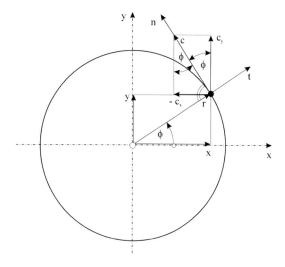

c_x ist aber gemäß Abb. 2.21 entgegengesetzt zur x-Koordinate gerichtet, also negativ. Es folgt

$$D\Phi = -c_x \cdot dx + c_y \cdot dy.$$

Weiterhin lässt sich in Abb. 2.21 feststellen, dass $c_x = c \cdot \sin\varphi$ und $c_y = c \cdot \cos\varphi$ lauten. Dies wiederum führt zu

$$D\Phi = -c \cdot \sin\varphi \cdot dx + c \cdot \cos\varphi \cdot dy \quad \text{oder}$$
$$D\Phi = c \cdot (\cos\varphi \cdot dy - \sin\varphi \cdot dx).$$

Gemäß Abb. 2.2 wird ersichtlich, dass

$$dn = (\cos\varphi \cdot dy - \sin\varphi \cdot dx),$$

wobei dn ein Element der n-Achse (Umfangsachse) ist. Dann erhält man $D\Phi = c \cdot dn$ und mit $dn = r \cdot d\varphi$ weiter

$$D\Phi = c \cdot r \cdot d\varphi.$$

Die Integration

$$\int_0^\Phi D\Phi = c \cdot r \cdot \int_0^\varphi d\varphi$$

liefert letztendlich, da $r \cdot c =$ konst.,

$$\Phi(r, \varphi) = c \cdot r \cdot \varphi.$$

Verwendet man jetzt die Zirkulation

$$\Gamma = 2 \cdot \pi \cdot c \cdot r \quad \text{oder} \quad c \cdot r = \frac{\Gamma}{2 \cdot \pi},$$

so entsteht als Resultat

$$\Phi(r, \varphi) = \frac{\Gamma}{2 \cdot \pi} \cdot \varphi.$$

Der Winkel φ ist hierin im Bogenmaß einzusetzen.

$\boldsymbol{\Phi(x, y)}$ Die Potentialfunktion in kartesischen Koordinaten lässt sich wie folgt bestimmen. In Abb. 2.21 erkennt man, dass zwischen dem Winkel φ und den Koordinaten x und y der Zusammenhang

$$\tan \varphi = \frac{y}{x}$$

besteht. Mit der Umkehrfunktion erhalten wir dann $\varphi = \arctan(\frac{y}{x})$. Somit wird

$$\Phi(x, y) = \frac{\Gamma}{2 \cdot \pi} \cdot \arctan\left(\frac{y}{x}\right)$$

Stromfunktion

$\boldsymbol{\Psi(r, \varphi)}$ In diesem Fall wird vom **Totalen Differential** der Stromfunktion $\Psi(x, y)$ ausgegangen

$$D\Psi = \frac{\partial \Psi}{\partial x} \cdot dx + \frac{\partial \Psi}{\partial y} \cdot dy.$$

Gemäß Abschn. 1.4 liegt der Nachweis vor, dass $c_x = \frac{\partial \Psi}{\partial y}$ und $-c_y = \frac{\partial \Psi}{\partial x}$ ist. In das Totale Differential von $\Psi(x, y)$ eingesetzt liefert im nächsten Schritt allgemein

$$D\Psi = -c_y \cdot dx + c_x \cdot dy.$$

c_x ist aber gemäß Abb. 2.21 entgegengesetzt zur x-Koordinate gerichtet, also negativ. Es folgt

$$D\Psi = -c_y \cdot dx - c_x \cdot dy.$$

Weiterhin lässt sich in Abb. 2.21 feststellen, dass $c_x = c \cdot \sin \varphi$ und $c_y = c \cdot \cos \varphi$ lauten. Dies wiederum führt zu

$$D\Psi = -c \cdot \cos \varphi \cdot dx - c \cdot \sin \varphi \cdot dy \quad \text{oder}$$

$$D\Psi = -c \cdot (\cos \varphi \cdot dx + \sin \varphi \cdot dy).$$

Gemäß Abb. 2.2 erkennt man, dass $dt = (\cos \varphi \cdot dx + \sin \varphi \cdot dy)$, wobei dt ein Element der radialen t-Achse ist. Dann erhält man $D\Psi = -c \cdot dt$. Da t in radialer Richtung, also in r-Richtung orientiert ist, lässt sich dt auch durch dr ersetzen. Dies führt dann zu $D\Psi = -c \cdot dr$. Verwendet man jetzt die Zirkulation $\Gamma = 2 \cdot \pi \cdot c \cdot r$ oder $c = \frac{\Gamma}{2 \cdot \pi} \cdot \frac{1}{r}$, so entsteht

$$D\Psi = -\frac{\Gamma}{2 \cdot \pi} \cdot \frac{dr}{r}.$$

Mit der Integration

$$\int D\Psi = -\frac{\Gamma}{2 \cdot \pi} \cdot \int \frac{dr}{r}$$

erhält man schließlich das Ergebnis

$$\Psi(r, \varphi) = -\frac{\Gamma}{2 \cdot \pi} \cdot \ln r + C.$$

$\boldsymbol{\Psi(x, y)}$ Die Stromfunktion in kartesischen Koordinaten lässt sich wie folgt bestimmen. In Abb. 2.21 erkennt man, dass nach Pythagoras $r = \sqrt{x^2 + y^2}$ lautet. Damit entsteht

$$\Psi = -\frac{\Gamma}{2 \cdot \pi} \cdot \ln \sqrt{x^2 + y^2} + C$$

Geschwindigkeiten c_x, c_y, c

$c_x(x, y)$ Mit z. B. dem Ergebnis der Potentialfunktion

$$\Phi = \frac{\Gamma}{2 \cdot \pi} \cdot \arctan \left(\frac{y}{x} \right)$$

lässt sich die Geschwindigkeitskomponente

$$c_x = \frac{\partial \Phi}{\partial x} \quad (y = \text{konst.})$$

unter Verwendung o. g. Zusammenhangs für Φ wie folgt ermitteln.

$$c_x = \frac{\partial \left(\frac{\Gamma}{2 \cdot \pi} \cdot \arctan \left(\frac{y}{x} \right) \right)}{\partial x} \quad \text{oder}$$

$$c_x = \frac{\Gamma}{2 \cdot \pi} \cdot \frac{\partial \left(\arctan \left(\frac{y}{x} \right) \right)}{\partial x}.$$

Die Substitutionen $z = \frac{y}{x}$ und $k = \arctan z$ liefern

$$c_x = \frac{\Gamma}{2 \cdot \pi} \cdot \frac{\partial k}{\partial z} \cdot \frac{\partial z}{\partial x}.$$

Die beiden Differentialquotienten lauten dann

$$\frac{\partial k}{\partial z} = \frac{\partial (\arctan z)}{\partial z} = \frac{1}{1 + z^2} = \frac{1}{1 + \frac{y^2}{x^2}} = \frac{x^2}{x^2 + y^2} \quad \text{und}$$

$$\frac{\partial z}{\partial x} = \frac{\partial (y \cdot x^{-1})}{\partial x} = (-1) \cdot y \cdot x^{-2} = (-1) \cdot \frac{y}{x^2}.$$

Wir erhalten folglich

$$c_x = \frac{\Gamma}{2 \cdot \pi} \cdot \frac{x^2}{x^2 + y^2} \cdot (-1) \cdot \frac{y}{x^2}$$

und schließlich

$$c_x(x, y) = -\frac{\Gamma}{2 \cdot \pi} \cdot \frac{y}{x^2 + y^2}.$$

$c_x(r, \varphi)$ Die Zusammenhänge gemäß Abb. 2.21 $x = r \cdot \cos \varphi$ und $y = r \cdot \sin \varphi$ oben eingesetzt

$$c_x = -\frac{\Gamma}{2 \cdot \pi} \cdot \frac{r \cdot \sin \varphi}{r^2 \cdot (\sin^2 \varphi + \cos^2 \varphi)}$$

und mit $(\sin^2 \varphi + \cos^2 \varphi) = 1$ führt zu

$$c_x(r, \varphi) = -\frac{\Gamma}{2 \cdot \pi} \cdot \frac{\sin \varphi}{r}.$$

$c_y(x, y)$ Mit z. B. dem Ergebnis der Potentialfunktion

$$\Phi = \frac{\Gamma}{2 \cdot \pi} \cdot \arctan \left(\frac{y}{x} \right)$$

lässt sich die Geschwindigkeitskomponente

$$c_y = \frac{\partial \Phi}{\partial y} \quad (x = \text{konst.})$$

unter Verwendung o. g. Zusammenhangs für Φ wie folgt ermitteln

$$c_y = \frac{\partial \left(\frac{\Gamma}{2 \cdot \pi} \cdot \arctan \left(\frac{y}{x} \right) \right)}{\partial y}$$

oder

$$c_y = \frac{\Gamma}{2 \cdot \pi} \cdot \frac{\partial\left(\arctan\left(\frac{y}{x}\right)\right)}{\partial y}.$$

Die Substitutionen $z = \frac{y}{x}$ und $k = \arctan z$ liefern

$$c_y = \frac{\Gamma}{2 \cdot \pi} \cdot \frac{\partial k}{\partial z} \cdot \frac{\partial z}{\partial y}.$$

Die beiden Differentialquotienten lauten dann

$$\frac{\partial k}{\partial z} = \frac{\partial(\arctan z)}{\partial z} = \frac{1}{1 + z^2} = \frac{1}{1 + \frac{y^2}{x^2}} = \frac{x^2}{x^2 + y^2}$$

und

$$\frac{\partial z}{\partial y} = \frac{\partial(\frac{y}{x})}{\partial y} = \frac{1}{x}.$$

Wir erhalten folglich als Ergebnis

$$c_y = \frac{\Gamma}{2 \cdot \pi} \cdot \frac{x^2}{x^2 + y^2} \cdot \frac{1}{x} \quad \text{oder}$$

$$c_y(x, y) = \frac{\Gamma}{2 \cdot \pi} \cdot \frac{x}{x^2 + y^2}.$$

$c_y(r, \varphi)$ Die Zusammenhänge gemäß Abb. 2.21 $x = r \cdot \cos \varphi$ und $y = r \cdot \sin \varphi$ oben eingesetzt

$$c_y = \frac{\Gamma}{2 \cdot \pi} \cdot \frac{r \cdot \cos \varphi}{r^2 \cdot (\sin^2 \varphi + \cos^2 \varphi)}$$

und mit $(\sin^2 \varphi + \cos^2 \varphi) = 1$ führt zu

$$c_y(r, \varphi) = \frac{\Gamma}{2 \cdot \pi} \cdot \frac{\cos \varphi}{r}.$$

$c(x, y)$ Das Gesetz des Pythagoras hier gemäß Abb. 2.21 angewendet lautet $c^2 = c_x^2 + c_y^2$ oder $c = \sqrt{c_x^2 + c_y^2}$. Mit den oben gefundenen Ergebnissen für c_x und c_y erhält man zunächst

$$c = \sqrt{\left(-\frac{\Gamma}{2 \cdot \pi} \cdot \frac{y}{x^2 + y^2}\right)^2 + \left(\frac{\Gamma}{2 \cdot \pi} \cdot \frac{x}{x^2 + y^2}\right)^2}$$

oder

$$c = \frac{\Gamma}{2 \cdot \pi} \cdot \sqrt{\left(\frac{y}{x^2 + y^2}\right)^2 + \left(\frac{x}{x^2 + y^2}\right)^2}$$

oder

$$c = \frac{\Gamma}{2 \cdot \pi} \cdot \frac{\sqrt{x^2 + y^2}}{(x^2 + y^2)}$$

oder

$$c(x, y) = \frac{\Gamma}{2 \cdot \pi} \cdot \frac{1}{\sqrt{x^2 + y^2}}.$$

$c(r)$ Mit $r^2 = x^2 + y^2$ erhält man das schon bekannte Ergebnis

$$c(r) = \frac{\Gamma}{2 \cdot \pi} \cdot \frac{1}{r}$$

oder (s. o.)

$$c(r) \cdot r = \frac{\Gamma}{2 \cdot \pi}.$$

Potentialwirbel als Potentialströmung
Der Nachweis einer Potentialströmung außerhalb des Wirbelkerns ist dann erbracht, wenn sowohl **Wirbelfreiheit** als auch **Kontinuität** festgestellt werden.

Wirbelfreiheit   Eine ebene Strömung ist dann wirbelfrei, wenn

$$\frac{\partial c_y}{\partial x} - \frac{\partial c_x}{\partial y} = 0$$

erfüllt ist. Im Einzelnen lässt sich der Nachweis wie folgt führen.

$\dfrac{\partial c_y}{\partial x}$ Wie oben hergeleitet wurde, lautet

$$c_y = \frac{\Gamma}{2 \cdot \pi} \cdot \frac{x}{x^2 + y^2}$$

oder mit den Substitutionen

$$K \equiv \frac{\Gamma}{2 \cdot \pi}, \quad u \equiv x \quad \text{und} \quad v \equiv x^2 + y^2$$

dann

$$c_y = K \cdot \frac{u}{v}.$$

Noch einmal $m \equiv \frac{u}{v}$ substituiert liefert

$$c_y = K \cdot m.$$

Der gesuchte Differentialquotient lautet dann

$$\frac{\partial c_y}{\partial x} = K \cdot \frac{\partial m}{\partial x}$$

bei konstantem y.

$\frac{\partial m}{\partial x}$ führt nach dem Quotientengesetz der Differentialrechnung zu

$$\frac{\partial m}{\partial x} = \frac{\frac{\partial u}{\partial x} \cdot v - \frac{\partial v}{\partial x} \cdot u}{v^2}.$$

Hierin sind

$$\frac{\partial u}{\partial x} = 1 \quad \text{und} \quad \frac{\partial v}{\partial x} = 2 \cdot x.$$

Wir erhalten damit

$$\frac{\partial m}{\partial x} = \frac{1 \cdot (x^2 + y^2) - 2 \cdot x \cdot x}{(x^2 + y^2)^2}$$

oder

$$\frac{\partial m}{\partial x} = \frac{y^2 - x^2}{(x^2 + y^2)^2}.$$

Somit folgt für Differentialquotienten $\frac{\partial c_y}{\partial x}$ das Ergebnis

$$\frac{\partial c_y}{\partial x} = \frac{\Gamma}{2 \cdot \pi} \cdot \frac{y^2 - x^2}{(x^2 + y^2)^2}.$$

$\dfrac{\partial c_x}{\partial y}$ Wie oben hergeleitet wurde, lautet

$$c_x = -\frac{\Gamma}{2 \cdot \pi} \cdot \frac{y}{x^2 + y^2}$$

oder mit den Substitutionen

$$K \equiv -\frac{\Gamma}{2 \cdot \pi}, \quad u \equiv y \quad \text{und} \quad v \equiv x^2 + y^2$$

dann

$$c_x = K \cdot \frac{u}{v}.$$

Noch einmal $m \equiv \frac{u}{v}$ substituiert liefert

$$c_x = K \cdot m.$$

Der gesuchte Differentialquotient lautet dann

$$\frac{\partial c_x}{\partial y} = K \cdot \frac{\partial m}{\partial y} \quad (x = \text{konst.})$$

$\frac{\partial m}{\partial y}$ führt nach dem Quotientengesetz der Differentialrechnung zu

$$\frac{\partial m}{\partial y} = \frac{\frac{\partial u}{\partial y} \cdot v - \frac{\partial v}{\partial y} \cdot u}{v^2}$$

Hierin sind $\frac{\partial u}{\partial y} = 1$ und $\frac{\partial v}{\partial y} = 2 \cdot y$. Wir erhalten damit

$$\frac{\partial m}{\partial y} = \frac{(x^2 + y^2) - 2 \cdot y \cdot y}{(x^2 + y^2)^2}$$

oder

$$\frac{\partial m}{\partial y} = \frac{x^2 - y^2}{(x^2 + y^2)^2}.$$

Somit folgt für Differentialquotienten $\frac{\partial c_x}{\partial y}$ das Ergebnis

$$\frac{\partial c_x}{\partial y} = -\frac{\Gamma}{2 \cdot \pi} \cdot \frac{x^2 - y^2}{(x^2 + y^2)^2}$$

oder umgeformt

$$\frac{\partial c_x}{\partial y} = \frac{\Gamma}{2 \cdot \pi} \cdot \frac{x^2 - y^2}{(x^2 + y^2)^2}.$$

Mit diesen beiden Ergebnissen für $\frac{\partial c_y}{\partial x}$ und $\frac{\partial c_x}{\partial y}$ erkennt man, dass

$$\frac{\partial c_y}{\partial x} - \frac{\partial c_x}{\partial y} = \frac{\Gamma}{2 \cdot \pi} \cdot \frac{x^2 - y^2}{(x^2 + y^2)^2} - \frac{\Gamma}{2 \cdot \pi} \cdot \frac{x^2 - y^2}{(x^2 + y^2)^2} = 0$$

wird und folglich der Nachweis für Drehungsfreiheit (außerhalb des Wirbelkerns) erbracht ist.

Kontinuität Eine ebene Strömung erfüllt dann die Kontinuität, wenn

$$\frac{\partial c_x}{\partial x} + \frac{\partial c_y}{\partial y} = 0$$

erfüllt ist. Im Einzelnen lässt sich der Nachweis wie folgt führen.

$\dfrac{\partial c_x}{\partial x}$ Wie oben hergeleitet wurde, lautet

$$c_x = -\frac{\Gamma}{2 \cdot \pi} \cdot \frac{y}{x^2 + y^2}$$

oder mit den Substitutionen

$$K \equiv -\frac{\Gamma}{2 \cdot \pi}, \quad u \equiv y \quad \text{und} \quad v \equiv x^2 + y^2$$

dann

$$c_x = K \cdot \frac{u}{v}.$$

Noch einmal $m \equiv \frac{u}{v}$ substituiert liefert

$$c_x = K \cdot m.$$

Der gesuchte Differentialquotient lautet dann

$$\frac{\partial c_x}{\partial x} = K \cdot \frac{\partial m}{\partial x} \quad (y = \text{konst.})$$

$\frac{\partial m}{\partial x}$ führt nach dem Quotientengesetz der Differentialrechnung zu

$$\frac{\partial m}{\partial x} = \frac{\frac{\partial u}{\partial x} \cdot v - \frac{\partial v}{\partial x} \cdot u}{v^2}.$$

Hierin sind $\frac{\partial u}{\partial x} = 0$ und $\frac{\partial v}{\partial x} = 2 \cdot x$.
    Wir erhalten damit

$$\frac{\partial m}{\partial x} = \frac{0 \cdot (x^2 + y^2) - 2 \cdot x \cdot y}{(x^2 + y^2)^2}$$

oder

$$\frac{\partial m}{\partial x} = -\frac{2 \cdot x \cdot y}{(x^2 + y^2)^2}.$$

Somit liegt für Differentialquotienten $\frac{\partial c_x}{\partial x}$ das Ergebnis

$$\frac{\partial c_x}{\partial x} = -\frac{\Gamma}{2 \cdot \pi} \cdot (-1) \cdot \frac{2 \cdot x \cdot y}{(x^2 + y^2)^2}$$

oder nach Kürzen

$$\frac{\partial c_x}{\partial x} = \frac{\Gamma}{\pi} \cdot \frac{x \cdot y}{(x^2 + y^2)^2}$$

vor.

$\frac{\partial c_y}{\partial y}$ Wie oben hergeleitet wurde, lautet

$$c_y = \frac{\Gamma}{2 \cdot \pi} \cdot \frac{x}{x^2 + y^2}$$

oder mit den Substitutionen

$$K \equiv \frac{\Gamma}{2 \cdot \pi}, \quad u \equiv x \quad \text{und} \quad v \equiv x^2 + y^2$$

dann

$$c_y = K \cdot \frac{u}{v}.$$

Noch einmal $m \equiv \frac{u}{v}$ substituiert liefert

$$c_y = K \cdot m.$$

Der gesuchte Differentialquotient lautet dann

$$\frac{\partial c_y}{\partial y} = K \cdot \frac{\partial m}{\partial y} \quad (x = \text{konst.})$$

$\frac{\partial m}{\partial y}$ führt nach dem Quotientengesetz der Differentialrechnung zu

$$\frac{\partial m}{\partial y} = \frac{\frac{\partial u}{\partial y} \cdot v - \frac{\partial v}{\partial y} \cdot u}{v^2}.$$

Hierin sind $\frac{\partial u}{\partial y} = 0$ und $\frac{\partial v}{\partial y} = 2 \cdot x \cdot y$.
  Wir erhalten damit

$$\frac{\partial m}{\partial y} = \frac{0 \cdot (x^2 + y^2) - 2 \cdot x \cdot y}{(x^2 + y^2)^2}$$

oder

$$\frac{\partial m}{\partial y} = -\frac{2 \cdot x \cdot y}{(x^2 + y^2)^2}.$$

Somit liegt für den Differentialquotienten $\frac{\partial c_y}{\partial y}$ das Ergebnis

$$\frac{\partial c_y}{\partial y} = \frac{\Gamma}{2 \cdot \pi} \cdot (-1) \cdot \frac{2 \cdot x \cdot y}{(x^2 + y^2)^2}$$

oder nach Kürzen

$$\frac{\partial c_y}{\partial y} = -\frac{\Gamma}{\pi} \cdot \frac{x \cdot y}{(x^2 + y^2)^2}$$

vor.

Mit diesen beiden Ergebnissen für $\frac{\partial c_x}{\partial x}$ und $\frac{\partial c_y}{\partial y}$ erkennt man, dass

$$\frac{\partial c_x}{\partial x} + \frac{\partial c_y}{\partial y} = \frac{\Gamma}{\pi} \cdot \frac{x \cdot y}{(x^2 + y^2)^2} - \frac{\Gamma}{\pi} \cdot \frac{x \cdot y}{(x^2 + y^2)^2} = 0$$

wird und folglich der Nachweis der Kontinuität erbracht ist. Der Potentialwirbel erfüllt außerhalb des Wirbelkerns (Singularität) somit die Bedingungen der Potentialströmung.

2.6 Staupunktströmung

Die Staupunktströmung wird ebenfalls zu den Basispotentialströmungen gezählt. Da sie aber ausführlich bei den komplexen analytischen Funktionen behandelt wird, wird auf den betreffenden Abschn. 3.2.5 verwiesen.

Basispotentialströmungen mittels komplexer Funktionen

3

Eine große Bedeutung bei der Berechnung und Darstellung ebener Strömungsfelder ist dem komplexen Potential $X(z)$ zuzuordnen. Hiermit ist es u. a. möglich, aufgrund einer bekannten Potentialfunktion $\Phi(x, y)$ und Stromfunktion $\Psi(x, y)$ bzw. $\Phi(r, \varphi)$ und $\Psi(r, \varphi)$ sowie der Geschwindigkeit $c(x, y)$ bzw. $c(r, \varphi)$ das komplexe Potential $X(z)$ sowie die komplexe Geschwindigkeit $c(z)$ zu ermitteln. In der umgekehrten Vorgehensweise sind bei gegebenen $X(z)$ und $c(z)$ die Potentialfunktion und Stromfunktion sowie die Geschwindigkeit in kartesischen bzw. Polarkoordinaten bekannt. Diese Thematik steht im Focus des folgenden Kapitels.

3.1 Grundlagen der komplexen Zahlen

Ausgehend von

$$x^2 + 1 = 0$$

folgt durch Umstellen

$$x^2 = -1$$

oder

$$x_{1,2} = \sqrt{-1}$$

bzw.

$$x_{1,2} = \pm 1 \cdot \sqrt{-1}.$$

Ersetzt man

$$\sqrt{-1} = i$$

© Der/die Autor(en), exklusiv lizenziert durch Springer-Verlag GmbH, DE, ein Teil von Springer Nature 2022
V. Schröder, *Ebene Potentialströmungen*, https://doi.org/10.1007/978-3-662-64353-2_3

als imaginäre Einheit, so wird

$$x_{1,2} = \pm 1 \cdot i$$

oder einzeln

$$x_1 = +1 \cdot i$$

und

$$x_2 = -1 \cdot i.$$

Weitere Beispiele sind

$$x^2 + 9 = 0$$
$$x^2 = -9$$

oder

$$x^2 = 9 \cdot (-1)$$

bzw.

$$x_{1,2} = \pm 3 \cdot \sqrt{-1}$$

und mit $\sqrt{-1} = i$

$$x_{1,2} = \pm 3 \cdot i$$

oder einzeln

$$x_1 = +3 \cdot i \quad \text{und}$$
$$x_2 = -3 \cdot i.$$

Ein anderer Fall lautet

$$x^2 - 4 \cdot x + 13 = 0.$$

Umgeformt und mit 4 erweitert

$$x^2 - 4 \cdot x + 4 = -13 + 4 = -9$$

führt zu

$$(x - 2)^2 = -9$$

Die Wurzel gezogen liefert

$$(x - 2) = \pm\sqrt{-9}$$

oder

$$(x - 2) = \pm\sqrt{9 \cdot (-1)}$$

bzw.

$$(x - 2) = \pm\sqrt{9} \cdot \sqrt{(-1)}.$$

Dann erhält man

$$x_{1,2} = 2 \pm 3 \cdot \sqrt{-1}$$

Oder

$$x_{1,2} = 2 \pm 3 \cdot i$$

oder einzeln

$$x_1 = 2 + 3 \cdot i \quad \text{und}$$
$$x_2 = 2 - 3 \cdot i.$$

Man kann o. g. komplexe Zahl allgemein auch wie folgt beschreiben. Hierin bedeuten

$$z = x + y \cdot i$$

$z \equiv$ Komplexe Zahl
$x \equiv$ Realteil, oft auch $\text{Re}(z)$ genannt
$y \equiv$ Imaginärteil, oft auch $\text{Im}(z)$ genannt.

Andere Schreibweise also

$$z = \text{Re}(z) + i \cdot \text{Im}(z).$$

Hierbei müssen zwei Fälle unterschieden werden:

$$z = x + y \cdot i \quad \text{Komplexe Zahl}$$
$$z^* = x - y \cdot i \quad \text{Konjugiert komplexe Zahl}$$

Abb. 3.1 Gauß'sche Zahlen-
ebene

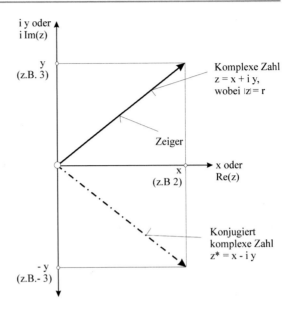

Die konjugiert komplexe Zahl entsteht gemäß Abb. 3.1 durch Spiegelung der komplexen
Zahl an der x-Achse (bzw. Re(z)-Achse). Den Betrag des Zeigers $|z| = r$ (Abb. 3.1) erhält
man durch Multiplikation von $z = x + y \cdot i$ mit $z^* = x - y \cdot i$ wie folgt:

$$z \cdot z^* = (x + y \cdot i) \cdot (x - y \cdot i)$$

oder ausmultipliziert

$$z \cdot z^* = (x^2 - x \cdot y \cdot i + x \cdot y \cdot i - y^2 \cdot i^2).$$

Wegen $i^2 = -1$ liefert dies

$$z \cdot z^* \equiv |z|^2 = (x^2 + y^2).$$

Das Ergebnis lautet

$$r = |z| = \sqrt{x^2 + y^2}.$$

Grundlegende Operationen mit der komplexen Zahl

$$z = x + i \cdot y$$

sowie mit zwei gegebenen komplexen Zahlen

$$z_1 = x_1 + i \cdot y_1$$

und

$$z_2 = x_2 + i \cdot y_2$$

sollen in folgenden Schritten erläutert werden.

Addition von z_1 und z_2

$$(z_1 + z_2) = (x_1 + x_2) + i \cdot (y_1 + y_2).$$

Subtraktion von z_1 und z_2

$$(z_1 - z_2) = (x_1 - x_2) + i \cdot (y_1 - y_2).$$

Multiplikation von z_1 mit z_2

$$z_1 \cdot z_2 = (x_1 + i \cdot y_1) \cdot (x_2 + i \cdot y_2)$$

und ausmultipliziert

$$z_1 \cdot z_2 = x_1 \cdot x_2 + i \cdot x_1 \cdot y_2 + i \cdot x_2 \cdot y_1 + i^2 \cdot y_1 \cdot y_2$$

oder mit $i^2 = -1$

$$z_1 \cdot z_2 = (x_1 \cdot x_2 - y_1 \cdot y_2) + i \cdot (x_1 \cdot y_2 + x_2 \cdot y_1)$$

Division von z_1 durch z_2

$$\frac{z_1}{z_2} = \frac{(x_1 + i \cdot y_1)}{(x_2 + i \cdot y_2)}$$

erweitert mit

$$\frac{(x_2 - i \cdot y_2)}{(x_2 - i \cdot y_2)}$$

liefert zunächst

$$\frac{z_1}{z_2} = \frac{(x_1 + i \cdot y_1)}{(x_2 + i \cdot y_2)} \cdot \frac{(x_2 - i \cdot y_2)}{(x_2 - i \cdot y_2)}$$

und dann die Klammern ausmultipliziert

$$\frac{z_1}{z_2} = \frac{(x_1 \cdot x_2 - i \cdot x_1 \cdot y_2 + i \cdot x_2 \cdot y_1 - i^2 \cdot y_1 \cdot y_2)}{(x_2^2 - i \cdot x_2 \cdot y_2 + i \cdot x_2 \cdot y_2 - i^2 \cdot y_2^2)}$$

oder mit $i^2 = -1$ zusammengefasst

$$\frac{z_1}{z_2} = \frac{(x_1 \cdot x_2 + y_1 \cdot y_2 + i \cdot y_1 \cdot x_2 - i \cdot y_2 \cdot x_1)}{(x_2^2 + y_2^2)}.$$

Es entsteht letztlich dann

$$\frac{z_1}{z_2} = \frac{(x_1 \cdot x_2 + y_1 \cdot y_2)}{(x_2^2 + y_2^2)} + \frac{i \cdot (y_1 \cdot x_2 - y_2 \cdot x_1)}{(x_2^2 + y_2^2)}.$$

Trigonometrische Form der komplexen Zahl

Die trigonometrische Form der komplexen Zahl $z = x + y \cdot i$ wird unter Verwendung der Polarkoordinaten $x = r \cdot \cos \varphi$ und $y = r \cdot \sin \varphi$ wie folgt ermittelt.

$$z = r \cdot \cos \varphi + i \cdot r \cdot \sin \varphi$$

oder r ausgeklammert

$$z = r \cdot (\cos \varphi + i \cdot \sin \varphi).$$

Wenn x und y bekannt sind, lassen sich r und φ leicht bestimmen gemäß

$$r = \sqrt{x^2 + y^2}, \quad \cos \varphi = \frac{x}{r} = \frac{x}{\sqrt{x^2 + y^2}}$$

bzw.

$$\sin \varphi = \frac{y}{r} = \frac{y}{\sqrt{x^2 + y^2}}.$$

Weiterhin gilt $\tan \varphi = \frac{y}{x}$ oder $\varphi = \arctan(\frac{y}{x})$.

Multiplikation zweier trigonometrischer komplexer Zahlen z_1 mit z_2

Die Multiplikation von

$$z_1 = r_1 \cdot (\cos \varphi_1 + i \cdot \sin \varphi_1)$$

mit

$$z_2 = r_2 \cdot (\cos \varphi_2 + i \cdot \sin \varphi_2)$$

lässt sich in folgenden Schritten durchführen.

$$z_1 \cdot z_2 = r_1 \cdot (\cos \varphi_1 + i \cdot \sin \varphi_1) \cdot r_2 \cdot (\cos \varphi_2 + i \cdot \sin \varphi_2)$$

Die Klammern schrittweise ausmultipliziert liefert folgendes Zwischenergebnis

$$z_1 \cdot z_2 = r_1 \cdot r_2 \cdot (\cos \varphi_1 \cdot \cos \varphi_2 + i \cdot \cos \varphi_1 \cdot \sin \varphi_2 + i \cdot \cos \varphi_2 \cdot \sin \varphi_1 + i^2 \cdot \sin \varphi_1 \cdot \sin \varphi_2).$$

Die weitere Zusammenfassung und Verwendung von $i^2 = -1$ führt zu

$$z_1 \cdot z_2 = r_1 \cdot r_2 \cdot [(\cos\varphi_1 \cdot \cos\varphi_2 - \sin\varphi_1 \cdot \sin\varphi_2) + i \cdot (\cos\varphi_1 \cdot \sin\varphi_2 + \sin\varphi_1 \cdot \cos\varphi_2)].$$

Mit den Additionstheoremen

$$(\cos\varphi_1 \cdot \cos\varphi_2 - \sin\varphi_1 \cdot \sin\varphi_2) = \cos(\varphi_1 + \varphi_2)$$

sowie

$$(\cos\varphi_1 \cdot \sin\varphi_2 + \sin\varphi_1 \cdot \cos\varphi_2) = \sin(\varphi_1 + \varphi_2)$$

gelangt man zum Resultat

$$z_1 \cdot z_2 = r_1 \cdot r_2 \cdot [\cos(\varphi_1 + \varphi_2) + i \cdot \sin(\varphi_1 + \varphi_2)].$$

Division zweier trigonometrischer komplexer Zahlen z_1 durch z_2
Die Division von

$$z_1 = r_1 \cdot (\cos\varphi_1 + i \cdot \sin\varphi_1)$$

durch

$$z_2 = r_2 \cdot (\cos\varphi_2 + i \cdot \sin\varphi_2)$$

lässt sich in folgenden Schritten durchführen.

$$\frac{z_1}{z_2} = \frac{r_1 \cdot (\cos\varphi_1 + i \cdot \sin\varphi_1)}{r_2 \cdot (\cos\varphi_2 + i \cdot \sin\varphi_2)}.$$

Wird erweitert mit

$$\frac{(\cos\varphi_2 - i \cdot \sin\varphi_2)}{(\cos\varphi_2 - i \cdot \sin\varphi_2)}$$

ergibt dies

$$\frac{z_1}{z_2} = \frac{r_1 \cdot (\cos\varphi_1 + i \cdot \sin\varphi_1)}{r_2 \cdot (\cos\varphi_2 + i \cdot \sin\varphi_2)} \cdot \frac{(\cos\varphi_2 - i \cdot \sin\varphi_2)}{(\cos\varphi_2 - i \cdot \sin\varphi_2)}$$

und dann ausmultipliziert

$$\frac{z_1}{z_2} = \frac{r_1}{r_2} \cdot \left[\frac{(\cos\varphi_1 \cdot \cos\varphi_2 - i \cdot \sin\varphi_2 \cdot \cos\varphi_1 + i \cdot \sin\varphi_1 \cdot \cos\varphi_2 - i^2 \cdot \sin\varphi_1 \cdot \sin\varphi_2)}{(\cos^2\varphi_2 - i \cdot \cos\varphi_2 \cdot \sin\varphi_2 + i \cdot \cos\varphi_2 \cdot \sin\varphi_2 - i^2 \cdot \sin^2\varphi_2)}\right].$$

Weiterhin wird mit $i^2 = -1$ und Umsortieren

$$\frac{z_1}{z_2} = \frac{r_1}{r_2} \cdot \left[\frac{(\cos\varphi_1 \cdot \cos\varphi_2 + \sin\varphi_1 \cdot \sin\varphi_2 + i \cdot (\sin\varphi_1 \cdot \cos\varphi_2 - \sin\varphi_2 \cdot \cos\varphi_1))}{\cos^2\varphi_2 + \sin^2\varphi_2} \right].$$

Mit den Additionstheoremen $(\cos\varphi_1 \cdot \cos\varphi_2 + \sin\varphi_1 \cdot \sin\varphi_2) = \cos(\varphi_1 - \varphi_2)$ sowie $(\sin\varphi_1 \cdot \cos\varphi_2 - \sin\varphi_2 \cdot \cos\varphi_1) = \sin(\varphi_1 - \varphi_2)$ und $\sin^2\varphi_2 + \cos^2\varphi_2 = 1$ führt dann zu

$$\frac{z_1}{z_2} = \frac{r_1}{r_2} \cdot [\cos(\varphi_1 - \varphi_2) + i \cdot \sin(\varphi_1 - \varphi_2)].$$

Exponentialform der komplexen Zahl

Ausgangspunkt ist die komplexe Zahl in trigonometrischer Darstellung

$$z = r \cdot (\cos\varphi + i \cdot \sin\varphi).$$

Des Weiteren werden die Reihenentwicklungen der cos- und sin-Funktion eingesetzt. Diese lauten mit dem variablen Winkel φ wie folgt:

$$\cos\varphi = 1 - \frac{1}{2!} \cdot \varphi^2 + \frac{1}{4!} \cdot \varphi^4 - \frac{1}{6!} \cdot \varphi^6 + \dots$$

$$\sin\varphi = \varphi - \frac{1}{3!} \cdot \varphi^3 + \frac{1}{5!} \cdot \varphi^5 - \frac{1}{7!} \cdot \varphi^7 + \dots$$

In die o. g. komplexe Zahl eingesetzt

$$z = r \cdot \left[\left(1 - \frac{1}{2!} \cdot \varphi^2 + \frac{1}{4!} \cdot \varphi^4 \pm \dots \right) + i \cdot \left(\varphi - \frac{1}{3!} \cdot \varphi^3 + \frac{1}{5!} \cdot \varphi^5 \pm \dots \right) \right]$$

und erweitert mit Potenzen von i führt zunächst zu folgendem Zwischenergebnis

$$z = r \cdot \left[\left(1 - \frac{1}{2!} \cdot \frac{i^2}{i^2} \cdot \varphi^2 + \frac{1}{4!} \cdot \frac{i^4}{i^4} \cdot \varphi^4 \pm \dots \right) \right.$$
$$\left. + i \cdot \left(\varphi - \frac{1}{3!} \cdot \frac{i^2}{i^2} \cdot \varphi^3 + \frac{1}{5!} \cdot \frac{i^4}{i^4} \cdot \varphi^5 \pm \dots \right) \right].$$

Mit $i^2 = -1$ und $i^4 = +1$ erhalten wir dann

$$z = r \cdot \left[\left(1 + \frac{1}{2!} \cdot i^2 \cdot \varphi^2 + \frac{1}{4!} \cdot i^4 \cdot \varphi^4 \pm \dots \right) \right.$$
$$\left. + \left(i \cdot \varphi + \frac{1}{3!} \cdot i^3 \cdot \varphi^3 + \frac{1}{5!} \cdot i^5 \cdot \varphi^5 \pm \dots \right) \right]$$

$$z = r \cdot \left[\left(1 + \frac{1}{2!} \cdot (i \cdot \varphi)^2 + \frac{1}{4!} \cdot (i \cdot \varphi)^4 \pm \dots \right) \right.$$
$$\left. + \left(i \cdot \varphi + \frac{1}{3!} \cdot (i \cdot \varphi)^3 + \frac{1}{5!} \cdot (i \cdot \varphi)^5 \pm \dots \right) \right]$$

Die Glieder in den Klammern umsortiert liefert weiterhin

$$z = r \cdot \left[1 + (i \cdot \varphi) + \frac{1}{2!} \cdot (i \cdot \varphi)^2 + \frac{1}{3!} \cdot (i \cdot \varphi)^3 + \frac{1}{4!} \cdot (i \cdot \varphi)^4 + \frac{1}{5!} \cdot (i \cdot \varphi)^5 \pm \ldots \right].$$

Der Klammerausdruck stellt aber nichts anderes als die Potenzreihenentwicklung der e-Funktion gemäß

$$e^m = 1 + m + \frac{1}{2!} \cdot m^2 + \frac{1}{3!} \cdot m^3 + \frac{1}{4!} \cdot m^4 + \frac{1}{5!} \cdot m^5 \pm \ldots$$

dar.

Das Ergebnis lässt sich mit $m = (i \cdot \varphi)$ somit wie folgt formulieren

$$z = r \cdot e^{(i \cdot \varphi)}.$$

Potenzieren der komplexen Zahl

Auch hier ist der Ausgangspunkt wieder die komplexe Zahl in trigonometrischer Darstellung

$$z = r \cdot (\cos \varphi + i \cdot \sin \varphi).$$

Die n-te Potenz lautet dann

$$z^n = r^n \cdot (\cos \varphi + i \cdot \sin \varphi)^n.$$

Um hieraus eine einfacher anwendbare Gleichung zu erstellen, bietet sich folgende Vorgehensweise an. Verbindet man $z = r \cdot (\cos \varphi + i \cdot \sin \varphi)$ mit dem o. g. Ergebnis $z = r \cdot e^{(i \cdot \varphi)}$, so folgt

$$r \cdot (\cos \varphi + i \cdot \sin \varphi) = r \cdot e^{(i \cdot \varphi)}$$

oder auch

$$\cos \varphi + i \cdot \sin \varphi = e^{(i \cdot \varphi)}.$$

Mit einem neuen Winkel $\varphi^* = n \cdot \varphi$ als ganzzahliger Winkel von φ entsteht

$$\cos \varphi^* + i \cdot \sin \varphi^* = e^{(i \cdot \varphi^*)}$$

bzw. mit $\varphi^* = n \cdot \varphi$ dann wiederum

$$\cos(n \cdot \varphi) + i \cdot \sin(n \cdot \varphi) = e^{(i \cdot n \cdot \varphi)}.$$

Potenziert man $z = r \cdot e^{(i \cdot \varphi)}$ mit n, so liefert dies $z^n = r^n \cdot e^{(i \cdot n \cdot \varphi)}$ und in Verbindung mit dem vorhergehenden Resultat

$$z^n = r^n \cdot [\cos(n \cdot \varphi) + i \cdot \sin(n \cdot \varphi)].$$

Radizieren der komplexen Zahl

Wiederum mit

$$z = r \cdot (\cos \varphi + i \cdot \sin \varphi)$$

als Ausgangspunkt jetzt die n-te Wurzel gezogen ergibt

$$\sqrt[n]{z} = \sqrt[n]{r} \cdot \sqrt[n]{(\cos \varphi + i \cdot \sin \varphi)}$$

oder auch

$$z^{\frac{1}{n}} = r^{\frac{1}{n}} \cdot (\cos \varphi + i \cdot \sin \varphi)^{\frac{1}{n}}.$$

Substituiert man nun $\frac{1}{n} = m$, so entsteht

$$z^m = r^m \cdot (\cos \varphi + i \cdot \sin \varphi)^m.$$

Die analoge Vorgehensweise des Potenzierens angewendet hat als Ergebnis

$$z^m = r^m \cdot [\cos(m \cdot \varphi) + i \cdot \sin(m \cdot \varphi)]$$

und mit $\frac{1}{n} = m$ zurücksubstituiert

$$z^{\frac{1}{n}} = r^{\frac{1}{n}} \cdot \left[\cos \left(\frac{1}{n} \cdot \varphi \right) + i \cdot \sin \left(\frac{1}{n} \cdot \varphi \right) \right]$$

oder

$$\sqrt[n]{z} = \sqrt[n]{r} \cdot \left[\cos \left(\frac{\varphi}{n} \right) + i \cdot \sin \left(\frac{\varphi}{n} \right) \right] = e^{i \cdot \left(\frac{\varphi}{n} \right)}.$$

zur Folge.

Komplexe Darstellung der Geschwindigkeit

Ausgehend von der komplexen Zahl $z = x + y \cdot i$ gilt auch die Differentialform

$$dz = dx + dy \cdot i.$$

Dividiert man jetzt noch durch die infinitesimale Zeit dt, so führt dies zunächst zu

$$\frac{dz}{dt} = \frac{dx}{dt} + \frac{dy}{dt} \cdot i$$

und mit

$$\frac{dz}{dt} = c(z), \quad \frac{dx}{dt} = c_x \quad \text{sowie} \quad \frac{dy}{dt} = c_y$$

dann zum Ergebnis

$$c(z) = c_x + c_y \cdot i.$$

Die konjugiert komplexe Geschwindigkeit lautet analog zu z^*

$$c^*(z) = c_x - c_y \cdot i$$

Hierin ist c_x der Realteil und c_y der Imaginärteil von $c(z)$ bzw. $c^*(z)$.

3.2 Komplexe analytische Funktion

Bei Potentialströmungen sind die Geschwindigkeitskomponenten c_x und c_y wie folgt definiert:

$$c_x = \frac{\partial \Phi}{\partial x}; \quad c_y = \frac{\partial \Phi}{\partial y}; \quad c_x = \frac{\partial \Psi}{\partial y} \quad \text{und} \quad c_y = -\frac{\partial \Psi}{\partial x}.$$

Weiterhin soll vom Differential der komplexen Zahl

$$dz = dx + dy \cdot i$$

sowie der konjugiert komplexen Variante

$$dz^* = dx - dy \cdot i$$

Gebrauch gemacht werden. Ebenfalls kommt die komplexe Geschwindigkeit

$$c(z) = c_x + c_y \cdot i$$

und ihre konjugiert komplexe Variante

$$c^*(z) = c_x - c_y \cdot i$$

zur Anwendung.

Gesucht wird eine komplexe analytische Potentialfunktion $X(z)$, die sowohl die Potentialfunktion $\Phi(x, y)$ als auch die Stromfunktion $\Psi(x, y)$ beinhaltet. Die Ermittlung von $X(z)$ wird in folgenden Einzelschritten vorgenommen.

Mit der Definition der konjugiert komplexen Geschwindigkeit

$$c^*(z) = \frac{dX(z)}{dz} \quad \left(\text{analog zu } c_x = \frac{\partial \Phi(x, y)}{\partial x} \right)$$

folgt nach Multiplikation mit dz

$$dX(z) = c^*(z) \cdot dz.$$

Setzt man jetzt die o. g. Zusammenhänge für $c^*(z)$ und dz ein, so führt dies zu

$$dX(z) = (c_x - c_y \cdot i) \cdot (dx + dy \cdot i).$$

Die Multiplikation der beiden Klammerausdrücke liefert zunächst

$$dX(z) = (c_x \cdot dx + i \cdot c_x \cdot dy - i \cdot c_y \cdot dx - i^2 \cdot c_y \cdot dy).$$

Mit $i^2 = -1$ und den oben aufgeführten Größen c_x und c_y erhält man weiterhin

$$dX(z) = \left(\frac{\partial \Phi}{\partial x} \cdot dx + i \cdot \frac{\partial \Psi}{\partial y} \cdot dy - i \cdot \left(-\frac{\partial \Psi}{\partial x} \right) \cdot dx - (-1) \cdot \frac{\partial \Phi}{\partial y} \cdot dy \right)$$

und nach Umstellungen dann

$$dX(z) = \left(\frac{\partial \Phi}{\partial x} \cdot dx + \frac{\partial \Phi}{\partial y} \cdot dy \right) + i \cdot \left(\frac{\partial \Psi}{\partial x} \cdot dx + \frac{\partial \Psi}{\partial y} \cdot dy \right).$$

Die beiden Klammerausdrücke sind jedoch die Totalen Differentiale von Φ und Ψ, also

$$D\Phi = \frac{\partial \Phi}{\partial x} \cdot dx + \frac{\partial \Phi}{\partial y} \cdot dy$$

sowie

$$D\Psi = \frac{\partial \Psi}{\partial x} \cdot dx + \frac{\partial \Psi}{\partial y} \cdot dy.$$

Damit wird dann

$$dX(z) \equiv dX(x + i \cdot y) = D\Phi + i \cdot D\Psi.$$

Die Integration führt schließlich zum Ergebnis

$$X(z) \equiv X(x + i \cdot y) = \Phi(x, y) + i \cdot \Psi(x, y)$$

oder auch kürzer

$$X(z) = \Phi + i \cdot \Psi.$$

Φ: Realteil von $X(z)$
Ψ: Imaginärteil von $X(z)$

Mit den vorliegenden Zusammenhängen und denen von Abschn. 3.1 lassen sich unterschiedliche Fragen zu den Potentialströmungen lösen wie z. B.

- Ermittlung der komplexen analytische Potentialfunktion $X(z)$ aufgrund gegebener Potentialfunktion Φ und Stromfunktion Ψ.
- Ermittlung der Potentialfunktion Φ und Stromfunktion Ψ aufgrund einer gegebene komplexen analytischen Potentialfunktion $X(z)$.
- Ermittlung der Geschwindigkeitskomponenten c_x und c_y aufgrund einer gegebene komplexen analytischen Potentialfunktion $X(z)$ usw.

Dies soll an den folgenden Beispielen verdeutlicht werden.

3.2.1 Schräge Parallelströmung

Im Folgenden soll die komplexe analytische Potentialfunktion $X(z)$ der schrägen Parallelströmung hergeleitet werden. Ausgangspunkt hierbei ist die in Abschn. 3.2 ermittelte allgemeine Gleichung

$$X(z) = \Phi(x, y) + i \cdot \Psi(x, y)$$

sowie die in Abschn. 2.1 für schräge Parallelströmungen angegebene Potentialfunktion

$$\Phi(x, y) = c_\infty \cdot (x \cdot \cos\alpha + y \cdot \sin\alpha)$$

und Stromfunktion

$$\Psi(x, y) = c_\infty \cdot (y \cdot \cos\alpha - x \cdot \sin\alpha).$$

Mit $\Phi(x, y)$ und $\Psi(x, y)$ in $X(z)$ eingesetzt folgt zunächst

$$X(z) = c_\infty \cdot (x \cdot \cos\alpha + y \cdot \sin\alpha) + i \cdot c_\infty \cdot (y \cdot \cos\alpha - x \cdot \sin\alpha)$$

oder

$$(z) = c_\infty \cdot \left[\left(x \cdot \cos\alpha + \frac{i^2}{i^2} \cdot y \cdot \sin\alpha\right) + i \cdot (y \cdot \cos\alpha - x \cdot \sin\alpha)\right].$$

Weiterhin mit

$$X(z) = c_\infty \cdot (x \cdot \cos\alpha - i \cdot x \cdot \sin\alpha + i \cdot y \cdot \cos\alpha - i^2 \cdot y \cdot \sin\alpha)$$

führt zu

$$X(z) = c_\infty \cdot [(x \cdot (\cos\alpha - i \cdot \sin\alpha) + i \cdot y \cdot (\cos\alpha - i \cdot \sin\alpha))]$$

oder auch

$$X(z) = c_\infty \cdot [(\cos\alpha - i \cdot \sin\alpha) \cdot (x + i \cdot y)].$$

Da $z = (x + i \cdot y)$ erhält man als Ergebnis der schrägen Parallelströmung

$$X(z) = c_\infty \cdot z \cdot [\cos\alpha - i \cdot \sin\alpha].$$

Eine weitere Darstellung der komplexen analytischen Potentialfunktion der schrägen Parallelströmung lässt sich mit o. g. Ergebnis wie folgt angeben. Unter Verwendung der Taylorreihen

$$\cos\alpha = 1 - \frac{1}{2!} \cdot \alpha^2 + \frac{1}{4!} \cdot \alpha^4 - \frac{1}{6!} \cdot \alpha^6 + \ldots \quad \text{sowie}$$

$$\sin\alpha = \alpha - \frac{1}{3!} \cdot \alpha^3 + \frac{1}{5!} \cdot \alpha^5 - \frac{1}{7!} \cdot \alpha^7 + \ldots$$

entsteht zunächst

$$X(z) = c_\infty \cdot z \cdot \left[\left(1 - \frac{1}{2!} \cdot \alpha^2 + \frac{1}{4!} \cdot \alpha^4 \mp \ldots\right) - i \cdot \left(\alpha - \frac{1}{3!} \cdot \alpha^3 + \frac{1}{5!} \cdot \alpha^5 \mp \ldots\right)\right].$$

Die beiden Klammerausdrücke werden jetzt wie folgt verändert. Zunächst die Taylorreihe der Sinusfunktion (Imaginärteil)

$$-i \cdot \left(\alpha - \frac{1}{3!} \cdot \alpha^3 + \frac{1}{5!} \cdot \alpha^5 \mp \ldots\right)$$

$$= \left((-i \cdot \alpha) + \frac{1}{3!} \cdot i \cdot \alpha^3 - \frac{1}{5!} \cdot i \cdot \alpha^5 \mp \ldots\right)$$

$$-i \cdot \left(\alpha - \frac{1}{3!} \cdot \alpha^3 + \frac{1}{5!} \cdot \alpha^5 \mp \ldots\right)$$

$$= (-i \cdot \alpha) + \frac{1}{3!} \cdot i \cdot \frac{(-i)^3}{(-i)^3} \cdot \alpha^3 - \frac{1}{5!} \cdot i \cdot \frac{(-i)^5}{(-i)^5} \cdot \alpha^5 \mp \ldots$$

$$-i \cdot \left(\alpha - \frac{1}{3!} \cdot \alpha^3 + \frac{1}{5!} \cdot \alpha^5 \mp \ldots\right)$$

$$= (-i \cdot \alpha) + \frac{1}{3!} \cdot \underbrace{\frac{i}{(-i)}}_{-1} \cdot \underbrace{\frac{1}{(-i)^2}}_{i^2} \cdot (-i \cdot \alpha)^3 - \frac{1}{5} \cdot \underbrace{\frac{i}{(-i)}}_{-1} \cdot \underbrace{\frac{1}{(-i)^4}}_{+1} \cdot (-i \cdot \alpha)^5 \mp \ldots$$

$$-i \cdot \left(\alpha - \frac{1}{3!} \cdot \alpha^3 + \frac{1}{5!} \cdot \alpha^5 \mp \ldots\right)$$

$$= (-i \cdot \alpha) - \frac{1}{3!} \cdot \frac{1}{i^2} \cdot (-i \cdot \alpha)^3 + \frac{1}{5!} \cdot \frac{1}{i^4} \cdot \cdot (-i \cdot \alpha)^5 \mp \ldots$$

Damit erhält man

$$-i \cdot \left(\alpha - \frac{1}{3!} \cdot \alpha^3 + \frac{1}{5!} \cdot \alpha^5 \mp \ldots \right) = (-i \cdot \alpha) + \frac{1}{3!} \cdot (-i \cdot \alpha)^3 + \frac{1}{5!} \cdot (-i \cdot \alpha)^5 \mp \ldots$$

Jetzt folgt für die Taylorreihe der $\cos \alpha$-Funktion (Realteil)

$$\left(1 - \frac{1}{2!} \cdot \alpha^2 + \frac{1}{4!} \cdot \alpha^4 \mp \ldots \right)$$
$$= \left(1 - \frac{1}{2!} \cdot \frac{(-i)^2}{(-i)^2} \cdot \alpha^2 + \frac{1}{4!} \cdot \frac{(-i)^4}{(-i)^4} \cdot \alpha^4 \mp \ldots \right)$$
$$\left(1 - \frac{1}{2!} \cdot \alpha^2 + \frac{1}{4!} \cdot \alpha^4 \mp \ldots \right)$$
$$= \left(1 - \frac{1}{2!} \cdot \underbrace{\frac{1}{(-i)^2}}_{-1} \cdot (-i \cdot \alpha)^2 + \frac{1}{4!} \cdot \underbrace{\frac{1}{(-i)^4}}_{+1} \cdot (-i \cdot \alpha)^4 \mp \ldots \right).$$

Das Resultat für die $\cos \alpha$-Reihe lautet dann

$$\cos \alpha = \left(1 - \frac{1}{2!} \cdot \alpha^2 + \frac{1}{4!} \cdot \alpha^4 \mp \ldots \right) = \left(1 + \frac{1}{2!} \cdot (-i \cdot \alpha)^2 + \frac{1}{4!} \cdot (-i \cdot \alpha)^4 \mp \ldots \right).$$

Diese Teilergebnisse in die Ausgangsgleichung $X(z) = c_\infty \cdot z \cdot [\cos \alpha - i \cdot \sin \alpha]$ eingesetzt liefert

$$X(z) = c_\infty \cdot z \cdot \left[1 + \frac{1}{2!} \cdot (-i \cdot \alpha)^2 + \frac{1}{4!} \cdot (-i \cdot \alpha)^4 \mp \ldots \right.$$
$$\left. + (-i \cdot \alpha) + \frac{1}{3!} \cdot (-i \cdot \alpha)^3 + \frac{1}{5!} \cdot (-i \cdot \alpha)^5 \mp \ldots \right]$$

oder umsortiert

$$X(z) = c_\infty \cdot z \cdot \left[1 + (-i \cdot \alpha) + \frac{1}{2!} \cdot (-i \cdot \alpha)^2 + \frac{1}{3!} \cdot (-i \cdot \alpha)^3 \right.$$
$$\left. + \frac{1}{4!} \cdot (-i \cdot \alpha)^4 + \frac{1}{5!} \cdot (-i \cdot \alpha)^5 + \ldots \right].$$

Substituiert man jetzt noch

$$m = (-i \cdot \alpha),$$

so entsteht

$$X(z) = c_\infty \cdot z \cdot \left[1 + m + \frac{1}{2!} \cdot m^2 + \frac{1}{3!} \cdot m^3 + \frac{1}{4!} \cdot m^4 + \frac{1}{5!} \cdot m^5 + \ldots \right]$$

Der Klammerausdruck selbst entspricht der Potenzreihe der e-Funktion, also

$$X(z) = c_\infty \cdot z \cdot e^m.$$

Mit der Substitution zurückgeführt folgt als **zweites Ergebnis** der schrägen Parallelströmung

$$X(z) = c_\infty \cdot z \cdot e^{(-i \cdot \alpha)} \quad \text{mit } z = (x + i \cdot y).$$

Zwei Sonderfälle lassen sich einfach aus dem ersten Ergebnis

$$X(z) = c_\infty \cdot z \cdot [\cos\alpha - i \cdot \sin\alpha]$$

ableiten:

- **Horizontale** Parallelströmung mit $\alpha = 0°$
  In die Gleichung eingesetzt führt zu $X(z) = c_\infty \cdot z \cdot [\cos 0° - i \cdot \sin 0°]$. Da $\cos 0° = 1$ und $\sin 0° = 0$, entsteht $X(z) = c_\infty \cdot z \cdot [1 - 0]$ und als Ergebnis stellt man fest

$$X(z) = c_\infty \cdot z.$$

- **Vertikale** Parallelströmung mit $\alpha = 90°$
  In die Gleichung eingesetzt führt zu $X(z) = c_\infty \cdot z \cdot [\cos 90° - i \cdot \sin 90°]$. Da $\cos 90° = 0$ und $\sin 90° = 1$, entsteht $X(z) = c_\infty \cdot z \cdot [0 - i \cdot 1]$ und als Ergebnis stellt man fest

$$X(z) = -i \cdot z \cdot c_\infty.$$

$c_\infty(z)$ Die Ermittlung der komplexen Geschwindigkeit $c_\infty(z)$ lässt sich in folgenden Schritten durchführen. Hierzu geht man zunächst von

$$c_\infty(z) = c_{\infty_x} + i \cdot c_{\infty_y}$$

sowie den Komponenten $c_{\infty_x} = c_\infty \cdot \cos\alpha$ und $c_{\infty_y} = c_\infty \cdot \sin\alpha$ aus. Weiterhin werden die Taylorreihen von $\cos\alpha$ und $\sin\alpha$ (s. o.) wie folgt erforderlich:

$$\cos\alpha = 1 - \frac{1}{2!} \cdot \alpha^2 + \frac{1}{4!} \cdot \alpha^4 - \frac{1}{6!} \cdot \alpha^6 + \dots$$

$$\sin\alpha = \alpha - \frac{1}{3!} \cdot \alpha^3 + \frac{1}{5!} \cdot \alpha^5 - \frac{1}{7!} \cdot \alpha^7 + \dots.$$

In $c_\infty(z)$ eingesetzt führt zunächst zu

$$c_\infty(z) = c_\infty \cdot \left(1 - \frac{1}{2!} \cdot \alpha^2 + \frac{1}{4!} \cdot \alpha^4 - \frac{1}{6!} \cdot \alpha^6 + \dots\right)$$

$$+ i \cdot c_\infty \cdot \left(\alpha - \frac{1}{3!} \cdot \alpha^3 + \frac{1}{5!} \cdot \alpha^5 - \frac{1}{7!} \cdot \alpha^7 + \dots\right).$$

oder

$$c_\infty(z) = c_\infty \cdot \left[\left(1 - \frac{1}{2!} \cdot \alpha^2 + \frac{1}{4!} \cdot \alpha^4 - \frac{1}{6!} \cdot \alpha^6 + \ldots \right) \right.$$
$$\left. + i \cdot \left(\alpha - \frac{1}{3!} \cdot \alpha^3 + \frac{1}{5!} \cdot \alpha^5 - \frac{1}{7!} \cdot \alpha^7 + \ldots \right) \right].$$

Eine Erweiterung des zweiten Klammerausdrucks liefert des Weiteren

$$c_\infty(z) = c_\infty \cdot \left[\left(1 - \frac{1}{2!} \cdot \alpha^2 + \frac{1}{4!} \cdot \alpha^4 - \frac{1}{6!} \cdot \alpha^6 + \ldots \right) \right.$$
$$\left. + \left(i \cdot \alpha - i \cdot \frac{i^3}{i^3} \cdot \frac{1}{3!} \cdot \alpha^3 + i \cdot \frac{i^5}{i^5} \cdot \frac{1}{5!} \cdot \alpha^5 - i \cdot \frac{i^7}{i^7} \cdot \frac{1}{7!} \cdot \alpha^7 + \ldots \right) \right].$$

Mit $i^2 = -1, i^4 = +1, i^6 = -1$ erhält man weiterhin

$$c_\infty(z) = c_\infty \cdot \left[\left(1 - \frac{1}{2!} \cdot \alpha^2 + \frac{1}{4!} \cdot \alpha^4 - \frac{1}{6!} \cdot \alpha^6 + \ldots \right) \right.$$
$$\left. + \left((i \cdot \alpha) + \frac{1}{3!} \cdot (i \cdot \alpha)^3 + \frac{1}{5!} \cdot (i \cdot \alpha)^5 + \frac{1}{7!} \cdot (i \cdot \alpha)^7 + \ldots \right) \right].$$

Die erste Klammer soll wie folgt verändert werden

$$c_\infty(z) = c_\infty \cdot \left[\left(1 - \frac{i^2}{i^2} \cdot \frac{1}{2!} \cdot \alpha^2 + \frac{i^4}{i^4} \cdot \frac{1}{4!} \cdot \alpha^4 - \frac{i^6}{i^6} \cdot \frac{1}{6!} \cdot \alpha^6 + \ldots \right) \right.$$
$$\left. + \left((i \cdot \alpha) + \frac{1}{3!} \cdot (i \cdot \alpha)^3 + \frac{1}{5!} \cdot (i \cdot \alpha)^5 + \frac{1}{7!} \cdot (i \cdot \alpha)^7 + \ldots \right) \right],$$

was mit o. g. Potenzen von i zu nachstehendem Ausdruck führt

$$c_\infty(z) = c_\infty \cdot \left[\left(1 + \frac{1}{2!} \cdot (i \cdot \alpha)^2 + \frac{1}{4!} \cdot (i \cdot \alpha)^4 + \frac{1}{6!} \cdot (i \cdot \alpha)^6 + \ldots \right) \right.$$
$$\left. + \left((i \cdot \alpha) + \frac{1}{3!} \cdot (i \cdot \alpha)^3 + \frac{1}{5!} \cdot (i \cdot \alpha)^5 + \frac{1}{7!} \cdot (i \cdot \alpha)^7 + \ldots \right) \right]$$

Wird jetzt noch $m = i \cdot \alpha$ substituiert, entsteht

$$c_\infty(z) = c_\infty \cdot \left[1 + \frac{1}{2!} \cdot m^2 + \frac{1}{4!} \cdot m^4 + \frac{1}{6!} \cdot m^6 + \cdots + m + \frac{1}{3!} \cdot m^3 + \frac{1}{5!} \cdot m^5 + \frac{1}{7!} \cdot m^7 + \ldots \right].$$

Das Umsortieren liefert

$$c_\infty(z) = c_\infty \cdot \left[1 + m + \frac{1}{2!} \cdot m^2 + \frac{1}{3!} \cdot m^3 + \frac{1}{4!} \cdot m^4 + \frac{1}{5!} \cdot m^5 + \frac{1}{6!} \cdot m^6 + \frac{1}{7!} \cdot m^7 \ldots \right].$$

Der Klammerausdruck stellt aber nichts anderes als die Taylorreihe der e-Funktion dar gemäß

$$e^x = 1 + x + \frac{1}{2!} \cdot x^2 + \frac{1}{3!} \cdot x^3 + \frac{1}{4!} \cdot x^4 + \frac{1}{5!} \cdot x^5 + \frac{1}{6!} \cdot x^6 + \frac{1}{7!} \cdot x^7 \ldots$$

oder hier

$$e^m = 1 + m + \frac{1}{2!} \cdot m^2 + \frac{1}{3!} \cdot m^3 + \frac{1}{4!} \cdot m^4 + \frac{1}{5!} \cdot m^5 + \frac{1}{6!} \cdot m^6 + \frac{1}{7!} \cdot m^7 \ldots$$

Das Resultat für $c_\infty(z)$ der schrägen Parallelströmung mit $m = i \cdot \alpha$ lautet dann

$$c_\infty(z) = c_\infty \cdot e^{(i \cdot \alpha)}.$$

3.2.2 Quelleströmung, Senkenströmung

Im folgenden Fall soll aus der bekannten Potentialfunktion $\Phi(r, \varphi)$ und Stromfunktion $\Psi(r, \varphi)$ der Quelle-, bzw. Senkenströmung die komplexe Potentialfunktion $X(z)$ dieser Strömungsvariante hergeleitet werden. Weiterhin wird auch die komplexe Geschwindigkeit $c(z)$ gesucht.

$X(z)$ Ausgangspunkte hierbei sind bei der Verwendung von **Polarkoordinaten** die komplexe Potentialfunktion

$$X(r, \varphi) = \Phi(r, \varphi) + i \cdot \Psi(r, \varphi),$$

Potentialfunktion

$$\Phi(r, \varphi) = \frac{E}{2 \cdot \pi} \cdot \ln r,$$

Stromfunktion

$$\Psi(r, \varphi) = \frac{E}{2 \cdot \pi} \cdot \varphi.$$

Man erhält zunächst

$$X(r, \varphi) = \frac{E}{2 \cdot \pi} \cdot \ln r + i \cdot \frac{E}{2 \cdot \pi} \cdot \varphi$$

oder

$$X(r, \varphi) = \frac{E}{2 \cdot \pi} \cdot (\ln r + i \cdot \varphi).$$

Mit der Substitution

$$C \equiv \frac{E}{2 \cdot \pi}$$

folgt

$$X(r, \varphi) = C \cdot (\ln r + i \cdot \varphi).$$

Dann durch C dividiert liefert

$$\frac{X(r, \varphi)}{C} = (\ln r + i \cdot \varphi).$$

Als e-Funktion angeschrieben ergibt

$$e^{\frac{X(r,\varphi)}{C}} = e^{(\ln r + i \cdot \varphi)}$$

oder auch

$$e^{\frac{X(r,\varphi)}{C}} = e^{\ln r} \cdot e^{i \cdot \varphi}.$$

Da weiterhin gilt

$$e^{\ln r} = r,$$

entsteht jetzt

$$e^{\frac{X(r,\varphi)}{C}} = r \cdot e^{i \cdot \varphi}.$$

Weiter vorn konnte bei der Behandlung der Exponentialform komplexer Zahlen hergeleitet werden

$$z = r \cdot e^{i \cdot \varphi}.$$

Folglich erhält man jetzt $e^{\frac{X(r,\varphi)}{C}} = z$. Mit $\ln e^a = a$ hier angewendet führt zu

$$\ln(e^{\frac{X(r,\varphi)}{C}}) = \ln z \quad \text{oder}$$
$$\frac{X(r, \varphi)}{C} = \ln z.$$

Multipliziert mit $C \equiv \frac{E}{2 \cdot \pi}$ liefert dann das gesuchte Resultat für die komplexe Potential-funktion der Quelleströmung bzw. Senkenströmung

$$X(z) = \frac{E}{2 \cdot \pi} \cdot \ln z.$$

Umgekehrt können aus der komplexen Potentialfunktion (s. o.) und der konjugiert komplexen Geschwindigkeit $c^*(z)$ sowohl die Geschwindigkeitskomponenten $c_x(x, y)$, $c_y(x, y)$ als auch die Potentialfunktion $\Phi(x, y)$ und Stromfunktion $\Psi(x, y)$ hergeleitet werden.

$c(z)$ Die komplexe Geschwindigkeit $c(z)$ der Quelleströmung bzw. der Senkenströmung lässt sich in nachstehenden Schritten ermitteln. Ausgangspunkt ist die allgemeine komplexe Geschwindigkeit gemäß Abschn. 3.1

$$c(z) = c_x(x, y) + i \cdot c_y(x, y)$$

und

$$c_x(x, y) = \frac{E}{2 \cdot \pi} \cdot \frac{x}{x^2 + y^2}$$

sowie

$$c_y(x, y) = \frac{E}{2 \cdot \pi} \cdot \frac{y}{x^2 + y^2}.$$

Miteinander verknüpft liefert

$$c(z) = \frac{E}{2 \cdot \pi} \cdot \frac{x}{x^2 + y^2} + i \cdot \frac{E}{2 \cdot \pi} \cdot \frac{y}{x^2 + y^2}$$

bzw.

$$c(z) = \frac{E}{2 \cdot \pi} \cdot \frac{1}{x^2 + y^2} \cdot (x + i \cdot y).$$

Da die komplexe Zahl mit $z = x + i \cdot y$ gegeben ist, entsteht jetzt

$$c(z) = \frac{E}{2 \cdot \pi} \cdot \frac{1}{x^2 + y^2} \cdot z.$$

Um $(x^2 + y^2)$ noch mit der komplexen Zahl zu ersetzen, benutzen wir das Produkt aus komplexer und konjugierter komplexer Zahl, also

$$z \cdot z^* = (x + i \cdot y) \cdot (x - i \cdot y).$$

Ausmultipliziert führt zu $z \cdot z^* = (x^2 + i \cdot x \cdot y - i \cdot x \cdot y - i^2 \cdot y^2)$ und wegen $i^2 = -1$ dann

$$z \cdot z^* = (x^2 + y^2).$$

Oben eingesetzt liefert

$$c(z) = \frac{E}{2 \cdot \pi} \cdot \frac{1}{z \cdot z^*} \cdot z,$$

was das Ergebnis der komplexen Geschwindigkeit zur Folge hat

$$c(z) = \frac{E}{2 \cdot \pi} \cdot \frac{1}{z^*} \quad \text{mit } z^* = (x - i \cdot y).$$

3.2.3 Dipolströmung

Im Folgenden sollen die komplexe Funktion $X(z)$ und die komplexe Geschwindigkeit $c(z)$ dieser Potentialströmungsvariante bestimmt werden.

$X(z)$ Zur Herleitung der komplexen Funktion der Dipolströmung $X(z)$ wird von der bekannten Potential- und Stromfunktion $\Phi(x, y)$ und $\Psi(x, y)$ dieser Basisströmung ausgegangen. Des Weiteren kommt die allgemeine komplexe Funktion $X(z)$, die komplexe Zahl z sowie die konjugiert komplexe Zahl z^* zur Anwendung.

Potentialfunktion

$$\Phi(x, y) = \frac{M}{2 \cdot \pi} \cdot \frac{x}{x^2 + y^2}$$

Stromfunktion

$$\Psi(x, y) = -\frac{M}{2 \cdot \pi} \cdot \frac{y}{x^2 + y^2}.$$

Mittels

$$X(z) = \Phi(x, y) + i \cdot \Psi(x, y)$$

und unter Verwendung von $\Phi(x, y)$ sowie $\Psi(x, y)$ entsteht zunächst

$$X(z) = \frac{M}{2 \cdot \pi} \cdot \frac{x}{x^2 + y^2} - i \cdot \frac{M}{2 \cdot \pi} \cdot \frac{y}{x^2 + y^2}$$

oder

$$X(z) = \frac{M}{2 \cdot \pi} \cdot \frac{1}{(x^2 + y^2)} \cdot (x - i \cdot y).$$

Die konjugiert komplexe Zahl lautet (Abschn. 3.1)

$$z^* = (x - i \cdot y)$$

und dem zu Folge wird

$$X(z) = \frac{M}{2 \cdot \pi} \cdot \frac{1}{(x^2 + y^2)} \cdot z^*.$$

$(x^2 + y^2)$ wird gemäß Abschn. 3.1 mit $z \cdot z^* = (x^2 + y^2)$ ersetzt.
Dann entsteht

$$X(z) = \frac{M}{2 \cdot \pi} \cdot \frac{1}{z \cdot z^*} \cdot z^*$$

oder als Resultat

$$X(z) = \frac{M}{2 \cdot \pi} \cdot \frac{1}{z} \quad \text{mit } z = x + i \cdot y.$$

$c(z)$ Zur Ermittlung der komplexen Geschwindigkeit benötigen wir die allgemeine Formulierung gemäß Abschn. 3.1

$$c(z) = (c_x(x, y) + i \cdot c_y(x, y)),$$

mit weiterhin

$$c_x(x, y) = -\frac{M}{2 \cdot \pi} \cdot \frac{(x^2 - y^2)}{(x^2 + y^2)^2}$$

und

$$c_y(x, y) = -\frac{M}{2 \cdot \pi} \cdot \frac{2 \cdot x \cdot y}{(x^2 + y^2)^2}.$$

Außerdem kommen noch die komplexe Zahl $z = x + i \cdot y$ sowie die konjugiert komplexe Zahl $z^* = x - i \cdot y$ zur Anwendung. Setzen wie im ersten Schritt $c_x(x, y)$ und $c_y(x, y)$ in $c(z)$ ein, so folgt

$$c(z) = \left(-\frac{M}{2 \cdot \pi} \cdot \frac{(x^2 - y^2)}{(x^2 + y^2)^2} - i \cdot \frac{M}{2 \cdot \pi} \cdot \frac{2 \cdot x \cdot y}{(x^2 + y^2)^2} \right)$$

oder vereinfacht

$$c(z) = -\frac{M}{2 \cdot \pi} \cdot \frac{(x^2 + 2 \cdot i \cdot x \cdot y - y^2)}{(x^2 + y^2)^2}.$$

Der Klammerausdruck im Zähler lässt sich aber auch ausdrücken mit

$$(x^2 + 2 \cdot i \cdot x \cdot y - y^2) = (x + i \cdot y)^2,$$

da mit $i^2 = -1$

$$(x + i \cdot y) \cdot (x + i \cdot y) = (x^2 + i \cdot x \cdot y + i \cdot x \cdot y + i^2 \cdot y^2)$$
$$(x + i \cdot y) \cdot (x + i \cdot y) = (x^2 + 2 \cdot i \cdot x \cdot y - y^2).$$

Wegen $z = x + i \cdot y$ wird $z^2 = (x + i \cdot y)^2$.

Als Zwischenergebnis erhält man zunächst

$$c(z) = -\frac{M}{2 \cdot \pi} \cdot \frac{z^2}{(x^2 + y^2)^2}.$$

Den Klammerausdruck im Nenner kann man gemäß Abschn. 3.1 wie folgt anschreiben

$$(x^2 + y^2)^2 = (z^2) \cdot (z^*)^2.$$

Dies liefert dann

$$c(z) = -\frac{M}{2 \cdot \pi} \cdot \frac{z^2}{z^2 \cdot (z^*)^2}$$

und als Resultat die komplexe Geschwindigkeit der Dipolströmung

$$c(z) = -\frac{M}{2 \cdot \pi} \cdot \frac{1}{(z^*)^2} \quad \text{mit } z^* = x - i \cdot y.$$

3.2.4 Potentialwirbel

Aufgrund der in Abschn. 2.5 ermittelten Potential- und Stromfunktion des Potentialwirbels $\Phi(\varphi)$ und $\Psi(r)$ soll jetzt die komplexe Potentialfunktion $X(z)$ erarbeitet werden. Aus diesem Ergebnis wird anschließend die komplexe Geschwindigkeit $c(z)$ bestimmt.

$X(z)$ Bei der Ermittlung der komplexen Funktion des Potentialwirbels $X(z)$ lautet die Vorgehensweise wie folgt. Ausgangspunkt bilden die Gleichungen für $\Phi(\varphi)$ und $\Psi(r)$, also in diesem Fall unter Verwendung der Polarkoordinaten φ und r:

$$\Phi(\varphi) = \frac{\Gamma}{2 \cdot \pi} \cdot \varphi$$

$$\Psi(r) = -\frac{\Gamma}{2 \cdot \pi} \cdot \ln r.$$

Mittels

$$X(z) = \Phi(\varphi) + i \cdot \Psi(r)$$

und unter Verwendung von $\Phi(\varphi)$ sowie $\Psi(r)$ entsteht zunächst

$$X(z) = \frac{\Gamma}{2 \cdot \pi} \cdot \varphi - i \cdot \frac{\Gamma}{2 \cdot \pi} \cdot \ln r$$

oder

$$X(z) = \frac{\Gamma}{2 \cdot \pi} \cdot (\varphi - i \cdot \ln r).$$

Zur Vereinfachung substituieren wir $C \equiv \frac{\Gamma}{2 \cdot \pi}$ und formen noch um zu

$$\frac{X(z)}{C} = (\varphi - i \cdot \ln r).$$

Nach Umstellung zu $i \cdot \ln r = (\varphi - \frac{X(z)}{C})$ und Multiplikation mit i folgt

$$i^2 \cdot \ln r = i \cdot \varphi - i \cdot \frac{X(z)}{C}.$$

Mit $i^2 = -1$ führt zu

$$-\ln r = i \cdot \varphi - i \cdot \frac{X(z)}{C}$$

und mit -1 multipliziert dann

$$\ln r = i \cdot \frac{X(z)}{C} - i \cdot \varphi.$$

Benutzt man des Weiteren $e^{i \cdot \frac{X(z)}{C} - i \cdot \varphi} = e^{\ln r}$ und dann die bekannten Zusammenhänge

$$e^{a-b} = \frac{e^a}{e^b} \quad \text{sowie} \quad e^{\ln a} = a,$$

so können wir auch anschreiben

$$\frac{e^{i \cdot \frac{X(z)}{C}}}{e^{i \cdot \varphi}} = r.$$

Mit $e^{i \cdot \varphi}$ multipliziert liefert des Weiteren

$$r \cdot e^{i \cdot \varphi} = e^{i \cdot \frac{X(z)}{C}}.$$

In Abschn. 3.1 wurde folgender Zusammenhang hergeleitet $z = r \cdot e^{i \cdot \varphi}$. Dies oben eingesetzt

$$z = e^{i \cdot \frac{X(z)}{C}}$$

und dann logarithmiert $\ln z = \ln e^{i \cdot \frac{X(z)}{C}}$ führt mit $\ln e^a = a$ dann zunächst zu

$$i \cdot \frac{X(z)}{C} = \ln z.$$

Mit i multipliziert und nach $X(z)$ umgestellt

$$i^2 \cdot X(z) = i \cdot C \cdot \ln z$$

sowie $i^2 = -1$ verwendet und $C \equiv \frac{\Gamma}{2 \cdot \pi}$ zurückgesetzt liefert das Resultat der komplexen Funktion des Potentialwirbels

$$X(z) = -i \cdot \frac{\Gamma}{2 \cdot \pi} \cdot \ln z.$$

$c(z)$ Die Ermittlung der komplexen Geschwindigkeit des Potentialwirbels $c(z)$ wird mit nachstehenden bekannten Zusammenhängen vorgenommen

$$c_x(x, y) = -\frac{\Gamma}{2 \cdot \pi} \cdot \frac{y}{(x^2 + y^2)} \quad \text{(Abschn. 3.1)}$$

$$c_y(x, y) = \frac{\Gamma}{2 \cdot \pi} \cdot \frac{x}{(x^2 + y^2)}$$

sowie der gemäß Abschn. 3.1 entwickelten Formulierung von $c(z)$

$$c(z) = c_x(x, y) + i \cdot c_y(x, y).$$

und auch

$$z = x + i \cdot y.$$

Miteinander verknüpft führt zunächst zu

$$c(z) = -\frac{\Gamma}{2 \cdot \pi} \cdot \frac{y}{(x^2 + y^2)} + i \cdot \frac{\Gamma}{2 \cdot \pi} \cdot \frac{x}{(x^2 + y^2)}$$

oder auch

$$c(z) = \frac{\Gamma}{2 \cdot \pi} \cdot \frac{(-y + i \cdot x)}{(x^2 + y^2)}.$$

In der Klammer des Zählers eine Erweiterung wie folgt vorgenommen

$$c(z) = \frac{\Gamma}{2 \cdot \pi} \cdot \frac{(-y \cdot \frac{i}{i} + \frac{i^2}{i} \cdot x)}{(x^2 + y^2)}$$

und dann $\frac{1}{i}$ ausgeklammert ergibt

$$c(z) = \frac{\Gamma}{2 \cdot \pi} \cdot \frac{1}{i} \cdot \frac{(-y \cdot i + i^2 \cdot x)}{(x^2 + y^2)}.$$

Da $i^2 = -1$ ist, führt dies zunächst zu

$$c(z) = \frac{\Gamma}{2 \cdot \pi} \cdot \frac{1}{i} \cdot \frac{(-y \cdot i - x)}{(x^2 + y^2)}$$

oder

$$c(z) = -\frac{\Gamma}{2 \cdot \pi} \cdot \frac{1}{i} \cdot \frac{(x + i \cdot y)}{(x^2 + y^2)}.$$

Weiterhin kennen wir $z = x + i \cdot y$ und gemäß Abschn. 3.1 $(x^2 + y^2) = z \cdot z^*$, sodass als Resultat der komplexen Geschwindigkeit des Potentialwirbels

$$c(z) = -\frac{\Gamma}{2 \cdot \pi} \cdot \frac{1}{i} \cdot \frac{z}{z \cdot z^*}$$

bzw.

$$c(z) = -\frac{\Gamma}{2 \cdot \pi} \cdot \frac{1}{i \cdot z^*} \quad \text{mit } z^* = x - i \cdot y$$

vorliegt.

3.2.5 Winkelraumströmung, Staupunktströmung

Zur Beschreibung und Darstellung dieser Strömungsformen hat es sich als sinnvoll erwiesen, von dem **allgemeinen Potenzansatz** der **komplexen**, ebenen, inkompressiblen **Potentialströmung**

$$X(z) = C \cdot z^n$$

Gebrauch zu machen. Hierin sind die Größen n und C wie folgt definiert.

$$n = \frac{\pi}{\vartheta}$$

$$C = 2 \cdot \frac{a}{n}$$

n: reelle Zahl
a: reelle Zahl oder auch eine komplexe Zahl
C: Konstante

Wird z. B. im Fall der Staupunktströmung $\vartheta = \frac{\pi}{2}$ verwendet, so folgt $n = \frac{\pi}{\pi/2} = 2$ und damit auch $C = a$.

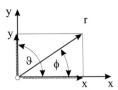

Komplexe Potentialfunktion $X(r, \varphi)$
Mit der komplexen Zahl

$$z = x + i \cdot y$$

und unter Verwendung der Zusammenhänge

$$x = r \cdot \cos\varphi \quad \text{und} \quad y = r \cdot \sin\varphi$$

lässt sich zunächst anschreiben

$$z = r \cdot (\cos\varphi + i \cdot \sin\varphi).$$

In Abschn. 3.1 konnte $e^{i\cdot\varphi} = \cos\varphi + i \cdot \sin\varphi$ hergeleitet werden.
    Oben eingesetzt liefert

$$z = r \cdot e^{i\cdot\varphi}.$$

Mit n potenziert führt zu

$$z^n = r^n \cdot e^{i \cdot (n \cdot \varphi)}.$$

In Verbindung mit dem oben genannten Potenzansatz entsteht die **erste Lösung** von $X(r, \varphi)$

$$X(r, \varphi) = C \cdot r^n \cdot e^{i \cdot (n \cdot \varphi)}$$

Eine **zweite** Formulierung von $X(r, \varphi)$ lässt sich in folgenden Schritten ableiten. Substituiert man

$$(n \cdot \varphi) = k,$$

so wird mittels $e^{i \cdot \varphi} = \cos \varphi + i \cdot \sin \varphi$

$$e^{i \cdot k} = \cos k + i \cdot \sin k.$$

Führt man jetzt die Substitution $(n \cdot \varphi) = k$ wieder zurück, so erhält man

$$e^{i \cdot (n \cdot \varphi)} = \cos(n \cdot \varphi) + i \cdot \sin(n \cdot \varphi).$$

In die Gleichung für

$$z^n = r^n \cdot e^{i \cdot (n \cdot \varphi)} \quad \text{(s. o.)}$$

eingesetzt liefert

$$z^n = r^n \cdot [\cos(n \cdot \varphi) + i \cdot \sin(n \cdot \varphi)]$$

oder

$$z^n = r^n \cdot \cos(n \cdot \varphi) + i \cdot r^n \cdot \sin(n \cdot \varphi).$$

Wiederum mit dem Potenzansatz verknüpft führt zur **zweiten Lösung** von $X(r, \varphi)$

$$X(r, \varphi) = C \cdot r^n \cdot \cos(n \cdot \varphi) + i \cdot C \cdot r^n \cdot \sin(n \cdot \varphi).$$

Vergleicht man diesen Zusammenhang mit der Basisgleichung

$$X = \Phi + i \cdot \Psi,$$

so erhält man

Potentialfunktion

$$\Phi(r, \varphi) = C \cdot r^n \cdot \cos(n \cdot \varphi)$$

Stromfunktion

$$\Psi(r, \varphi) = C \cdot r^n \cdot \sin(n \cdot \varphi)$$

$$C = 2 \cdot \frac{a}{n} \quad \text{und} \quad n = \frac{\pi}{\vartheta}.$$

Komplexe Potentialfunktion $X(x, y)$

Setzt man in

$$X(r, \varphi) = C \cdot r^n \cdot e^{i \cdot (n \cdot \varphi)}$$

den Radius

$$r = (x^2 + y^2)^{\frac{1}{2}}$$

und den Winkel

$$\varphi = \arctan\left(\frac{y}{x}\right)$$

ein, so entsteht die **erste Lösung** für $X(x, y)$ wie folgt

$$X(x, y) = C \cdot (x^2 + y^2)^{\frac{n}{2}} \cdot e^{i \cdot (n \cdot \arctan(\frac{y}{x}))}.$$

Mit weiterhin

$$e^{i \cdot (n \cdot \arctan(\frac{y}{x}))} = \cos\left(n \cdot \arctan\left(\frac{y}{x}\right)\right) + i \cdot \sin\left(n \cdot \arctan\left(\frac{y}{x}\right)\right)$$

erhält man als **zweite Lösung** der komplexen Potentialfunktion

$$X(x, y) = C \cdot (x^2 + y^2)^{\frac{n}{2}} \cdot \cos\left(n \cdot \arctan\left(\frac{y}{x}\right)\right)$$

$$+ i \cdot C \cdot (x^2 + y^2)^{\frac{n}{2}} \cdot \sin\left(n \cdot \arctan\left(\frac{y}{x}\right)\right).$$

Hieraus lassen sich mittels $X = \Phi + i \cdot \Psi$ auch die
Stromfunktion

$$\Psi(x, y) = C \cdot (x^2 + y^2)^{\frac{n}{2}} \cdot \sin\left[n \cdot \arctan\left(\frac{y}{x}\right)\right]$$

Potentialfunktion

$$\Phi(x, y) = C \cdot (x^2 + y^2)^{\frac{n}{2}} \cdot \cos\left[n \cdot \arctan\left(\frac{y}{x}\right)\right]$$

angeben.

$$C = 2 \cdot \frac{a}{n} \quad \text{und} \quad n = \frac{\pi}{\vartheta}$$

Berechnungen mittels Tabellenkalkulationsprogrammen (z. B. Excel)
Im Folgenden werden die **ermittelten Funktionen** sowohl von $\Psi(r, \varphi)$ und $\Phi(r, \varphi)$ als auch $\Psi(x, y)$ und $\Phi(x, y)$ so verändert, dass sich die Strom- und Potentiallinien mit einem Tabellenkalkulationsproramm berechnen und darstellen lassen. Dies soll zunächst **allgemein** geschehen. Danach erfolgt dann die Anwendung auf die Staupunktströmung sowie verschiedene Beispiele der Winkelraumströmungen.

Strom- und Potentiallinien mittels Polarkoordinaten

Stromlinien   Die Umformung von

$$\Psi(r, \varphi) = C \cdot r^n \cdot \sin(n \cdot \varphi)$$

führt mittels Division durch C zunächst zu

$$\frac{\Psi(r, \varphi)}{C} = r^n \cdot \sin(n \cdot \varphi).$$

Jetzt mit $\frac{1}{n}$ potenziert liefert

$$\left(\frac{\Psi(r, \varphi)}{C}\right)^{\frac{1}{n}} = r \cdot (\sin(n \cdot \varphi))^{\frac{1}{n}}$$

Bringt man r noch auf eine Seite, so erhält man als Ergebnis der Stromlinien

$$r = \left(\frac{\Psi_i}{C}\right)^{\frac{1}{n}} \cdot \frac{1}{(\sin(n \cdot \varphi))^{\frac{1}{n}}}.$$

wobei $\Psi(r, \varphi) \equiv \Psi_i$ bedeutet.

Potentiallinien   Analog zur Stromlinien entsteht für die Potentiallinien die Gleichung

$$r = \left(\frac{\Phi_i}{C}\right)^{\frac{1}{n}} \cdot \frac{1}{(\cos(n \cdot \varphi))^{\frac{1}{n}}}$$

wobei $\Phi(r, \varphi) \equiv \Phi_i$ bedeutet.

In beiden Fällen lauten

$$n = \frac{\pi}{\vartheta} \quad \text{und} \quad C = 2 \cdot \frac{a}{n}.$$

Auf diese Weise lassen sich bei festem Winkel ϑ und konstantem Faktor a die Stromlinien bzw. Potentiallinien mit jeweils $\Psi_i = $ konst. bzw. $\Phi_i = $ konst. als Kurvenparameter ermitteln.

Strom- und Potentiallinien mittels kartesischer Koordinaten

Stromlinien   Ausgangpunkt ist die Stromfunktion

$$\Psi(x, y) = C \cdot (x^2 + y^2)^{\frac{n}{2}} \cdot \sin\left[n \cdot \arctan\left(\frac{y}{x} \right) \right].$$

Dividiert durch C liefert uns im ersten Schritt

$$\frac{\Psi(x, y)}{C} = (x^2 + y^2)^{\frac{n}{2}} \cdot \sin\left[n \cdot \arctan\left(\frac{y}{x} \right) \right].$$

Mit $\frac{2}{n}$ potenziert ergibt im nächsten Schritt

$$\left(\frac{\Psi(x, y)}{C} \right)^{\frac{2}{n}} = (x^2 + y^2) \cdot \left\{ \sin\left[n \cdot \arctan\left(\frac{y}{x} \right) \right] \right\}^{\frac{2}{n}}.$$

Den Klammerausdruck $(x^2 + y^2)$ allein auf eine Gleichungsseite gebracht führt zu

$$(x^2 + y^2) = \left(\frac{\Psi(x, y)}{C} \right)^{\frac{2}{n}} \cdot \frac{1}{\left\{ \sin\left[n \cdot \arctan\left(\frac{y}{x} \right) \right] \right\}^{\frac{2}{n}}}.$$

oder auch

$$x^2 \cdot \left(1 + \frac{y^2}{x^2} \right) = \left(\frac{\Psi(x, y)}{C} \right)^{\frac{2}{n}} \cdot \frac{1}{\left\{ \sin\left[n \cdot \arctan\left(\frac{y}{x} \right) \right] \right\}^{\frac{2}{n}}}.$$

Jetzt wird durch $(1 + \frac{y^2}{x^2})$ dividiert, und es entsteht

$$x^2 = \left(\frac{\Psi(x, y)}{C} \right)^{\frac{2}{n}} \cdot \frac{1}{\left(1 + \frac{y^2}{x^2} \right)} \cdot \frac{1}{\left\{ \sin\left[n \cdot \arctan\left(\frac{y}{x} \right) \right] \right\}^{\frac{2}{n}}}.$$

Die Wurzel gezogen führt letztlich zum Resultat der Stromlinien

$$x = \pm \left(\frac{\Psi_i}{C} \right)^{\frac{1}{n}} \cdot \frac{1}{\left(1 + \frac{y^2}{x^2} \right)^{\frac{1}{2}}} \cdot \frac{1}{\left\{ \sin\left[n \cdot \arctan\left(\frac{y}{x} \right) \right] \right\}^{\frac{1}{n}}},$$

wobei wiederum $\Psi(r, \varphi) \equiv \Psi_i$ als Parameter zu verstehen ist.

Potentiallinien Analog zu den Stromlinien entsteht für die Potentiallinien die Gleichung

$$x = \pm \left(\frac{\Phi_i}{C}\right)^{\frac{1}{n}} \cdot \frac{1}{\left(1 + \frac{y^2}{x^2}\right)^{\frac{1}{2}}} \cdot \frac{1}{\left\{\cos\left[n \cdot \arctan\left(\frac{y}{x}\right)\right]\right\}^{\frac{1}{n}}}$$

wobei jetzt $\Phi(r, \varphi) \equiv \Phi_i$ Parameter der Potentiallinien bedeutet.

In beiden Fällen lauten

$$n = \frac{\pi}{\vartheta} \quad \text{und} \quad C = 2 \cdot \frac{a}{n}.$$

Somit lassen sich wiederum bei festem Winkel ϑ und konstantem Faktor a die Strom- und Potentiallinien mit $\Psi_i = $ konst. bzw. $\Phi_i = $ konst. als Kurvenparameter darstellen.

Staupunktströmung

Im Fall der Staupunktströmung wird

$$\vartheta = \frac{\pi}{2} (\equiv 90°)$$

gesetzt. Dann folgt für

$$n = \frac{\pi}{\pi/2} = 2$$

und damit auch

$$C = a.$$

Mit diesen Größen geht man in die oben hergeleiteten Gleichungen und kann die Strom- und Potentiallinien mit $\Psi_i = $ konst. und $\Phi_i = $ konst. wie folgt ermitteln.

Stromlinien

$$r = \left(\frac{\Psi_i}{a}\right)^{\frac{1}{2}} \cdot \frac{1}{[\sin(2 \cdot \varphi)]^{\frac{1}{2}}}$$

Quadriert entsteht

$$r^2 = \left(\frac{\Psi_i}{a}\right) \cdot \frac{1}{\sin(2 \cdot \varphi)}$$

und des Weiteren mit $\sin(2 \cdot \varphi) = 2 \cdot \sin\varphi \cdot \cos\varphi$, $\sin\varphi = \frac{y}{r}$ und $\cos\varphi = \frac{x}{r}$ liefert

$$r^2 = \left(\frac{\Psi_i}{a}\right) \cdot \frac{1}{2 \cdot \frac{y}{r} \cdot \frac{x}{r}}$$

oder umgestellt dann das Ergebnis

$$y = \frac{\Psi_i}{2 \cdot a} \cdot \frac{1}{x}.$$

Die Stromlinien der Staupunktströmung verlaufen folglich **einfach hyperbelförmig**.

Potentiallinien

$$r = \left(\frac{\Phi_i}{C}\right)^{\frac{1}{2}} \cdot \frac{1}{(\cos(2 \cdot \varphi))^{\frac{1}{2}}}$$

Quadriert entsteht

$$r^2 = \left(\frac{\Phi_i}{a}\right) \cdot \frac{1}{\cos(2 \cdot \varphi)}.$$

Weiterhin mit $\cos(2 \cdot \varphi) = \cos^2 \varphi - \sin^2 \varphi$, $\sin \varphi = \frac{y}{r}$ und $\cos \varphi = \frac{x}{r}$ liefert zunächst

$$r^2 = \left(\frac{\Phi_i}{a}\right) \cdot \frac{1}{\frac{x^2}{r^2} - \frac{y^2}{r^2}}$$

bzw.

$$r^2 = \frac{\Phi_i}{a} \cdot \frac{1}{\frac{1}{r^2} \cdot (x^2 - y^2)}.$$

Die Multiplikation mit $(x^2 - y^2)$ führt dann zu

$$(x^2 - y^2) = \frac{\Phi_i}{a}$$

und schließlich zum Ergebnis

$$y = \pm\sqrt{x^2 - \frac{\Phi_i}{a}},$$

das wiederum auf hyperbelförmige Kurvenverläufe hinweist.

Beispiel zu Staupunktstromlinien

Mit o. g. Gleichung

$$y = \frac{\Psi(x, y)}{2 \cdot a} \cdot \frac{1}{x}$$

wird die Auswertung wie folgt vorgenommen:

1. a vorgeben
2. Ψ_i als Kurvenparameter vorgeben
3. x Variable
4. y somit bekannt

Zahlenwerte

1. $a = 5$ vorgeben

2. $\Psi_i = 2\,\dfrac{m^2}{s}$ als Kurvenparameter vorgeben

3. $x = 0{,}40\,m$ Variable

4. $y = \dfrac{2}{2\cdot 5}\cdot\dfrac{1}{0{,}40}\,m \quad = 0{,}50\,m$

Damit ist ein erster Punkte $P(x; y) = P(0{,}40\,m; 0{,}50\,m)$ der Staupunktstromlinie $\Psi = 2$ bekannt. Durch die Variation von x lassen sich nach der gezeigten Vorgehensweise weitere Punkte für $\Psi = 2$ finden. Das gleiche Procedere wird für alle anderen Stromlinien Ψ_i angewendet (s. Abb. 3.2).

Beispiel zu Staupunktpotentiallinien
Mit o. g. Gleichung

$$y = \sqrt{(\pm x)^2 - \frac{\Phi(x, y)}{a}}$$

wird die Auswertung für nur positive y-Werte wie folgt vorgenommen:

1. a vorgeben

2. Φ_i als Kurvenparameter vorgeben

3. x Variable

4. y somit bekannt

Zahlenwerte

1. $a = 5$ vorgeben

2. $\Phi_i = 1\,\dfrac{m^2}{s}$ als Kurvenparameter vorgeben

3. $x = \pm 0{,}6\,m$ Variable

4. $y = \sqrt{(\pm 0{,}60)^2 - \dfrac{1}{5}}\,m \quad = 0{,}40\,m$

Damit sind zwei erste Punkte $P(x; y) = P(\pm 0{,}60\,m; 0{,}40\,m)$ der Staupunktpotentiallinie $\Phi = 1$ bekannt. Durch die Variation von x lassen sich nach der gezeigten Vorgehensweise weitere Punkte für $\Phi = 1$ finden. Das gleiche Procedere wird für alle anderen Stromlinien Ψ_i angewendet (s. Abb. 3.2).

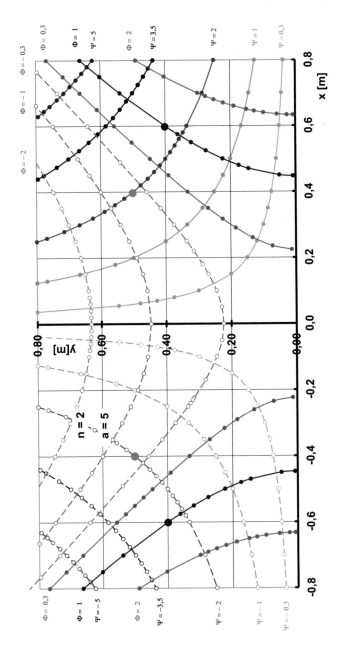

Abb. 3.2 Staupunktströmung mit Strom- und Potentiallinien

Winkelraumströmungen

Bei den folgenden Betrachtungen zu verschiedenen Winkelraumströmungen, die primär vom Winkel ϑ beeinflusst werden, kommen die weiter oben hergeleiteten Strom- und Potentialfunktionen in Abhängigkeit von Polarkoordinaten

$$\Psi(r, \varphi) = C \cdot r^n \cdot \sin(n \cdot \varphi)$$

sowie

$$\Phi(r, \varphi) = C \cdot r^n \cdot \cos(n \cdot \varphi)$$

zur Anwendung. Hierin sind $n = \frac{\pi}{\vartheta}$ und $C = 2 \cdot \frac{a}{n}$ definiert. Zur Darstellung der Strom- und Potentiallinien müssen die genannten Gleichungen wie folgt umgestellt werden.

Stromlinien

$$\Psi(r, \varphi) = C \cdot r^n \cdot \sin(n \cdot \varphi)$$

Nach r^n aufgelöst

$$r^n = \frac{\Psi(r, \varphi)}{C \cdot \sin(n \cdot \varphi)},$$

dann mit $\frac{1}{n}$ potenziert

$$r = \left(\frac{\Psi(r, \varphi)}{C \cdot \sin(n \cdot \varphi)} \right)^{\frac{1}{n}}$$

und schließlich

$$C = 2 \cdot \frac{a}{n}$$

eingesetzt liefert

$$r = \left(\frac{n \cdot \Psi(r, \varphi)}{2 \cdot a} \right)^{\frac{1}{n}} \cdot \frac{1}{(\sin(n \cdot \varphi))^{\frac{1}{n}}}$$

Potentiallinien Analog zu den Stromlinien lässt sich für die Potentiallinien herleiten:

$$r = \left(\frac{n \cdot \Phi(r, \varphi)}{2 \cdot a} \right)^{\frac{1}{n}} \cdot \frac{1}{(\cos(n \cdot \varphi))^{\frac{1}{n}}}.$$

Bei der Ermittlung der Kurvenverläufe in x-y Diagrammen werden noch die Zusammenhänge $x = r \cdot \cos \varphi$ und $y = r \cdot \sin \varphi$ benötigt.

Die Auswertung wird wie folgt vorgenommen:

Stromlinien

1. a Faktor vorgeben

2. ϑ Hauptparameter vorgeben

3. $n = \dfrac{\pi}{\vartheta}$ somit bekannt

4. Ψ_i als Kurvenparameter vorgeben

5. φ Variable

6. r somit bekannt

7. $x = r \cdot \cos\varphi$ somit bekannt

8. $y = r \cdot \sin\varphi$ somit bekannt

Auf diese Weise lassen sich die Stromlinien mit jeweils $\Psi_i = $ konst. ermitteln und in einem x-y-Diagramm darstellen.

Potentiallinien   Die Auswertung erfolgt analog zu den Stromlinien. Der einzige Unterschied besteht jedoch in der Vorgabe von Φ_i als Potentiallinienparameter anstelle von Ψ_i.

Im Folgenden sollen **sieben Winkelraumströmungen** mit den jeweiligen Strom- und Potentiallinien nach o. g. Auswertungsvorgehen ermittelt und dargestellt werden. Bei allen wird als Faktor $a = 1$ festgelegt.

Zahlenwerte zu Beispiel 1

$$\vartheta = \frac{1}{3} \cdot \pi \equiv 60°$$

Stromlinien

1. $a = 1$ Faktor vorgeben

2. $\vartheta = \dfrac{1}{3} \cdot \pi$ Hauptparameter vorgeben

3. $n = \dfrac{\pi \cdot 3}{\pi \cdot 1} = 3$ somit bekannt

4. $\Psi_i = 10 \, \dfrac{\mathrm{m}^2}{\mathrm{s}}$ als Kurvenparameter vorgeben

5. $\varphi = 30°$ Variable

6. $r = \left(\dfrac{3 \cdot 10}{2 \cdot 1}\right)^{\frac{1}{3}} \cdot \dfrac{1}{(\sin(3 \cdot 30°))^{\frac{1}{3}}}$ $= 2{,}466 \, \mathrm{m}$

7. $x = 2{,}466 \cdot \cos 30°$ $= 2{,}136 \, \mathrm{m}$

8. $y = 2{,}466 \cdot \sin 30°$ $= 1{,}233 \, \mathrm{m}$

Potentiallinien

1. $a = 1$ Faktor vorgeben

2. $\vartheta = \dfrac{1}{3} \cdot \pi$ Hauptparameter vorgeben

3. $n = \dfrac{\pi \cdot 3}{\pi \cdot 1} = 3$ somit bekannt

4. $\Phi_i = -20 \, \dfrac{\text{m}^2}{\text{s}}$ als Kurvenparameter vorgeben

5. $\varphi = 40°$ Variable

6. $r = \left(\dfrac{3 \cdot (-20)}{2 \cdot 1}\right)^{\frac{1}{3}} \cdot \dfrac{1}{(\cos(3 \cdot 40°))^{\frac{1}{3}}}$ $= 3{,}914 \, \text{m}$

7. $x = 3{,}914 \cdot \cos 40°$ $= 2{,}999 \, \text{m}$

8. $y = 3{,}914 \cdot \sin 40°$ $= 2{,}516 \, \text{m}$

Auf diese Weise lassen sich für unterschiedliche Strom- und Potentiallinien die erforderlichen Kurvenpunkte ermitteln. Das Ergebnis im Fall $\vartheta = \frac{1}{3} \cdot \pi \equiv 60°$ ist in Abb. 3.3 zu erkennen. Die beiden Berechnungsbeispiele sind hierin vergrößert markiert.

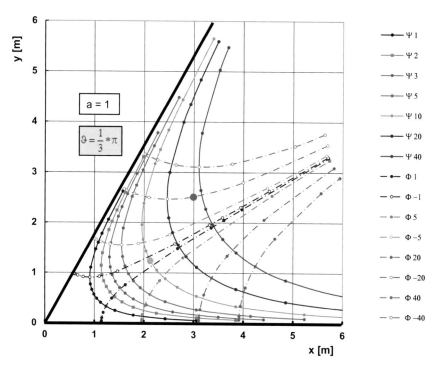

Abb. 3.3 Winkelraumströmung bei $\vartheta = \frac{1}{3} \cdot \pi \equiv 60°$

Zahlenwerte zu Beispiel 2

$$\vartheta = \frac{1}{2} \cdot \pi \equiv 90°; \quad n = \frac{\pi \cdot 2}{\pi \cdot 1} = 2$$

Stromlinien

1. $a = 1$ Faktor vorgeben

2. $\vartheta = \frac{1}{2} \cdot \pi$ Hauptparameter vorgeben

3. $n = \frac{\pi \cdot 2}{\pi \cdot 1} = 2$ somit bekannt

4. $\Psi_i = 10 \, \frac{m^2}{s}$ als Kurvenparameter vorgeben

5. $\varphi = 30°$ Variable

6. $r = \left(\frac{2 \cdot 10}{2 \cdot 1}\right)^{\frac{1}{2}} \cdot \frac{1}{(\sin(2 \cdot 30°))^{\frac{1}{2}}} = 3{,}398 \, m$

7. $x = 3{,}398 \cdot \cos 30° \qquad = 2{,}943 \, m$

8. $y = 3{,}398 \cdot \sin 30° \qquad = 1{,}699 \, m$

Potentiallinien

1. $a = 1$ Faktor vorgeben

2. $\vartheta = \frac{1}{2} \cdot \pi$ Hauptparameter vorgeben

3. $n = \frac{\pi \cdot 2}{\pi \cdot 1} = 2$ somit bekannt

4. $\Phi_i = 5 \, \frac{m^2}{s}$ als Kurvenparameter vorgeben

5. $\varphi = 37°$ Variable

6. $r = \left(\frac{2 \cdot 5}{2 \cdot 1}\right)^{\frac{1}{2}} \cdot \frac{1}{(\cos(2 \cdot 37°))^{\frac{1}{2}}} = 4{,}259 \, m$

7. $x = 4{,}259 \cdot \cos 37° \qquad = 3{,}401 \, m$

8. $y = 4{,}259 \cdot \sin 37° \qquad = 2{,}563 \, m$

Auf diese Weise lassen sich für unterschiedliche Strom- und Potentiallinien die erforderlichen Kurvenpunkte ermitteln. Das Ergebnis im Fall $\vartheta = \frac{1}{2} \cdot \pi \equiv 90°$ ist in Abb. 3.4 zu erkennen. Dieser Fall entspricht der erläuterten **Staupunktströmung**. Die beiden Berechnungsbeispiele sind hierin vergrößert markiert.

Zahlenwerte zu Beispiel 3

$$\vartheta = \frac{2}{3} \cdot \pi \equiv 120°; \quad n = \frac{\pi}{\frac{2 \cdot \pi}{3}} = \frac{3}{2}$$

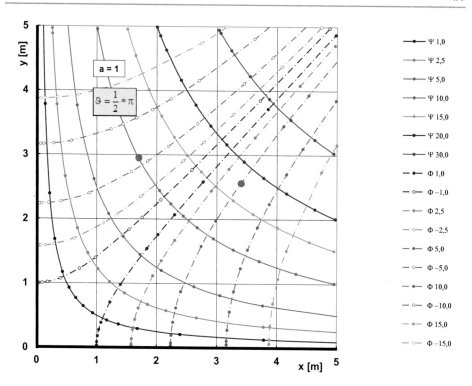

Abb. 3.4 Winkelraumströmung bei $\vartheta = \frac{1}{2} \cdot \pi \equiv 90°$

Stromlinien

1. $a = 1$ Faktor vorgeben

2. $\vartheta = \dfrac{2}{3} \cdot \pi$ Hauptparameter vorgeben

3. $n = \dfrac{\pi \cdot 3}{\pi \cdot 2} = \dfrac{3}{2}$ somit bekannt

4. $\Psi_i = 5 \dfrac{\text{m}^2}{\text{s}}$ als Kurvenparameter vorgeben

5. $\varphi = 40°$ Variable

6. $r = \left(\dfrac{3 \cdot 5}{2 \cdot 2 \cdot 1} \right)^{\frac{2}{3}} \cdot \dfrac{1}{\left(\sin(\frac{3}{2} \cdot 40°) \right)^{\frac{2}{3}}} = 2{,}657\,\text{m}$

7. $x = 2{,}657 \cdot \cos 40° \qquad = 2{,}035\,\text{m}$

8. $y = 2{,}657 \cdot \sin 40° \qquad = 1{,}708\,\text{m}$

Potentiallinien

1. $a = 1$ Faktor vorgeben

2. $\vartheta = \dfrac{2}{3} \cdot \pi$ Hauptparameter vorgeben

3. $n = \dfrac{\pi \cdot 3}{\pi \cdot 2} = \dfrac{3}{2}$ somit bekannt

4. $\Phi_i = 2\,\dfrac{\text{m}^2}{\text{s}}$ als Kurvenparameter vorgeben

5. $\varphi = 50°$ Variable

6. $r = \left(\dfrac{3 \cdot 2}{2 \cdot 2 \cdot 1}\right)^{\frac{2}{3}} \cdot \dfrac{1}{(\cos(\frac{3}{2} \cdot 50°))^{\frac{2}{3}}}$ $= 3{,}227\,\text{m}$

7. $x = 3{,}227 \cdot \cos 50°$ $= 2{,}074\,\text{m}$

8. $y = 3{,}227 \cdot \sin 50°$ $= 2{,}472\,\text{m}$

Auf diese Weise lassen sich für unterschiedliche Strom- und Potentiallinien die erforder-lichen Kurvenpunkte ermitteln. Das Ergebnis im Fall $\vartheta = \frac{2}{3} \cdot \pi \equiv 120°$ ist in Abb. 3.5 zu erkennen. Die beiden Berechnungsbeispiele sind hierin vergrößert markiert.

Zahlenwerte zu Beispiel 4

$$\vartheta = \pi \equiv 180°; \quad n = \dfrac{\pi}{\pi} = 1$$

Stromlinien

1. $a = 1$ Faktor vorgeben

2. $\vartheta = \pi$ Hauptparameter vorgeben

3. $n = \dfrac{\pi}{\pi} = 1$ somit bekannt

4. $\Psi_i = 4\,\dfrac{\text{m}^2}{\text{s}}$ als Kurvenparameter vorgeben

5. $\varphi = 40°$ Variable

6. $r = \left(\dfrac{1 \cdot 4}{2 \cdot 1}\right)^{1} \cdot \dfrac{1}{(\sin(40°))^{1}}$ $= 3{,}111\,\text{m}$

7. $x = 3{,}111 \cdot \cos 40°$ $= 2{,}384\,\text{m}$

8. $y = 3{,}111 \cdot \sin 40°$ $= 2{,}000\,\text{m}$

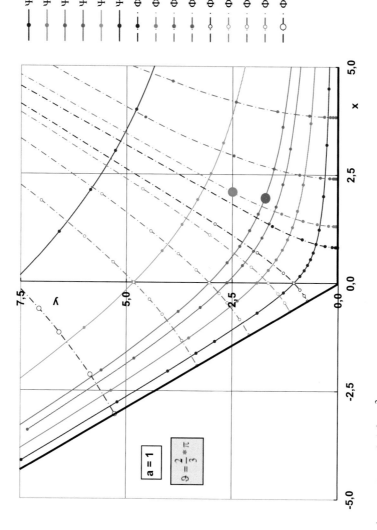

Abb. 3.5 Winkelraumströmung bei $\vartheta = \frac{2}{3} \cdot \pi \equiv 120°$

Potentiallinien

1. $a = 1$ Faktor vorgeben

2. $\vartheta = \pi$ Hauptparameter vorgeben

3. $n = \dfrac{\pi}{\pi} = 1$ somit bekannt

4. $\Phi_i = 2\,\dfrac{m^2}{s}$ als Kurvenparameter vorgeben

5. $\varphi = 60°$ Variable

6. $r = \left(\dfrac{1 \cdot 2}{2 \cdot 1}\right)^1 \cdot \dfrac{1}{(\cos(60°))^1} \quad = 2{,}000\,\text{m}$

7. $x = 2{,}000 \cdot \cos 60° \qquad\quad = 1{,}000\,\text{m}$

8. $y = 2{,}000 \cdot \sin 60° \qquad\quad = 1{,}732\,\text{m}$

Auf diese Weise lassen sich für unterschiedliche Strom- und Potentiallinien die erforderlichen Kurvenpunkte ermitteln. Das Ergebnis im Fall $\vartheta = \pi \equiv 180°$ ist in Abb. 3.6 zu erkennen. Die beiden Berechnungsbeispiele sind hierin vergrößert markiert. Diese Strömung entspricht der **horizontalen Parallelströmung**.

Zahlenwerte zu Beispiel 5

$$\vartheta = \frac{4}{3} \cdot \pi \equiv 240°; \quad n = \frac{\pi \cdot 3}{4 \cdot \pi} = \frac{3}{4}$$

Stromlinien

1. $a = 1$ Faktor vorgeben

2. $\vartheta = \dfrac{4}{3} \cdot \pi$ Hauptparameter vorgeben

3. $n = \dfrac{3}{4}$ somit bekannt

4. $\Psi_i = 6\,\dfrac{m^2}{s}$ als Kurvenparameter vorgeben

5. $\varphi = 60°$ Variable

6. $r = \left(\dfrac{3 \cdot 6}{4 \cdot 2 \cdot 1}\right)^{\frac{4}{3}} \cdot \dfrac{1}{(\sin(\frac{3}{4} \cdot 60°))^{\frac{4}{3}}} \quad = 4{,}680\,\text{m}$

7. $x = 4{,}680 \cdot \cos 60° \qquad\quad = 2{,}340\,\text{m}$

8. $y = 4{,}680 \cdot \sin 60° \qquad\quad = 4{,}053\,\text{m}$

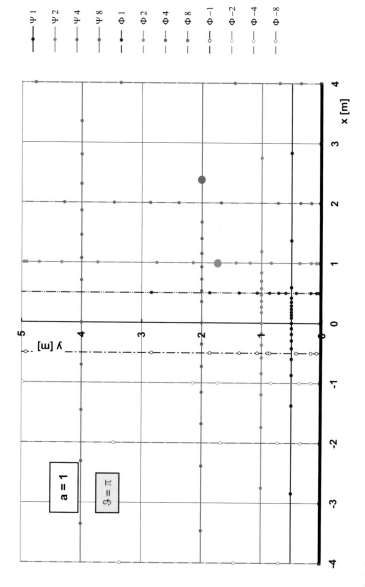

Abb. 3.6 Winkelraumströmung bei $\vartheta = \pi \equiv 180°$

Potentiallinien

    1. $a = 1$ Faktor vorgeben

    2. $\vartheta = \dfrac{4}{3} \cdot \pi$ Hauptparameter vorgeben

    3. $n = \dfrac{3}{4}$ somit bekannt

    4. $\Phi_i = 3 \, \dfrac{\mathrm{m}^2}{\mathrm{s}}$ als Kurvenparameter vorgeben

    5. $\varphi = 80°$ Variable

    6. $r = \left(\dfrac{3 \cdot 3}{4 \cdot 2 \cdot 1}\right)^{\frac{4}{3}} \cdot \dfrac{1}{(\cos(\frac{3}{4} \cdot 80°))^{\frac{4}{3}}}$ $= 2{,}948 \,\mathrm{m}$

    7. $x = 2{,}948 \cdot \cos 80°$ $= 0{,}512 \,\mathrm{m}$

    8. $y = 2{,}948 \cdot \sin 80°$ $= 2{,}903 \,\mathrm{m}$

Auf diese Weise lassen sich für unterschiedliche Strom- und Potentiallinien die erforderlichen Kurvenpunkte ermitteln. Das Ergebnis im Fall $\vartheta = \frac{4}{3} \cdot \pi \equiv 240°$ ist in Abb. 3.7 zu erkennen. Die beiden Berechnungsbeispiele sind hierin vergrößert markiert.

Zahlenwerte zu Beispiel 6

$$\vartheta = \frac{3}{2} \cdot \pi \equiv 270°; n = \frac{\pi \cdot 2}{3 \cdot \pi} = \frac{2}{3}$$

Stromlinien

    1. $a = 1$ Faktor vorgeben

    2. $\vartheta = \dfrac{3}{2} \cdot \pi$ Hauptparameter vorgeben

    3. $n = \dfrac{2}{3}$ somit bekannt

    4. $\Psi_i = 4 \, \dfrac{\mathrm{m}^2}{\mathrm{s}}$ als Kurvenparameter vorgeben

    5. $\varphi = 60°$ Variable

    6. $r = \left(\dfrac{2 \cdot 4}{3 \cdot 2 \cdot 1}\right)^{\frac{3}{2}} \cdot \dfrac{1}{(\sin(\frac{2}{3} \cdot 60°))^{\frac{3}{2}}}$ $= 2{,}987 \,\mathrm{m}$

    7. $x = 2{,}987 \cdot \cos 60°$ $= 1{,}494 \,\mathrm{m}$

    8. $y = 2{,}987 \cdot \sin 60°$ $= 2{,}587 \,\mathrm{m}$

Potentiallinien

    1. $a = 1$ Faktor vorgeben

    2. $\vartheta = \dfrac{3}{2} \cdot \pi$ Hauptparameter vorgeben

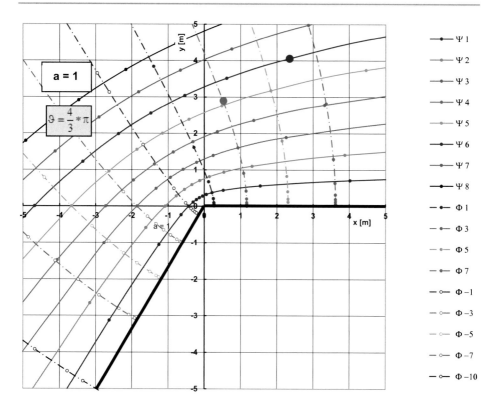

Abb. 3.7 Winkelraumströmung bei $\vartheta = \frac{4}{3} \cdot \pi \equiv 240°$

3. $n = \dfrac{2}{3}$ somit bekannt

4. $\Phi_i = 3 \, \dfrac{m^2}{s}$ als Kurvenparameter vorgeben

5. $\varphi = 80°$ Variable

6. $r = \left(\dfrac{2 \cdot 3}{3 \cdot 2 \cdot 1} \right)^{\frac{3}{2}} \cdot \dfrac{1}{\left(\cos(\frac{2}{3} \cdot 60°) \right)^{\frac{3}{2}}} \quad = 1{,}491 \, m$

7. $x = 1{,}491 \cdot \cos 60°$ $= 0{,}746 \, m$

8. $y = 1{,}491 \cdot \sin 60°$ $= 1{,}291 \, m$

Auf diese Weise lassen sich für unterschiedliche Strom- und Potentiallinien die erforderlichen Kurvenpunkte ermitteln. Das Ergebnis im Fall $\vartheta = \frac{3}{2} \cdot \pi \equiv 270°$ ist in Abb. 3.8 zu erkennen. Die beiden Berechnungsbeispiele sind hierin vergrößert markiert.

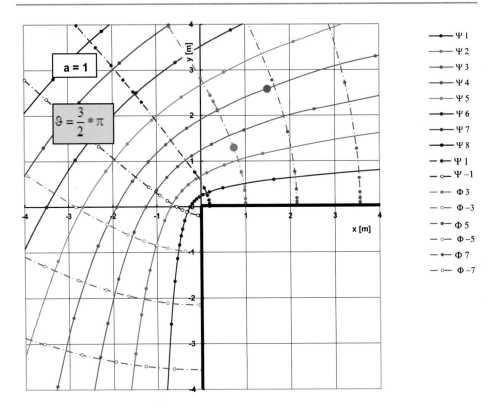

Abb. 3.8 Winkelraumströmung bei $\vartheta = \frac{3}{2} \cdot \pi \equiv 270°$

Zahlenwerte zu Beispiel 7

$$\vartheta = 2 \cdot \pi \equiv 360°; \quad n = \frac{\pi}{2 \cdot \pi} = \frac{1}{2}$$

Stromlinien

1.	$a = 1$		Faktor vorgeben
2.	$\vartheta = 2 \cdot \pi$		Hauptparameter vorgeben
3.	$n = \dfrac{1}{2}$		somit bekannt
4.	$\Psi_i = 5 \dfrac{\text{m}^2}{\text{s}}$		als Kurvenparameter vorgeben
5.	$\varphi = 80°$		Variable
6.	$r = \left(\dfrac{1 \cdot 5}{2 \cdot 2 \cdot 1}\right)^2 \cdot \dfrac{1}{(\sin(\frac{1}{2} \cdot 80°))^2}$	$= 3{,}782\,\text{m}$	
7.	$x = 3{,}782 \cdot \cos 80°$	$= 0{,}657\,\text{m}$	
8.	$y = 3{,}782 \cdot \sin 80°$	$= 3{,}724\,\text{m}$	

Potentiallinien

1. $a = 1$ Faktor vorgeben

2. $\vartheta = 2 \cdot \pi$ Hauptparameter vorgeben

3. $n = \dfrac{1}{2}$ somit bekannt

4. $\Phi_i = 7 \dfrac{m^2}{s}$ als Kurvenparameter vorgeben

5. $\varphi = 40°$ Variable

6. $r = \left(\dfrac{1 \cdot 7}{2 \cdot 2 \cdot 1}\right)^2 \cdot \dfrac{1}{(\cos(\frac{1}{2} \cdot 40°))^2}$ $= 3{,}468\,\text{m}$

7. $x = 3{,}468 \cdot \cos 40°$ $= 2{,}657\,\text{m}$

8. $y = 3{,}468 \cdot \sin 40°$ $= 2{,}229\,\text{m}$

Auf diese Weise lassen sich für unterschiedliche Strom- und Potentiallinien die erforderlichen Kurvenpunkte ermitteln. Das Ergebnis im Fall $\vartheta = 2 \cdot \pi \equiv 360°$ ist in Abb. 3.9 zu erkennen. Die beiden Berechnungsbeispiele sind hierin vergrößert markiert.

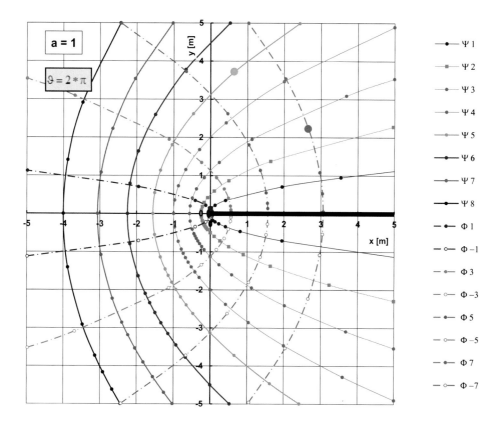

Abb. 3.9 Winkelraumströmung bei $\vartheta = 2 \cdot \pi \equiv 360°$

Überlagerung von Potentialströmungen

4

In diesem Kapitel sollen Möglichkeiten aufgezeigt werden, wie man durch Überlagerung (Superposition) verschiedener Basispotentialströmungen gemäß Kap. 2 zu neuen Varianten gelangt. Diese können z. B. als Vergleichsgrundlage von verschiedenen tatsächlichen Strömungsvorgängen herangezogen werden.

4.1 Grundlagen

Die Überlagerung zweier oder mehrerer Lösungen einer Funktion zu einer resultierenden Lösung setzt Linearität der Funktion voraus. Dies sei an der in Abb. 4.1 erkennbaren Funktion $y(x) = x$ erläutert.

$P_1(x_1; y_1)$: Punkt auf der Geraden $y(x) = x$ und somit eine Lösung der Geraden.
$P_2(x_2; y_2)$: Punkt auf der Geraden $y(x) = x$ und somit eine zweite Lösung der Geraden.

Des Weiteren gilt

$$P[(x_1 + x_2); (y_1 + y_2)] = P_1(x_1; y_1) + P_2(x_2; y_2).$$

D. h. P als weitere Lösung der Geraden ist als Überlagerung (Superposition, Addition) der Lösungen P_1 und P_2 zu verstehen, oder vereinfacht

$$P = P_1 + P_2.$$

Beispiel: $x_1 = 2$; $y_1 = 2$; $x_2 = 4$; $y_2 = 4$

Dann lauten die beiden Lösungen $P_1(2; 2)$ und $P_2(4; 4)$. Hieraus lässt sich durch die Superposition eine weitere Lösung wie folgt ermitteln.

$$P[(2 + 4); (2 + 4)] = P_1(2; 2) + P_2(4; 4) = P(6; 6).$$

$P(6; 6)$ ist wiederum eine Lösung der linearen Funktion $y(x) = x$.

© Der/die Autor(en), exklusiv lizenziert durch Springer-Verlag GmbH, DE, ein Teil von Springer Nature 2022
V. Schröder, *Ebene Potentialströmungen*, https://doi.org/10.1007/978-3-662-64353-2_4

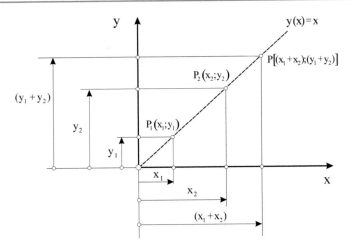

Abb. 4.1 Prinzipskizze zur Überlagerung zweier Lösungen einer linearen Funktion

Da bei Linearität auch gelten muss $y(a \cdot x) = a \cdot y(x)$, kann man oben Genanntes auch folgendermaßen erweitern:

$P_1(a \cdot x_1; a \cdot y_1) = P_1[a \cdot (x_1; y_1)] = a \cdot P_1(x_1; y_1)$:   mit a multiplizierte Lösung 1

$P_2(b \cdot x_2; b \cdot y_2) = P_2[b \cdot (x_2; y_2)] = b \cdot P_2(x_2; y_2)$:   mit b multiplizierte Lösung 2

Hierin sind a und b Faktoren und $a \cdot P_1(x_1; y_1)$ sowie $b \cdot P_2(x_2; y_2)$ zwei Lösungen einer linearen Funktion. Dann erhält man aus der Superposition dieser zwei Lösungen

$$P[(a \cdot x_1 + b \cdot x_2); \ (a \cdot y_1 + b \cdot y_2)] = a \cdot P_1(x_1; y_1) + b \cdot P_2(x_2; y_2)$$

oder vereinfacht formuliert

$$P = a \cdot P_1 + b \cdot P_2.$$

z. B.

$$y(x) = 2 \cdot x \quad \text{lineare Funktion}$$
$$a = 5; \quad b = 4;$$
$$x_1 = 1; \quad y_1 = 2; \quad x_2 = 3; \quad y_2 = 6$$

Dann erhält man nach oben stehendem Zusammenhang

$$P[(5 \cdot 1 + 4 \cdot 3); (5 \cdot 2 + 4 \cdot 6)] = 5 \cdot P_1(1; 2) + 4 \cdot P_2(3; 6)$$
$$P[(5 + 12); (10 + 24)] = P_1(5; 10) + P_2(12; 24).$$

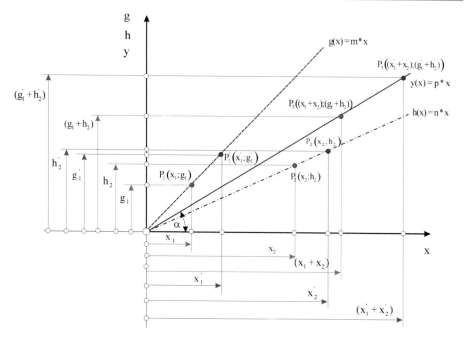

Abb. 4.2 Superposition zweier linearer Funktionen

Nach Addition der x-, bzw. y-Koordinaten führt dies zu einer weiteren Lösung der gegebenen linearen Funktion

$$P(17; 34).$$

D. h. eine lineare Lösung lässt sich aus zwei oder mehreren linearen Teillösungen ermitteln. Das bisher Gesagte im Fall einer einzelnen linearen Funktion mit der Überlagerung zweier Lösungen zu einer resultierenden dritten Lösung lässt sich auch erweitern auf zwei (oder mehr) lineare Funktionen und deren Superposition (Abb. 4.2).

In nachstehenden Schritten soll dies erläutert werden. Es sind hierbei

$g(x) = m \cdot x$: Erste lineare Funktion mit der Steigung m
$h(x) = n \cdot x$: Zweite lineare Funktion mit der Steigung n
$y(x) = p \cdot x$: Durch Superposition neu entstandene lineare Funktion mit der Steigung p
$P_1(x_1; g_1)$: Punkt auf der Geraden $g(x) = m \cdot x$ und somit eine Lösung dieser Geraden.
$P_2(x_2; h_2)$: Punkt auf der Geraden $h(x) = n \cdot x$ und somit eine Lösung dieser Geraden.

Hierin lauten $g_1 = m \cdot x_1$ und $h_2 = n \cdot x_2$. Man stellt fest, dass es einen neuen Punkt P_3 als Lösung einer neuen Geraden $y(x) = p \cdot x$ gibt, der durch Überlagerung (Superposition) der beiden Lösungen $P_1(x_1; g_1)$ und $P_2(x_2; h_2)$ entsteht. Dieser Punkt P_3 setzt sich wie folgt zusammen

$$P_3[(x_1 + x_2); (g_1 + h_2)] = P_1(x_1; g_1) + P_2(x_2; h_2)$$

oder vereinfacht geschrieben

$$P_3 = P_1 + P_2$$

Weiterhin lässt sich die Steigung p dieser neuen linearen Funktion $y(x) = p \cdot x$ ermitteln zu

$$p = \tan\alpha = \frac{(g_1 + h_2)}{(x_1 + x_2)}.$$

Ein zweiter Punkt P_3' (Abb. 4.2) der Geraden $y(x) = p \cdot x$ kann analog zur o. g. Vorgehensweise unter Verwendung der Steigung p bestimmt werden. Als Ergebnis entsteht

$$P_3'[(x_1' + x_2'); (g_1' + h_2')] = P_1'(x_1'; g_1') + P_2'(x_2'; h_2')$$

oder vereinfacht geschrieben

$$P_3' = P_1' + P_2'.$$

D. h. im Fall zweier verschiedener linearer Funktionen führt die Superposition ihrer Lösungen ebenfalls zur Lösung einer neuen linearen Funktion (s. o.). Das o. g. Resultat lässt sich auch auf die Lösung P_4 einer Geraden übertragen, die durch Superposition von z. B. $a_1 \cdot P_1$ und $a_2 \cdot P_2$ zweier Varianten der linearen Funktionen entsteht. a_1 und a_2 sind hierin konstante Faktoren. Allgemein lässt sich formulieren

$$P = a_1 \cdot P_1 + a_2 \cdot P_2,$$

d. h. die Superposition zweier (oder mehrerer) bekannter Lösungen von linearen Funktionen führt wiederum zur Lösung einer neuen linearen Funktion.

Die Übertragung dieser Erkenntnisse auf die **Laplace'sche Potentialgleichung** dichtebeständiger, zweidimensionaler Strömung

$$\Delta\Phi = \frac{\partial^2\Phi}{\partial x^2} + \frac{\partial^2\Phi}{\partial y^2} = 0$$

erlaubt wegen der Linearität dieser Differentialgleichung die Überlagerung der Lösungen gemäß

$$\Phi = a_1 \cdot \Phi_1 + a_2 \cdot \Phi_2 + \ldots$$

Aus Lösungen $a_1 \cdot \Phi_1$ und $a_2 \cdot \Phi_2$ usw. von elementaren Strömungen lassen sich somit komplexere Formen Φ beschreiben.

Dies ist in gleicher Weise auch mit

$$\Delta \Psi = \frac{\partial^2 \Psi}{\partial x^2} + \frac{\partial^2 \Psi}{\partial y^2} = 0$$

für die Stromfunktion gültig

$$\Psi = b_1 \cdot \Psi_1 + b_2 \cdot \Psi_2 + \dots$$

4.2 Parallel- mit Quelleströmung

Stromfunktion Ψ_{Ges} und Potentialfunktion Φ_{Ges}
Als erstes Beispiel der Superposition zweier elementarer Strömungen sollen die Parallel-strömung und die Quelleströmung dienen (Abb. 4.3).

Die Herleitungen der Strom- und Potentialfunktionen von Parallel- und Quelleströ-mung in den Abschn. 2.1 und 2.2 lieferten bei Verwendung von

Kartesischen Koordinaten x, y

Parallelströmung
Stromfunktion

$$\Psi_{\text{P}} = c_\infty \cdot y \quad \text{bei } \alpha = 0°$$

Potentialfunktion

$$\Phi_{\text{P}} = c_\infty \cdot x \quad \text{bei } \alpha = 0°$$

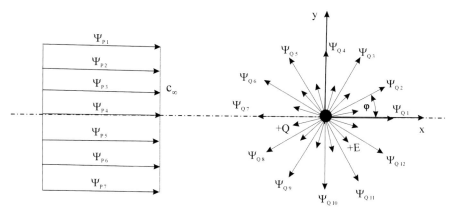

Abb. 4.3 Prinzipskizze der Stromlinien von Parallel- mit Quelleströmung

Quelleströmung
Stromfunktion

$$\Psi_Q = \frac{E}{2 \cdot \pi} \cdot \widehat{\varphi} = \frac{E}{2 \cdot \pi} \cdot \arctan\left(\frac{y}{x}\right)$$

Potentialfunktion

$$\Phi_Q = \frac{E}{2 \cdot \pi} \cdot \ln \sqrt{x^2 + y^2}$$

Polarkoordinaten r, φ

Parallelströmung
Stromfunktion

$$\Psi_P = c_\infty \cdot r \cdot \sin \varphi \quad \text{bei } \alpha = 0°$$

Potentialfunktion

$$\Phi_P = c_\infty \cdot r \cdot \cos \varphi \quad \text{bei } \alpha = 0°$$

Quelleströmung
Stromfunktion

$$\Psi_Q = \frac{E}{2 \cdot \pi} \cdot \widehat{\varphi}$$

Potentialfunktion

$$\Phi_Q = \frac{E}{2 \cdot \pi} \cdot \ln r$$

mit der Ergiebigkeit $E = \frac{\dot{V}}{b}$ (Abschn. 2.2).
    Bei der **Überlagerung** entsteht bei

Kartesischen Koordinaten x, y
Stromfunktion

$$\Psi_{Ges}(x, y) = c_\infty \cdot y + \frac{E}{2 \cdot \pi} \cdot \arctan\left(\frac{y}{x}\right)$$

Potentialfunktion

$$\Phi_{Ges}(x, y) = c_\infty \cdot x + \frac{E}{2 \cdot \pi} \cdot \ln \sqrt{x^2 + y^2}$$

Polarkoordinaten r, φ

Stromfunktion

$$\Psi_{\text{Ges}}(r, \varphi) = c_\infty \cdot r \cdot \sin \varphi + \frac{E}{2 \cdot \pi} \cdot \widehat{\varphi}$$

Potentialfunktion

$$\Phi_{\text{Ges}}(r, \varphi) = c_\infty \cdot r \cdot \cos \varphi + \frac{E}{2 \cdot \pi} \cdot \ln r$$

Stromlinienverlauf mittels Tabellenkalkulationsprogramm

Die Auswertung der Ψ_{Ges}-Verläufe mittels eines Tabellenkalkulationsprogramms lässt sich bei Benutzung der Variante

$$\Psi_{\text{Ges}} = c_\infty \cdot r \cdot \sin \varphi + \frac{E}{2 \cdot \pi} \cdot \widehat{\varphi} = c_\infty \cdot y + \frac{E}{2 \cdot \pi} \cdot \widehat{\varphi}$$

mit

$$\Psi_{\text{Ges}} \equiv \Psi$$

wie folgt durchführen. Diese Gleichung muss zunächst nach y aufgelöst werden:

$$y = \frac{1}{c_\infty} \cdot \left(\Psi - \frac{E}{2 \cdot \pi} \cdot \widehat{\varphi} \right).$$

Die nachstehenden Schritte werden exemplarisch für eine Stromlinie $\Psi = \text{konst.}$ beschrieben. Die Erweiterung auf die i-Stromlinien erfolgt analog hierzu. Die gegebenen Größen sind E und c_∞ sowie die jeweils gewählte Stromfunktion Ψ als Parameter. Dann führen folgende Schritte zur Lösung.

1. E vorgeben
2. c_∞ vorgeben
3. Ψ Parameter
4. $\widehat{\varphi}$ Variable

5. y-Koordinate $y = \dfrac{1}{c_\infty} \cdot \left(\Psi - \dfrac{E}{2 \cdot \pi} \cdot \widehat{\varphi} \right)$ somit bekannt

6. x-Koordinate $x = \dfrac{y}{\tan \varphi}$ somit bekannt

Zahlenbeispiel

1. $E = 8 \dfrac{m^2}{s}$ vorgegeben

2. $c_\infty = 1 \dfrac{m}{s}$ vorgegeben

3. $\Psi = 6 \dfrac{m^2}{s}$ Parameter

4. $\widehat{\varphi} = 1{,}047 \equiv 60°$ Variable

5. $y = \dfrac{1}{1} \cdot \left(6 - \dfrac{8}{2 \cdot \pi} \cdot 1{,}047 \right) = 4{,}67\,\text{m}$

6. $x = \dfrac{4{,}67}{\tan 60°} = 2{,}69\,\text{m}$

Damit ist ein erster Punkt $P(x; y) = P(2{,}69\,\text{m}; 4{,}67\,\text{m})$ der Stromlinie $\Psi = 6$ bekannt. Durch die Variation von $\widehat{\varphi}$ lassen sich nach der gezeigten Vorgehensweise weitere Punkte für $\Psi = 6$ finden. Das gleiche Procedere wird für alle anderen Stromlinien Ψ_i angewendet. Das Ergebnis der Auswertungen für den Fall $E = 8 \frac{m^2}{s}$ und $c_\infty = 1 \frac{m}{s}$ ist in Abb. 4.4 zu erkennen.

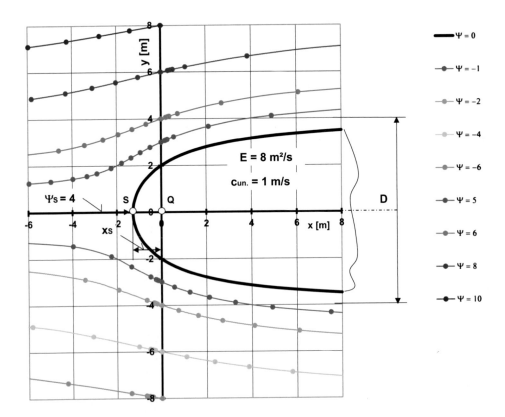

Abb. 4.4 Stromlinien der überlagerten Parallel- mit Quelleströmung

Betrachtet man die Stromlinien $\Psi = 0$ als Randlinie eines festen Körpers, so erhält man einen sog. **„Ebenen Halbkörper"** mit den ihn außen umgebenden Stromlinien. Die Stromlinien innerhalb des Ebenen Halbkörpers sind i. a. von untergeordneter Bedeutung. Weiterhin lassen sich der „Staupunkt" S mit dem Abstand x_S zur Quelle Q und die Dicke D im Fall $x \to \infty$ als kennzeichnende Größen feststellen. Der Staupunkt S ist dadurch gekennzeichnet, dass die Geschwindigkeit den Wert Null annimmt während die y-Koordinate bei $x \to \infty$ keine weitere Änderung aufweist ($\to D$). Die Ermittlung der Berechnungsmöglichkeiten von x_S und D erfolgt später.

Potentiallinienverlauf mittels Tabellenkalkulationsprogramm

Die Auswertung der Φ_{Ges}-Verläufe mit einem Tabellenkalkulationsprogramm lässt sich bei Benutzung der Variante

$$\Phi_{\text{Ges}} = c_\infty \cdot r \cdot \cos\varphi + \frac{E}{2 \cdot \pi} \cdot \ln(r) = c_\infty \cdot x + \frac{E}{2 \cdot \pi} \cdot \ln(r)$$

mit $\Phi_{\text{Ges}} \equiv \Phi$ wie folgt durchführen. Diese Gleichung muss zunächst nach r aufgelöst werden. Dies führt zunächst zu $\ln r = \frac{2 \cdot \pi}{E} \cdot (\Phi - c_\infty \cdot x)$. Mit $e^{\ln(r)} = r$ erhält man dann

$$r = e^{\frac{2 \cdot \pi}{E} \cdot (\Phi - c_\infty \cdot x)}$$

Die nachstehenden Schritte werden exemplarisch für eine Potentiallinie $\Phi = $ konst. beschrieben. Die Erweiterung auf die j-Potentiallinien erfolgt analog hierzu. Die gegebenen Größen sind E und c_∞ sowie die jeweils gewählte Potentialfunktion Φ als Parameter. Dann führen folgende Schritte zur Lösung.

1. E vorgeben
2. c_∞ vorgeben
3. Φ Parameter
4. x-Koordinate   Variable
5. $r = e^{\frac{2 \cdot \pi}{E} \cdot (\Phi - c_\infty \cdot x)}$ somit bekannt
6. y-Koordinate $y = \pm\sqrt{r^2 - x^2}$ somit bekannt

Zahlenbeispiel

1. $E = 8 \, \dfrac{\text{m}^2}{\text{s}}$ vorgegeben
2. $c_\infty = 1 \, \dfrac{\text{m}}{\text{s}}$ vorgegeben
3. $\Phi = 4 \, \dfrac{\text{m}^2}{\text{s}}$ Parameter
4. $x = 2 \, \text{m}$ Variable
5. $r = e^{\frac{2 \cdot \pi}{8} \cdot (4 - 1 \cdot 2)}$ $= 4{,}81 \, \text{m}$
6. $y = \pm\sqrt{4{,}81^2 - 2{,}0^2}$ $= \pm 4{,}37 \, \text{m}$

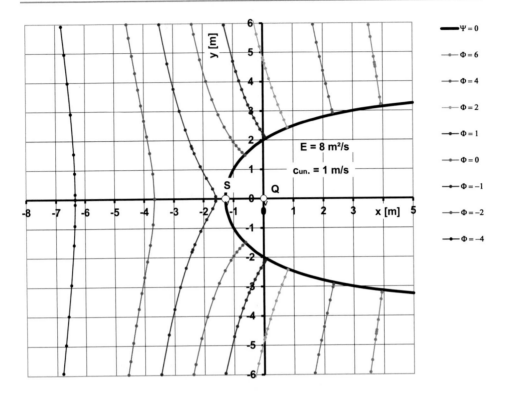

Abb. 4.5 Potentiallinien der überlagerten Parallel- mit Quelleströmung

Damit ist ein erster Punkt P$(x; y)$ = P(2,0 m; ±4,37 m) der Potentiallinie $\Phi = 4$ bekannt. Durch die Variation von r lassen sich nach der gezeigten Vorgehensweise weitere Punkte für $\Phi = 4$ finden. Das gleiche Procedere wird für alle anderen Potentiallinien Φ_j angewendet. Das Ergebnis der Auswertungen für den Fall $E = 8\,\frac{\text{m}^2}{\text{s}}$ und $c_\infty = 1\,\frac{\text{m}}{\text{s}}$ ist in Abb. 4.5 zu erkennen.

Geschwindigkeiten c_x, c_y und c

$c_x(x, y)$ Die Ableitung von c_x erfolgt zunächst wieder mittels kartesischer Koordinaten. Mit den Grundlagen gemäß Abschn. 1.4

$$c_x = \frac{\partial \Psi}{\partial y} \quad \text{oder auch} \quad c_x = \frac{\partial \Phi}{\partial x}$$

und der Wahl von

$$c_x = \frac{\partial \Psi}{\partial y}$$

kann man auch schreiben

$$c_x = \frac{\partial\left(c_\infty \cdot y + \frac{E}{2\cdot\pi} \cdot \arctan\left(\frac{y}{x}\right)\right)}{\partial y}.$$

Diesen Ausdruck kann man auch aufspalten in

$$c_x = \frac{\partial(c_\infty \cdot y)}{\partial y} + \frac{\partial\left(\frac{E}{2\cdot\pi} \cdot \arctan\left(\frac{y}{x}\right)\right)}{\partial y}.$$

Die partielle Differentiation dieser beiden Terme liefert folgende Resultate:

$$\frac{\partial(c_\infty \cdot y)}{\partial y} = c_\infty$$

$$\frac{\partial\left(\frac{E}{2\cdot\pi} \cdot \arctan\left(\frac{y}{x}\right)\right)}{\partial y} = \frac{E}{2\cdot\pi} \cdot \frac{\partial\left(\arctan\left(\frac{y}{x}\right)\right)}{\partial y}.$$

Hierin substituieren wir $z \equiv \left(\frac{y}{x}\right)$ und können jetzt schreiben

$$\frac{E}{2\cdot\pi} \cdot \frac{\partial(\arctan z)}{\partial y} \quad \text{bzw.} \quad \frac{E}{2\cdot\pi} \cdot \left(\frac{\partial(\arctan z)}{\partial z} \cdot \frac{\partial z}{\partial y}\right).$$

Darin lauten

$$\frac{\partial(\arctan z)}{\partial z} = \frac{1}{(1 + z^2)} \quad \text{und} \quad \frac{\partial z}{\partial y} = \frac{1}{x}.$$

Beide Ergebnisse oben eingesetzt führt zu

$$c_x = c_\infty + \frac{E}{2\cdot\pi} \cdot \frac{1}{(1 + z^2)} \cdot \frac{1}{x}.$$

Wird $z \equiv \left(\frac{y}{x}\right)$ wieder zurück substituiert, so entsteht

$$c_x = c_\infty + \frac{E}{2\cdot\pi} \cdot \frac{1}{\left(1 + \frac{y}{x}^2\right)} \cdot \frac{1}{x} = c_\infty + \frac{E}{2\cdot\pi} \cdot \frac{x^2}{(x^2 + y^2)} \cdot \frac{1}{x}.$$

Das Resultat für c_x erhält man zu

$$c_x(x, y) = c_\infty + \frac{E}{2\cdot\pi} \cdot \frac{x}{(x^2 + y^2)}.$$

$c_x(r, \varphi)$ Mit $c_x = r \cdot \cos\varphi$ und $x^2 + y^2 = r^2$ in die o. g. Gleichung eingesetzt führt zu

$$c_x(r, \varphi) = c_\infty + \frac{E}{2\cdot\pi} \cdot \frac{\cos\varphi}{r}$$

$c_y(x, y)$ Die Ableitung von c_y erfolgt analog zu c_x und auch hier zunächst wieder mittels kartesischer Koordinaten. Mit den Grundlagen gemäß Abschn. 1.3

$$c_y = \frac{\partial \Phi}{\partial y} \quad \text{oder auch} \quad c_y = -\frac{\partial \Psi}{\partial x}$$

und der Wahl von

$$c_y = \frac{\partial \Phi}{\partial y}$$

kann man auch schreiben

$$c_y = \frac{\partial(c_\infty \cdot x + \frac{E}{2\cdot\pi} \cdot \ln \sqrt{x^2 + y^2})}{\partial y}.$$

Diesen Ausdruck kann man auch aufspalten in

$$c_y = \frac{\partial(c_\infty \cdot x)}{\partial y} + \frac{E}{2 \cdot \pi} \cdot \frac{\partial(\ln \sqrt{x^2 + y^2})}{\partial y}.$$

Die partielle Differentiation dieser beiden Terme liefert folgende Resultate:

$$\frac{\partial(c_\infty \cdot x)}{\partial y} = 0$$

$$\frac{E}{2 \cdot \pi} \cdot \frac{\partial(\ln \sqrt{x^2 + y^2})}{\partial y}$$

Hierin substituieren wir zunächst $z \equiv x^2 + y^2$ und können jetzt schreiben

$$\frac{E}{2 \cdot \pi} \cdot \frac{\partial(\ln \sqrt{z})}{\partial y}.$$

Mit $m \equiv \sqrt{z}$ nochmals substituiert folgt

$$\frac{E}{2 \cdot \pi} \cdot \left(\frac{\partial(\ln m)}{\partial m} \cdot \frac{\partial m}{\partial z} \cdot \frac{\partial z}{\partial y} \right).$$

Hierin lauten

$$\frac{\partial(\ln m)}{\partial m} = \frac{1}{m}; \quad \frac{\partial m}{\partial z} = \frac{1}{2} \cdot \frac{1}{\sqrt{z}}; \quad \frac{\partial z}{\partial y} = 2 \cdot y.$$

Diese Ergebnisse oben eingesetzt führt zu

$$c_y = 0 + \frac{E}{2 \cdot \pi} \cdot \frac{1}{m} \cdot \frac{1}{2} \cdot \frac{1}{\sqrt{z}} \cdot 2 \cdot y.$$

Unter Verwendung der Substitutionen $z \equiv x^2 + y^2$ und $m \equiv \sqrt{z}$ wieder zurück substituiert entsteht

$$c_y = \frac{E}{2 \cdot \pi} \cdot \frac{1}{\sqrt{x^2 + y^2}} \cdot \frac{1}{2} \cdot \frac{1}{\sqrt{x^2 + y^2}} \cdot 2 \cdot y$$

oder schließlich das Resultat

$$c_y(x, y) = \frac{E}{2 \cdot \pi} \cdot \frac{y}{(x^2 + y^2)}.$$

$c_y(r, \varphi)$ Mit $c_y = r \cdot \sin\varphi$ und $x^2 + y^2 = r^2$ in die o. g. Gleichung eingesetzt führt zu

$$c_y(r, \varphi) = \frac{E}{2 \cdot \pi} \cdot \frac{\sin\varphi}{r}$$

$c(x, y)$ Ausgehend von $c = \sqrt{c_x^2 + c_y^2}$ erhält man mit den ermittelten Gleichungen für c_x und c_y

$$c = \sqrt{\left[c_\infty + \frac{E}{2 \cdot \pi} \cdot \frac{x}{(x^2 + y^2)} \right]^2 + \left[\frac{E}{2 \cdot \pi} \cdot \frac{y}{(x^2 + y^2)} \right]^2}.$$

Zur weiteren Vereinfachung wird

$$m \equiv \frac{E}{2 \cdot \pi} \cdot \frac{1}{(x^2 + y^2)}$$

gesetzt, sodass jetzt c wie folgt lautet

$$c = \sqrt{[c_\infty + m \cdot x]^2 + [m \cdot y]^2}.$$

Die Ausdrücke unter der Wurzel ausmultipliziert führt dann zu

$$c = \sqrt{c_\infty^2 + 2 \cdot c \cdot m \cdot x + m^2 \cdot x^2 + m^2 \cdot y^2}$$

oder

$$c = \sqrt{c_\infty^2 + 2 \cdot c_\infty \cdot m \cdot x + m^2 \cdot (x^2 + y^2)}$$

bzw.

$$c = \sqrt{c_\infty^2 + m \cdot (2 \cdot c_\infty \cdot x + m \cdot (x^2 + y^2))}.$$

Substituieren wir

$$m \equiv \frac{E}{2 \cdot \pi} \cdot \frac{1}{(x^2 + y^2)}$$

wieder zurück, so liefert dies

$$c = \sqrt{c_\infty^2 + \frac{E}{2 \cdot \pi} \cdot \frac{1}{(x^2 + y^2)} \cdot \left(2 \cdot c_\infty \cdot x + \frac{E}{2 \cdot \pi} \cdot \frac{1}{(x^2 + y^2)} \cdot (x^2 + y^2)\right).}$$

Als Resultat der gesuchten Geschwindigkeit c erhält man

$$c(x, y) = \sqrt{c_\infty^2 + \frac{E}{2 \cdot \pi} \cdot \frac{1}{(x^2 + y^2)} \cdot \left(2 \cdot c_\infty \cdot x + \frac{E}{2 \cdot \pi}\right).}$$

$c(r, \varphi)$ Setzen wir $x = r \cdot \cos \varphi$ und $x^2 + y^2 = r^2$ in die o. g. Gleichung ein, so erhält man

$$c(r, \varphi) = \sqrt{c_\infty^2 + \frac{E}{2 \cdot \pi} \cdot \frac{1}{r} \cdot \left(2 \cdot c_\infty \cdot \cos \varphi + \frac{E}{2 \cdot \pi} \cdot \frac{1}{r}\right).}$$

Zahlenbeispiel Für die Stromlinie $\Psi = 6 \frac{m^2}{s}$ gemäß Abb. 4.4 lassen sich im Punkt $P(x; y) = P(2{,}69\,\text{m}; 4{,}67\,\text{m})$ unter Verwendung der zugrunde liegenden Größen $E = 8 \frac{m^2}{s}$ und $c_\infty = 1 \frac{m}{s}$ die Geschwindigkeitskomponenten c_x und c_y sowie der Geschwindigkeit c wie folgt berechnen.

$c_x(x, y)$

$$c_x(x, y) = 1 + \frac{8}{2 \cdot \pi} \cdot \frac{2{,}69}{(2{,}69^2 + 4{,}67^2)} = 1{,}118 \frac{m}{s}$$

$c_y(x, y)$

$$c_y(x, y) = \frac{8}{2 \cdot \pi} \cdot \frac{4{,}67}{(2{,}69^2 + 4{,}67^2)} = 0{,}205 \frac{m}{s}$$

$c(x, y)$

$$c(x, y) = \sqrt{c_x^2 + c_y^2} = \sqrt{1{,}118^2 + 0{,}205^2} = 1{,}137 \frac{m}{s}.$$

Der Winkel φ zwischen der Tangente von $c(x, y)$ an die Stromlinie Ψ im Punkt $P(x; y)$ lautet dann wie folgt

$$\varphi = \arctan\left(\frac{c_y}{c_x}\right) = \arctan\left(\frac{0{,}205}{1{,}118}\right) = 10{,}4°$$

Geschwindigkeit c_K entlang der Kontur x_K des „Ebenen Halbkörpers"

Die Geschwindigkeit c_K an der Außenhaut (Kontur) des Halbkörpers wird benötigt, um u. a. die Druckverteilung ermitteln zu können. Dies wird später eingehend besprochen. Die Halbkörperkontur wird repräsentiert durch die Stromlinie $\Psi_{Ges} = 0$. Bei der Herleitung von c_K macht man von dem oben angegebenen Zusammenhang

$$c_K(x_K, y_K) = \sqrt{c_\infty^2 + \frac{E}{2 \cdot \pi} \cdot \frac{1}{(x_K^2 + y_K^2)} \cdot \left(2 \cdot c_\infty \cdot x_K + \frac{E}{2 \cdot \pi}\right)}$$

Gebrauch. Hierin werden die Koordinaten x_K und y_K der Stromlinie $\Psi_{Ges} = 0$ zugrunde gelegt. Da E und c_∞ vorgegebene Größen und somit bekannt sind, ist die Geschwindigkeitsverteilung $c_K(x_K)$ folglich festgelegt. Die Vorgehensweise stellt sich wie folgt dar.

1. E vorgeben
2. c_∞ vorgeben
3. $\Psi = 0$ Parameter
4. $\widehat{\varphi}$ Variable
5. y_K-Koordinate $y_K = \frac{1}{c_\infty} \cdot \left(0 - \frac{E}{2 \cdot \pi} \cdot \widehat{\varphi}\right)$ somit bekannt
6. x_K-Koordinate $x_K = \frac{y_K}{\tan \varphi}$ somit bekannt
7. $c_K(x_K)$ somit bekannt

Zahlenbeispiel

1. $E = 8 \, \dfrac{m^2}{s}$ vorgegeben
2. $c_\infty = 1 \, \dfrac{m}{s}$ vorgegeben
3. $\Psi = 0 \, \dfrac{m^2}{s}$ Parameter
4. $\widehat{\varphi} = 2{,}094 \equiv 120°$
5. $y_K = \dfrac{1}{1} \cdot \left(0 - \dfrac{8}{2 \cdot \pi} \cdot 2{,}094\right) = -2{,}666 \, m$ somit bekannt
6. $x_K = -\dfrac{2{,}6666}{\tan 120°} = 1{,}539 \, m$ somit bekannt
7. $c_K = \sqrt{1^2 + \dfrac{8}{2 \cdot \pi} \cdot \dfrac{1}{(1{,}539^2 + (-2{,}666)^2)} \cdot \left(2 \cdot 1 \cdot 1{,}539 + \dfrac{8}{2 \cdot \pi}\right)}$

     $c_K = 1{,}2588 \, \dfrac{m}{s}$ somit bekannt

Damit ist ein Punkt der Geschwindigkeit an der Kontur bekannt. Alle anderen werden durch Variation des Winkels φ ermittelt. Den Geschwindigkeitsverlauf $c_K(x_K)$ kann man in Abb. 4.6 erkennen.

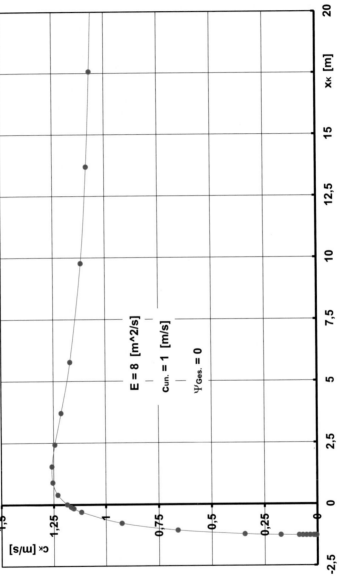

Abb. 4.6 Geschwindigkeit $c_K = f(x_K)$ an der Kontur des „Ebenen Halbkörpers"

Staupunkt x_S

Der Staupunkt S einer Stromlinie ist dadurch gekennzeichnet, dass in ihm die Geschwindigkeit c den Wert Null annimmt. Wegen der Symmetrie der Stromlinien liegt im vorliegenden Fall der Staupunkt auf der x-Achse. Somit weist er die Koordinaten x_S und $y_S = 0$ sowie die Geschwindigkeit $c_x = c_S = 0$ auf. Die Ermittlung der Koordinate x_S (Abb. 4.7) lässt sich unter Verwendung der bisherigen Ergebnisse in folgenden Schritten durchführen.

Verwendet man

$$c_x = c_\infty + \frac{E}{2 \cdot \pi} \cdot \frac{x}{(x^2 + y^2)}$$

und ersetzt hierin $c_x = c_S = 0$ sowie $x = x_S$ und $y = y_S = 0$, so liefert dies

$$0 = c_\infty + \frac{E}{2 \cdot \pi} \cdot \frac{x_S}{(x_S^2 + 0^2)},$$

oder gekürzt

$$0 = c_\infty + \frac{E}{2 \cdot \pi} \cdot \frac{x_S}{x_S^2}$$

und umgestellt

$$\frac{E}{2 \cdot \pi} \cdot \frac{1}{x_S} = -c_\infty.$$

Dies führt durch Multiplikation mit $\frac{x_S}{c_\infty}$ zum Ergebnis

$$x_S = -\frac{E}{2 \cdot \pi} \cdot \frac{1}{c_\infty}.$$

Der Staupunkt S des „Ebenen Halbkörpers" befindet sich also entgegen der Anströmrichtung, links von der Quelle (Koordinatenursprung).

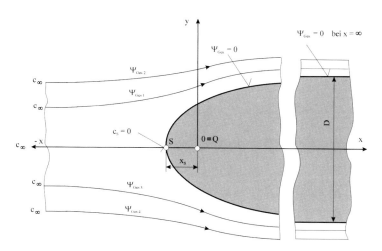

Abb. 4.7 „Ebener Halbkörper" bei Überlagerung einer Parallel- und Quellestömung

Im Fall des verwendeten Beispiels (Abb. 4.4) mit $E = 8 \, \frac{m^2}{s}$ und $c_\infty = 1 \, \frac{m}{s}$ wird

$$x_S = -\frac{8}{2 \cdot \pi} \cdot \frac{1}{1} = -1{,}273 \, \text{m}$$

Maximale Dicke D des „Ebenen Halbkörpers"

Zur Ermittlung der Grenzdicke D bedient man sich sinnvoller Weise einer Gleichung, in der sowohl die y- als auch die x-Koordinate enthalten sind. Mittels geeigneter Umformungen wird die Gleichung in expliziter Form dargestellt. Danach ist es möglich, durch die Anwendung von $x \to \infty$ die gesuchte Grenzdicke des „Ebenen Halbkörpers" zu bestimmen. Zu erwähnen ist noch, dass diese Zusammenhänge nur für ebene, zweidimensionale Halbkörper unendlicher Ausdehnung (Breite B) gültig sind. Ausgangspunkt der Betrachtungen sei

$$\Psi_{\text{Ges}} = c_\infty \cdot y + \frac{E}{2 \cdot \pi} \cdot \arctan\left(\frac{y}{x}\right).$$

Eine erste Umformung liefert zunächst

$$\frac{E}{2 \cdot \pi} \cdot \arctan\left(\frac{y}{x}\right) = (\Psi_{\text{Ges}} - c_\infty \cdot y)$$

und mit $\frac{2 \cdot \pi}{E}$ multipliziert

$$\arctan\left(\frac{y}{x}\right) = \frac{2 \cdot \pi}{E} \cdot (\Psi_{\text{Ges}} - c_\infty \cdot y)$$

oder

$$\arctan\left(\frac{y}{x}\right) = -\frac{2 \cdot \pi}{E} \cdot (c_\infty \cdot y - \Psi_{\text{Ges}}).$$

Mit

$$\tan\left[\arctan\left(\frac{y}{x}\right)\right] = \left(\frac{y}{x}\right)$$

erhält man

$$\frac{y}{x} = \tan\left[-\frac{2 \cdot \pi}{E} \cdot (c_\infty \cdot y - \Psi_{\text{Ges}})\right].$$

Weiterhin $\tan(-\alpha) = -\tan(\alpha)$ angewendet liefert

$$\frac{y}{x} = -\tan\left[\frac{2 \cdot \pi}{E} \cdot (c_\infty \cdot y - \Psi_{\text{Ges}})\right].$$

Die Glieder mit y auf eine Gleichungsseite gebracht führt zu

$$x = -y \cdot \frac{1}{\tan\left[\frac{2 \cdot \pi}{E} \cdot (c_\infty \cdot y - \Psi_{\text{Ges}})\right]}.$$

Mit $\cot \alpha = \frac{1}{\tan \alpha}$ eingesetzt entsteht schließlich

$$x = -y \cdot \cot\left[\frac{2 \cdot \pi}{E} \cdot (c_\infty \cdot y - \Psi_{\text{Ges}})\right].$$

Lässt man jetzt auf der linken Gleichungsseite $x \to +\infty$ streben, so muss auf der rechten Seite $\cot[\frac{2 \cdot \pi}{E} \cdot (c_\infty \cdot y - \Psi_{\text{Ges}})]$ den Wert $-\infty$ annehmen. Dies ist dann der Fall, wenn

$$\cot\left[\frac{2 \cdot \pi}{E} \cdot (c_\infty \cdot y - \Psi_{\text{Ges}})\right] = \cot \pi = -\infty$$

wird. Somit folgt

$$\frac{2 \cdot \pi}{E} \cdot (c_\infty \cdot y - \Psi_{\text{Ges}}) = \pi.$$

Nach Kürzen von π sowie Verwendung der Stromlinie $\Psi_{\text{Ges}} = 0$ (Abb. 4.4) erhält man

$$\frac{2}{E} \cdot c_\infty \cdot y = 1.$$

Dies führt zu

$$y = \frac{E}{c_\infty} \cdot \frac{1}{2}.$$

Da $y = \frac{D}{2}$ ist, lautet folglich das Ergebnis

$$D = \frac{E}{c_\infty}.$$

Auch in diesem Fall wieder das Beispiel $E = 8 \frac{\text{m}^2}{\text{s}}$ und $c_\infty = 1 \frac{\text{m}}{\text{s}}$ benutzt führt zu

$$D = \frac{8}{1} = 8\,\text{m}.$$

Isotachen

Die Isotachen sind definiert als Linien gleicher Geschwindigkeit. Dies betrifft jedoch nur den Betrag der Geschwindigkeit, nicht aber die Richtung. Eine wichtige Anwendung der Isotachen besteht in der Möglichkeit, Geschwindigkeitsgefälle bzw. -zunahmen in einem

Strömungsfeld zu erkennen. In Verbindung mit der Bernoulli'schen Gleichung können weiterhin mittels der Isotachen auch Linien gleichen Drucks (Isobaren) festgestellt werden.

Als Ausgangspunkt der Isotachenbestimmung dient die Gleichung der Geschwindigkeit gemäß

$$c(x, y) = \sqrt{c_\infty^2 + \frac{E}{2 \cdot \pi} \cdot \frac{1}{(x^2 + y^2)} \cdot \left(2 \cdot c_\infty \cdot x + \frac{E}{2 \cdot \pi}\right)}.$$

Nach Quadrieren und Umstellen erhält man dann

$$(c^2 - c_\infty^2) = \frac{E}{2 \cdot \pi} \cdot \frac{1}{(x^2 + y^2)} \cdot \left(2 \cdot c_\infty \cdot x + \frac{E}{2 \cdot \pi}\right).$$

Multipliziert mit

$$\frac{(x^2 + y^2)}{(c^2 - c_\infty^2)}$$

liefert

$$(x^2 + y^2) = \frac{E}{2 \cdot \pi} \cdot \frac{1}{(c^2 - c_\infty^2)} \cdot \left(2 \cdot c_\infty \cdot x + \frac{E}{2 \cdot \pi}\right)$$

oder

$$y^2 = \frac{E}{2 \cdot \pi} \cdot \frac{1}{(c^2 - c_\infty^2)} \cdot \left(2 \cdot c_\infty \cdot x + \frac{E}{2 \cdot \pi}\right) - x^2.$$

Die Wurzel gezogen liefert das Resultat

$$y = \pm \sqrt{\frac{E}{2 \cdot \pi} \cdot \frac{1}{(c^2 - c_\infty^2)} \cdot \left(2 \cdot c_\infty \cdot x + \frac{E}{2 \cdot \pi}\right) - x^2}.$$

Bei vorgegebenen Größen von E, c_∞ und der Geschwindigkeit c als Parameter lassen sich somit die Isotachen in der Abhängigkeit $y(x)$ bestimmen. Ein Punkt der Isotache $c = 1{,}10 \frac{m}{s}$ soll beispielhaft für alle anderen berechnet werden.

1. E vorgeben

2. c_∞ vorgeben

3. c Parameter

4. x Variable

5. y $y = \pm \sqrt{\dfrac{E}{2 \cdot \pi} \cdot \dfrac{1}{(c^2 - c_\infty^2)} \cdot \left(2 \cdot c_\infty \cdot x + \dfrac{E}{2 \cdot \pi}\right) - x^2}$

Abb. 4.8 Skizze zum Kreis-
nachweis der Isotachen

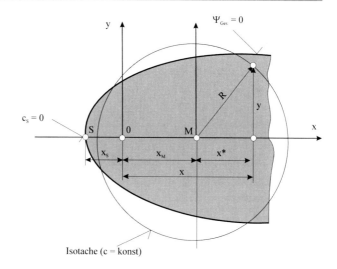

Zahlenbeispiel

1. $E = 8 \dfrac{\text{m}^2}{\text{s}}$ vorgegeben

2. $c_\infty = 1 \dfrac{\text{m}}{\text{s}}$ vorgegeben

3. $c = 1{,}10 \dfrac{\text{m}}{\text{s}}$ Parameter

4. $x = 1{,}0 \,\text{m}$ Variable

5. $y = \pm \sqrt{\dfrac{8}{2 \cdot \pi} \cdot \dfrac{1}{(1{,}10^2 - 1^2)} \cdot \left(2 \cdot 1 \cdot 1 + \dfrac{8}{2 \cdot \pi} \right) - 1^2}$

$y = \pm 4{,}3 \,\text{m}$ somit bekannt

Damit ist ein Punkt der Isotache $c = 1{,}10 \frac{\text{m}}{\text{s}}$ bekannt. Alle anderen werden durch Variation von x gemäß o. g. Vorgehensweise ermittelt. In Abb. 4.9 sind fünf verschiedene, willkürlich gewählte Isotachen in Verbindung mit der Kontur des ebenen Halbkörpers $\Psi = 0$ dargestellt. Die Kurvenverläufe entsprechen Kreisen, wenn auch hier nur Abschnitten zu erkennen sind.

Der Nachweis der Kreiskontur der Isotachen

lässt sich in folgenden Schritten erbringen. Dabei erhält man auch gleichzeitig als Teilergebnis die Bestimmungsgleichung für den jeweiligen Radius R. Ausgangspunkt der Herleitung ist der oben ermittelte Zusammenhang

$$y = \pm \sqrt{\frac{E}{2 \cdot \pi} \cdot \frac{1}{(c^2 - c_\infty^2)} \cdot \left(2 \cdot c_\infty \cdot x + \frac{E}{2 \cdot \pi} \right) - x^2},$$

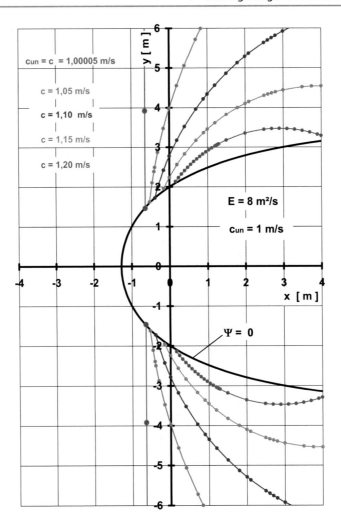

Abb. 4.9 Isotachen um „Ebenen Halbkörper"

oder ausquadriert und umgestellt

$$y^2 + x^2 = \frac{E}{2 \cdot \pi} \cdot \frac{1}{(c^2 - c_\infty^2)} \cdot \left(2 \cdot c_\infty \cdot x + \frac{E}{2 \cdot \pi} \right).$$

Substituiert man vereinfachend

$$a \equiv \frac{E}{2 \cdot \pi} \cdot \frac{1}{(c^2 - c_\infty^2)} \quad \text{und} \quad b \equiv a \cdot c_\infty$$

und multipliziert die rechte Gleichungsseite aus, so entsteht nach Umstellung

$$y^2 + x^2 - 2 \cdot b \cdot x = a \cdot \frac{E}{2 \cdot \pi}.$$

Jetzt auf beiden Gleichungsseiten b^2 addiert liefert

$$y^2 + (x^2 - 2 \cdot b \cdot x + b^2) = b^2 + a \cdot \frac{E}{2 \cdot \pi}$$

oder

$$y^2 + (x - b)^2 = b^2 + a \cdot \frac{E}{2 \cdot \pi}.$$

Nach Einsetzen der Substitutionen erhalten wir

$$y^2 + \left(x - \frac{E}{2 \cdot \pi} \cdot \frac{c_\infty}{(c^2 - c_\infty^2)} \right)^2$$
$$= \left(\left(\frac{E}{2 \cdot \pi} \right) \cdot \frac{c_\infty}{(c^2 - c_\infty^2)} \right)^2 + \left(\frac{E}{2 \cdot \pi} \right) \cdot \frac{1}{(c^2 - c_\infty^2)} \cdot \left(\frac{E}{2 \cdot \pi} \right)$$

bzw. nach Ausklammern und Erweitern

$$y^2 + \left(x - \frac{E}{2 \cdot \pi} \cdot \frac{c_\infty}{(c^2 - c_\infty^2)} \right)^2 = \left(\frac{E}{2 \cdot \pi} \right)^2 \cdot \left(\frac{c_\infty^2 + (c^2 - c_\infty^2)}{(c^2 - c_\infty^2)^2} \right)^2$$

und schließlich

$$y^2 + \left(x - \frac{E}{2 \cdot \pi} \cdot \frac{c_\infty}{(c^2 - c_\infty^2)} \right)^2 = \left(\frac{E}{2 \cdot \pi} \right)^2 \cdot \frac{c^2}{(c^2 - c_\infty^2)^2}.$$

Substituiert man jetzt noch

$$x^* \equiv x - \frac{E}{2 \cdot \pi} \cdot \frac{c_\infty}{(c^2 - c_\infty^2)} \quad \text{und} \quad R \equiv \frac{E}{2 \cdot \pi} \cdot \frac{c}{(c^2 - c_\infty^2)},$$

so liefert dies die Kreisgleichung wie folgt (Abb. 4.8)

$$R^2 = x^{*2} + y^2.$$

Der jeweilige Kreisradius lautet (s. o.)

$$R \equiv \frac{E}{2 \cdot \pi} \cdot \frac{c}{(c^2 - c_\infty^2)}.$$

Druckverteilung $p(x, y)$ im Strömungsfeld

In gleichem Maß wie die Geschwindigkeitsverteilung $c \equiv c(x, y)$ im Strömungsfeld mit ihren Komponenten $c_x \equiv c_x(x, y)$ und $c_y \equiv c_y(x, y)$ kommt auch der Druckverteilung $p(x, y)$ eine besondere Bedeutung zu. So können mit ihr z. B. Fragen zu den Drücken entlang der Kontur des „Ebenen Halbkörpers", also bei $\Psi_{\mathrm{Ges}} = 0$, beantwortet werden. Ausgangspunkt bei der Herleitung von $p(x, y)$ ist die Bernoulli'sche Energiegleichung der stationären, reibungsfreien Strömung inkompressibler Fluide. Hierin sollen die Höhenglieder von untergeordneter Bedeutung sein.

Die Bernoulli'sche Energiegleichung an einer Stelle einer Stromlinie Ψ_{Ges_i} weit vor dem Halbkörper mit p_∞ und c_∞ sowie einem Punkt $\mathrm{P}(x; y)$ auf derselben Stromlinie Ψ_{Ges_i} im überlagerten Strömungsfeld mit $p(x, y)$ und $c(x, y)$ lautet

$$\frac{p_\infty}{\rho} + \frac{c_\infty^2}{2} = \frac{p(x, y)}{\rho} + \frac{c^2(x, y)}{2}.$$

Nach dem gesuchten Druck umgestellt erhält man dann

$$\frac{p(x, y)}{\rho} = \frac{p_\infty}{\rho} + \frac{c_\infty^2}{2} - \frac{c^2(x, y)}{2}.$$

Mit der Dichte ρ multipliziert führt dies zu

$$p(x, y) = p_\infty + \frac{\rho}{2} \cdot c_\infty^2 - \frac{\rho}{2} \cdot c^2(x, y).$$

Mit dem oben gefundenen Resultat für $c^2 \equiv c^2(x, y)$ lässt sich dann anschreiben

$$p(x, y) = p_\infty + \frac{\rho}{2} \cdot c_\infty^2 - \frac{\rho}{2} \cdot \left[c_\infty^2 + \frac{E}{2 \cdot \pi} \cdot \frac{1}{(x^2 + y^2)} \cdot \left(2 \cdot c_\infty \cdot x + \frac{E}{2 \cdot \pi} \right) \right]$$

Mit dieser Gleichung lässt sich der Druck für beliebige Punkte des Strömungsfeldes bestimmen. **Vier Fälle** sollen wie folgt hervorgehoben werden.

Fall 1 $-\infty < x \leq x_{\mathrm{S}}$; $y = 0$ (Druck entlang der Staustromlinie)
Mit o. g. Gleichung folgt zunächst unter Verwendung von $y = 0$

$$p(x) = p_\infty + \frac{\rho}{2} \cdot c_\infty^2 - \frac{\rho}{2} \cdot \left[c_\infty^2 + \frac{E}{2 \cdot \pi} \cdot \frac{1}{x^2} \cdot \left(2 \cdot c_\infty \cdot x + \frac{E}{2 \cdot \pi} \right) \right].$$

Die Klammer ausmultipliziert führt zu

$$p(x) = p_\infty + \frac{\rho}{2} \cdot c_\infty^2 - \frac{\rho}{2} \cdot \left[c_\infty^2 + \frac{E}{2 \cdot \pi} \cdot 2 \cdot c_\infty \cdot \frac{1}{x} + \left(\frac{E}{2 \cdot \pi} \right)^2 \cdot \frac{1}{x^2} \right]$$

und zusammengefasst

$$p(x) = p_\infty + \frac{\rho}{2} \cdot c_\infty^2 - \frac{\rho}{2} \cdot \left(c_\infty + \frac{E}{2 \cdot \pi} \cdot \frac{1}{x} \right)^2.$$

Fall 2 $-x_S < x = +\infty$ (Druck vom Staupunkt aus bis $x = +\infty$)

$$p(x,y) = p_\infty + \frac{\rho}{2} \cdot c_\infty^2 - \frac{\rho}{2} \cdot \left[c_\infty^2 + \frac{E}{2 \cdot \pi} \cdot \frac{1}{(x^2 + y^2)} \cdot \left(2 \cdot c_\infty \cdot x + \frac{E}{2 \cdot \pi} \right) \right]$$

Fall 3 $x = +\infty$; $y \neq 0$ (Bei $x = +\infty$ vorhandene, normal zu den Stromlinien vorliegende Druckverteilung)

Mit

$$p(x,y) = p_\infty + \frac{\rho}{2} \cdot c_\infty^2 - \frac{\rho}{2} \cdot \left[c_\infty^2 + \frac{E}{2 \cdot \pi} \cdot \frac{1}{(x^2 + y^2)} \cdot \left(2 \cdot c_\infty \cdot x + \frac{E}{2 \cdot \pi} \right) \right]$$

wie folgt umgeformt und x gekürzt

$$p(x = \infty, y) = p_\infty + \frac{\rho}{2} \cdot c_\infty^2 - \frac{\rho}{2} \cdot \left[c_\infty^2 + \frac{E}{2 \cdot \pi} \cdot \frac{1}{x^2 \cdot \left(1 + \frac{y^2}{x^2} \right)} \cdot x \cdot \left(2 \cdot c_\infty + \frac{E}{2 \cdot \pi} \cdot \frac{1}{x} \right) \right]$$

liefert zunächst

$$p(x = \infty, y) = p_\infty + \frac{\rho}{2} \cdot c_\infty^2 - \frac{\rho}{2} \cdot \left[c_\infty^2 + \frac{E}{2 \cdot \pi} \cdot \frac{1}{x \cdot \left(1 + \frac{y^2}{x^2} \right)} \cdot \left(2 \cdot c_\infty + \frac{E}{2 \cdot \pi} \cdot \frac{1}{x} \right) \right].$$

Nach Einfügen von $x = +\infty$ folgt das Resultat

$$p(x = \infty, y) = p_\infty + \frac{\rho}{2} \cdot c_\infty^2 - \frac{\rho}{2} \cdot \left[c_\infty^2 + \frac{E}{2 \cdot \pi} \cdot \frac{1}{\infty \cdot \left(1 + \frac{y^2}{\infty^2} \right)} \cdot \left(2 \cdot c_\infty + \frac{E}{2 \cdot \pi} \cdot \frac{1}{\infty} \right) \right].$$

Da $\dfrac{1}{\infty \cdot \left(1 + \frac{y^2}{\infty^2} \right)} = 0$ und $\dfrac{E}{2 \cdot \pi} \cdot \dfrac{1}{\infty} = 0$ werden, resultiert schließlich

$$p(x = \infty; y) = p_\infty + \frac{\rho}{2} \cdot c_\infty^2 - \frac{\rho}{2} \cdot c_\infty^2,$$

also

$$p(x = \infty; y) = p_\infty.$$

Fall 4 $x = -x_S$; $y = 0$ (Druck im Staupunkt S)

Hier kann auf das Ergebnis von Fall 1 mit $x = -x_S$ zurückgegriffen werden

$$p(x_S) = p_\infty + \frac{\rho}{2} \cdot c_\infty^2 - \frac{\rho}{2} \cdot \left(c_\infty + \frac{E}{2 \cdot \pi} \cdot \frac{1}{x_S} \right)^2.$$

Jetzt muss lediglich $x_S = -\frac{E}{2 \cdot \pi} \cdot \frac{1}{c_\infty}$ eingesetzt werden

$$p(x_S) = p_\infty + \frac{\rho}{2} \cdot c_\infty^2 - \frac{\rho}{2} \cdot \left(c_\infty + \frac{E}{2 \cdot \pi} \cdot (-1) \cdot \frac{2 \cdot \pi \cdot c_\infty}{E} \right)^2$$

und es resultiert

$$p(x_S) = p_\infty + \frac{\rho}{2} \cdot c_\infty^2 - \frac{\rho}{2} \cdot (c_\infty - c_\infty)^2$$

bzw.

$$p(x_S) = p_\infty + \frac{\rho}{2} \cdot c_\infty^2.$$

Druckverteilung an der Oberfläche des „Ebenen Halbkörpers"

Die Kontur des „Ebenen Halbkörpers" wird durch die Stromlinie $\Psi_{Ges} = 0$ geformt. Deren Druckverteilung wird bekanntermaßen zu

$$p(x,y) = p_\infty + \frac{\rho}{2} \cdot c_\infty^2 - \frac{\rho}{2} \cdot \left[c_\infty^2 + \frac{E}{2 \cdot \pi} \cdot \frac{1}{(x^2 + y^2)} \cdot \left(2 \cdot c_\infty \cdot x + \frac{E}{2 \cdot \pi} \right) \right]$$

hergeleitet (s. o.). Verwenden wir die Polarkoordinaten r und φ und benutzen zur Kennzeichnung der Kontur den Index „K", so lauten $x \equiv x_K = r_K \cdot \cos \varphi$ und $y \equiv y_K = r_K \cdot \sin \varphi$. Des Weiteren lautet die Stromlinie der Kontur

$$\Psi_{Ges} = 0 = c_\infty \cdot y_K + \frac{E}{2 \cdot \pi} \cdot \widehat{\varphi}$$

oder

$$c_\infty \cdot y_K = -\frac{E}{2 \cdot \pi} \cdot \widehat{\varphi}.$$

bzw.

$$y_K = -\frac{E}{2 \cdot \pi} \cdot \frac{1}{c_\infty} \cdot \widehat{\varphi}.$$

Weiterhin $y_K = r_K \cdot \sin \varphi$ sowie den Zusammenhang $E = D \cdot c_\infty$ angewendet liefert

$$r_K \cdot \sin \varphi = -\frac{D \cdot c_\infty}{2 \cdot \pi} \cdot \frac{1}{c_\infty} \cdot \widehat{\varphi}$$

oder schließlich

$$r_K = -\frac{D}{2 \cdot \pi} \cdot \frac{\widehat{\varphi}}{\sin \varphi}.$$

Die so ermittelten neuen Größen in Polarkoordinatendarstellung in die Ausgangsgleichung der Druckverteilung $p(x_K; y_K)$ (s. o.) eingesetzt führt nach mehreren Schritten zur gesuchten Druckverteilung.

Wenn zunächst die Koordinaten x_K und y_K sowie die Ergiebigkeit E ersetzt werden

$$p = p_\infty + \frac{\rho}{2} \cdot c_\infty^2$$
$$- \frac{\rho}{2} \cdot \left[c_\infty^2 + \frac{D \cdot c_\infty}{2 \cdot \pi} \cdot \frac{1}{r_K^2 \cdot (\sin^2 \varphi + \cos^2 \varphi)} \cdot \left(2 \cdot c_\infty \cdot r_K \cdot \cos \varphi + \frac{D \cdot c_\infty}{2 \cdot \pi} \right) \right],$$

dann $\sin^2 \varphi + \cos^2 \varphi = 1$ sowie r_K in der runden Klammer vor die Klammer gestellt wird, entsteht

$$p = p_\infty + \frac{\rho}{2} \cdot c_\infty^2 - \frac{\rho}{2} \cdot \left[c_\infty^2 + \frac{D \cdot c_\infty}{2 \cdot \pi} \cdot \frac{r_K}{r_K^2} \cdot \left(2 \cdot c_\infty \cdot \cos \varphi + \frac{D \cdot c_\infty}{2 \cdot \pi} \cdot \frac{1}{r_K} \right) \right].$$

Nun die Geschwindigkeit c_∞ in der runden Klammer vor diese Klammer gestellt liefert

$$p = p_\infty + \frac{\rho}{2} \cdot c_\infty^2 - \frac{\rho}{2} \cdot \left[c_\infty^2 + \frac{D \cdot c_\infty^2}{2 \cdot \pi} \cdot \frac{1}{r_K} \cdot \left(2 \cdot \cos \varphi + \frac{D}{2 \cdot \pi} \cdot \frac{1}{r_K} \right) \right].$$

Dann c_∞^2 vor die eckige Klammer gezogen führt zu

$$p = p_\infty + \frac{\rho}{2} \cdot c_\infty^2 - \frac{\rho}{2} \cdot c_\infty^2 \cdot \left[1 + \frac{D}{2 \cdot \pi} \cdot \frac{1}{r_K} \cdot \left(2 \cdot \cos \varphi + \frac{D}{2 \cdot \pi} \cdot \frac{1}{r_K} \right) \right]$$

oder

$$p = p_\infty + \frac{\rho}{2} \cdot c_\infty^2 - \frac{\rho}{2} \cdot c_\infty^2 - \frac{\rho}{2} \cdot c_\infty^2 \cdot \left[\frac{D}{2 \cdot \pi} \cdot \frac{1}{r_K} \cdot \left(2 \cdot \cos \varphi + \frac{D}{2 \cdot \pi} \cdot \frac{1}{r_K} \right) \right]$$

bzw.

$$p = p_\infty - \frac{\rho}{2} \cdot c_\infty^2 \cdot \left[\frac{D}{2 \cdot \pi} \cdot \frac{1}{r_K} \cdot \left(2 \cdot \cos \varphi + \frac{D}{2 \cdot \pi} \cdot \frac{1}{r_K} \right) \right].$$

Jetzt $\frac{D}{2 \cdot \pi} \cdot \frac{1}{r_K}$ in die runde Klammer multipliziert liefert

$$p = p_\infty - \frac{\rho}{2} \cdot c_\infty^2 \cdot \left[\frac{D}{2 \cdot \pi} \cdot \frac{1}{r_K} \cdot 2 \cdot \cos \varphi + \left(\frac{D}{2 \cdot \pi} \cdot \frac{1}{r_K} \right)^2 \right].$$

Als Abschluss soll nun noch der Radius $r_K = -\frac{D}{2 \cdot \pi} \cdot \frac{\widehat{\varphi}}{\sin \varphi}$ ersetzt werden.

$$p = p_\infty - \frac{\rho}{2} \cdot c_\infty^2 \cdot \left[-\frac{D}{2 \cdot \pi} \cdot \frac{2 \cdot \pi}{D} \cdot \frac{2 \cdot \sin \varphi \cdot \cos \varphi}{\widehat{\varphi}} + \left(\frac{D}{2 \cdot \pi} \cdot \frac{2 \cdot \pi}{(-1) \cdot D} \cdot \frac{\sin \varphi}{\widehat{\varphi}} \right)^2 \right]$$

Hiermit erhält man als Ergebnis der Druckverteilung, jetzt in Polarkoordinaten,

$$p = p_\infty - \frac{\rho}{2} \cdot c_\infty^2 \cdot \left(\frac{\sin^2 \varphi}{\widehat{\varphi}^2} - \frac{2 \cdot \sin \varphi \cdot \cos \varphi}{\widehat{\varphi}} \right)$$

oder auch mit $2 \cdot \sin \varphi \cdot \cos \varphi = \sin(2 \cdot \varphi)$

$$p = p_\infty - \frac{\rho}{2} \cdot c_\infty^2 \cdot \left(\frac{\sin^2 \varphi}{\widehat{\varphi}^2} - \frac{\sin(2 \cdot \varphi)}{\widehat{\varphi}} \right).$$

Als Druckdifferenz formuliert führt zu

$$\Delta p = (p - p_\infty) = \frac{\rho}{2} \cdot c_\infty^2 \cdot \left(\frac{\sin(2 \cdot \varphi)}{\widehat{\varphi}} - \frac{\sin^2 \varphi}{\widehat{\varphi}^2} \right).$$

Mit der Definition des Druckbeiwertes $c_p = \frac{\Delta p}{\frac{\rho}{2} \cdot c_\infty^2}$ erhält man im vorliegenden Fall

$$c_p = \left(\frac{\sin(2 \cdot \varphi)}{\widehat{\varphi}} - \frac{\sin^2 \varphi}{\widehat{\varphi}^2} \right).$$

Um sich ein Bild über die Verteilung des Druckbeiwertes entlang der Kontur des „Ebenen Halbkörpers" machen zu können, soll ein Tabellenkalkulationsprogramm zur Anwendung kommen. Mit diesem wird einmal die Kontur bei $\Psi_{\text{Ges}} = 0$ ermittelt und dargestellt als auch der Verlauf von $c_p = f(x_K)$. Die Vorgehensweise erfolgt in nachstehenden Schritten.

1. E vorgeben

2. c_∞ vorgeben

3. φ° Variable

4. y_K-Koordinate $y_K = \frac{1}{c_\infty} \cdot \left(\Psi_{\text{Ges}} - \frac{E}{2 \cdot \pi} \cdot \widehat{\varphi} \right)$

Mit $\Psi_{\text{Ges}} = 0$ und $\widehat{\varphi} = \varphi^\circ \cdot \frac{\pi}{180^\circ}$ erhält man

$$y_K = \frac{1}{c_\infty} \cdot \left(0 - \frac{E}{2} \cdot \frac{\varphi^\circ}{180^\circ} \right) \qquad \text{somit bekannt}$$

5. x_K-Koordinate $x_K = \frac{y_K}{\tan \varphi}$ somit bekannt

6. $c_p = f(x_K)$ $c_p = \left(\frac{\sin(2 \cdot \varphi^\circ)}{\widehat{\varphi}} - \frac{(\sin \varphi^\circ)^2}{\widehat{\varphi}^2} \right)$ somit bekannt

Zahlenbeispiel

1. $E = 8 \dfrac{m^2}{s}$ vorgegeben

2. $c_\infty = 1 \dfrac{m}{s}$ vorgegeben

3. $\varphi^\circ = 30^\circ$ Variable

4. $y_K = \dfrac{1}{1} \cdot \left(0 - \dfrac{8}{2} \cdot \dfrac{30^\circ}{180^\circ} \right)$ $y_K = -0{,}667 \, m$

5. $x_K = -\dfrac{0{,}667}{\tan 30}$ $x_K = -1{,}155 \, m$

6. $c_p = \left(\dfrac{\sin(2 \cdot 30^\circ)}{(\varphi^\circ \cdot \frac{\pi}{180^\circ})} - \dfrac{(\sin 30^\circ)^2}{(\varphi^\circ \cdot \frac{\pi}{180^\circ})^2} \right)$ $c_p = 0{,}742$

Damit ist ein erster Punkt $P(x_K, y_K) = P(-1{,}155 \, m; -0{,}667 \, m)$ der Kontur (Stromlinie: $\Psi_{Ges} = 0$) bekannt ebenso wie ein erster Punkt $P(x_K, c_p) = P(-1{,}155 \, m; 0{,}742 \, m)$ des Verlaufs des Druckbeiwertes $c_p = f(x_K)$. Durch die Variation von φ° lassen sich nach der gezeigten Vorgehensweise weitere Punkte für $\Psi_{Ges} = 0$ und $c_p = f(x_K)$ finden. Das Ergebnis der Auswertungen für den Fall $E = 8 \frac{m^2}{s}$ und $c_\infty = 1 \frac{m}{s}$ ist in Abb. 4.10 zu erkennen.

Isobaren

In gleicher Weise, wie die Isotachen im Fall des „Ebenen Halbkörpers" von Interesse sind, kommen den Isobaren, also Linien gleichen Drucks, besondere Bedeutung zu. Eine wichtige Anwendung der Isobaren besteht in der Beurteilung von Druckänderungen in einem Strömungsfeld. Als Ausgangspunkt der Isobarenbestimmung dient die Gleichung des Drucks gemäß

$$p(x, y) = p_\infty + \frac{\rho}{2} \cdot c_\infty^2 - \frac{\rho}{2} \cdot \left[c_\infty^2 + \frac{E}{2 \cdot \pi} \cdot \frac{1}{(x^2 + y^2)} \cdot \left(2 \cdot c_\infty \cdot x + \frac{E}{2 \cdot \pi} \right) \right].$$

oder

$$p(x, y) = p_\infty - \frac{\rho}{2} \cdot \left[+ \frac{E}{2 \cdot \pi} \cdot \frac{1}{(x^2 + y^2)} \cdot \left(2 \cdot c_\infty \cdot x + \frac{E}{2 \cdot \pi} \right) \right].$$

Umgestellt nach dem Druckunterschied Δp

$$\Delta p = p(x, y) - p_\infty = -\frac{\rho}{2} \cdot \frac{E}{2 \cdot \pi} \cdot \frac{1}{(x^2 + y^2)} \cdot \left(2 \cdot c_\infty \cdot x + \frac{E}{2 \cdot \pi} \right)$$

und dann mit $\frac{(x^2 + y^2)}{\Delta p}$ multipliziert führt zu

$$x^2 + y^2 = -\frac{E}{4 \cdot \pi} \cdot \frac{\rho}{\Delta p} \cdot \left(2 \cdot c_\infty \cdot x + \frac{E}{2 \cdot \pi} \right)$$

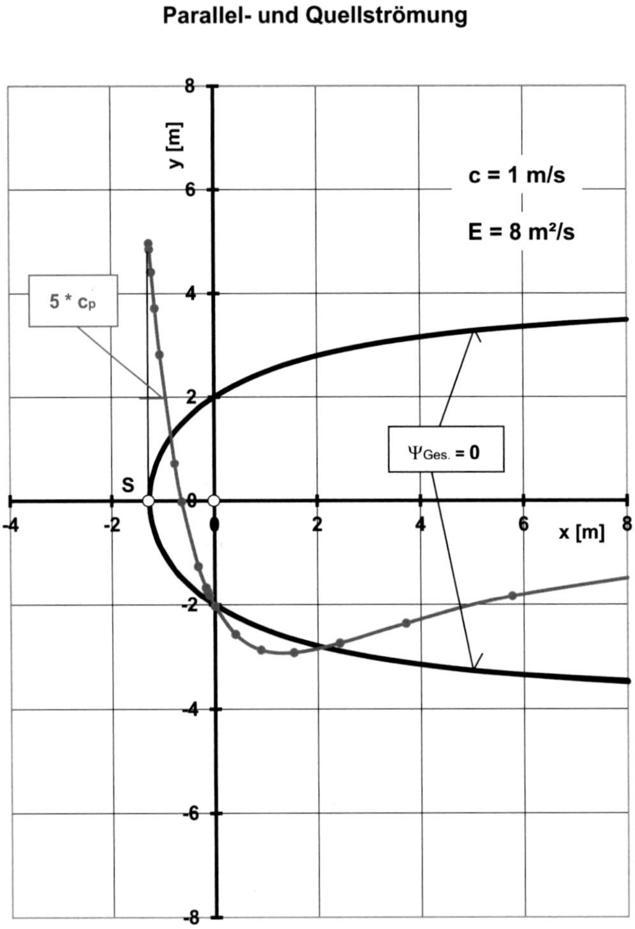
Parallel- und Quellströmung
c = 1 m/s
E = 8 m²/s
5 * cp
ΨGes. = 0
S
y [m]
x [m]
8
6
4
2
0
-2
-4
-6
-8
-4
-2
2
4
6
8

Abb. 4.10 Kontur und Druckbeiwertsverteilung am „Ebenen Halbkörper"

bzw.

$$y^2 = -\frac{E}{4 \cdot \pi} \cdot \frac{\rho}{\Delta p} \cdot \left(2 \cdot c_\infty \cdot x + \frac{E}{2 \cdot \pi}\right) - x^2.$$

Jetzt noch die Wurzel gezogen liefert das Resultat zur Ermittlung der Isobaren

$$y = \pm\sqrt{-\frac{E}{4 \cdot \pi} \cdot \frac{\rho}{\Delta p} \cdot \left(2 \cdot c_\infty \cdot x + \frac{E}{2 \cdot \pi}\right) - x^2}.$$

Die Lösungen dieser Gleichung sind nur dann möglich, wenn die Druckdifferenzen Δp negative Werte aufweisen, also $p(x, y) < p_\infty$ ist. Dies entspricht auch bei ansteigenden Geschwindigkeiten $c(x, y)$ dem Bernoulli'schen Gesetz der Energieerhaltung, da p_∞ und c_∞ jeweils konstante Größen sind.

Bei vorgegebenen Größen von E, c_∞, ρ und der Druckdifferenz Δp als Parameter lassen sich somit die Isobaren in der Abhängigkeit $y(x)$ bestimmen. Ein Punkt der Isobare $\Delta p = -250\,\text{Pa}$ soll beispielhaft für alle anderen berechnet werden.

1. E vorgeben

2. c_∞ vorgeben

3. ρ vorgeben

4. Δp Parameter

5. x Variable

6. y $y = \pm\sqrt{-\dfrac{E}{4\cdot\pi}\cdot\dfrac{\rho}{\Delta p}\cdot\left(2\cdot c_\infty \cdot x + \dfrac{E}{2\cdot\pi}\right) - x^2}$

Zahlenbeispiel

1. $E = 8\,\dfrac{\text{m}^2}{\text{s}}$ vorgegeben

2. $c_\infty = 1\,\dfrac{\text{m}}{\text{s}}$ vorgegeben

3. $\rho = 1000\,\dfrac{\text{kg}}{\text{m}^3}$ vorgegeben

4. $\Delta p = -250\,\text{Pa}$ Parameter

5. $x = 2{,}0\,\text{m}$ Variable

6. $y = \pm\sqrt{-\dfrac{8}{4\cdot\pi}\cdot\dfrac{1000}{(-250)}\cdot\left(2\cdot 1\cdot 2 + \dfrac{8}{2\cdot\pi}\right) - 2^2}$

$y = \pm 3{,}07\,\text{m}$ somit bekannt.

Damit ist ein Punkt der Isobare $\Delta p = -250\,\text{Pa}$ bekannt. Alle anderen werden durch Variation von x gemäß o. g. Vorgehensweise ermittelt. In Abb. 4.11 sind fünf verschiedene, willkürlich gewählte Isobaren in Verbindung mit der Kontur des ebenen Halbkörpers $\Psi = 0$ dargestellt. Die Kurvenverläufe entsprechen Kreisen, wenn auch hier nur Abschnitte zu erkennen sind.

Der Nachweis der Kreiskontur

der Isobaren erfolgt analog zu dem der Isotachen. Als Ergebnis erhält man die Kreisgleichung gemäß Abb. 4.11

$$y^2 + x^{*2} = R^2$$

mit

$$x^* = x + \frac{E}{4\cdot\pi}\cdot\frac{\rho}{\Delta p}\cdot c_\infty$$

und

$$R = \frac{E}{2\cdot\pi}\cdot\sqrt{\frac{1}{2}\cdot\rho\cdot\left(\frac{1}{2}\cdot\frac{\rho}{\Delta p^2}\cdot c_\infty^2 - 1\right)}.$$

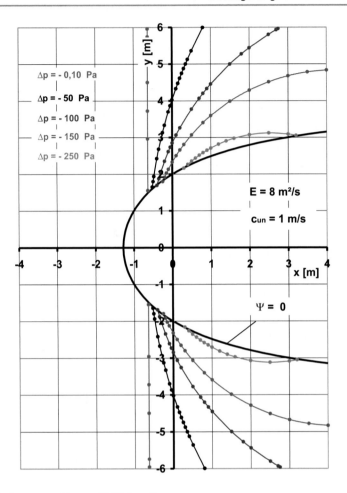

Abb. 4.11 Isobaren am „Ebenen Halbkörper"

4.3 Parallel- mit Quelle-Senkenströmung

Im Vorgriff auf die Ergebnisse der folgenden Ableitungen lässt sich aus diesen Resultaten die Umströmung eines ebenen ovalen Körpers in Form der Strom- und Potentiallinien
sowie der Geschwindigkeits- und Druckverteilungen ermitteln. Ausgangspunkt hierbei
ist die Überlagerung einer Parallelströmung (Abschn. 2.1 bei $\alpha = 0°$) mit der Potentialströmung eines Quelle-Senkenpaars (Abschn. 2.3). Beide Stromlinien sind in Abb. 4.12
qualitativ dargestellt.

Hierin auch erkennbar sind neben den betreffenden Stromlinien Ψ_P der Parallelströmung und $\Psi_{Q,S}$ der Quelle-Senkenströmung wichtige Größen wie Strömungsgeschwin-
digkeit der Parallelströmung c_∞ sowie die Ergiebigkeit $\pm E = \pm \frac{\dot{V}}{b} = $ konst. der Quelle $(+)$
bzw. Senke $(-)$ und der Abstand L zwischen beiden.

Abb. 4.12 Prinzipskizze der
Stromlinien von Parallel- und
Quelle-Senkenströmung

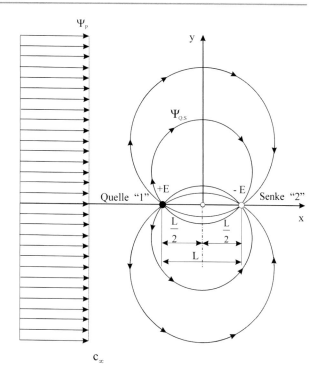

Stromfunktion Ψ_{Ges} und Potentialfunktion Φ_{Ges}

Bei den Herleitungen der Strom- und Potentialfunktionen Ψ_{Ges} und Φ_{Ges} wird auf die Strom- und Potentialfunktionen der Parallel- und Quelle-Senkenströmung gemäß Abschn. 2.1 und 2.3 zurückgegriffen. Hierbei und auch bei den weiteren Schritten macht man von den in Abb. 4.13 eingetragenen Größen Gebrauch. Als kennzeichnendes Merkmal der Quelleströmung wird der Index „1", bei der Senkenströmung der Index „2" verwendet. Der Zusatzindex i steht für beliebige weitere Stromlinien i = 1, 2, 3, ...

Die Herleitungen der Strom- und Potentialfunktionen von Parallel- und Quelle-Senkenströmung in den Abschn. 2.1 und 2.3 lieferten bei Verwendung von

Kartesischen Koordinaten x, y

Parallelströmung
Stromfunktion

$$\Psi_P = c_\infty \cdot y \quad \text{bei } \alpha = 0°$$

Potentialfunktion

$$\Phi_P = c_\infty \cdot x \quad \text{bei } \alpha = 0°$$

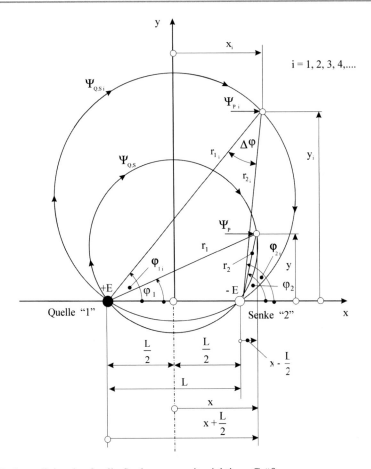

Abb. 4.13 Stromlinien des Quelle-Senkenpaars mit wichtigen Größen

Quelle-Senkenströmung

Stromfunktion

$$\Psi_{\text{Q.S}} = \frac{E}{2 \cdot \pi} \cdot \left(\arctan\left(\frac{y}{x + \frac{L}{2}} \right) - \arctan\left(\frac{y}{x - \frac{L}{2}} \right) \right)$$

Potentialfunktion

$$\Phi_{\text{Q.S}} = \frac{E}{2 \cdot \pi} \cdot \ln\left(\frac{\sqrt{\left(x + \frac{L}{2}\right)^2 + y^2}}{\sqrt{\left(x - \frac{L}{2}\right)^2 + y^2}} \right)$$

Polarkoordinaten r, φ

Parallelströmung
Stromfunktion

$$\Psi_{\mathrm{P}} = c_{\infty} \cdot r \cdot \sin\varphi \quad \text{bei } \alpha = 0°$$

Potentialfunktion

$$\Phi_{\mathrm{P}} = c_{\infty} \cdot r \cdot \cos\varphi \quad \text{bei } \alpha = 0°$$

Quelle-Senkenströmung
Stromfunktion

$$\Psi_{\mathrm{Q,S}} = \frac{E}{2 \cdot \pi} \cdot (\varphi_1 - \varphi_2)$$

und mit $\Delta\varphi = (\varphi_2 - \varphi_1)$, da $\varphi_2 > \varphi_1$,

$$\Psi_{\mathrm{Q,S}} = -\frac{E}{2 \cdot \pi} \cdot (\varphi_2 - \varphi_1) = -\frac{E}{2 \cdot \pi} \cdot \Delta\varphi.$$

Potentialfunktion

$$\Phi_{\mathrm{Q,S}} = \frac{E}{2 \cdot \pi} \cdot \ln\left(\frac{r_1}{r_2}\right)$$

bzw. gemäß Abschn. 2.2 mit der Ergiebigkeit

$$E = \frac{\dot{V}}{b}.$$

Im Fall der **Überlagerung** entsteht zunächst für die Strom- und Potentialfunktion

Kartesischen Koordinaten x, y
Stromfunktion

$$\Psi_{\mathrm{Ges}} = \Psi_{\mathrm{P}} + \Psi_{\mathrm{Q,S}}$$

oder

$$\Psi_{\mathrm{Ges}} = c_{\infty} \cdot y + \frac{E}{2 \cdot \pi} \cdot \left(\arctan\left(\frac{y}{x + \frac{L}{2}}\right) - \arctan\left(\frac{y}{x - \frac{L}{2}}\right)\right)$$

bzw.

$$\Psi_{\mathrm{Ges}} = c_{\infty} \cdot y - \frac{E}{2 \cdot \pi} \cdot \left(\arctan\left(\frac{y}{x - \frac{L}{2}}\right) - \arctan\left(\frac{y}{x + \frac{L}{2}}\right)\right).$$

N.B. Eine besondere Stromlinie liegt für $\Psi_{\mathrm{Ges}} = 0$ vor. Diese dient zur **Ermittlung der Kontur des ebenen ovalen Körpers** und basiert auf folgenden Überlegungen. Bei allen Stromlinien $\Psi_{\mathrm{Ges}_i} = $ konst. tangieren die Geschwindigkeiten diese Linien. Folglich liegen keine Normalkomponenten zu den Stromlinien vor. Es findet demnach auch kein Fluidtransport über die Stromlinien statt. Diese kann man sich somit wie „feste Wände" vorstellen. Eine besondere feste Wand wird durch die Stromlinie $\Psi_{\mathrm{Ges}} = 0$ gebildet. Diese verläuft durch den/die Staupunkt/e und es entsteht ein „fester Körper", innerhalb dem die dort vorhandenen Stromlinien i. a. keine Bedeutung haben. Die außen gelegenen bilden das Strömungsfeld um den betreffenden, im vorliegenden Fall ebenen ovalen Körper.

Potentialfunktion

$$\Phi_{\mathrm{Ges}} = \Phi_{\mathrm{P}} + \Phi_{\mathrm{Q,S}}$$

oder

$$\Phi_{\mathrm{Ges}} = c_\infty \cdot x + \frac{E}{2 \cdot \pi} \cdot \ln\left(\frac{\sqrt{\left(x + \frac{L}{2}\right)^2 + y^2}}{\sqrt{\left(x - \frac{L}{2}\right)^2 + y^2}}\right).$$

Polarkoordinaten r, φ

Stromfunktion

$$\Psi_{\mathrm{Ges}} = c_\infty \cdot r \cdot \sin\varphi - \frac{E}{2 \cdot \pi} \cdot \Delta\varphi$$

Potentialfunktion

$$\Phi_{\mathrm{Ges}} = c_\infty \cdot r \cdot \cos\varphi + \frac{E}{2 \cdot \pi} \cdot \ln\left(\frac{r_1}{r_2}\right).$$

Stromlinienverlauf mittels Tabellenkalkulationsprogramm

Die nachfolgenden Zusammenhänge lassen sich für alle Stromlinien anwenden. Insofern wird auf eine weitere Indizierung $i = 1, 2, 3, 4, \ldots$ verzichtet. Zur Bestimmung und Darstellung der Stromlinien mit einem Tabellenkalkulationsprogramm (hier EXCEL) wird folgender Ansatz verwendet

$$\Psi_{\mathrm{Ges}} = c_\infty \cdot r \cdot \sin\varphi - \frac{E}{2 \cdot \pi} \cdot \Delta\varphi = c_\infty \cdot y - \frac{E}{2 \cdot \pi} \cdot \Delta\varphi$$

mit $\Delta\varphi = (\varphi_2 - \varphi_1)$ gemäß Abb. 4.13.

Dividiert durch c_∞ und nach y umsortiert führt zu

$$y = \frac{\Psi_{\mathrm{Ges}}}{c_\infty} + \frac{E}{2 \cdot \pi \cdot c_\infty} \cdot \Delta\varphi.$$

y und x sind, – zur Erinnerung –, die jeweiligen Koordinaten der Kurvenpunkte auf den Stromlinien. Um nun noch die erforderliche x-Koordinate zu ermitteln, geht man vom Cosinussatz in Abb. 4.13 aus. Dieser lautet

$$L^2 = r_1^2 + r_2^2 - 2 \cdot r_1 \cdot r_2 \cdot \cos \Delta\varphi.$$

Die Radien r_1 und r_2 werden jetzt noch mit den geometrischen Gegebenheiten gemäß Abb. 4.13 wie folgt in Verbindung gebracht. Nach Pythagoras erhält man

$$r_1^2 = y^2 + \left(x + \frac{L}{2}\right)^2 = y^2 + x^2 + 2 \cdot \frac{L}{2} \cdot x + \frac{L^2}{4} \quad \text{sowie}$$

$$r_2^2 = y^2 + \left(x - \frac{L}{2}\right)^2 = y^2 + x^2 - 2 \cdot \frac{L}{2} \cdot x + \frac{L^2}{4}.$$

Oben eingesetzt liefert zunächst

$$L^2 = y^2 + x^2 + L \cdot x + \frac{L^2}{4} + y^2 + x^2 - L \cdot x + \frac{L^2}{4} - 2 \cdot r_1 \cdot r_2 \cdot \cos \Delta\varphi$$

bzw. zusammengefasst

$$L^2 = 2 \cdot \left(y^2 + x^2 + \frac{L^2}{4} - r_1 \cdot r_2 \cdot \cos \Delta\varphi\right).$$

Hierin muss noch das Produkt $r_1 \cdot r_2$ ersetzt werden mit den Koordinaten x und y sowie $\Delta\varphi$. Dies lässt sich mit dem Sinussatz wie folgt bewerkstelligen

$$\frac{L}{\sin \Delta\varphi} = \frac{r_2}{\sin \varphi_1} = \left(\frac{r_1}{\sin \varphi_2}\right).$$

Weiterhin ist $\sin \varphi_1 = \frac{y}{r_1}$. Dies oben eingesetzt liefert

$$\frac{L}{\sin \Delta\varphi} = \frac{r_1 \cdot r_2}{y}$$

oder nach $r_1 \cdot r_2$ umgestellt

$$r_1 \cdot r_2 = \frac{y \cdot L}{\sin \Delta\varphi}.$$

Verwenden wir dieses Ergebnis in der Gleichung für L^2, so führt dies zunächst zu

$$L^2 = 2 \cdot \left(y^2 + x^2 + \frac{L^2}{4} - \frac{y \cdot L}{\sin \Delta\varphi} \cdot \cos \Delta\varphi\right)$$

bzw.

$$\frac{L^2}{2} = y^2 + x^2 + \frac{L^2}{4} - \frac{y \cdot L}{\tan \Delta \varphi}$$

oder

$$\frac{L^2}{4} = y^2 + x^2 - \frac{y \cdot L}{\tan \Delta \varphi}.$$

Nach x^2 umgestellt

$$x^2 = \frac{L^2}{4} - y^2 + \frac{y \cdot L}{\tan \Delta \varphi}$$

und die Wurzel gezogen ergibt

$$x = \pm \sqrt{\frac{L^2}{4} - y^2 + \frac{y \cdot L}{\tan \Delta \varphi}}.$$

Mit der schon bekannten y-Koordinate

$$y = \frac{\Psi_{\text{Ges}}}{c_\infty} + \frac{E}{2 \cdot \pi \cdot c_\infty} \cdot \Delta \varphi$$

lassen sich alle Punkte der Stromlinien mit jeweils $\Psi_{\text{Ges}.i} = $ konst. ermitteln. Die nachstehenden Schritte werden exemplarisch für eine Stromlinie $\Psi = $ konst. beschrieben. Die Erweiterung auf die i-Stromlinien erfolgt analog hierzu. Die gegebenen Größen sind E, c_∞ und L sowie die jeweils gewählte Stromfunktion Ψ als Parameter. Dann führen folgende Schritte zur Lösung.

1. E vorgeben

2. c_∞ vorgeben

3. L vorgeben

4. Ψ_{Ges} Parameter

5. $\Delta \varphi$ Variable

6. y-Koordinate $y = \dfrac{\Psi_{\text{Ges}}}{c_\infty} + \dfrac{E}{2 \cdot \pi \cdot c_\infty} \cdot \Delta \varphi$ somit bekannt

7. x-Koordinate $x = \pm \sqrt{\dfrac{L^2}{4} - y^2 + \dfrac{y \cdot L}{\tan \Delta \varphi}}$ somit bekannt.

Zahlenbeispiel

1. $E = 4 \dfrac{\mathrm{m}^2}{\mathrm{s}}$ \hspace{2cm} vorgegeben

2. $c_\infty = 50 \dfrac{\mathrm{m}}{\mathrm{s}}$ \hspace{2cm} vorgegeben

3. $L = 0{,}080\,\mathrm{m}$ \hspace{2cm} vorgegeben

4. $\Psi_{\text{Ges}} = 1{,}5 \dfrac{\mathrm{m}^2}{\mathrm{s}}$ \hspace{2cm} Parameter

5. $\Delta\varphi = 60° \equiv 1{,}047$ \hspace{2cm} Variable

6. $y = \dfrac{1{,}5}{50} + \dfrac{4}{2 \cdot \pi \cdot 50} \cdot 1{,}047$ \hspace{1cm} $= 0{,}04333\,\mathrm{m}$

7. $x = \pm \sqrt{\dfrac{0{,}080^2}{4} - 0{,}04333^2 + \dfrac{0{,}04333 \cdot 0{,}080}{\tan 60°}}$ \hspace{0.5cm} $= \pm 0{,}0415\,\mathrm{m}$

Damit sind zwei erste Punkte $P(x; y) = P(\pm 0{,}0415\,\mathrm{m}; 0{,}04333\,\mathrm{m})$ der Stromlinie $\Psi_{\text{Ges}} = 1{,}5 \frac{\mathrm{m}^2}{\mathrm{s}}$ bekannt. Durch die Variation von $\Delta\varphi$ lassen sich nach der gezeigten Vorgehensweise weitere Punkte für $\Psi_{\text{Ges}} = 1{,}5 \frac{\mathrm{m}^2}{\mathrm{s}}$ finden. Das gleiche Procedere wird für alle anderen Stromlinien Ψ_i angewendet. Das Ergebnis der Auswertungen für den Fall $E = 4 \frac{\mathrm{m}^2}{\mathrm{s}}$, $c_\infty = 50 \frac{\mathrm{m}}{\mathrm{s}}$ und $L = 0{,}080\,\mathrm{m}$ ist in Abb. 4.14 zu erkennen.

Potentiallinienverlauf mittels Tabellenkalkulationsprogramm
Die nachfolgenden Zusammenhänge lassen sich für alle Potentiallinien anwenden. Insofern wird auf eine weitere Indizierung $i = 1, 2, 3, 4, \ldots$ verzichtet. Zur Bestimmung und Darstellung der Potentiallinien mit einem geeigneten Tabellenkalkulationsprogramm (hier EXCEL) wird gemäß Abschn. 2.1 bei $\alpha = 0°$ und Abschn. 2.3 folgender Ansatz verwendet

$$\Phi_{\text{Ges}} = c_\infty \cdot r \cdot \cos\varphi + \frac{E}{2 \cdot \pi} \cdot \ln\left(\frac{r_1}{r_2}\right) = c_\infty \cdot x + \frac{E}{2 \cdot \pi} \cdot \ln\left(\frac{r_1}{r_2}\right)$$

Diese Gleichung wird umgeformt zu

$$\Phi_{\text{Ges}} - c_\infty \cdot x = \frac{E}{2 \cdot \pi} \cdot \ln\left(\frac{r_1}{r_2}\right)$$

oder

$$\ln\left(\frac{r_1}{r_2}\right) = \frac{2 \cdot \pi}{E} \cdot (\Phi_{\text{Ges}} - c_\infty \cdot x).$$

Mit $e^{\ln a} = a$ folgt

$$\frac{r_1}{r_2} = e^{\frac{2 \cdot \pi}{E} \cdot (\Phi_{\text{Ges}} - c_\infty \cdot x)}$$

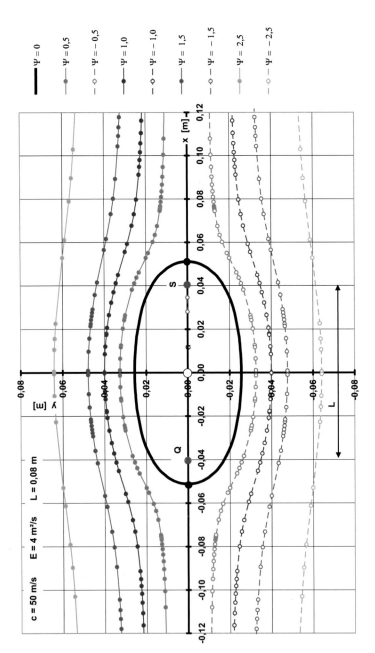

Abb. 4.14 Stromlinien der Parallel- mit Quelle-Senkenströmung

Somit hängt das Radienverhältnis $\frac{r_1}{r_2}$ nur von der Koordinate x ab, wenn E, c_∞ vorgegeben sind und Φ_{Ges} als Parameter gewählt wird. Die Radien r_1 und r_2 werden jetzt noch mit den geometrischen Gegebenheiten gemäß Abb. 4.13 wie folgt in Verbindung gebracht. Nach Pythagoras erhält man

$$r_1^2 = y^2 + \left(x + \frac{L}{2}\right)^2 = y^2 + x^2 + x \cdot L + \frac{L^2}{4}$$

und

$$r_2^2 = y^2 + \left(x - \frac{L}{2}\right)^2 = y^2 + x^2 - x \cdot L + \frac{L^2}{4}.$$

Die Differenz $r_1^2 - r_2^2$ führt zu

$$r_1^2 - r_2^2 = \left(y^2 + x^2 + x \cdot L + \frac{L^2}{4}\right) - \left(y^2 + x^2 - x \cdot L + \frac{L^2}{4}\right)$$

und somit

$$r_1^2 - r_2^2 = 2 \cdot x \cdot L.$$

r_2^2 ausgeklammert liefert

$$r_2^2 \cdot \left(\frac{r_1^2}{r_2^2} - 1\right) = 2 \cdot x \cdot L$$

oder auch

$$r_2^2 = \frac{2 \cdot x \cdot L}{\left(\frac{r_1^2}{r_2^2} - 1\right)}$$

Die Wurzel gezogen ergibt

$$r_2 = \sqrt{\frac{2 \cdot x \cdot L}{\left(\frac{r_1^2}{r_2^2} - 1\right)}}.$$

Den Radius r_1 kann man jetzt leicht wie folgt bestimmen

$$r_1 = \left(\frac{r_1}{r_2}\right) \cdot r_2.$$

Jetzt fehlt noch die y-Koordinate. Diese erhalten wir aus

$$r_2^2 = y^2 + \left(x - \frac{L}{2}\right)^2$$

durch Umformung

$$y^2 = r_2^2 - \left(x - \frac{L}{2}\right)^2$$

und Wurzel ziehen zu

$$y = \pm\sqrt{r_2^2 - \left(x - \frac{L}{2}\right)^2}.$$

Mit den so bestimmten Zusammenhängen lassen sich alle Punkte der Potentiallinien mit jeweils Φ_{Ges_i} = konst. ermitteln. Die nachstehenden Schritte werden exemplarisch für eine Stromlinie Φ_{Ges} = konst. beschrieben. Die Erweiterung auf die i-Potentiallinien erfolgt analog hierzu. Die gegebenen Größen sind E, L und c_∞ sowie die jeweils gewählte Potentialfunktion Φ_{Ges} als Parameter. Dann führen folgende Schritte zur Lösung.

1. E vorgeben

2. c_∞ vorgeben

3. L vorgeben

4. Φ_{Ges} Parameter

5. x Variable

6. $\dfrac{r_1}{r_2} = e^{\frac{2\cdot\pi}{E}\cdot(\Phi_{Ges} - c_\infty\cdot x)}$ somit bekannt

7. $r_2 = \sqrt{\dfrac{2\cdot x\cdot L}{\left(\frac{r_1^2}{r_2^2} - 1\right)}}$ somit bekannt

8. $r_1 = \left(\dfrac{r_1}{r_2}\right)\cdot r_2$ somit bekannt

9. $y = \pm\sqrt{r_2^2 - \left(x - \frac{L}{2}\right)^2}$ somit bekannt.

Zahlenbeispiel

1. $E = 4\,\dfrac{\text{m}^2}{\text{s}}$ vorgegeben

2. $c_\infty = 50\,\dfrac{\text{m}}{\text{s}}$ vorgegeben

3. $L = 0{,}080\,\text{m}$ vorgegeben

4. $\Phi_{Ges} = 3\,\dfrac{\text{m}^2}{\text{s}}$ Parameter

5. $x = 0{,}050\,\text{m}$ Variable

$$6. \quad \frac{r_1}{r_2} = e^{\frac{2\cdot\pi}{4}\cdot(3-50\cdot0,050)} \qquad\qquad = 2,193$$

$$7. \quad r_2 = \sqrt{\frac{2\cdot0,050\cdot0,08}{(2,193^2-1)}} \qquad\qquad = 0,0458\,\text{m}$$

$$8. \quad r_1 = (2,193)\cdot0,0458 \qquad\qquad = 0,1004\,\text{m}$$

$$9. \quad y = \pm\sqrt{0,0458^2 - \left(0,050 - \frac{0,08}{2}\right)^2} \quad = \pm0,0447\,\text{m}$$

Damit sind zwei erste Punkte $P(x;y) = P(0,050\,\text{m}; \pm0,0447\,\text{m})$ der Potentiallinie $\Phi_{\text{Ges}} = 3\,\frac{\text{m}^2}{\text{s}}$ bekannt. Durch die Variation von x lassen sich nach der gezeigten Vorgehensweise weitere Punkte für $\Phi_{\text{Ges}} = 3\,\frac{\text{m}^2}{\text{s}}$ finden. Das gleiche Procedere wird für alle anderen Potentiallinien Φ_{Ges_i} angewendet. Das Ergebnis der Auswertungen für den Fall $E = 4\,\frac{\text{m}^2}{\text{s}}$, $c_\infty = 50\,\frac{\text{m}}{\text{s}}$ und $L = 0,080\,\text{m}$ ist in Abb. 4.15 zu erkennen.

Geschwindigkeiten c_x, c_y und c

Die Geschwindigkeit c im Strömungsfeld und speziell auch an der Kontur des ovalen ebenen Körpers lässt sich mittels der Komponenten c_x und c_y bestimmen. Vorzugsweise wird die Darstellung in Form kartesischer Koordinaten benutzt. Die Umrechnung auf Polarkoordinaten ist jederzeit möglich.

Da die Stromfunktion Ψ_{Ges} und auch die Potentialfunktion Φ_{Ges} der überlagerten Parallel- und Quelle-Senkenströmung bekannt sind, lassen sich die Geschwindigkeitskomponenten c_x und c_y unter Anwendung von z. B.

$$c_x = \frac{\partial\Psi_{\text{Ges}}}{\partial y} \quad\text{sowie}\quad c_y = -\frac{\partial\Psi_{\text{Ges}}}{\partial x}$$

wie folgt ermitteln.

$c_{x(x,y)}$ Mit

$$\Psi_{\text{Ges}} = c_\infty\cdot y + \frac{E}{2\cdot\pi}\cdot\left(\arctan\left(\frac{y}{x+\frac{L}{2}}\right) - \arctan\left(\frac{y}{x-\frac{L}{2}}\right)\right)$$

erhält man

$$c_x = \frac{\partial\left[c_\infty\cdot y + \frac{E}{2\cdot\pi}\cdot\left(\arctan\left(\frac{y}{x+\frac{L}{2}}\right) - \arctan\left(\frac{y}{x-\frac{L}{2}}\right)\right)\right]}{\partial y}$$

oder

$$c_x = \frac{\partial(c_\infty\cdot y)}{\partial y} + \frac{E}{2\cdot\pi}\cdot\left[\frac{\partial\left(\arctan\left(\frac{y}{x+\frac{L}{2}}\right)\right)}{\partial y} - \frac{\partial\left(\arctan\left(\frac{y}{x-\frac{L}{2}}\right)\right)}{\partial y}\right].$$

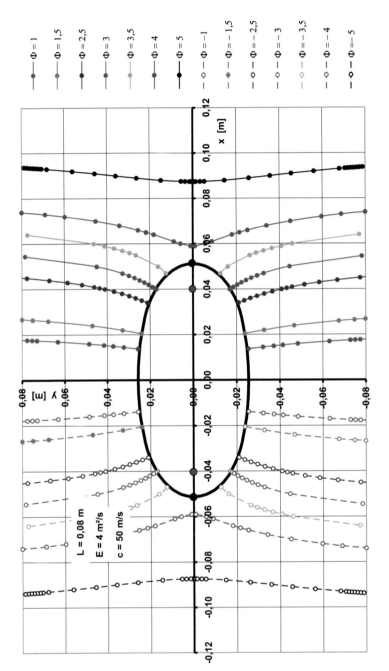

Abb. 4.15 Potentiallinien der Parallel- und Quelle-Senkenströmung

1. $\dfrac{\partial(c_\infty \cdot y)}{\partial y} = c_\infty$

2. $\dfrac{\partial\left(\arctan\left(\frac{y}{x+\frac{L}{2}}\right)\right)}{\partial y} - \dfrac{\partial\left(\arctan\left(\frac{y}{x-\frac{L}{2}}\right)\right)}{\partial y} = \dfrac{\left(x+\frac{L}{2}\right)}{\left(x+\frac{L}{2}\right)^2 + y^2} - \dfrac{\left(x-\frac{L}{2}\right)}{\left(x-\frac{L}{2}\right)^2 + y^2}$

(Abschn. 2.3)

Diese beiden Teilergebnisse in die Ausgangsgleichung für c_x eingesetzt liefern das Resultat

$$c_x(x,y) = c_\infty + \frac{E}{2\cdot\pi} \cdot \left[\frac{\left(x+\frac{L}{2}\right)}{\left(x+\frac{L}{2}\right)^2 + y^2} - \frac{\left(x-\frac{L}{2}\right)}{\left(x-\frac{L}{2}\right)^2 + y^2} \right].$$

$c_{y(x,y)}$ Mit wiederum

$$\Psi_{Ges} = c_\infty \cdot y + \frac{E}{2\cdot\pi} \cdot \left(\arctan\left(\frac{y}{x+\frac{L}{2}}\right) - \arctan\left(\frac{y}{x-\frac{L}{2}}\right) \right)$$

erhält man jetzt

$$c_y = - \frac{\partial\left[c_\infty \cdot y + \frac{E}{2\cdot\pi} \cdot \left(\arctan\left(\frac{y}{x+\frac{L}{2}}\right) - \arctan\left(\frac{y}{x-\frac{L}{2}}\right) \right) \right]}{\partial x}$$

oder

$$c_y = - \frac{\partial(c_\infty \cdot y)}{\partial x} - \frac{E}{2\cdot\pi} \cdot \left[\frac{\partial\left(\arctan\left(\frac{y}{x+\frac{L}{2}}\right)\right)}{\partial x} - \frac{\partial\left(\arctan\left(\frac{y}{x-\frac{L}{2}}\right)\right)}{\partial x} \right].$$

1. $\dfrac{\partial(c_\infty \cdot y)}{\partial x} = 0$

2. $\dfrac{\partial\left(\arctan\left(\frac{y}{x+\frac{L}{2}}\right)\right)}{\partial x} - \dfrac{\partial\left(\arctan\left(\frac{y}{x-\frac{L}{2}}\right)\right)}{\partial x} = -\dfrac{y}{\left(x+\frac{L}{2}\right)^2 + y^2} - (-)\dfrac{y}{\left(x-\frac{L}{2}\right)^2 + y^2}$

(Abschn. 2.3)

Diese beiden Teilergebnisse in die Ausgangsgleichung für c_y eingesetzt liefern das Resultat

$$c_y = -\frac{E}{2\cdot\pi} \cdot \left[-\frac{y}{\left(x+\frac{L}{2}\right)^2 + y^2} - (-)\frac{y}{\left(x-\frac{L}{2}\right)^2 + y^2} \right].$$

bzw. schlussendlich

$$c_y(x,y) = \frac{E}{2\cdot\pi} \cdot y \cdot \left[\frac{1}{\left(x+\frac{L}{2}\right)^2 + y^2} - \frac{1}{\left(x-\frac{L}{2}\right)^2 + y^2} \right].$$

$c(x, y)$ Da $c_y \perp c_x$, erhält man c mit dem Gesetz nach Pythagoras mit den o. g. Komponenten zu

$$c(x, y) = \sqrt{c_x^2(x, y) + c_y^2(x, y)}.$$

Staupunktermittlung x_S
Der Staupunkt S einer Stromlinie ist dadurch gekennzeichnet, dass in ihm die Geschwindigkeit c den Wert Null annimmt. Wegen der Symmetrie der Stromlinien liegt im vorliegenden Fall der Staupunkt auf der x-Achse. Somit weist er die Koordinaten x_S und $y_S = 0$ sowie die Geschwindigkeit $c_x = c = c_S = 0$ auf. Die Ermittlung der Koordinate x_S (Abb. 4.7) lässt sich unter Verwendung der bisherigen Ergebnisse in folgenden Schritten durchführen. Zugrunde liegt die Stromfunktion $\Psi_{\text{Ges}} = 0$, welche die Körperkontur repräsentiert. Im Staupunkt gilt, wie oben schon erwähnt, $c_x = c = c_S = 0$, $y_S = 0$ und $x = x_S$. Dies führt dann mit

$$c_x = c_\infty + \frac{E}{2 \cdot \pi} \cdot \left[\frac{\left(x + \frac{L}{2}\right)}{\left(x + \frac{L}{2}\right)^2 + y^2} - \frac{\left(x - \frac{L}{2}\right)}{\left(x - \frac{L}{2}\right)^2 + y^2} \right]$$

zu

$$c_S = c_\infty + \frac{E}{2 \cdot \pi} \cdot \left[\frac{\left(x_S + \frac{L}{2}\right)}{\left(x_S + \frac{L}{2}\right)^2} - \frac{\left(x_S - \frac{L}{2}\right)}{\left(x_S - \frac{L}{2}\right)^2} \right]$$

oder

$$0 = c_\infty + \frac{E}{2 \cdot \pi} \cdot \left[\frac{\left(x_S + \frac{L}{2}\right)}{\left(x_S + \frac{L}{2}\right)^2} - \frac{\left(x_S - \frac{L}{2}\right)}{\left(x_S - \frac{L}{2}\right)^2} \right]$$

bzw.

$$0 = c_\infty + \frac{E}{2 \cdot \pi} \cdot \left[\frac{1}{\left(x_S + \frac{L}{2}\right)} - \frac{1}{\left(x_S - \frac{L}{2}\right)} \right].$$

Eine Erweiterung in der Klammer liefert

$$0 = c_\infty + \frac{E}{2 \cdot \pi} \cdot \left[\frac{\left(x_S - \frac{L}{2}\right) - \left(x_S + \frac{L}{2}\right)}{\left(x_S + \frac{L}{2}\right) \cdot \left(x_S - \frac{L}{2}\right)} \right]$$

und ausmultipliziert

$$0 = c_\infty + \frac{E}{2 \cdot \pi} \cdot \left[\frac{x_S - \frac{L}{2} - x_S - \frac{L}{2}}{\left(x_S^2 - \frac{L^2}{4}\right)} \right]$$

dann

$$0 = c_\infty - \frac{E}{2 \cdot \pi} \cdot \frac{L}{\left(x_S^2 - \frac{L^2}{4}\right)}.$$

Umgestellt

$$\frac{E}{2 \cdot \pi} \cdot \frac{L}{\left(x_S^2 - \frac{L^2}{4}\right)} = c_\infty$$

und mit $\frac{\left(x_S^2 - \frac{L^2}{4}\right)}{c_\infty}$ multipliziert führt zu

$$\frac{E}{2 \cdot \pi \cdot c_\infty} \cdot L = x_S^2 - \frac{L^2}{4}$$

oder

$$x_S^2 = \frac{E}{2 \cdot \pi \cdot c_\infty} \cdot L + \frac{L^2}{4}.$$

Mit der Wurzel gezogen erhalten wir das Ergebnis

$$x_S = \pm \sqrt{\frac{L}{2} \cdot \left(\frac{E}{\pi \cdot c_\infty} + \frac{L}{2}\right)}.$$

Die Staupunktkoordinate x_S entspricht der großen Achse eines symmetrischen ovalen (elliptischen) ebenen Körpers, also $x_S \equiv a$. Dann gilt auch

$$a \equiv x_S = \pm \sqrt{\frac{L}{2} \cdot \left(\frac{E}{\pi \cdot c_\infty} + \frac{L}{2}\right)}.$$

Die kleine Halbachse b dieses symmetrischen ovalen Körpers befindet sich an der Stelle $x = 0$. Bei der Ermittlung von b geht man wie folgt vor. Ausgangspunkt sei die Stromlinienfunktion

$$\Psi_{Ges} = c_\infty \cdot y + \frac{E}{2 \cdot \pi} \cdot \left(\arctan\left(\frac{y}{x + \frac{L}{2}}\right) - \arctan\left(\frac{y}{x - \frac{L}{2}}\right) \right),$$

die mit o. g. Randbedingungen für die Konturstromlinie $\Psi_{Ges} = 0$ folgende Form annimmt

$$0 = c_\infty \cdot b + \frac{E}{2 \cdot \pi} \cdot \left(\arctan\left(\frac{b}{0 + \frac{L}{2}}\right) - \arctan\left(\frac{b}{0 - \frac{L}{2}}\right) \right).$$

Mit $\frac{2 \cdot \pi}{E}$ multipliziert und umgestellt erhält man dann

$$0 = \frac{2 \cdot \pi \cdot c_\infty}{E} \cdot b - \arctan\left(\frac{b}{-\frac{L}{2}}\right) + \arctan\left(\frac{b}{\frac{L}{2}}\right)$$

oder

$$\arctan\left(\frac{b}{-\frac{L}{2}}\right) - \arctan\left(\frac{b}{\frac{L}{2}}\right) = \frac{2 \cdot \pi \cdot c_\infty}{E} \cdot b.$$

Mit den Substitutionen $\alpha \equiv (\frac{b}{-\frac{L}{2}})$ und $\beta \equiv (\frac{b}{\frac{L}{2}})$ lautet die Gleichung dann

$$\arctan \alpha - \arctan \beta = \frac{2 \cdot \pi \cdot c_\infty}{E} \cdot b.$$

Unter Verwendung des Additionstheorems

$$\arctan \alpha - \arctan \beta = \arctan\left(\frac{\alpha - \beta}{1 + \alpha \cdot \beta}\right)$$

erhält man unter Zurücksetzen der Substitutionen zunächst

$$\arctan\left(-\frac{b}{L/2}\right) - \arctan\left(\frac{b}{L/2}\right) = \arctan\left(\frac{-\frac{b}{L/2} - \frac{b}{L/2}}{1 - \frac{b}{L/2} \cdot \frac{b}{L/2}}\right)$$

oder zusammengefasst

$$\arctan\left(-\frac{b}{L/2}\right) - \arctan\left(\frac{b}{L/2}\right) = \arctan\left(\frac{-4 \cdot \frac{b}{L}}{1 - 4 \cdot \frac{b^2}{L^2}}\right).$$

Weiterhin umgeformt liefert

$$\arctan\left(-\frac{b}{L/2}\right) - \arctan\left(\frac{b}{L/2}\right) = \arctan\left(-\frac{\frac{b}{L}}{\frac{1}{4} - \frac{b^2}{L^2}}\right).$$

Damit folgt

$$\arctan\left(-\frac{\frac{b}{L}}{\frac{1}{4} - \frac{b^2}{L^2}}\right) = \frac{2 \cdot \pi \cdot c_\infty}{E} \cdot b$$

und mit den Substitutionen $\gamma \equiv (-\frac{\frac{b}{L}}{\frac{1}{4} - \frac{b^2}{L^2}})$ sowie $\varepsilon \equiv \frac{2 \cdot \pi \cdot c_\infty}{E} \cdot b$

$$\arctan \gamma = \varepsilon.$$

Dies ist gleichbedeutend mit

$$\gamma = \tan \varepsilon.$$

Setzt man nun die Substitutionen zurück, so führt dies zu

$$\left(\frac{-\frac{b}{L}}{\frac{1}{4} - \frac{b^2}{L^2}} \right) = \tan \left(\frac{2 \cdot \pi \cdot c_\infty}{E} \cdot b \right).$$

Multipliziert mit $-\frac{\frac{1}{4} - \frac{b^2}{L^2}}{\tan(\frac{2 \cdot \pi \cdot c_\infty}{E} \cdot b)}$ ergibt

$$\left(\frac{\frac{b}{L}}{\tan(\frac{2 \cdot \pi \cdot c_\infty}{E} \cdot b)} \right) = - \left(\frac{1}{4} - \frac{b^2}{L^2} \right)$$

oder

$$\frac{b^2}{L^2} = \frac{1}{4} + \frac{\frac{b}{L}}{\tan \left(\frac{2 \cdot \pi \cdot c_\infty}{E} \cdot b \right)}$$

Das Ergebnis lautet schließlich

$$b = \pm \sqrt{\frac{L^2}{4} + \frac{b \cdot L}{\tan \left(\frac{2 \cdot \pi \cdot c_\infty}{E} \cdot b \right)}}.$$

Während die große Halbachse a direkt aus den gegebenen Größen E, L und c_∞ ermittelt werden kann, lässt sich die kleine Halbachse nur durch eine Näherungsrechnung bestimmen. Dies soll mit den Daten der Stromlinien- und Potentiallinienberechnung $E = 4 \frac{m^2}{s}$, $c_\infty = 50 \frac{m}{s}$ und $L = 0{,}080$ m gemäß Abb. 4.14 und 4.15 beispielhaft vorgestellt werden.

Große Halbachse a

$$a = \pm \sqrt{\frac{0{,}080}{2} \cdot \left(\frac{4}{\pi \cdot 50} + \frac{0{,}080}{2} \right)} = 0{,}0512 \, \text{m} \quad \text{(s. Abb. 4.14)}$$

Kleine Halbachse b

1. Annahme: $b_A = 0{,}020$ m (Index A steht für Annahme)

$$b_{Ber.} = \pm \sqrt{\frac{0{,}080^2}{4} + \frac{0{,}020 \cdot 0{,}080}{\tan \left(\frac{2 \cdot \pi \cdot 50}{4} \cdot 0{,}020 \right)}} = 0{,}040 \, \text{m}$$

2. Annahme: $b_A = 0{,}025$ m

$$b_{Ber.} = \pm \sqrt{\frac{0{,}080^2}{4} + \frac{0{,}025 \cdot 0{,}080}{\tan \left(\frac{2 \cdot \pi \cdot 50}{4} \cdot 0{,}025 \right)}} = 0{,}0278 \, \text{m}$$

3. Annahme: $b_A = 0,0255\,\text{m}$

$$b_{\text{Ber.}} = \pm\sqrt{\frac{0,080^2}{4} + \frac{0,0255 \cdot 0,080}{\tan\left(\frac{2\cdot\pi\cdot 50}{4} \cdot 0,0255\right)}} = 0,0257\,\text{m}$$

4. Annahme: $b_A = 0,02553\,\text{m}$

$$b_{\text{Ber.}} = \pm\sqrt{\frac{0,080^2}{4} + \frac{0,02553 \cdot 0,080}{\tan\left(\frac{2\cdot\pi\cdot 50}{4} \cdot 0,02553\right)}} = 0,025546\,\text{m}$$

5. Annahme: $b_A = 0,025533\,\text{m}$

$$b_{\text{Ber.}} = \pm\sqrt{\frac{0,080^2}{4} + \frac{0,025533 \cdot 0,080}{\tan\left(\frac{2\cdot\pi\cdot 50}{4} \cdot 0,025533\right)}} = 0,025532\,\text{m}$$

Damit ist die kleine Halbachse sehr genau bekannt mit

$$b = 0,025532\,\text{m} \quad (\text{s. Abb. 4.14})$$

$c(x, y)$ Die Geschwindigkeiten an der **Körperoberfläche** lassen sich mit den schon bekannten Ergebnissen der allgemeinen Komponenten $c_x(x, y)$ und $c_y(x, y)$ ermitteln.

$$c(x, y) = \sqrt{c_x^2(x, y) + c_y^2(x, y)}$$

$$c_x(x, y) = c_\infty + \frac{E}{2\cdot\pi} \cdot \left[\frac{\left(x + \frac{L}{2}\right)}{\left(x + \frac{L}{2}\right)^2 + y^2} - \frac{\left(x - \frac{L}{2}\right)}{\left(x - \frac{L}{2}\right)^2 + y^2}\right]$$

$$c_y(x, y) = \frac{E}{2\cdot\pi} \cdot y \cdot \left[\frac{1}{\left(x + \frac{L}{2}\right)^2 + y^2} - \frac{1}{\left(x - \frac{L}{2}\right)^2 + y^2}\right]$$

Es folgt für $c(x, y)$

$$c(x, y) = \sqrt{\begin{aligned}&\left\{c_\infty + \frac{E}{2\cdot\pi} \cdot \left[\frac{\left(x + \frac{L}{2}\right)}{\left(x + \frac{L}{2}\right)^2 + y^2} - \frac{\left(x - \frac{L}{2}\right)}{\left(x - \frac{L}{2}\right)^2 + y^2}\right]\right\}^2 \\ &+ \left\{\frac{E}{2\cdot\pi} \cdot y \cdot \left[\frac{1}{\left(x + \frac{L}{2}\right)^2 + y^2} - \frac{1}{\left(x - \frac{L}{2}\right)^2 + y^2}\right]\right\}^2\end{aligned}}$$

Die Auswertung der Geschwindigkeit $c(x, y)$ an der Körperoberfläche erfolgt **mit den Koordinaten x und y, die der Stromlinie $\Psi_{\text{Ges}} = 0$** zugrunde liegen. Die Berechnung und Darstellung wird mit einem Tabellenkalkulationsprogramm durchgeführt. Das Ergebnis ist in Abb. 4.16 zu erkennen. Beginnend im vorderen Staupunkt mit dem Wert $c(x, y) = 0$ werden der Maximalwert **vor** bzw. **nach** dem Körpermittelpunkt ($x = 0$ und $y = b$) und nicht wie erwartet bei $x = 0$ festgestellt. Dies wird sich entsprechend auch auf die folgende Druckverteilung auswirken.

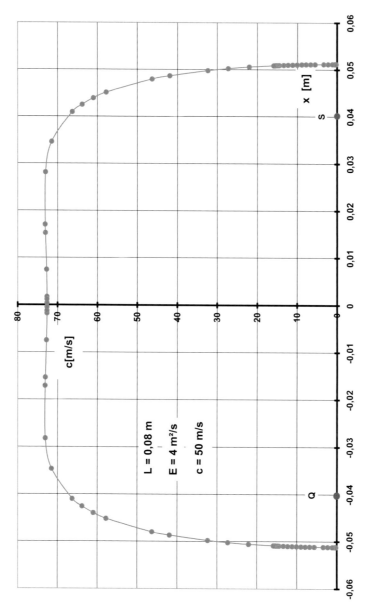

Abb. 4.16 Geschwindigkeit entlang der Körperkontur des ebenen ovalen Körpers in Abhängigkeit von x

Druckverteilung

Zur Ermittlung der Druckverteilung bedient man sich der Bernoulli'schen Energiegleichung

$$\frac{p}{\rho} + \frac{c^2}{2} = \text{konst.}$$

unter Vernachlässigung der Höhenglieder und für den Fall der stationären, inkompressiblen Strömung. Des Weiteren wird wegen einer allgemeingültigeren Aussage von dem dimensionslosen Druckbeiwert

$$c_p = \frac{\Delta p}{\frac{\rho}{2} \cdot c_\infty^2} = \frac{p(x,y) - p_\infty}{\frac{\rho}{2} \cdot c_\infty^2}$$

Gebrauch gemacht. Hierbei sind Kenntnisse der ungestörten Zuströmung c_∞ und p_∞ sowie der Fluiddichte ρ erforderlich. Stellt man die Bernoulli'sche Energiegleichung an einer Stelle der ungestörten Zuströmung (Index ∞) und einer Stelle an der Körperoberfläche (x,y) auf, so erhält man

$$\frac{p(x,y)}{\rho} + \frac{c(x,y)^2}{2} = \frac{p_\infty}{\rho} + \frac{c_\infty^2}{2} = \text{konst.}$$

Die Gleichung umgeformt ergibt zunächst

$$\frac{p(x,y)}{\rho} - \frac{p_\infty}{\rho} = \frac{c_\infty^2}{2} - \frac{c(x,y)^2}{2}$$

oder

$$\frac{p(x,y) - p_\infty}{\rho} = \frac{c_\infty^2}{2} \cdot \left(1 - \frac{c(x,y)^2}{c_\infty^2}\right).$$

Dies führt nach Division durch $\frac{c_\infty^2}{2}$ zum Druckbeiwert

$$c_p = \frac{p(x,y) - p_\infty}{\frac{\rho}{2} \cdot c_\infty^2} = \left(1 - \frac{c(x,y)^2}{c_\infty^2}\right).$$

Mit den bekannten Geschwindigkeitskomponenten

$$c_x(x,y) = c_\infty + \frac{E}{2 \cdot \pi} \cdot \left[\frac{\left(x + \frac{L}{2}\right)}{\left(x + \frac{L}{2}\right)^2 + y^2} - \frac{\left(x - \frac{L}{2}\right)}{\left(x - \frac{L}{2}\right)^2 + y^2}\right]$$

$$c_y(x,y) = \frac{E}{2 \cdot \pi} \cdot y \cdot \left[\frac{1}{\left(x + \frac{L}{2}\right)^2 + y^2} - \frac{1}{\left(x - \frac{L}{2}\right)^2 + y^2}\right]$$

sowie

$$c^2(x,y) = c_x^2(x,y) + c_y^2(x,y)$$

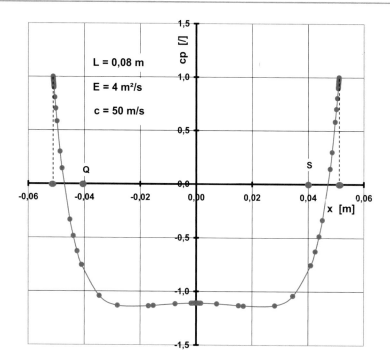

Abb. 4.17 Druckbeiwert entlang der Körperkontur des ebenen ovalen Körpers in Abhängigkeit von x

kann der Druckbeiwert zunächst wie folgt formuliert werden

$$c_p = 1 - \frac{c_x(x, y)^2}{c_\infty^2} - \frac{c_y(x, y)^2}{c_\infty^2}.$$

Die Verwendung von $c_x^2(x, y)$ und $c_y^2(x, y)$ liefert dann das Resultat

$$c_p = 1 - \frac{1}{c_\infty^2} \cdot \left\{ c_\infty + \frac{E}{2 \cdot \pi} \cdot \left[\frac{\left(x + \frac{L}{2}\right)}{\left(x + \frac{L}{2}\right)^2 + y^2} - \frac{\left(x - \frac{L}{2}\right)}{\left(x - \frac{L}{2}\right)^2 + y^2} \right] \right\}^2$$
$$- \frac{1}{c_\infty^2} \cdot \left\{ \frac{E}{2 \cdot \pi} \cdot y \cdot \left[\frac{1}{\left(x + \frac{L}{2}\right)^2 + y^2} - \frac{1}{\left(x - \frac{L}{2}\right)^2 + y^2} \right] \right\}^2.$$

Wie schon bei der Geschwindigkeitsermittlung erfolgt die Auswertung des Druckbeiwertes über x mit den Koordinaten x und y der Stromlinie $\Psi_{Ges} = 0$. Der resultierende Verlauf ist in Abb. 4.17 zu erkennen. Beginnend im vorderen und hinteren Staupunkt erkennt man jeweils den Maximalwert von $c_p = 1,0$. Wie erwartet liegen aufgrund der Geschwindigkeitsverteilung (Abb. 4.16) die Minimalwerte von c_p nicht der Stelle der größten Körperwölbung ($x = 0$) sondern an den Stellen maximaler Geschwindigkeiten (Bernoulli).

4.4   Parallel- mit Dipolströmung

Im Vorgriff auf die Ergebnisse der folgenden Ableitungen lässt sich aus den Resultaten die **Umströmung eines Kreiszylinders** in Form der Strom- und Potentiallinien sowie der Geschwindigkeits- und Druckverteilungen im Strömungsfeld und am Zylinder selbst ermitteln. Ausgangspunkt hierbei ist die Überlagerung einer Parallelströmung (Abschn. 2.1 bei $\alpha = 0°$) mit einer Dipolströmung (Abschn. 2.4). Beide Stromlinien sind in Abb. 4.18 qualitativ dargestellt.

Hierin auch erkennbar sind neben den betreffenden Stromlinien Ψ_P der Parallelströmung und Ψ_{Di} der Dipolströmung auch die Strömungsgeschwindigkeit der Parallelströmung c_∞ sowie geometrische Größen.

Stromfunktion Ψ_{Ges} und Potentialfunktion Φ_{Ges}

Bei den Herleitungen der Strom- und Potentialfunktionen Ψ_{Ges} und Φ_{Ges} wird auf die Strom- und Potentialfunktionen der Parallel- und Dipolströmung gemäß Abschn. 2.1 und 2.4 zurückgegriffen. Hierbei und auch bei den weiteren Schritten macht man von den in Abb. 4.18 eingetragenen Größen Gebrauch. Im Folgenden werden aus Gründen der Zweckmäßigkeit sowohl kartesische Koordinaten als auch Polarkoordinaten verwendet.

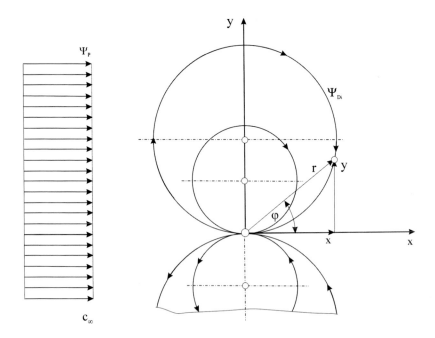

Abb. 4.18 Prinzipskizze der Stromlinien von Parallel- mit Dipolströmung

Parallelströmung

Stromfunktion

$$\Psi_P = c_\infty \cdot y \quad \text{bei } \alpha = 0°$$

oder

$$\Psi_P = c_\infty \cdot r \cdot \sin\varphi.$$

Potentialfunktion

$$\Phi_P = c_\infty \cdot x \quad \text{bei } \alpha = 0°$$

oder

$$\Phi_P = c_\infty \cdot r \cdot \cos\varphi.$$

Dipolströmung

Stromfunktion

$$\Psi_{Di} = -\frac{M}{2 \cdot \pi} \cdot \frac{y}{(x^2 + y^2)}$$

oder

$$\Psi_{Di} = -\frac{M}{2 \cdot \pi} \cdot \frac{y}{r^2} = -\frac{M}{2 \cdot \pi} \cdot \frac{\sin\varphi}{r}.$$

Potentialfunktion

$$\Phi_{Di} = \frac{M}{2 \cdot \pi} \cdot \frac{x}{(x^2 + y^2)}$$

oder

$$\Phi_{Di} = \frac{M}{2 \cdot \pi} \cdot \frac{x}{r^2} = \frac{M}{2 \cdot \pi} \cdot \frac{\cos\varphi}{r}.$$

In den Gleichungen bedeuten $M = E \cdot L$ das Dipolmoment und $E = \frac{\dot{V}}{b}$ die Ergiebigkeit.
Bei der **Überlagerung** der Stromfunktionen entsteht gemäß

$$\Psi_{Ges} = \Psi_P + \Psi_{Di}$$

$\Psi_{Ges}(x, y)$:

$$\Psi_{Ges}(x, y) = c_\infty \cdot y - \frac{M}{2 \cdot \pi} \cdot \frac{y}{(x^2 + y^2)}$$

$\Psi_{Ges}(r, \varphi)$:

$$\Psi_{Ges}(r, \varphi) = c_\infty \cdot r \cdot \sin\varphi - \frac{M}{2 \cdot \pi} \cdot \frac{\sin\varphi}{r}.$$

Bei der **Überlagerung** der Potentialfunktionen

$$\Phi_{\mathrm{Ges}} = \Phi_{\mathrm{P}} + \Phi_{\mathrm{Di}}$$

erhält man schließlich

$\Phi_{\mathrm{Ges}}(x, y)$:

$$\Phi_{\mathrm{Ges}}(x, y) = c_\infty \cdot x + \frac{M}{2 \cdot \pi} \cdot \frac{x}{(x^2 + y^2)}$$

$\Phi_{\mathrm{Ges}}(r, \varphi)$:

$$\Phi_{\mathrm{Ges}}(r, \varphi) = c_\infty \cdot r \cdot \cos \varphi + \frac{M}{2 \cdot \pi} \cdot \frac{\cos \varphi}{r}.$$

Stromlinienverlauf mittels Tabellenkalkulationsprogramm
Die nachfolgenden Zusammenhänge lassen sich für alle Stromlinien anwenden. Insofern wird auf eine weitere Indizierung $i = 1, 2, 3, 4, \ldots$ verzichtet. Zur Bestimmung und Darstellung der Stromlinien mit einem Tabellenkalkulationsprogramm (hier EXCEL) wird folgender Ansatz verwendet

$$\Psi_{\mathrm{Ges}} = c_\infty \cdot r \cdot \sin \varphi - \frac{M}{2 \cdot \pi} \cdot \frac{\sin \varphi}{r}$$

Da wir über den Zusammenhang $r = f(\varphi)$ auch zur Verknüpfung $y = f(x)$ gelangen, ist dieser Ansatz sinnvoll gewählt.

Es gilt auch

$$\Psi_{\mathrm{Ges}} = c_\infty \cdot r \cdot \sin \varphi - r \cdot \sin \varphi \cdot \frac{M}{2 \cdot \pi} \cdot \frac{1}{r^2}.$$

Rechts $r \cdot \sin \varphi$ ausgeklammert führt zunächst zu

$$\Psi_{\mathrm{Ges}} = r \cdot \sin \varphi \cdot \left(c_\infty - \frac{M}{2 \cdot \pi} \cdot \frac{1}{r^2} \right)$$

und danach durch $r \cdot \sin \varphi$ dividiert folgt

$$\frac{\Psi_{\mathrm{Ges}}}{r \cdot \sin \varphi} = c_\infty - \frac{M}{2 \cdot \pi} \cdot \frac{1}{r^2}.$$

Multiplizieren wir mit r^2, so entsteht

$$\Psi_{\mathrm{Ges}} \cdot \frac{r}{\sin \varphi} = c_\infty \cdot r^2 - \frac{M}{2 \cdot \pi}$$

oder umgestellt

$$c_\infty \cdot r^2 = \frac{M}{2 \cdot \pi} + \Psi_{\mathrm{Ges}} \cdot \frac{r}{\sin \varphi}.$$

Jetzt noch durch c_∞ dividiert ergibt

$$r^2 = \frac{M}{2 \cdot \pi \cdot c_\infty} + r \cdot \frac{\Psi_{\text{Ges}}}{\sin\varphi} \cdot \frac{1}{c_\infty}.$$

Nach r sortiert liefert

$$r^2 - r \cdot \frac{\Psi_{\text{Ges}}}{\sin\varphi} \cdot \frac{1}{c_\infty} = \frac{M}{2 \cdot \pi \cdot c_\infty}.$$

Jetzt noch $\left(\frac{1}{2} \cdot \frac{\Psi_{\text{Ges}}}{\sin\varphi} \cdot \frac{1}{c_\infty}\right)^2$ auf beiden Seiten hinzufügen

$$r^2 - r \cdot \frac{\Psi_{\text{Ges}}}{\sin\varphi} \cdot \frac{1}{c_\infty} + \left(\frac{1}{2} \cdot \frac{\Psi_{\text{Ges}}}{\sin\varphi} \cdot \frac{1}{c_\infty}\right)^2 = \frac{M}{2 \cdot \pi \cdot c_\infty} + \left(\frac{1}{2} \cdot \frac{\Psi_{\text{Ges}}}{\sin\varphi} \cdot \frac{1}{c_\infty}\right)^2$$

führt zunächst zu

$$\left(r - \frac{1}{2} \cdot \frac{\Psi_{\text{Ges}}}{\sin\varphi} \cdot \frac{1}{c_\infty}\right)^2 = \frac{M}{2 \cdot \pi \cdot c_\infty} + \frac{1}{4} \cdot \frac{\Psi_{\text{Ges}}^2}{\sin^2\varphi} \cdot \frac{1}{c_\infty^2}.$$

Die Wurzel gezogen liefert

$$r - \frac{1}{2} \cdot \frac{\Psi_{\text{Ges}}}{\sin\varphi} \cdot \frac{1}{c_\infty} = \pm\sqrt{\frac{M}{2 \cdot \pi \cdot c_\infty} + \frac{1}{4} \cdot \frac{\Psi_{\text{Ges}}^2}{\sin^2\varphi} \cdot \frac{1}{c_\infty^2}}$$

oder als Resultat

$$r = \frac{1}{2} \cdot \frac{\Psi_{\text{Ges}}}{\sin\varphi} \cdot \frac{1}{c_\infty} \pm \sqrt{\frac{M}{2 \cdot \pi \cdot c_\infty} + \frac{1}{4} \cdot \frac{\Psi_{\text{Ges}}^2}{\sin^2\varphi} \cdot \frac{1}{c_\infty^2}}.$$

Eine besondere Stromlinie liegt für $\Psi_{\text{Ges}} = 0$ vor. Diese dient zur **Ermittlung der Kontur des Körpers, – hier eines Zylinders –,** und basiert auf folgenden Überlegungen. Bei allen Stromlinien $\Psi_{\text{Ges},i} = $ konst. tangieren die Geschwindigkeiten diese Linien. Folglich liegen keine Normalkomponenten zu den Stromlinien vor. Es findet demnach auch kein Fluidtransport über die Stromlinien statt. Diese kann man sich somit wie „feste Wände" vorstellen. Eine besondere feste Wand wird durch die Stromlinie $\Psi_{\text{Ges}} = 0$ gebildet. Diese verläuft durch den/die Staupunkt/e und es entsteht ein „fester Körper", **innerhalb** dem die dort vorhandenen Stromlinien i. a. **keine Bedeutung** haben. Die außen gelegenen bilden das Strömungsfeld um den betreffenden, im vorliegenden Fall **umströmten Zylinders**.

Der Radius R dieses Zylinders lässt sich mit o. g. Gleichung mit $\Psi_{\text{Ges}} = 0$ wie folgt bestimmen.

$$r \equiv R = \frac{1}{2} \cdot \frac{0}{\sin\varphi} \cdot \frac{1}{c_\infty} \pm \sqrt{\frac{M}{2 \cdot \pi \cdot c_\infty} + \frac{1}{4} \cdot \frac{0}{\sin\varphi} \cdot \frac{1}{c_\infty^2}}$$

Man erhält somit für den Zylinderradius

$$R = \sqrt{\frac{M}{2 \cdot \pi \cdot c_\infty}}.$$

Mit den so ermittelten Zusammenhängen lassen sich alle Punkte der Stromlinien mit jeweils Ψ_{Ges_i} = konst. ermitteln. Die nachstehenden Schritte werden exemplarisch für eine Stromlinie Ψ_{Ges} = konst. beschrieben. Die Erweiterung auf die i-Stromlinien erfolgt analog hierzu. Die jeweils vorgegebenen Größen sind E, L und c_∞ sowie die gewählte Stromfunktion Ψ_{Ges} als Kurvenparameter. Dann führen folgende Schritte zur Lösung.

1. E vorgeben

2. c_∞ vorgeben

3. L vorgeben

4. Ψ_{Ges} als Parameter wählen

5. $R = \sqrt{\dfrac{E \cdot L}{2 \cdot \pi \cdot c_\infty}}$ somit bekannt

6. φ als Variable wählen

7. r (s. o.)   somit bekannt

8. $y = r \cdot \sin\varphi$ somit bekannt

9. $x = r \cdot \cos\varphi$ somit bekannt.

Zahlenbeispiel

1. $E = 10\,\dfrac{\text{m}^2}{\text{s}}$ vorgeben

2. $c_\infty = 10\,\dfrac{\text{m}}{\text{s}}$ vorgeben

3. $L = 1{,}0\,\text{m}$ vorgeben

4. $\Psi_{\text{Ges}} = 4\,\dfrac{\text{m}^2}{\text{s}}$ als Parameter gewählt

5. $R = \sqrt{\dfrac{10 \cdot 1}{2 \cdot \pi \cdot 10}}$ $= 0{,}3989\,\text{m}$

6. $\varphi = 45°$

7. $r = \dfrac{1}{2} \cdot \dfrac{4}{\sin 45°} \cdot \dfrac{1}{10} + \sqrt{\dfrac{10 \cdot 1}{2 \cdot \pi \cdot 10} + \dfrac{1}{4} \cdot \dfrac{4^2}{\sin^2 45°} \cdot \dfrac{1}{10^2}} = 0{,}7719\,\text{m}$

8. $y = 0{,}7719 \cdot \sin 45°$ $= 0{,}5458\,\text{m}$

9. $x = 0{,}7719 \cdot \cos 45°$ $= 0{,}5458\,\text{m}$

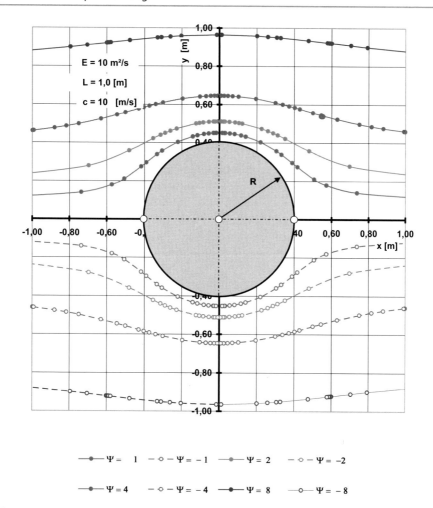

Abb. 4.19 Stromlinien der Parallel- mit Dipolströmung

Es wird nur das positive Vorzeichen der Wurzel benutzt, da mit dem negativen Vorzeichen die Radienwerte innerhalb des Zylinders liegen, also $r < R$ ist.

Damit ist ein erster Punkt $P(x; y) = P(0,5485\,\text{m}; 0,5485\,\text{m})$ der Stromlinie $\Psi_{\text{Ges}} = 4\,\frac{\text{m}^2}{\text{s}}$ bekannt (in Abb. 4.19 als groß dargestellter Punkt zu erkennen). Durch die Variation von φ lassen sich nach der gezeigten Vorgehensweise weitere Punkte für $\Psi_{\text{Ges}} = 4\,\frac{\text{m}^2}{\text{s}}$ finden. Das gleiche Procedere wird für alle anderen Stromlinien Ψ_{Ges_i} angewendet. Das Ergebnis der Auswertungen für den Fall $E = 10\,\frac{\text{m}^2}{\text{s}}$, $c_\infty = 10\,\frac{\text{m}}{\text{s}}$ und $L = 1,0\,\text{m}$ ist in Abb. 4.19 zu erkennen.

Potentiallinienverlauf mittels Tabellenkalkulationsprogramm
Die nachfolgenden Zusammenhänge lassen sich für alle Potentiallinien anwenden. Insofern wird auf eine weitere Indizierung $i = 1, 2, 3, 4, \ldots$ verzichtet. Zur Bestimmung und Darstellung der Potentiallinien mit einem Tabellenkalkulationsprogramm (hier EXCEL) wird folgender Ansatz verwendet

$$\Phi_{\text{Ges}} = c_\infty \cdot r \cdot \cos\varphi + \frac{M}{2 \cdot \pi} \cdot \frac{\cos\varphi}{r}$$

Da wir über den Zusammenhang $r = f(\varphi)$ auch zur Verknüpfung $y = f(x)$ gelangen, ist dieser Ansatz sinnvoll gewählt.

Es gilt auch

$$\Phi_{\text{Ges}} = c_\infty \cdot r \cdot \cos\varphi + \frac{M}{2 \cdot \pi} \cdot \frac{r \cdot \cos\varphi}{r^2}.$$

Rechts $r \cdot \cos\varphi$ ausgeklammert führt zunächst zu

$$\Phi_{\text{Ges}} = r \cdot \cos\varphi \cdot \left(c_\infty + \frac{M}{2 \cdot \pi} \cdot \frac{1}{r^2} \right)$$

und danach durch $r \cdot \cos\varphi$ dividiert folgt

$$\frac{\Phi_{\text{Ges}}}{r \cdot \cos\varphi} = c_\infty + \frac{M}{2 \cdot \pi} \cdot \frac{1}{r^2}.$$

Multiplizieren wir mit r^2, so entsteht

$$\Phi_{\text{Ges}} \cdot \frac{r}{\cos\varphi} = c_\infty \cdot r^2 + \frac{M}{2 \cdot \pi}$$

oder umgestellt

$$c_\infty \cdot r^2 = -\frac{M}{2 \cdot \pi} + \Phi_{\text{Ges}} \cdot \frac{r}{\cos\varphi}.$$

Jetzt noch durch c_∞ dividiert ergibt

$$r^2 = -\frac{M}{2 \cdot \pi \cdot c_\infty} + r \cdot \frac{\Phi_{\text{Ges}}}{\cos\varphi} \cdot \frac{1}{c_\infty}.$$

Nach r sortiert liefert

$$r^2 - r \cdot \frac{\Phi_{\text{Ges}}}{\cos\varphi} \cdot \frac{1}{c_\infty} = -\frac{M}{2 \cdot \pi \cdot c_\infty}.$$

Jetzt noch $(\frac{1}{2} \cdot \frac{\Phi_{Ges}}{\cos \varphi} \cdot \frac{1}{c_\infty})^2$ auf beiden Seiten hinzufügen

$$r^2 - r \cdot \frac{\Phi_{Ges}}{\cos \varphi} \cdot \frac{1}{c_\infty} + \left(\frac{1}{2} \cdot \frac{\Phi_{Ges}}{\cos \varphi} \cdot \frac{1}{c_\infty} \right)^2 = \left(\frac{1}{2} \cdot \frac{\Phi_{Ges}}{\cos \varphi} \cdot \frac{1}{c_\infty} \right)^2 - \frac{M}{2 \cdot \pi \cdot c_\infty}$$

führt zunächst zu

$$\left(r - \frac{1}{2} \cdot \frac{\Phi_{Ges}}{\cos \varphi} \cdot \frac{1}{c_\infty} \right)^2 = \frac{1}{4} \cdot \frac{\Phi_{Ges}^2}{\cos^2 \varphi} \cdot \frac{1}{c_\infty^2} - \frac{M}{2 \cdot \pi \cdot c_\infty}.$$

Die Wurzel gezogen liefert

$$r - \frac{1}{2} \cdot \frac{\Phi_{Ges}}{\cos \varphi} \cdot \frac{1}{c_\infty} = \pm \sqrt{\frac{1}{4} \cdot \frac{\Phi_{Ges}^2}{\cos^2 \varphi} \cdot \frac{1}{c_\infty^2} - \frac{M}{2 \cdot \pi \cdot c_\infty}}$$

oder als Resultat

$$r = \frac{1}{2} \cdot \frac{\Phi_{Ges}}{\cos \varphi} \cdot \frac{1}{c_\infty} \pm \sqrt{\frac{1}{4} \cdot \frac{\Phi_{Ges}^2}{\cos^2 \varphi} \cdot \frac{1}{c_\infty^2} - \frac{M}{2 \cdot \pi \cdot c_\infty}}.$$

Mit den so ermittelten Zusammenhängen lassen sich alle Punkte der Potentiallinien mit jeweils $\Phi_{Ges} =$ konst. bestimmen. Die nachstehenden Schritte werden exemplarisch für eine Potentiallinie $\Phi_{Ges} =$ konst. beschrieben. Die Erweiterung auf die i-Potentiallinien erfolgt analog hierzu. Die gegebenen Größen sind E, L und c_∞ sowie die jeweils gewählte Stromfunktion Φ_{Ges} als Parameter. Dann führen folgende Schritte zur Lösung.

1. E vorgeben
2. c_∞ vorgeben
3. L vorgeben
4. Φ_{Ges} als Parameter wählen
5. φ als Variable wählen
6. r (s. o.)   somit bekannt
7. $y = r \cdot \sin \varphi$ somit bekannt
8. $x = r \cdot \cos \varphi$ somit bekannt

Zahlenbeispiel

1. $E = 10 \, \dfrac{\text{m}^2}{\text{s}}$ vorgegeben
2. $c_\infty = 10 \, \dfrac{\text{m}}{\text{s}}$ vorgegeben
3. $L = 1{,}0 \, \text{m}$ vorgegeben
4. $\Phi_{Ges} = 6 \, \dfrac{\text{m}^2}{\text{s}}$ als Parameter vorgeben
5. $\varphi = 45°$

6. $r = \dfrac{1}{2} \cdot \dfrac{6}{\cos 45°} \cdot \dfrac{1}{10} + \sqrt{\dfrac{1}{4} \cdot \dfrac{6^2}{\cos^2 45°} \cdot \dfrac{1}{10^2} - \dfrac{10 \cdot 1}{2 \cdot \pi \cdot 10}} = 0{,}5686\,\text{m}$

7. $y = 0{,}5686 \cdot \sin 45° \qquad\qquad\qquad = 0{,}4021\,\text{m}$

8. $x = 0{,}5686 \cdot \cos 45° \qquad\qquad\qquad = 0{,}4021\,\text{m}$

Es wird nur das positive Vorzeichen der Wurzel benutzt, da mit dem negativen Vorzeichen die Radienwerte innerhalb des Zylinders liegen, also $r < R$ ist.

Damit ist ein erster Punkt $P(x; y) = P(0{,}4021\,\text{m}; 0{,}4021\,\text{m})$ der Potentiallinie $\Phi_{\text{Ges}} = 6\,\frac{\text{m}^2}{\text{s}}$ bekannt. Durch die Variation von φ lassen sich nach der gezeigten Vorgehensweise weitere Punkte für $\Phi_{\text{Ges}} = 6\,\frac{\text{m}^2}{\text{s}}$ finden. Das gleiche Procedere wird für alle anderen Potentiallinien Φ_{Ges_i} angewendet. Das Ergebnis der Auswertungen für den Fall $E = 10\,\frac{\text{m}^2}{\text{s}}$, $c_\infty = 10\,\frac{\text{m}}{\text{s}}$ und $L = 1{,}0\,\text{m}$ ist in Abb. 4.20 zu erkennen.

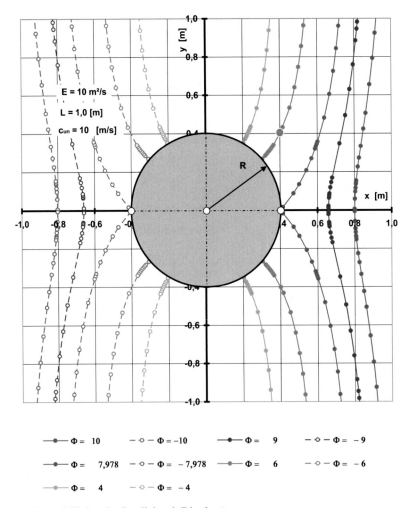

Abb. 4.20 Potentiallinien der Parallel- mit Dipolströmung

Geschwindigkeiten c_x, c_y und c

Die Geschwindigkeit c im Strömungsfeld und speziell auch an der Kontur des Zylinders lässt sich mittels der Komponenten c_x und c_y bestimmen. Zunächst wird die Darstellung in Form kartesischer Koordinaten $c_x(x, y)$ und $c_y(x, y)$ benutzt. Die Umrechnung auf Polarkoordinaten $c_x(r, \varphi)$ und $c_y(r, \varphi)$ soll ebenfalls Gegenstand dieses Kapitels sein, da diese Variante später noch gebraucht wird.

$c_x(x, y)$ Aufgrund der Kenntnis von Stromfunktion Ψ_{Ges} und Potentialfunktion Φ_{Ges} der überlagerten Parallel- und Dipolströmung, lassen sich die Geschwindigkeitskomponenten c_x und c_y unter Anwendung von z. B.

$$c_x = \frac{\partial \Phi_{\mathrm{Ges}}}{\partial x} \quad \text{sowie} \quad c_y = \frac{\partial \Phi_{\mathrm{Ges}}}{\partial y}$$

wie folgt ermitteln.

Mit

$$\Phi_{\mathrm{Ges}} = c_\infty \cdot x + \frac{M}{2 \cdot \pi} \cdot \frac{x}{(x^2 + y^2)}$$

erhält man

$$c_x(x, y) = \frac{\partial \left(c_\infty \cdot x + \frac{M}{2 \cdot \pi} \cdot \frac{x}{(x^2 + y^2)} \right)}{\partial x}$$

oder

$$c_x(x, y) = \frac{\partial (c_\infty \cdot x)}{\partial x} + \frac{M}{2 \cdot \pi} \cdot \frac{\partial \left(\frac{x}{(x^2 + y^2)} \right)}{\partial x}.$$

1. $\dfrac{\partial (c_\infty \cdot x)}{\partial x} = c_\infty$

2. $\dfrac{M}{2 \cdot \pi} \cdot \dfrac{\partial \left(\frac{x}{(x^2 + y^2)} \right)}{\partial x} \equiv \dfrac{M}{2 \cdot \pi} \cdot \dfrac{\partial \left(\frac{u}{v} \right)}{\partial x}$

Hierin erhält man nach der Quotientenregel $\frac{\partial \left(\frac{u}{v} \right)}{\partial x} = \frac{u' \cdot v - v' \cdot u}{v^2}$ mit $u \equiv x$ und $v \equiv x^2 + y^2$ sowie $u' = \frac{\partial u}{\partial x} = 1$ und $v' = \frac{\partial v}{\partial x} = 2 \cdot x$ zunächst

$$\frac{M}{2 \cdot \pi} \cdot \left(\frac{1 \cdot (x^2 + y^2) - 2 \cdot x \cdot x}{(x^2 + y^2)^2} \right) = -\frac{M}{2 \cdot \pi} \cdot \frac{(x^2 - y^2)}{(x^2 + y^2)^2}.$$

Diese beiden Teilergebnisse in die Ausgangsgleichung für $c_x(x, y)$ eingesetzt liefern das Resultat

$$c_x(x, y) = c_\infty - \frac{M}{2 \cdot \pi} \cdot \frac{(x^2 - y^2)}{(x^2 + y^2)^2}.$$

$c_x(r, \varphi)$ Mit den Zusammenhängen $c_x = r \cdot \cos \varphi$, $c_y = r \cdot \sin \varphi$ und $r^2 = x^2 + y^2$ in o. g. Gleichung verwendet führt zunächst zu

$$c_x(r, \varphi) = c_\infty - \frac{M}{2 \cdot \pi} \cdot \frac{(r^2 \cdot \cos^2 \varphi - r^2 \cdot \sin^2 \varphi)}{r^4}$$

oder

$$c_x(r, \varphi) = c_\infty - \frac{M}{2 \cdot \pi} \cdot \frac{(\cos^2 \varphi - \sin^2 \varphi)}{r^2}.$$

Da man des Weiteren $\cos^2 \varphi = 1 - \sin^2 \varphi$ kennt folgt

$$c_x(r, \varphi) = c_\infty - \frac{M}{2 \cdot \pi} \cdot \frac{(1 - \sin^2 \varphi - \sin^2 \varphi)}{r^2}$$

oder

$$c_x(r, \varphi) = c_\infty - \frac{M}{2 \cdot \pi} \cdot \frac{(1 - 2 \cdot \sin^2 \varphi)}{r^2}.$$

Schließlich erhält man unter Verwendung von $1 - 2 \cdot \sin^2 \varphi = \cos(2 \cdot \varphi)$ das Resultat

$$c_x(r, \varphi) = c_\infty - \frac{M}{2 \cdot \pi} \cdot \frac{\cos(2 \cdot \varphi)}{r^2}.$$

$c_y(x, y)$ Mit wiederum

$$\Phi_{\text{Ges}} = c_\infty \cdot x + \frac{M}{2 \cdot \pi} \cdot \frac{x}{(x^2 + y^2)}$$

erhält man jetzt

$$c_y(x, y) = \frac{\partial \left(c_\infty \cdot x + \frac{M}{2 \cdot \pi} \cdot \frac{x}{(x^2 + y^2)} \right)}{\partial y}$$

oder

$$c_y(x, y) = \frac{\partial (c_\infty \cdot x)}{\partial y} + \frac{M}{2 \cdot \pi} \cdot \frac{\partial \left(\frac{x}{(x^2 + y^2)} \right)}{\partial y}.$$

1. $\dfrac{\partial (c_\infty \cdot x)}{\partial y} = 0$

2. $\dfrac{M}{2 \cdot \pi} \cdot \dfrac{\partial \left(\frac{x}{(x^2 + y^2)} \right)}{\partial y} \equiv \dfrac{M}{2 \cdot \pi} \cdot \dfrac{\partial \left(\frac{u}{v} \right)}{\partial y}$

Hierin erhält man nach der Quotientenregel $\frac{\partial(\frac{u}{v})}{\partial y} = \frac{u' \cdot v - v' \cdot u}{v^2}$ mit $u \equiv x$ und $v \equiv x^2 + y^2$ sowie $u' = \frac{\partial u}{\partial y} = 0$ und $v' = \frac{\partial v}{\partial y} = 2 \cdot y$ zunächst

$$3. \quad \frac{M}{2 \cdot \pi} \cdot \left(\frac{0 \cdot (x^2 + y^2) - 2 \cdot y \cdot x}{(x^2 + y^2)^2} \right) = -\frac{M}{2 \cdot \pi} \cdot \frac{2 \cdot x \cdot y}{(x^2 + y^2)^2}.$$

Diese beiden Teilergebnisse in die Ausgangsgleichung für $c_y(x, y)$ eingesetzt liefern das Resultat

$$c_y(x, y) = -\frac{M}{2 \cdot \pi} \cdot \frac{2 \cdot x \cdot y}{(x^2 + y^2)^2}.$$

$c_y(r, \varphi)$ Mit den Zusammenhängen $c_x = r \cdot \cos \varphi$, $c_y = r \cdot \sin \varphi$ und $r^2 = x^2 + y^2$ in o. g. Gleichung verwendet führt zunächst zu

$$c_y(r, \varphi) = -\frac{M}{2 \cdot \pi} \cdot \frac{2 \cdot r \cdot \cos \varphi \cdot r \cdot \sin \varphi}{r^4}$$

oder

$$c_y(r, \varphi) = -\frac{M}{2 \cdot \pi} \cdot \frac{2 \cdot \cos \varphi \cdot \sin \varphi}{r^2}.$$

Da bekanntermaßen $2 \cdot \sin \varphi \cdot \cos \varphi = \sin(2 \cdot \varphi)$ ist, folgt als Resultat

$$c_y(r, \varphi) = -\frac{M}{2 \cdot \pi} \cdot \frac{\sin(2 \cdot \varphi)}{r^2}$$

$c(x, y)$ Da $c_y(x, y) \perp c_x(x, y)$, erhält man $c(x, y)$ mit dem Gesetz nach Pythagoras mit den o. g. Komponenten zu

$$c(x, y) = \sqrt{c_x^2(x, y) + c_y^2(x, y)}.$$

Die Komponenten c_x und c_y sollen hier aus Gründen der Übersicht nicht in Form der gefundenen Gleichungen eingesetzt werden.

$c(r, \varphi)$ Auch hier gilt wegen $c_y(r, \varphi) \perp c_x(r, \varphi)$ das Gesetz des Pythagoras

$$c(r, \varphi) = \sqrt{c_x^2(r, \varphi) + c_y^2(r, \varphi)}.$$

Verwenden wir in diesem Fall die ermittelten Zusammenhänge für $c_x(r, \varphi)$ und $c_y(r, \varphi)$, so liefert dies zunächst

$$c(r, \varphi) = \sqrt{\left(c_\infty - \frac{M}{2 \cdot \pi} \cdot \frac{\cos(2 \cdot \varphi)}{r^2} \right)^2 + \left(-\frac{M}{2 \cdot \pi} \cdot \frac{\sin(2 \cdot \varphi)}{r^2} \right)^2}.$$

Ausquadriert folgt

$$c(r, \varphi) = \sqrt{c_\infty^2 - 2 \cdot c_\infty \cdot \frac{M}{2 \cdot \pi} \cdot \frac{\cos(2 \cdot \varphi)}{r^2} + \frac{M^2}{4 \cdot \pi^2} \cdot \frac{\cos^2(2 \cdot \varphi)}{r^4} + \frac{M^2}{4 \cdot \pi^2} \cdot \frac{\sin^2(2 \cdot \varphi)}{r^4}}$$

oder zusammengefasst

$$c(r, \varphi) = \sqrt{c_\infty^2 - 2 \cdot c_\infty \cdot \frac{M}{2 \cdot \pi} \cdot \frac{\cos(2 \cdot \varphi)}{r^2} + \frac{M^2}{4 \cdot \pi^2} \cdot \frac{1}{r^4} \cdot (\sin^2(2 \cdot \varphi) + \cos^2(2 \cdot \varphi))}.$$

Da $\sin^2(2 \cdot \varphi) + \cos^2(2 \cdot \varphi) = 1$, lässt sich auch schreiben

$$c(r, \varphi) = \sqrt{c_\infty^2 - 2 \cdot c_\infty \cdot \frac{M}{2 \cdot \pi} \cdot \frac{\cos(2 \cdot \varphi)}{r^2} + \frac{M^2}{4 \cdot \pi^2} \cdot \frac{1}{r^4}}.$$

Unter der Wurzel $\frac{M^2}{4 \cdot \pi^2} \cdot \frac{1}{r^4}$ ausgeklammert liefert dann das Resultat

$$c(r, \varphi) = \pm \sqrt{c_\infty^2 + \frac{M^2}{4 \cdot \pi^2} \cdot \frac{1}{r^4} \cdot \left(1 - 4 \cdot \pi \cdot r^2 \cdot \frac{c_\infty}{M} \cdot \cos(2 \cdot \varphi)\right)}.$$

Mit $R^2 = \frac{M}{2 \cdot \pi \cdot c_\infty}$ (s. o.) lässt sich $c(r, \varphi)$ noch weiter vereinfachen. Es wird $\frac{M^2}{4 \cdot \pi^2} = R^4 \cdot c_\infty^2$ und $\frac{c_\infty}{M} = \frac{1}{2 \cdot \pi \cdot R^2}$. Oben eingesetzt führt zunächst zu

$$c(r, \varphi) = \pm \sqrt{c_\infty^2 + R^4 \cdot c_\infty^2 \cdot \frac{1}{r^4} \cdot \left(1 - 4^2 \cdot \pi \cdot r^2 \cdot \frac{1}{2 \cdot \pi \cdot R^2} \cdot \cos(2 \cdot \varphi)\right)}$$

oder durch Kürzen und Umstellen

$$c(r, \varphi) = \pm \sqrt{c_\infty^2 + c_\infty^2 \cdot \frac{R^4}{r^4} \cdot \left(1 - 2 \cdot \frac{r^2}{R^2} \cdot \cos(2 \cdot \varphi)\right)}$$

bzw.

$$c(r, \varphi) = \pm \sqrt{c_\infty^2 \cdot \left[1 + \frac{R^4}{r^4} \cdot \left(1 - 2 \cdot \frac{r^2}{R^2} \cdot \cos(2 \cdot \varphi)\right)\right]}.$$

Weiterhin wird

$$c(r, \varphi) = \pm c_\infty \cdot \sqrt{1 + \frac{R^4}{r^4} - 2 \cdot \frac{R^4}{r^4} \cdot \frac{r^2}{R^2} \cdot \cos(2 \cdot \varphi)}$$

oder auch

$$c(r, \varphi) = \pm c_\infty \cdot \sqrt{\frac{R^4}{r^4} - 2 \cdot \frac{R^2}{r^2} \cdot \cos(2 \cdot \varphi) + 1}.$$

Staupunkte

Die Staupunkte an umströmten Körpern sind dadurch gekennzeichnet, dass in ihnen die Geschwindigkeit verschwindet, also zu Null wird. Im vorliegenden Fall des umströmten Zylinders mit dem Radius R lautet die y-Koordinate des Staupunktes bei zentrisch angeordnetem Koordinatensystems $y = 0$ und die x-Koordinate entspricht der Koordinate x_S des Staupunktes.

Wenn also $y = 0$, $x = x_S$ und $c_x = 0$, dann kann man x_S wie folgt herleiten. Mit

$$c_x(x, y) = c_\infty - \frac{M}{2 \cdot \pi} \cdot \frac{(x^2 - y^2)}{(x^2 + y^2)^2}$$

und den genannten Randbedingungen wird

$$0 = c_\infty - \frac{M}{2 \cdot \pi} \cdot \frac{(x_S^2 - 0)}{(x_S^2 + 0)^2} = c_\infty - \frac{M}{2 \cdot \pi} \cdot \frac{1}{x_S^2}.$$

Umgestellt folgt

$$\frac{M}{2 \cdot \pi} \cdot \frac{1}{x_S^2} = c_\infty$$

bzw.

$$x_S = \pm \sqrt{\frac{M}{2 \cdot \pi \cdot c_\infty}}$$

Dies entspricht dem weiter oben abgeleiteten Zylinderradius R. Man stellt also fest, dass am umströmten Zylinder die Staupunkte auf der Oberfläche positioniert sind.

Bezogene Geschwindigkeit an Zylinderkontur $\frac{c_K(\varphi)}{c_\infty}$

Mit $r = R$ als Zylinderradius stellt sich die o. g. Gleichung der Geschwindigkeitsverteilung wie folgt dar. Mit dem Index „K" werden Größen auf der **Zylinderkontur** verstanden.

$$c_K(R, \varphi) = \pm c_\infty \cdot \sqrt{\frac{R^4}{R^4} - 2 \cdot \frac{R^2}{R^2} \cdot \cos(2 \cdot \varphi) + 1}$$

oder

$$c_K(R, \varphi) = \pm c_\infty \cdot \sqrt{2 \cdot (1 - \cos(2 \cdot \varphi))}.$$

Da $R = $ konst. ist, lautet die Formulierung auch

$$c_K(\varphi) = \pm c_\infty \cdot \sqrt{2 \cdot (1 - \cos(2 \cdot \varphi))}$$

oder als dimensionslose Geschwindigkeit

$$\frac{c_K(\varphi)}{c_\infty} = \pm\sqrt{2 \cdot (1 - \cos(2 \cdot \varphi))}$$

mit $c_K(\varphi)$ als Geschwindigkeit am Zylinderumfang.

Da des Weiteren

$$\cos(2 \cdot \varphi) = 1 - 2 \cdot \sin^2 \varphi$$

folgt

$$\frac{c_K(\varphi)}{c_\infty} = \pm\sqrt{2 \cdot (1 - 1 + 2 \cdot \sin^2 \varphi)} = \pm\sqrt{4 \cdot \sin^2 \varphi}.$$

Als Ergebnis erhält man

$$\frac{c_K(\varphi)}{c_\infty} = \pm 2 \cdot \sin \varphi.$$

Die Auswertung der Geschwindigkeit $\frac{c_K}{c_\infty}$ über der Koordinate x erfolgt gemäß nachstehender Vorgehensweise. Die Berechnung und Darstellung wird mit einem Tabellenkalkulationsprogramm durchgeführt.

1. c_∞ vorgeben

2. $R = \sqrt{\dfrac{M}{2 \cdot \pi \cdot c_\infty}}$ (s. o.)   bekannt

3. φ Variable

4. $\dfrac{c_K(\varphi)}{c_\infty}$ somit bekannt

5. $x = R \cdot \cos \varphi$ somit bekannt.

Zahlenbeispiel

1. $c_\infty = 10\,\dfrac{\text{m}}{\text{s}}$ vorgegeben

2. $\varphi = 45°$ Variable

3. $\dfrac{c_K(\varphi)}{c_\infty} = \pm 2 \cdot \sin 45° = 1{,}414$ somit bekannt

4. $x = 0{,}3989 \cdot \cos 45° = 0{,}2821\,\text{m}$ somit bekannt

5. $R = \sqrt{\dfrac{10}{2 \cdot \pi \cdot 10}} = 0{,}3989\,\text{m}$

Abb. 4.21 Dimensionslose
Geschwindigkeit c_K/c_∞ in
Abhängigkeit von x_K

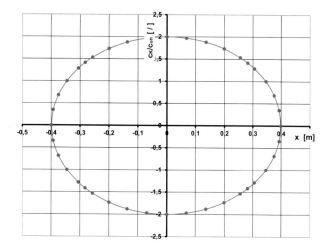

Damit ist ein erster Punkt der dimensionslosen Geschwindigkeit $\frac{c_K(\varphi)}{c_\infty} = \pm 1{,}414$ an der Stelle $x = 0{,}2821$ m bekannt. Durch die Variation von φ lassen sich nach der gezeigten Vorgehensweise weitere Punkte in Abhängigkeit von x finden. Das Ergebnis der Auswertungen ist in Abb. 4.21 zu erkennen.

Isotachen

Wie schon früher behandelt soll auch im vorliegenden Fall auf die Linien gleicher Geschwindigkeit (Isotachen) und später die Linien gleichen Drucks, besser Druckdifferenz, also die Isobaren eingegangen werden. In beiden Fällen lassen sich Aussagen über Geschwindigkeits- bzw. Druckveränderungen im Strömungsfeld treffen.

Im Fall der Isotachen wird als Ausgangspunkt der Betrachtungen von der Geschwindigkeit c in Abhängigkeit von Polarkoordinaten Gebrauch gemacht

$$c(r, \varphi) = \pm c_\infty \cdot \sqrt{\frac{R^4}{r^4} - 2 \cdot \frac{R^2}{r^2} \cdot \cos(2 \cdot \varphi) + 1}.$$

Quadriert und eine einfache Umstellung liefert

$$\left(\frac{c}{c_\infty}\right)^2 = \frac{R^4}{r^4} - 2 \cdot \frac{R^2}{r^2} \cdot \cos(2 \cdot \varphi) + 1.$$

Da $r(\varphi)$ mit $c = $ konst. als Kurvenparameter gesucht wird, führen folgende Schritte zum Ziel. Zunächst erhält man

$$\frac{R^4}{r^4} - 2 \cdot \frac{R^2}{r^2} \cdot \cos(2 \cdot \varphi) = \left(\frac{c}{c_\infty}\right)^2 - 1.$$

Mit der quadratischen Ergänzung $\cos^2(2 \cdot \varphi)$ lautet dann die Gleichung wie folgt

$$\frac{R^4}{r^4} - 2 \cdot \frac{R^2}{r^2} \cdot \cos(2 \cdot \varphi) + \cos^2(2 \cdot \varphi) = \left(\frac{c}{c_\infty}\right)^2 - 1 + \cos^2(2 \cdot \varphi)$$

oder

$$\left(\frac{R^2}{r^2} - \cos(2 \cdot \varphi)\right)^2 = \left(\frac{c}{c_\infty}\right)^2 + \cos^2(2 \cdot \varphi) - 1.$$

Wenn man jetzt die Wurzel zieht, entsteht

$$\left(\frac{R^2}{r^2} - \cos(2 \cdot \varphi)\right) = \pm\sqrt{\left(\frac{c}{c_\infty}\right)^2 + \cos^2(2 \cdot \varphi) - 1}$$

oder

$$\frac{R^2}{r^2} = \cos(2 \cdot \varphi) \pm \sqrt{\left(\frac{c}{c_\infty}\right)^2 + \cos^2(2 \cdot \varphi) - 1}.$$

Mit dem reziproken Ausdruck erhält man zunächst

$$\frac{r^2}{R^2} = \frac{1}{\cos(2 \cdot \varphi) \pm \sqrt{\left(\frac{c}{c_\infty}\right)^2 + \cos^2(2 \cdot \varphi) - 1}}$$

bzw.

$$r^2 = \frac{R^2}{\cos(2 \cdot \varphi) \pm \sqrt{\left(\frac{c}{c_\infty}\right)^2 + \cos^2(2 \cdot \varphi) - 1}}.$$

Das Quadrat des Zylinderradius ist gemäß Abschn. 4.4 bekannt $R^2 = \frac{M}{2 \cdot \pi \cdot c_\infty}$. Nach dem Wurzel ziehen lautet das Resultat zur **Isotachenbestimmung**

$$r = \pm\sqrt{\frac{R^2}{\cos(2 \cdot \varphi) \pm \sqrt{\left(\frac{c}{c_\infty}\right)^2 + \cos^2(2 \cdot \varphi) - 1}}}$$

oder mit $R^2 = \frac{M}{2 \cdot \pi \cdot c_\infty}$, $M = E \cdot L$

$$r = \pm\sqrt{\frac{M}{2 \cdot \pi \cdot c_\infty \cdot \left(\cos(2 \cdot \varphi) \pm \sqrt{\left(\frac{c}{c_\infty}\right)^2 + \cos^2(2 \cdot \varphi) - 1}\right)}}$$

Um die Isotachen im y-x-Koordinatensystem darzustellen, benötigt man lediglich noch die Umrechnungen

$$x = r \cdot \cos\varphi \quad \text{sowie} \quad y = r \cdot \sin\varphi.$$

Die Berechnung und Darstellung wird mit einem Tabellenkalkulationsprogramm durchgeführt.

1. c_∞ vorgeben
2. E vorgeben
3. L vorgeben
4. $M = E \cdot L$ somit bekannt
5. R somit bekannt
6. c Parameter
7. φ Variable
8. r (s. o.)   somit bekannt
9. $x = r \cdot \cos\varphi$ somit bekannt
10. $y = r \cdot \sin\varphi$ somit bekannt

Zahlenbeispiel

1. $c_\infty = 10 \, \dfrac{\text{m}}{\text{s}}$ vorgegeben

2. $E = 10 \, \dfrac{\text{m}^2}{\text{s}}$ vorgegeben

3. $L = 1\,\text{m}$ vorgegeben

4. $M = 10 \cdot 1 \, \dfrac{\text{m}^3}{\text{s}}$ somit bekannt

5. $R = \sqrt{\dfrac{10}{2 \cdot \pi \cdot 10}} = 0{,}3989\,\text{m}$ somit bekannt

6. $c = 11 \, \dfrac{\text{m}}{\text{s}}$ Parameter

7. $\varphi = 80°$ Variable

8. $r = \pm \sqrt{\dfrac{0{,}3989^2}{\cos(2 \cdot 80°) \pm \sqrt{\left(\frac{11}{10}\right)^2 + \cos^2(2 \cdot 80°) - 1}}}$

    $r = 1{,}2266\,\text{m}$ somit bekannt

9. $x = 1{,}2266 \cdot \cos 80° = 0{,}2130\,\text{m}$ somit bekannt

10. $y = 1{,}2266 \cdot \sin 80° = 1{,}208\,\text{m}$ somit bekannt

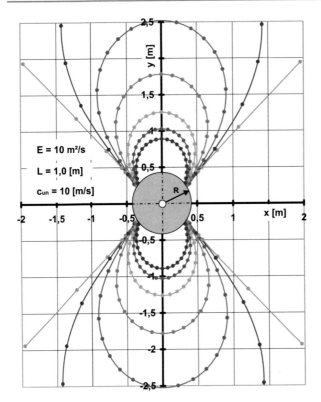

Abb. 4.22 Linien gleicher Geschwindigkeit (Isotachen) beim umströmten Zylinder

Damit ist ein erster Punkt der Isotache $c = 11\,\frac{m}{s} = $ konst. an der Stelle $x = 0{,}2130\,m$ und $y = 1{,}208\,m$ bekannt. Durch die Variation von φ lassen sich nach der gezeigten Vorgehensweise weitere Punkte finden. Das Ergebnis der Auswertungen ist in Abb. 4.22 zu erkennen.

Eine besondere Isotache liegt im Fall $c(r,\varphi) = c_\infty$ vor. Der hier bestimmbare Kurvenverlauf lässt sich mit einer bekannten mathematischen Funktion beschreiben, die im weiteren Vorgehen ermittelt werden soll.

Ausgangspunkt ist wieder

$$r = \pm \sqrt{\frac{R^2}{\cos(2 \cdot \varphi) \pm \sqrt{\left(\frac{c}{c_\infty}\right)^2 + \cos^2(2 \cdot \varphi) - 1}}}.$$

Mit $c(r,\varphi) = c_\infty$ folgt

$$r = \pm \sqrt{\frac{R^2}{\cos(2 \cdot \varphi) \pm \sqrt{1 + \cos^2(2 \cdot \varphi) - 1}}}$$

und somit

$$r = \pm \sqrt{\frac{R^2}{2 \cdot \cos(2 \cdot \varphi)}}$$

bei dem positiven Vorzeichen vor der inneren Wurzel.

Da weiterhin gilt $\cos(2 \cdot \varphi) = 1 - 2 \cdot \sin^2 \varphi$ erhält man damit

$$r = \pm \sqrt{\frac{R^2}{2 \cdot (1 - 2 \cdot \sin^2 \varphi)}}.$$

Das Quadrieren liefert

$$r^2 = \frac{R^2}{2 \cdot (1 - 2 \cdot \sin^2 \varphi)}.$$

Da ebenfalls $\sin \varphi = \frac{y}{r}$ entsteht zunächst

$$r^2 = \frac{R^2}{2 \cdot \left(1 - 2 \cdot \frac{y}{r^2}\right)}$$

oder

$$r^2 = \frac{R^2}{2 \cdot \left(\frac{r^2 - 2 \cdot y^2}{r^2}\right)}$$

bzw.

$$\frac{R^2}{2 \cdot (r^2 - 2 \cdot y^2)} = 1.$$

Multipliziert mit $\frac{2 \cdot (r^2 - 2 \cdot y^2)}{R^2}$ liefert

$$\frac{2 \cdot (r^2 - 2 \cdot y^2)}{R^2} = 1.$$

Ebenfalls bekannt ist $r^2 = x^2 + y^2$, was dann oben eingesetzt zunächst

$$\frac{2 \cdot (x^2 + y^2 - 2 \cdot y^2)}{R^2} = 1.$$

zur Folge hat.

Als Resultat entsteht dann für die Isotache $c(r, \varphi) = c_\infty$ die Funktion

$$\frac{x^2}{\left(\frac{R^2}{2}\right)} - \frac{y^2}{\left(\frac{R^2}{2}\right)} = 1.$$

Dies ist die Gleichung einer **gleichseitigen Hyperbel** $\frac{x^2}{a^2} - \frac{y^2}{a^2} = 1$, wobei im vorliegenden Fall

$$a^2 = \frac{R^2}{2}$$

lautet.

Druckverteilung

Zur Ermittlung der Druckverteilung im Strömungsfeld bedient man sich der Bernoulli'schen Energiegleichung

$$\frac{p(r, \varphi)}{\rho} + \frac{c(r, \varphi)^2}{2} = \text{konst.}$$

unter Vernachlässigung der Höhenglieder und für den Fall der stationären, inkompressiblen Strömung. Es sollen hierbei Polarkoordinaten zum Einsatz kommen. Des Weiteren wird wegen einer allgemeingültigeren Aussage von dem **dimensionslosen Druckbeiwert**

$$c_p(r, \varphi) = \frac{\Delta p}{\frac{\rho}{2} \cdot c_\infty^2} = \frac{p(r, \varphi) - p_\infty}{\frac{\rho}{2} \cdot c_\infty^2}$$

Gebrauch gemacht. Dabei sind Kenntnisse der ungestörten Zuströmung c_∞ und p_∞ sowie der Fluiddichte ρ erforderlich. Stellt man die Bernoulli'sche Energiegleichung an einer Stelle der ungestörten Zuströmung (Index ∞) und einer Stelle (r, φ) auf, so erhält man

$$\frac{p_\infty}{\rho} + \frac{c_\infty^2}{2} = \frac{p(r, \varphi)}{\rho} + \frac{c(r, \varphi)^2}{2} = \text{konst.}$$

Die Gleichung umgeformt ergibt zunächst

$$\frac{p(r, \varphi)}{\rho} - \frac{p_\infty}{\rho} = \frac{c_\infty^2}{2} - \frac{c(r, \varphi)^2}{2}$$

oder

$$\frac{p(r, \varphi)}{\rho} - \frac{p_\infty}{\rho} = \frac{c_\infty^2}{2} \cdot \left(1 - \frac{c(r, \varphi)^2}{c_\infty^2}\right).$$

Dies führt nach Division durch $\frac{c_\infty^2}{2}$ zum Druckbeiwert

$$c_p(r,\varphi) = \frac{(p(r,\varphi) - p_\infty)}{\frac{\rho}{2} \cdot c_\infty^2} = \left(1 - \frac{c(r,\varphi)^2}{c_\infty^2}\right).$$

Mit der bekannten Geschwindigkeit (s. o.)

$$c(r,\varphi) = \pm c_\infty \cdot \sqrt{\frac{R^4}{r^4} - 2 \cdot \frac{R^2}{r^2} \cdot \cos(2 \cdot \varphi) + 1}$$

und quadriert

$$c(r,\varphi)^2 = c_\infty^2 \cdot \left(\frac{R^4}{r^4} - 2 \cdot \frac{R^2}{r^2} \cdot \cos(2 \cdot \varphi) + 1\right)$$

oder umgestellt liefert

$$\frac{c(r,\varphi)^2}{c_\infty^2} = \left(\frac{R^4}{r^4} - 2 \cdot \frac{R^2}{r^2} \cdot \cos(2 \cdot \varphi) + 1\right).$$

Weiterhin kennen wir

$$\cos(2 \cdot \varphi) = 1 - 2 \cdot \sin^2 \varphi.$$

Oben eingesetzt führt zu

$$\frac{c(r,\varphi)^2}{c_\infty^2} = \left(\frac{R^4}{r^4} - 2 \cdot \frac{R^2}{r^2} \cdot (1 - 2 \cdot \sin^2 \varphi) + 1\right)$$

bzw.

$$\frac{c(r,\varphi)^2}{c_\infty^2} = \left(\frac{R^4}{r^4} - 2 \cdot \frac{R^2}{r^2} + 4 \cdot \frac{R^2}{r^2} \cdot \sin^2 \varphi + 1\right).$$

In der Ausgangsgleichung

$$c_p(r,\varphi) = \left(1 - \frac{c(r,\varphi)^2}{c_\infty^2}\right)$$

verwendet liefert

$$c_p(r,\varphi) = 1 - \left(\frac{R^4}{r^4} - 2 \cdot \frac{R^2}{r^2} + 4 \cdot \frac{R^2}{r^2} \cdot \sin^2 \varphi + 1\right)$$

bzw.

$$c_p(r, \varphi) = 2 \cdot \frac{R^2}{r^2} - 4 \cdot \frac{R^2}{r^2} \cdot \sin^2 \varphi - \frac{R^4}{r^4}$$

oder schlussendlich

$$c_p(r, \varphi) = 2 \cdot \frac{R^2}{r^2} \cdot \left(1 - 2 \cdot \sin^2 \varphi - \frac{1}{2} \cdot \frac{R^2}{r^2}\right).$$

Mit diesem Zusammenhang und in Verbindung mit der Definitionsgleichung

$$c_p = \frac{p(r, \varphi) - p_\infty}{\frac{\rho}{2} \cdot c_\infty^2}$$

lässt sich bei bekannten Größen p_∞, c_∞ und ρ an jeder Stelle des Strömungsfeldes der örtliche Druck $p(r; \varphi)$ ermitteln.

Für die **Zylinderoberfläche** mit $r = R$ entsteht dann

$$c_p(R, \varphi) = 2 \cdot \frac{R^2}{R^2}\left(1 - 2 \cdot \frac{R^2}{R^2} \cdot \sin^2 \varphi - \frac{1}{2} \cdot \frac{R^2}{R^2}\right)$$

oder

$$c_p(R, \varphi) = 2 \cdot \left(1 - 2 \cdot \sin^2 \varphi - \frac{1}{2}\right).$$

und als Resultat

$$c_p(\varphi) = 1 - 4 \cdot \sin^2 \varphi.$$

Der Verlauf des Druckbeiwertes $c_p(\varphi)$ in Abhängigkeit vom Winkel φ zwischen vorderem und hinterem Staupunkt ist in Abb. 4.23 zu erkennen. Im vorderen Staupunkt lautet $c_p(\varphi = 180°) = 1$ ebenso wie im hinteren Staupunkt $c_p(\varphi = 0°)$. Erwartungsgemäß erhält man hier den sog. Gesamtdruck $p(R, \varphi) = p_\infty + \rho \cdot \frac{c_\infty^2}{2}$, da ja die Geschwindigkeiten in diesen Punkten gleich Null sind. Dahingegen stellt man fest, dass $c_p(\varphi = 90°) = -3$ den Kleinstwert erreicht. Dies entspricht dem Kleinstwert des örtlichen Drucks $p(R, \varphi)$ am Zylinderumfang, und zwar $p(R, \varphi) = p_\infty - 3 \cdot \rho \cdot \frac{c_\infty^2}{2}$.

Isobaren

Wie schon im Fall der Isotachen sollen jetzt die Linien gleichen Drucks (Isobaren) für den vorliegenden Fall der idealisierten Zylinderumströmung ermittelt werden. Ausgangspunkt der Herleitung betreffender Zusammenhänge ist die umgeformte Bernoulligleichung

$$p(r, \varphi) - p_\infty = \frac{\rho}{2} \cdot c_\infty^2 \cdot \left(1 - \frac{c(r, \varphi)^2}{c_\infty^2}\right).$$

Abb. 4.23 Druckbeiwert c_p am Zylinderumfang in Abhängigkeit vom Winkel ϕ

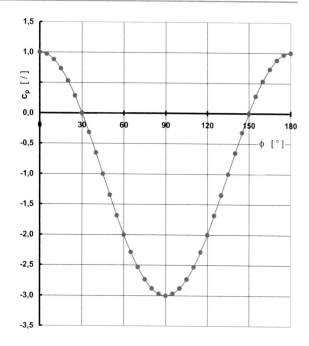

Mit der Definition

$$\Delta p = p(r, \varphi) - p_\infty$$

erhält man mit einer einfachen Umstellung

$$c_p(r, \varphi) = \frac{\Delta p}{\frac{\rho}{2} \cdot c_\infty^2} = 1 - \frac{c(r, \varphi)^2}{c_\infty^2}$$

bzw.

$$\frac{c(r, \varphi)^2}{c_\infty^2} = 1 - \frac{\Delta p}{\frac{\rho}{2} \cdot c_\infty^2} = 1 - c_p(r, \varphi).$$

Weiterhin kennt man die Geschwindigkeit $c(r, \varphi)$ wie folgt

$$c(r, \varphi) = \pm c_\infty \cdot \sqrt{\frac{R^4}{r^4} - 2 \cdot \frac{R^2}{r^2} \cdot \cos(2 \cdot \varphi) + 1}$$

oder quadriert und umgeformt

$$\frac{c(r, \varphi)^2}{c_\infty^2} = \frac{R^4}{r^4} - 2 \cdot \frac{R^2}{r^2} \cdot \cos(2 \cdot \varphi) + 1.$$

In o. g. Gleichung eingesetzt liefert

$$\left(\frac{c(r,\varphi)^2}{c_\infty^2} = \right) \frac{R^4}{r^4} - 2 \cdot \frac{R^2}{r^2} \cdot \cos(2 \cdot \varphi) + 1 = 1 - \frac{\Delta p}{\frac{\rho}{2} \cdot c_\infty^2}$$

d. h.

$$\frac{R^4}{r^4} - 2 \cdot \frac{R^2}{r^2} \cdot \cos(2 \cdot \varphi) = -\frac{\Delta p}{\frac{\rho}{2} \cdot c_\infty^2} = -c_p(r,\varphi).$$

Mit der quadratischen Ergänzung $\cos^2(2 \cdot \varphi)$ erhält man dann

$$\frac{R^4}{r^4} - 2 \cdot \frac{R^2}{r^2} \cdot \cos(2 \cdot \varphi) + \cos^2(2 \cdot \varphi) = \cos^2(2 \cdot \varphi) - c_p(r,\varphi)$$

und somit

$$\left(\frac{R^2}{r^2} - \cos(2 \cdot \varphi)\right)^2 = \cos^2(2 \cdot \varphi) - c_p(r,\varphi).$$

Die Wurzel gezogen und umgestellt führt zu

$$\frac{R^2}{r^2} = \cos(2 \cdot \varphi) \pm \sqrt{\cos^2(2 \cdot \varphi) - c_p(r,\varphi)}.$$

Da $r(\varphi)$ gesucht wird, muss eine Gleichungsumstellung wie folgt vorgenommen werden

$$r^2 = \frac{R^2}{\cos(2 \cdot \varphi) \pm \sqrt{\cos^2(2 \cdot \varphi) - c_p(r,\varphi)}}.$$

Mit der Wurzel gezogen erhalten wir das gesuchte Resultat

$$r = \pm\sqrt{\frac{R^2}{\cos(2 \cdot \varphi) \pm \sqrt{\cos^2(2 \cdot \varphi) - c_p(r,\varphi)}}}$$

oder mit $R^2 = \frac{M}{2 \cdot \pi \cdot c_\infty}$, $M = E \cdot L$, was dann zu

$$r = \pm\sqrt{\frac{M}{2 \cdot \pi \cdot c_\infty \cdot (\cos(2 \cdot \varphi) \pm \sqrt{\cos^2(2 \cdot \varphi) - c_p(r,\varphi)})}}$$

führt.

Da das Dipolmoment M, die Zuströmgeschwindigkeit c_∞ und die Fluiddichte ρ vorgegeben sowie $c_p(r,\varphi)$ jeweils als Kurvenparameter gewählt werden, sind die Isobaren bekannt. Um sie im y-x-Koordinatensystem darzustellen, benötigt man noch die Umrechnungen $x = r \cdot \cos \varphi$ sowie $y = r \cdot \sin \varphi$. Die Berechnung und Darstellung wird mit einem Tabellenkalkulationsprogramm durchgeführt.

1. c_∞ vorgeben
2. E vorgeben
3. L vorgeben
4. $c_p(r, \varphi)$ Kurvenparameter
5. φ Variable
6. r (s. o.)   somit bekannt
7. $x = r \cdot \cos \varphi$ somit bekannt
8. $y = r \cdot \sin \varphi$ somit bekannt

Zahlenbeispiel

1. $c_\infty = 10 \, \dfrac{m}{s}$ vorgegeben
2. $E = 10 \, \dfrac{m^2}{s}$ vorgegeben
3. $L = 1 \, m$ vorgegeben
4. $c_p = -0{,}050$ Parameter
5. $\varphi = 60°$ Variable
6. $r = \pm \sqrt{\dfrac{10 \cdot 1}{2 \cdot \pi \cdot 10 \cdot (\cos(2 \cdot 60°) + \sqrt{\cos^2(2 \cdot 60°) - (-0{,}050)})}}$

     $r = 1{,}318 \, m$ somit bekannt
7. $x = 1{,}318 \cdot \cos 60° = 0{,}659 \, m$ somit bekannt
8. $y = 1{,}318 \cdot \sin 60° = 1{,}141 \, m$ somit bekannt

Damit ist ein erster Punkt der Isobare $c_p = -0{,}050 =$ konst. an der Stelle $x = 0{,}659 \, m$ und $y = 1{,}141 \, m$ bekannt. Durch die Variation von φ lassen sich nach der gezeigten Vorgehensweise weitere Punkte finden. Das Ergebnis der Auswertungen ist in Abb. 4.24 zu erkennen.

Eine besondere Isobare liegt im Fall $p(r, \varphi) = p_\infty$ vor. Der hier bestimmbare Kurvenverlauf lässt sich mit einer bekannten mathematischen Funktion beschreiben, die im weiteren Vorgehen ermittelt werden soll.

Der $c_p(r; \varphi)$-Wert ist definiert mit

$$c_p(r, \varphi) = \frac{(p(r, \varphi) - p_\infty)}{\rho \cdot \frac{c_\infty^2}{2}}.$$

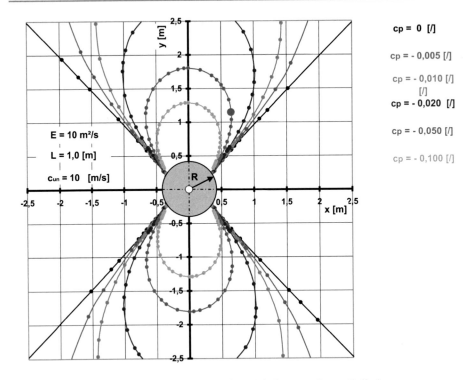

Abb. 4.24 Linien gleichen Druckbeiwerts (Isobaren) beim umströmten Zylinder

Aus der Bedingung für die gesuchte Isobare $p(r, \varphi) = p_\infty$ erhält man

$$c_p(r, \varphi) = 0.$$

Des Weiteren konnte gemäß Abschn. 4.4 hergeleitet werden

$$c_p(r, \varphi) = 2 \cdot \frac{R^2}{r^2} - 4 \cdot \frac{R^2}{r^2} \cdot \sin^2 \varphi - \frac{R^4}{r^4}.$$

Somit folgt

$$0 = 2 \cdot \frac{R^2}{r^2} - 4 \cdot \frac{R^2}{r^2} \cdot \sin^2 \varphi - \frac{R^4}{r^4}$$

und dann noch $\frac{R^2}{r^2}$ ausgeklammert liefert

$$0 = \frac{R^2}{r^2} \cdot \left(2 - 4 \cdot \sin^2 \varphi - \frac{R^2}{r^2} \right).$$

Dies führt zu

$$2 - 4 \cdot \sin^2 \varphi - \frac{R^2}{r^2} = 0$$

oder

$$\frac{R^2}{r^2} = 2 - 4 \cdot \sin^2 \varphi$$

und schließlich durch Umstellen

$$r^2 = \frac{R^2}{2 \cdot (1 - 2 \cdot \sin^2 \varphi)}$$

bzw.

$$r = R \cdot \sqrt{\frac{1}{2 \cdot (1 - 2 \cdot \sin^2 \varphi)}}.$$

Da des Weiteren $(1 - 2 \cdot \sin^2 \varphi) = \cos(2 \cdot \varphi)$ lautet das Ergebnis der gesuchten Isobaren $p(r, \varphi) = p_\infty$

$$r = R \cdot \sqrt{\frac{1}{2 \cdot \cos(2 \cdot \varphi)}}.$$

Die Umwandlung dieses Ergebnisses mittels kartesischer Koordinaten führt zum **Kurvenverlauf** der **betreffenden Isobaren**.

Mit o. g. Zusammenhang

$$r^2 = \frac{R^2}{2 \cdot (1 - 2 \cdot \sin^2 \varphi)}$$

sowie $\sin^2 \varphi = \frac{y^2}{r^2}$ eingesetzt liefert zunächst

$$r^2 = \frac{R^2}{2 \cdot \left(1 - 2 \cdot \frac{y^2}{r^2}\right)}$$

oder auch

$$r^2 = \frac{R^2}{2 \cdot \left(\frac{r^2 - 2 \cdot y^2}{r^2}\right)}$$

bzw.

$$1 = \frac{R^2}{2 \cdot (r^2 - 2 \cdot y^2)}.$$

Mit $r^2 = x^2 + y^2$ gilt

$$1 = \frac{R^2}{2 \cdot (x^2 + y^2 - 2 \cdot y^2)}$$

und dann

$$1 = \frac{R^2}{2 \cdot (x^2 - y^2)}.$$

Die Multiplikation mit $\frac{2 \cdot (x^2 - y^2)}{R^2}$ ergibt

$$\frac{2 \cdot (x^2 - y^2)}{R^2} = 1$$

bzw. umgestellt

$$\frac{x^2}{\left(\frac{R^2}{2}\right)} - \frac{y^2}{\left(\frac{R^2}{2}\right)} = 1.$$

Substituiert man $\left(a^2 = \frac{R^2}{2}\right)$ entsteht

$$\frac{x^2}{a^2} - \frac{y^2}{a^2} = 1.$$

Dies ist wie im Fall der Isotache $c = c_\infty$ die Gleichung einer **gleichseitigen Hyperbel**.

4.5   Parallel- mit Dipol- und Potentialwirbelströmung

In Abb. 4.25 sind die Stromlinien dreier Basisströmungen zu erkennen. Hierbei handelt es sich um eine Parallelströmung, eine Dipolströmung und einen Potentialwirbel. Die Über-lagerung (Superposition) dieser drei Elementarströmungen führt zu der Potentialströmung um einen rotierenden Zylinder (Flettner-Rotor!!). Bei der Parallelströmung liegen die Ge-schwindigkeit und der Druck sehr weit vor dem Zylinder vor. Von der Dipolströmung kennt man das Dipolmoment. Der Potentialwirbel wird durch die gegebene Zirkulation gekennzeichnet. Ebenso liegt die Fluiddichte vor. Neben Strom- und Potentialfunktion

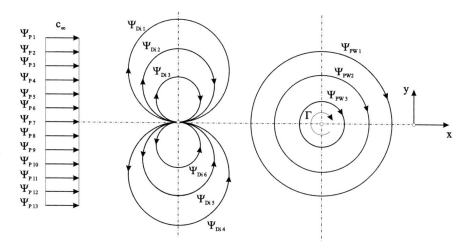

Abb. 4.25 Parallel-, Dipol- mit Potentialwirbelströmung

des umströmten rotierenden Zylinders $\Psi_{\text{Ges}}(x, y)$ bzw. $\Psi_{\text{Ges}}(r, \phi)$ und $\Phi_{\text{Ges}}(x, y)$ bzw. $\Phi_{\text{Ges}}(r, \phi)$ werden die Zusammenhänge zur Ermittlung der Strom- und Potentiallinien gesucht. Die resultierende Geschwindigkeit $c(x, y)$ bzw. $c(r, \phi)$ einschließlich ihrer x- und y-Komponenten sind ebenfalls Gegenstand dieses Kapitels wie auch der Druck im Strömungsfeld $p(r, \phi)$ und der Druckbeiwert $c_p(\varphi)$ am Zylinderumfang. Schließlich soll die Querkraft, die aufgrund der Druckverteilung am Zylinderumfang wirksam wird, hergeleitet werden.

Stromfunktion Ψ_{Ges} und Potentialfunktion Φ_{Ges}
Bei den Herleitungen der Strom- und Potentialfunktionen Ψ_{Ges} und Φ_{Ges} wird auf die Strom- und Potentialfunktionen der Parallel- und Dipolströmung sowie des Potentialwirbels gemäß Abschn. 2.1, 2.4 und 2.5 zurückgegriffen. Die Ergebnisse der Strom- und Potentialfunktionen genannter Elementarströmungen seien hier nochmals aufgelistet.

Kartesischen Koordinaten

Parallelströmung
Stromfunktion

$$\Psi_{\text{P}} = c_\infty \cdot y \quad \text{bei } \alpha = 0°$$

Potentialfunktion

$$\Phi_{\text{P}} = c_\infty \cdot x \quad \text{bei } \alpha = 0°$$

Dipolströmung

Stromfunktion

$$\Psi_{\mathrm{Di}} = -\frac{M}{2 \cdot \pi} \cdot \frac{y}{(x^2 + y^2)}$$

Potentialfunktion

$$\Phi_{\mathrm{Di}} = \frac{M}{2 \cdot \pi} \cdot \frac{x}{(x^2 + y^2)}$$

Potentialwirbel (außerhalb des Wirbelkerns)

Stromfunktion

$$\Psi_{\mathrm{PW}} = \frac{\Gamma}{2 \cdot \pi} \cdot \ln\left[\frac{\sqrt{x^2 + y^2}}{R}\right] \quad \Gamma \text{ im Uhrzeigersinn}$$

Potentialfunktion

$$\Phi_{\mathrm{PW}} = -\frac{\Gamma}{2 \cdot \pi} \cdot \arctan\left(\frac{y}{x}\right) \quad \Gamma \text{ im Uhrzeigersinn}$$

Polarkoordinaten

Parallelströmung

Stromfunktion

$$\Psi_{\mathrm{P}} = c_\infty \cdot r \cdot \sin\varphi \quad \text{bei } \alpha = 0°$$

Potentialfunktion

$$\Phi_{\mathrm{P}} = c_\infty \cdot r \cdot \cos\varphi \quad \text{bei } \alpha = 0°$$

Dipolströmung

Stromfunktion

$$\Psi_{\mathrm{PW}} = -\frac{M}{2 \cdot \pi} \cdot \frac{\sin\varphi}{r}$$

Potentialfunktion

$$\Phi_{\mathrm{Di}} = \frac{M}{2 \cdot \pi} \cdot \frac{\cos\varphi}{r}$$

Potentialwirbel

Stromfunktion

$$\Psi_{\mathrm{PW}} = \frac{\Gamma}{2 \cdot \pi} \cdot \ln\left[\frac{r}{R}\right] \quad \Gamma \text{ im Uhrzeigersinn}$$

Potentialfunktion

$$\Phi_{\mathrm{PW}} = -\frac{\Gamma}{2 \cdot \pi} \cdot \widehat{\varphi} \quad \Gamma \text{ im Uhrzeigersinn}$$

Im Fall der **Überlagerung** entsteht zunächst für die Strom- und Potentialfunktion:

Kartesischen Koordinaten

Stromfunktion

$$\Psi_{Ges} = \Psi_P + \Psi_{Di} + \Psi_{PW}$$

$$\Psi_{Ges} = c_\infty \cdot y - \frac{M}{2 \cdot \pi} \cdot \frac{y}{(x^2 + y^2)} + \frac{\Gamma}{2 \cdot \pi} \cdot \ln\left[\frac{\sqrt{x^2 + y^2}}{R}\right]$$

Potentialfunktion

$$\Phi_{Ges} = \Phi_P + \Phi_{Di} + \Phi_{PW}$$

$$\Phi_{Ges} = c_\infty \cdot x + \frac{M}{2 \cdot \pi} \cdot \frac{x}{(x^2 + y^2)} - \frac{\Gamma}{2 \cdot \pi} \cdot \ln\left[\frac{\sqrt{x^2 + y^2}}{R}\right]$$

Polarkoordinaten

Stromfunktion

$$\Psi_{Ges} = c_\infty \cdot r \cdot \sin\varphi - \frac{M}{2 \cdot \pi} \cdot \frac{\sin\varphi}{r} + \frac{\Gamma}{2 \cdot \pi} \cdot \ln\left(\frac{r}{R}\right)$$

Potentialfunktion

$$\Phi_{Ges} = c_\infty \cdot r \cdot \cos\varphi + \frac{M}{2 \cdot \pi} \cdot \frac{\cos\varphi}{r} - \frac{\Gamma}{2 \cdot \pi} \cdot \ln\left(\frac{r}{R}\right).$$

Stromlinienverlauf mittels Tabellenkalkulationsprogramm

Für die Stromlinien wird der Zusammenhang $y(x; \Psi_{Ges} = \text{konst.})$ gesucht. Da die Stromfunktion Ψ_{Ges} in kartesischen Koordinaten implizit vorliegt, wird über den Umweg mit Polarkoordinaten der Zusammenhang $y(x; \Psi_{Ges} = \text{konst.})$ ermittelt. Die nachfolgenden Zusammenhänge lassen sich für alle Stromlinien anwenden. Insofern wird auf eine weitere Indizierung $i = 1, 2, 3, 4, \ldots$ verzichtet. Zur Bestimmung und Darstellung der Stromlinien mit einem Tabellenkalkulationsprogramm (hier EXCEL) wird folgender Ansatz verwendet:

$$\Psi_{Ges} = c_\infty \cdot r \cdot \sin\varphi - \frac{M}{2 \cdot \pi} \cdot \frac{\sin\varphi}{r} + \frac{\Gamma}{2 \cdot \pi} \cdot \ln\left(\frac{r}{R}\right).$$

Umgeformt zunächst nach Gliedern mit $\sin\varphi$ führt zu

$$c_\infty \cdot r \cdot \sin\varphi - \frac{M}{2 \cdot \pi} \cdot \frac{\sin\varphi}{r} = \Psi_{Ges}(r, \varphi) - \frac{\Gamma}{2 \cdot \pi} \cdot \ln\left(\frac{r}{R}\right)$$

oder

$$\sin\varphi \cdot \left(c_\infty \cdot r - \frac{M}{2 \cdot \pi} \cdot \frac{1}{r}\right) = \Psi_{Ges}(r, \varphi) - \frac{\Gamma}{2 \cdot \pi} \cdot \ln\left(\frac{r}{R}\right)$$

bzw.

$$\sin\varphi = \frac{\left(\Psi_{Ges}(r, \varphi) - \frac{\Gamma}{2 \cdot \pi} \cdot \ln\left(\frac{r}{R}\right)\right)}{r \cdot \left(c_\infty - \frac{M}{2 \cdot \pi} \cdot \frac{1}{r^2}\right)}.$$

Hierin kann die Zirkulation $\frac{\Gamma}{2\cdot\pi}$ auf zweierlei Weise ersetzt werden. Beiden Möglichkeiten liegt die Zirkulation des Potentialwirbels $\frac{\Gamma}{2\cdot\pi} = c(r)\cdot r$ zugrunde. Mit dem Gesetz des Potentialwirbels $c(r)\cdot r = c_R\cdot R =$ konst. erhält man zunächst

$$\frac{\Gamma}{2\cdot\pi} = c(r)\cdot r = c_R\cdot R.$$

Jetzt noch $c_R = R\cdot\omega$ und $\omega = 2\cdot\pi\cdot n$ eingesetzt liefert

$$\frac{\Gamma}{2\cdot\pi} = c_R\cdot R = 2\cdot\pi\cdot R^2\cdot n.$$

Die Zirkulation wird im vorliegenden Fall durch Wahl der Geschwindigkeit c_R oder der Zylinderdrehzahl n festgelegt, die beide über $n = \frac{c_R}{2\cdot\pi\cdot R}$ miteinander verknüpft sind.

1. Die Wahl von c_R kann in Verbindung mit c_∞ in der Form $c_R = i\cdot c_\infty$ erfolgen. Hierin stellt i einen Faktor $i \geq 0$ dar. Dann lautet die Zirkulation

$$\frac{\Gamma_i}{2\cdot\pi} = i\cdot c_\infty\cdot R.$$

2. Die Zirkulationsvariante unter Einbeziehung der Zylinderdrehzahl n stellt sich wie folgt dar

$$\frac{\Gamma_i}{2\cdot\pi} = 2\cdot\pi\cdot R^2\cdot n_i.$$

Die Drehzahl n_i ermittelt man mit $n_i = \frac{i\cdot c_\infty}{2\cdot\pi\cdot R}$. Folgende Beispiele sollen diese Zusammenhänge verdeutlichen.

1. $i = 1 \Rightarrow \dfrac{\Gamma_1}{2\cdot\pi} = c_\infty\cdot R$

   oder mit $n_1 = \dfrac{c_\infty}{2\cdot\pi\cdot R} \Rightarrow \dfrac{\Gamma_1}{2\cdot\pi} = 2\cdot\pi\cdot R^2\cdot n_1$

2. $i = 2 \Rightarrow \dfrac{\Gamma_2}{2\cdot\pi} = 2\cdot c_\infty\cdot R$

   oder mit $n_2 = \dfrac{2\cdot c_\infty}{2\cdot\pi\cdot R} \Rightarrow \dfrac{\Gamma_2}{2\cdot\pi} = 2\cdot\pi\cdot R^2\cdot n_2$

3. $i = 3 \Rightarrow \dfrac{\Gamma_3}{2\cdot\pi} = 3\cdot c_\infty\cdot R$

   oder mit $n_3 = \dfrac{3\cdot c_\infty}{2\cdot\pi\cdot R} \Rightarrow \dfrac{\Gamma_3}{2\cdot\pi} = 2\cdot\pi\cdot R^2\cdot n_3$

4. $i = 1{,}5 \Rightarrow \dfrac{\Gamma_{1,5}}{2\cdot\pi} = 1{,}5\cdot c_\infty\cdot R$

   oder mit $n_{1,5} = \dfrac{1{,}5\cdot c_\infty}{2\cdot\pi\cdot R} \Rightarrow \dfrac{\Gamma_{1,5}}{2\cdot\pi} = 2\cdot\pi\cdot R^2\cdot n_{1,5}$

Der Sonderfall $i = 0$ mit der Zirkulation $\Gamma = 0$ bzw. $n = 0$ stellt den in Abschn. 4.4 behandelten umströmten Kreiszylinder dar.

Benutzt man z. B. $i = 1$, also $\frac{\Gamma_1}{2 \cdot \pi} = c_\infty \cdot R$, so folgt zunächst aus o. g. Gleichung

$$\sin \varphi = \frac{\left(\Psi_{\text{Ges}} - c_\infty \cdot R \cdot \ln \left(\frac{r}{R} \right) \right)}{r \cdot \left(c_\infty - \frac{M}{2 \cdot \pi} \cdot \frac{1}{r^2} \right)}$$

Mit r multipliziert und $y = r \cdot \sin \varphi$ eingesetzt liefert

$$y = \frac{\left(\Psi_{\text{Ges}} - c_\infty \cdot R \cdot \ln \left(\frac{r}{R} \right) \right)}{\left(c_\infty - \frac{M}{2 \cdot \pi} \cdot \frac{1}{r^2} \right)}$$

Da aber auch gleichzeitig $\frac{M}{2 \cdot \pi \cdot c_\infty} = R^2$ ist, führt dies nach einer weiteren Umformung zu

$$y = \frac{\left[\Psi_{\text{Ges}} - c_\infty \cdot R \cdot \ln \left(\frac{r}{R} \right) \right]}{\left[c_\infty \cdot \left(1 - \frac{R^2}{r^2} \right) \right]}$$

oder

$$i = 1 \quad y = \frac{\left[\frac{\Psi_{\text{Ges}}}{c_\infty} - 1 \cdot R \cdot \ln \left(\frac{r}{R} \right) \right]}{\left(1 - \frac{R^2}{r^2} \right)}.$$

Mit den weiteren Zirkulationen $\frac{\Gamma_2}{2 \cdot \pi} = 2 \cdot c_\infty \cdot R$, $\frac{\Gamma_3}{2 \cdot \pi} = 3 \cdot c_\infty \cdot R$, $\frac{\Gamma_{1,5}}{2 \cdot \pi} = 1{,}5 \cdot c_\infty \cdot R$, ... folgt

$$i = 2 \quad y = \frac{\left[\frac{\Psi_{\text{Ges}}}{c_\infty} - 2 \cdot R \cdot \ln \left(\frac{r}{R} \right) \right]}{\left(1 - \frac{R^2}{r^2} \right)},$$

$$i = 3 \quad y = \frac{\left[\frac{\Psi_{\text{Ges}}}{c_\infty} - 3 \cdot R \cdot \ln \left(\frac{r}{R} \right) \right]}{\left(1 - \frac{R^2}{r^2} \right)},$$

$$i = 1{,}5 \quad y = \frac{\left[\frac{\Psi_{\text{Ges}}}{c_\infty} - 1{,}5 \cdot R \cdot \ln \left(\frac{r}{R} \right) \right]}{\left(1 - \frac{R^2}{r^2} \right)} \quad \text{usw.}$$

In Verbindung mit der Zylinderdrehzahl n_i lassen sich die Gleichungen für y wie folgt darstellen, wobei n_i durch

$$n_i = \frac{i \cdot c_\infty}{2 \cdot \pi \cdot R}$$

festgelegt ist.

$$i = 1 \quad y = \frac{1}{c_\infty} \cdot \frac{\left[\Psi_{\text{Ges}} - 2 \cdot \pi \cdot R^2 \cdot n_1 \cdot \ln \left(\frac{r}{R} \right) \right]}{\left(1 - \frac{R^2}{r^2} \right)},$$

$$i = 2 \quad y = \frac{1}{c_\infty} \cdot \frac{\left[\Psi_{\text{Ges}} - 2 \cdot \pi \cdot R^2 \cdot n_2 \cdot \ln \left(\frac{r}{R} \right) \right]}{\left(1 - \frac{R^2}{r^2} \right)},$$

$$i = 3 \qquad y = \frac{1}{c_\infty} \cdot \frac{\left[\Psi_{\text{Ges}} - 2 \cdot \pi \cdot R^2 \cdot n_3 \cdot \ln\left(\frac{r}{R}\right)\right]}{\left(1 - \frac{R^2}{r^2}\right)},$$

$$i = 1{,}5 \quad y = \frac{1}{c_\infty} \cdot \frac{\left[\Psi_{\text{Ges}} - 2 \cdot \pi \cdot R^2 \cdot n_{1,5} \cdot \ln\left(\frac{r}{R}\right)\right]}{\left(1 - \frac{R^2}{r^2}\right)} \qquad \text{usw.}$$

Diese Variante soll bei der Auswertung der Stromlinien benutzt werden. Mit den so ermittelten Zusammenhängen lassen sich alle Punkte der Stromlinien mit jeweils $\Psi_{\text{Ges}_i} = $ konst. ermitteln. Die nachstehenden Schritte werden exemplarisch für eine Stromlinie $\Psi_{\text{Ges}} = $ konst. beschrieben. Die Erweiterung auf die i-Stromlinien erfolgt analog hierzu. Die jeweils vorgegebenen Größen sind E, L, (M), c_∞ und n_i sowie die gewählte Stromfunktion Ψ_{Ges} als Kurvenparameter. Dann führen folgende Schritte zur Lösung.

1.	E	vorgeben
2.	L	vorgeben
3.	$M = E \cdot L$	somit bekannt
4.	c_∞	vorgeben
5.	$n_i = \dfrac{i \cdot c_\infty}{2 \cdot \pi \cdot R}$	vorgeben
6.	Ψ_{Ges}	als Parameter wählen
7.	$R = \sqrt{\dfrac{M}{2 \cdot \pi \cdot c_\infty}}$	somit bekannt
8.	$\dfrac{r}{R}$	als Variable wählen
9.	y (s. o.)	somit bekannt
10.	$r = \left(\dfrac{r}{R}\right) \cdot R$	somit bekannt
11.	$x = \pm\sqrt{r^2 - y^2}$	somit bekannt

Zahlenbeispiel

1.	$E = 10\,\dfrac{\text{m}^2}{\text{s}}$	vorgegeben
2.	$L = 1{,}0\,\text{m}$	vorgegeben
3.	$M = 10\,\dfrac{\text{m}^3}{\text{s}}$	somit bekannt
4.	$c_\infty = 10\,\dfrac{\text{m}}{\text{s}}$	vorgegeben
5.	$n = 4{,}0\,\dfrac{1}{\text{s}}$, $n_1 = \dfrac{1 \cdot 10}{2 \cdot \pi \cdot 0{,}3989} = 3{,}989 \approx 4$	vorgegeben
6.	$\Psi_{\text{Ges}} = 4\,\dfrac{\text{m}^2}{\text{s}}$	als Parameter wählen

7. $R = \sqrt{\dfrac{10}{2 \cdot \pi \cdot 10}}$ $= 0,3989\,\text{m}$

8. $\dfrac{r}{R} = 2,1$

9. $y = \dfrac{1}{10} \cdot \dfrac{[4 - 2 \cdot \pi \cdot 0,3989^2 \cdot 4 \cdot \ln(2,1)]}{\left(1 - \frac{1^2}{2,1^2}\right)} = 0,1336\,\text{m}$

10. $r = 2,1 \cdot 0,3989$ $= 0,8377\,\text{m}$

11. $x = \pm \sqrt{0,8377^2 - 0,1336^2}$ $= \pm 0,8269\,\text{m}$

Damit sind zwei Punkte $P_1(x, y) = P_1(+0,8269\,\text{m}; 0,1336\,\text{m})$ und $P_2(x, y) = P_2(-0,8269\,\text{m}; 0,1336\,\text{m})$ der Stromlinie $\Psi_{\text{Ges}} = 4\,\frac{\text{m}^2}{\text{s}}$ bekannt Durch die Variation von $\left(\frac{r}{R}\right)$ lassen sich nach der gezeigten Vorgehensweise weitere Punkte für $\Psi_{\text{Ges}} = 4\,\frac{\text{m}^2}{\text{s}}$ finden. Das gleiche Procedere wird für alle anderen Stromlinien Ψ_{Ges_i} angewendet. Die Ergebnisse der Auswertungen für den Fall $M = 10\,\frac{\text{m}^3}{\text{s}}$, $c_\infty = 10\,\frac{\text{m}}{\text{s}}$ sowie die Drehzahlen $n_1 = 4\,\frac{1}{\text{s}}$, $n_2 = 8\,\frac{1}{\text{s}}$, $n_3 = 12\,\frac{1}{\text{s}}$ und $n_4 = 1,5\,\frac{1}{\text{s}}$ sind in den Abb. 4.26 bis 4.29 zu erkennen. Neben dem ausgeprägten Einfluss der Zirkulation (hier Drehzahl) auf die Stromlinien in Zylindernähe wird auch die Staupunktlage der jeweiligen Nullstromlinien $\Psi_{\text{Ges}_i} = 0$ deutlich von der Zirkulation beeinflusst. Der bei $n_3 = 12\,\frac{1}{\text{s}}$ in das Strömungsfeld verschobene Staupunkt ist anschaulich nicht verständlich. Der letzte auf der Zylinderoberfläche befindliche Staupunkt stellt sich bei der Drehzahl $n_2 = \frac{2 \cdot c_\infty}{2 \cdot \pi \cdot R} = \frac{2 \cdot 10}{2 \cdot \pi \cdot 0,3989} \approx 8\,\frac{1}{\text{s}}$ bzw. der Zirkulation $\frac{\Gamma_2}{2 \cdot \pi} = 2 \cdot 10 \cdot 0,3989 = 7,978 \approx 8\,\frac{\text{m}^2}{\text{s}}$ ein. Auf die Ermittlung der Staupunkte wird später eingegangen.

Potentiallinienverlauf mittels Tabellenkalkulationsprogramm

Da auch die Potentialfunktion Φ_{Ges} in kartesischen Koordinaten implizit vorliegt, wird mit Polarkoordinaten der Zusammenhang $y(x; \Phi_{\text{Ges}} = \text{konst.})$ wie folgt hergestellt. Ausgangspunkt ist die in Polarkoordinaten hergeleitete Gleichung

$$\Phi_{\text{Ges}}(r, \varphi) = c_\infty \cdot r \cdot \cos \varphi + \frac{M}{2 \cdot \pi} \cdot \frac{\cos \varphi}{r} - \frac{\vec{\Gamma}}{2 \cdot \pi} \cdot \widehat{\varphi}.$$

Es empfiehlt sich, die Abhängigkeit des Radius r vom Winkel φ herzuleiten, um daraus $y(x; \Phi_{\text{Ges}} = \text{konst.})$ zu bestimmen.

In o. g. Gleichung sollen wiederum das Dipolmoment M und die Zirkulation Γ des Potentialwirbels oben ersetzt werden mit

$$\frac{M}{2 \cdot \pi} = c_\infty \cdot R^2 \quad \text{und} \quad \frac{\Gamma_i}{2 \cdot \pi} = 2 \cdot \pi \cdot R^2 \cdot n_i \quad \text{mit } i \geq 0$$

Es folgt

$$\Phi_{\text{Ges}}(r, \varphi) = c_\infty \cdot r \cdot \cos \varphi + c_\infty \cdot R^2 \cdot \frac{\cos \varphi}{r} - 2 \cdot \pi \cdot R^2 \cdot n_i \cdot \widehat{\varphi}$$

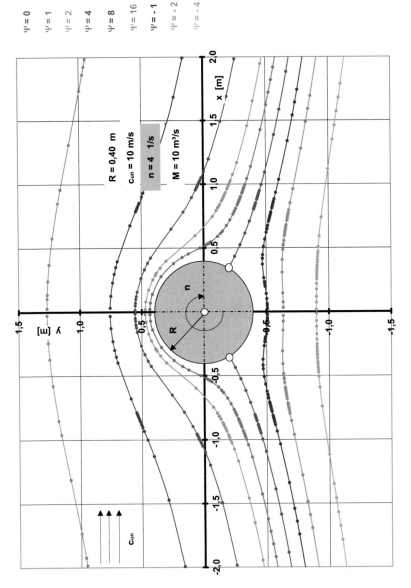

Abb. 4.26 Stromlinien um rotierenden Zylinder bei $n = 4{,}0\,\frac{1}{s}$

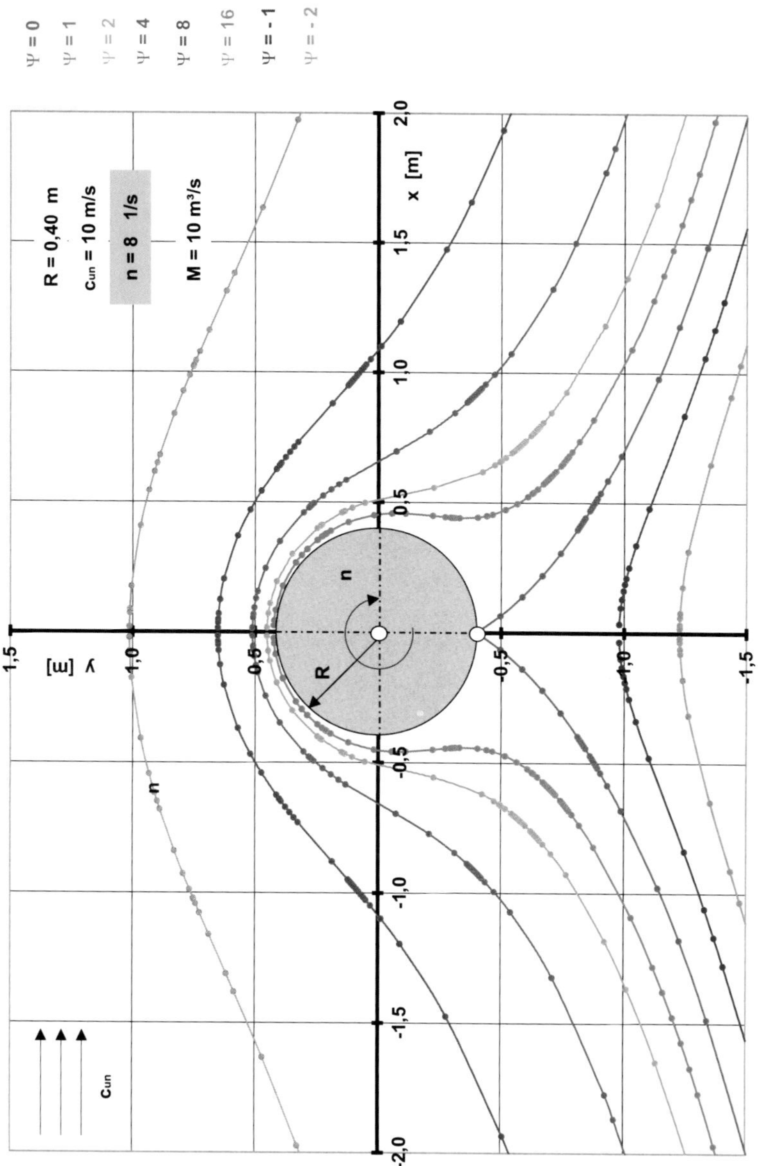
Ψ = 0
Ψ = 1
Ψ = 2
Ψ = 4
Ψ = 8
Ψ = 16
Ψ = - 1
Ψ = - 2
R = 0,40 m
c_{un} = 10 m/s
n = 8 1/s
M = 10 m³/s
x [m]
y [m]
c_{un}
R
n

Abb. 4.27 Stromlinien um rotierenden Zylinder bei $n = 8{,}0\,\frac{1}{s}$

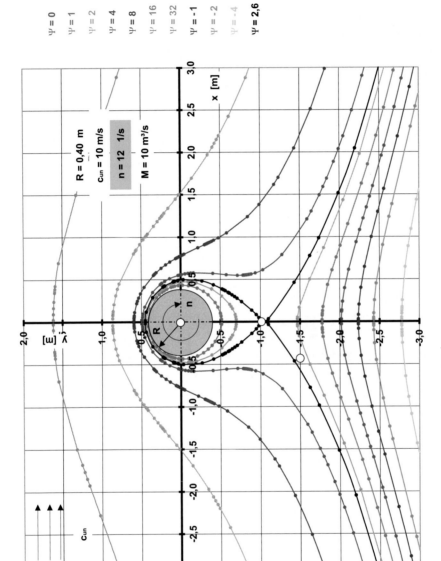

Abb. 4.28 Stromlinien um rotierenden Zylinder bei $n = 12{,}0\,\frac{1}{s}$

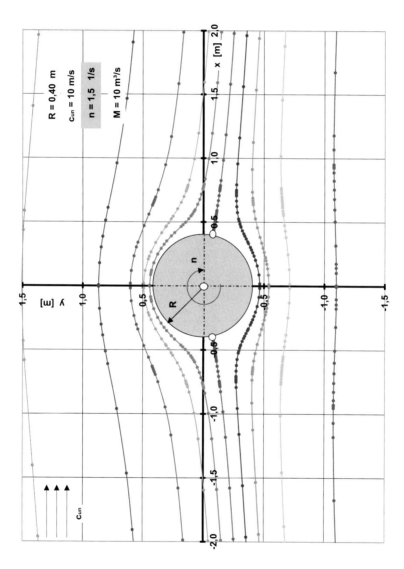

Abb. 4.29 Stromlinien um rotierenden Zylinder bei $n = 1{,}5\,\frac{1}{s}$

oder umgeformt

$$c_\infty \cdot r \cdot \cos\varphi \cdot \left(1 + \frac{R^2}{r^2}\right) = (\Phi_{\text{Ges}}(r, \varphi) + 2 \cdot \pi \cdot R^2 \cdot n_i \cdot \widehat{\varphi}).$$

Durch $c_\infty \cdot \cos\phi$ dividiert liefert

$$r \cdot \left(1 + \frac{R^2}{r^2}\right) = \frac{1}{c_\infty} \cdot \frac{(\Phi_{\text{Ges}}(r, \varphi) + 2 \cdot \pi \cdot R^2 \cdot n_i \cdot \widehat{\varphi})}{\cos\varphi}$$

oder in der Klammer der linken Gleichungsseite $1 = \frac{r^2}{r^2}$ gesetzt

$$r \cdot \left(\frac{r^2}{r^2} + \frac{R^2}{r^2}\right) = \frac{1}{c_\infty} \cdot \frac{(\Phi_{\text{Ges}}(r, \varphi) + 2 \cdot \pi \cdot R^2 \cdot n_i \cdot \widehat{\varphi})}{\cos\varphi}$$

und $\frac{1}{r^2}$ ausgeklammert führt zu

$$\frac{r}{r^2} \cdot (r^2 + R^2) = \frac{1}{c_\infty} \cdot \frac{(\Phi_{\text{Ges}}(r, \varphi) + 2 \cdot \pi \cdot R^2 \cdot n_i \cdot \widehat{\varphi})}{\cos\varphi}.$$

Kürzen und Multiplikation mit r liefert

$$r^2 + R^2 = r \cdot \frac{1}{c_\infty} \cdot \frac{(\Phi_{\text{Ges}}(r, \varphi) + 2 \cdot \pi \cdot R^2 \cdot n_i \cdot \widehat{\varphi})}{\cos\varphi}.$$

Mit der Substitution und einer Umstellung

$$\frac{1}{c_\infty} \cdot \frac{(\Phi_{\text{Ges}}(r, \varphi) + 2 \cdot \pi \cdot R^2 \cdot n_i \cdot \widehat{\varphi})}{\cos\varphi} \equiv K$$

ergibt

$$r^2 - r \cdot K = -R^2.$$

Fügt man $+(\frac{1}{2} \cdot K)^2$ hinzu

$$r^2 - r \cdot K + \left(\frac{1}{2} \cdot K\right)^2 = \left(\frac{1}{2} \cdot K\right)^2 - R^2$$

und formt um, so erhält man zunächst

$$\left(r - \frac{1}{2} \cdot K\right)^2 = \frac{1}{4} \cdot K^2 - R^2.$$

Jetzt die Wurzel daraus gezogen

$$r = \frac{1}{2} \cdot K \pm \sqrt{\frac{1}{4} \cdot K^2 - R^2}$$

und die Substitution zurückgeführt liefert das gesuchte Ergebnis

$$r = \frac{1}{2} \cdot \frac{1}{c_\infty} \cdot \frac{(\Phi_{\text{Ges}}(r, \varphi) + 2 \cdot \pi \cdot R^2 \cdot n_i \cdot \widehat{\varphi})}{\cos \varphi}$$

$$\pm \sqrt{\frac{1}{4} \cdot \left(\frac{1}{c_\infty} \cdot \frac{(\Phi_{\text{Ges}}(r, \varphi) + 2 \cdot \pi \cdot R^2 \cdot n_i \cdot \widehat{\varphi})}{\cos \varphi} \right)^2 - R^2}$$

Mit den oben ermittelten Zusammenhängen lassen sich alle Punkte der Potentiallinien mit jeweils $\Phi_{\text{Ges}_i} =$ konst. ermitteln. Die nachstehenden Schritte werden exemplarisch für eine Potentiallinie $\Phi_{\text{Ges}} =$ konst. beschrieben. Die Erweiterung auf die i-Stromlinien erfolgt analog hierzu. Die jeweils vorgegebenen Größen sind $E, L, (M), c_\infty, n_i$ sowie die gewählte Potentialfunktion Φ_{Ges} als Kurvenparameter. Dann führen folgende Schritte zur Lösung.

1. E vorgeben
2. L vorgeben
3. $M = E \cdot L$ somit bekannt
4. c_∞ vorgeben
5. $n_i = \dfrac{i \cdot c_\infty}{2 \cdot \pi \cdot R}$ vorgeben
6. $\Phi_{\text{Ges}}(r, \varphi)$ als Parameter vorgeben
7. $R = \sqrt{\dfrac{M}{2 \cdot \pi \cdot c_\infty}}$ somit bekannt
8. $\widehat{\varphi}$ als Variable wählen
9. r (s. o.)   somit bekannt
10. $y = r \cdot \sin \varphi$ somit bekannt
11. $x = r \cdot \cos \varphi$ somit bekannt

Beispiel

1. $E = 10 \, \dfrac{\text{m}^2}{\text{s}}$ vorgegeben
2. $L = 1{,}0 \, \text{m}$ vorgegeben
3. $M = 10 \, \dfrac{\text{m}^3}{\text{s}}$
4. $c_\infty = 10 \, \dfrac{\text{m}}{\text{s}}$ vorgegeben

5. $n = 4{,}0 \, \dfrac{1}{s} \, n_1 = \dfrac{1 \cdot 10}{2 \cdot \pi \cdot 0{,}3989} = 3{,}989 \approx 4$ vorgegeben

6. $\Phi_{\text{Ges}} = 5{,}0 \, \dfrac{m^2}{s}$ als Parameter wählen

7. $R = \sqrt{\dfrac{10}{2 \cdot \pi \cdot 10}} = 0{,}3989 \, m$

8. $\varphi = 42°$

9. $r = \dfrac{1}{2} \cdot \dfrac{1}{10} \cdot \dfrac{(5 + 2 \cdot \pi \cdot 0{,}3989^2 \cdot 4 \cdot 0{,}733)}{\cos 42°}$

$\pm \sqrt{\dfrac{1}{4} \cdot \left(\dfrac{1}{10} \cdot \dfrac{(5 + 2 \cdot \pi \cdot 0{,}3989^2 \cdot 4 \cdot 0{,}733)}{\cos 42°} \right)^2 - 0{,}3989^2}$

$r = 0{,}888 \, m$

10. $y = 0{,}888 \cdot \sin 42° = 0{,}594 \, m$

11. $x = 0{,}888 \cdot \cos 42° = 0{,}660 \, m$

Damit ist ein Punkt $P(x; y) = P(0{,}660 \, m; 0{,}594 \, m)$ der Stromlinie $\Phi_{\text{Ges}} = 5 \, \frac{m^2}{s}$ bekannt (in Abb. 4.30 als groß dargestellte Punkte zu erkennen). Durch die Variation von φ lassen sich nach der gezeigten Vorgehensweise weitere Punkte für $\Phi_{\text{Ges}} = 5 \, \frac{m^2}{s}$ finden. Das gleiche Procedere wird für alle anderen Stromlinien Φ_{Ges} angewendet.

Geschwindigkeiten c_x, c_y, c

Die Geschwindigkeitskomponenten c_x, c_y und die Geschwindigkeit c (Abb. 4.31) im ebenen Strömungsfeld um den in einer Parallelströmung rotierenden Zylinder müssen bei verschiedenen Fragestellungen bekannt sein. So wird c an der Zylinderoberfläche bei der Bestimmung der dort vorliegenden Druckverteilung und der hieraus wiederum ableitbaren Querkraft benötigt. Auf diese wird weiter hinten ausführlich eingegangen. Die Geschwindigkeiten c_x, c_y, c lassen sich sowohl mit kartesischen Koordinaten x, y als auch mit Polarkoordinaten r, φ herleiten. Auf eine weitere Möglichkeit der Bestimmung von c mittels der Komponenten c_r, c_φ soll hier nicht eingegangen werden. Es bestehen aber Umrechnungsmöglichkeiten bei vorhandenen Komponenten c_x, c_y.

Zunächst sollen die Herleitungen mittels kartesischer Koordinaten x, y erfolgen. Die Geschwindigkeit $c(x, y)$ lässt sich bei bekannten Strom- und Potentialfunktionen wie folgt bestimmen. Hierzu müssen zunächst die $c_x(x, y)$- und $c_y(x, y)$-Komponenten betrachtet werden.

$c_x(x, y)$ Die Definition $c_x = \frac{\partial \Phi(x,y)}{\partial x}$ (s. o.) und die Verwendung des Ergebnisses für $\Phi_{\text{Ges}}(x, y)$

$$\Phi_{\text{Ges}}(x, y) = c_\infty \cdot x + \frac{M}{2 \cdot \pi} \cdot \frac{x}{(x^2 + y^2)} - \frac{\Gamma}{2 \cdot \pi} \cdot \arctan\left(\frac{y}{x}\right)$$

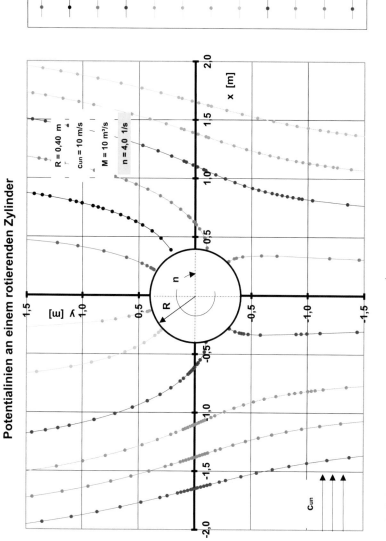

Abb. 4.30 Potentiallinien im Strömungsfeld um einen mit $n = 4{,}0\,\frac{1}{s}$ rotierenden Zylinder bei Parallelanströmung

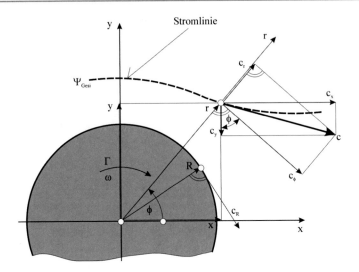

Abb. 4.31 Umströmter rotierender Zylinder; Stromlinie mit Geschwindigkeit

liefert

$$c_x(x, y) = \frac{\partial\left(c_\infty \cdot x + \frac{M}{2\cdot\pi} \cdot \frac{x}{(x^2+y^2)} - \frac{\Gamma}{2\cdot\pi} \cdot \arctan\left(\frac{y}{x}\right)\right)}{\partial x}$$

oder auch aufgespalten

$$c_x(x, y) = \frac{\partial(c_\infty \cdot x)}{\partial x} + \frac{\partial\left(\frac{M}{2\cdot\pi} \cdot \frac{x}{(x^2+y^2)}\right)}{\partial x} - \frac{\partial\left(\frac{\Gamma}{2\cdot\pi} \cdot \arctan\left(\frac{y}{x}\right)\right)}{\partial x}.$$

Bei Verwendung der konstant vorgegebenen Größen c_∞, $\frac{M}{2\cdot\pi}$ und $\frac{\Gamma}{2\cdot\pi}$ lässt sich auch formulieren

$$c_x(x, y) = c_\infty \cdot \frac{\partial(x)}{\partial x} + \frac{M}{2 \cdot \pi} \cdot \frac{\partial\left(\frac{x}{(x^2+y^2)}\right)}{\partial x} - \frac{\Gamma}{2 \cdot \pi} \cdot \frac{\partial\left(\arctan\left(\frac{y}{x}\right)\right)}{\partial x}.$$

1. $c_\infty \cdot \dfrac{\partial(x)}{\partial x} = c_\infty$

2. $\dfrac{M}{2 \cdot \pi} \cdot \dfrac{\partial\left(\frac{x}{(x^2+y^2)}\right)}{\partial x}$

Mit den Substitutionen $u = x$ und $v = x^2 + y^2$ erhält man den Ausdruck

$$\frac{M}{2 \cdot \pi} \cdot \frac{\partial\left(\frac{x}{(x^2+y^2)}\right)}{\partial x} = \frac{M}{2 \cdot \pi} \cdot \frac{\partial\left(\frac{u}{v}\right)}{\partial x}.$$

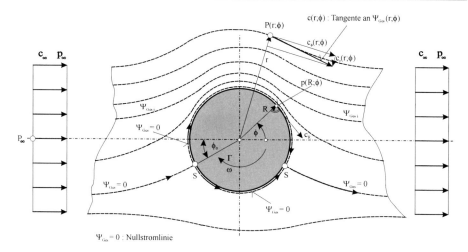

Abb. 4.32 Umströmter rotierender Zylinder; wichtige Größen

Bekanntermaßen lautet die Quotientenregel

$$\frac{\partial\left(\frac{u}{v}\right)}{\partial x} = \frac{u' \cdot v - v' \cdot u}{v^2}.$$

Mit den o. g. Substitutionen und somit $u' = \frac{\partial u}{\partial x} = 1$ und $v' = \frac{\partial v}{\partial x} = 2 \cdot x$ führt zu

$$\frac{\partial\left(\frac{u}{v}\right)}{\partial x} = \frac{1 \cdot (x^2 + y^2) - 2 \cdot x \cdot x}{(x^2 + y^2)^2} = \frac{(y^2 - x^2)}{(x^2 + y^2)^2}.$$

Das Ergebnis lautet somit

$$\frac{M}{2 \cdot \pi} \cdot \frac{\partial\left(\frac{x}{(x^2 + y^2)}\right)}{\partial x} = \frac{M}{2 \cdot \pi} \cdot \frac{(y^2 - x^2)}{(x^2 + y^2)^2}.$$

3. $\dfrac{\Gamma}{2 \cdot \pi} \cdot \dfrac{\partial\left(\arctan\left(\frac{y}{x}\right)\right)}{\partial x}$

Die Substitution $z = \frac{y}{x}$ führt zu

$$\frac{\Gamma}{2 \cdot \pi} \cdot \frac{\partial(\arctan z)}{\partial z} \cdot \frac{\partial z}{\partial x}.$$

Hierin lauten

$$\frac{\partial(\arctan z)}{\partial z} = \frac{1}{1 + z^2} \quad \text{sowie} \quad \frac{\partial z}{\partial x} = -\frac{y}{x^2}.$$

Oben eingesetzt und die Substitution benutzt ergibt

$$\frac{\Gamma}{2 \cdot \pi} \cdot \frac{\partial\left(\arctan\left(\frac{y}{x}\right)\right)}{\partial x} = \frac{\Gamma}{2 \cdot \pi} \cdot \frac{1}{\left(1 + \frac{y^2}{x^2}\right)} \cdot (-1) \cdot \frac{y}{x^2}.$$

Weiter umgeformt

$$\frac{\Gamma}{2 \cdot \pi} \cdot \frac{\partial\left(\arctan\left(\frac{y}{x}\right)\right)}{\partial x} = \frac{\Gamma}{2 \cdot \pi} \cdot \frac{x^2}{(x^2 + y^2)} \cdot (-1) \cdot \frac{y}{x^2}$$

führt schließlich zum Ergebnis

$$\frac{\Gamma}{2 \cdot \pi} \cdot \frac{\partial\left(\arctan\left(\frac{y}{x}\right)\right)}{\partial x} = -\frac{\Gamma}{2 \cdot \pi} \cdot \frac{y}{(x^2 + y^2)}.$$

Die Geschwindigkeitskomponente $c_x(x, y)$ lautet dann zunächst

$$c_x(x, y) = c_\infty + \frac{M}{2 \cdot \pi} \cdot \frac{(y^2 - x^2)}{(x^2 + y^2)^2} + \frac{\Gamma}{2 \cdot \pi} \cdot \frac{y}{(x^2 + y^2)}.$$

Unter Verwendung von

$$\frac{M}{2 \cdot \pi} = c_\infty \cdot R^2 \quad \text{und} \quad \frac{\Gamma}{2 \cdot \pi} = c_\infty \cdot R \text{ mit } \Gamma \equiv \Gamma_i \text{ und } i = 1$$

entsteht schließlich

$$c_x(x, y) = c_\infty + c_\infty \cdot R^2 \cdot \frac{(y^2 - x^2)}{(x^2 + y^2)^2} + c_\infty \cdot R \cdot \frac{y}{(x^2 + y^2)}$$

und c_∞ ausgeklammert

$$c_x(x, y) = c_\infty \cdot \left(1 + R^2 \cdot \frac{(y^2 - x^2)}{(x^2 + y^2)^2} + R \cdot \frac{y}{(x^2 + y^2)}\right).$$

$c_y(x, y)$ Die Definition $c_y(x, y) = \frac{\partial \Phi(x,y)}{\partial y}$ (s. o.) und die Verwendung des Ergebnisses von

$$\Phi_{\text{Ges}}(x, y) = c_\infty \cdot x + \frac{M}{2 \cdot \pi} \cdot \frac{x}{(x^2 + y^2)} - \frac{\Gamma}{2 \cdot \pi} \cdot \arctan\left(\frac{y}{x}\right)$$

liefern zunächst

$$c_y(x, y) = \frac{\partial\left(c_\infty \cdot x + \frac{M}{2\cdot\pi} \cdot \frac{x}{(x^2+y^2)} - \frac{\Gamma}{2\cdot\pi} \cdot \arctan\left(\frac{y}{x}\right)\right)}{\partial y}$$

oder auch aufgespalten

$$c_y(x, y) = c_\infty \cdot \frac{\partial(x)}{\partial y} + \frac{M}{2 \cdot \pi} \cdot \frac{\partial\left(\frac{x}{(x^2+y^2)}\right)}{\partial y} - \frac{\Gamma}{2 \cdot \pi} \cdot \frac{\partial\left(\arctan\left(\frac{y}{x}\right)\right)}{\partial y}.$$

1. $c_\infty \cdot \dfrac{\partial(x)}{\partial y} = 0.$

2. $\dfrac{M}{2 \cdot \pi} \cdot \dfrac{\partial\left(\frac{x}{(x^2+y^2)}\right)}{\partial y}$

Mit den Substitutionen $u = x$ und $v = x^2 + y^2$ erhält man den Ausdruck

$$\frac{M}{2 \cdot \pi} \cdot \frac{\partial\left(\frac{x}{(x^2+y^2)}\right)}{\partial y} = \frac{M}{2 \cdot \pi} \cdot \frac{\partial\left(\frac{u}{v}\right)}{\partial y}.$$

Bekanntermaßen lautet die Quotientenregel

$$\frac{\partial\left(\frac{u}{v}\right)}{\partial x} = \frac{u' \cdot v - v' \cdot u}{v^2}.$$

Mit den o. g. Substitutionen und somit $u' = \frac{\partial u}{\partial y} = 0$ und $v' = \frac{\partial v}{\partial y} = 2 \cdot y$ erhält man

$$\frac{\partial\left(\frac{u}{v}\right)}{\partial y} = \frac{0 \cdot (x^2 + y^2) - 2 \cdot y \cdot x}{(x^2 + y^2)^2} = -\frac{2 \cdot x \cdot y}{(x^2 + y^2)^2}.$$

Das Ergebnis lautet

$$\frac{M}{2 \cdot \pi} \cdot \frac{\partial\left(\frac{x}{(x^2+y^2)}\right)}{\partial y} = -\frac{M}{2 \cdot \pi} \cdot \frac{2 \cdot x \cdot y}{(x^2 + y^2)^2}.$$

3. $\dfrac{\Gamma}{2 \cdot \pi} \cdot \dfrac{\partial\left(\arctan\left(\frac{y}{x}\right)\right)}{\partial y}$

Die Substitution $z = \frac{y}{x}$ führt zu

$$\frac{\Gamma}{2 \cdot \pi} \cdot \frac{\partial(\arctan z)}{\partial z} \cdot \frac{\partial z}{\partial y}.$$

Hierin lauten

$$\frac{\partial(\arctan z)}{\partial z} = \frac{1}{1 + z^2} \quad \text{und} \quad \frac{\partial z}{\partial y} = \frac{1}{x}.$$

Oben eingesetzt und die Substitution benutzt ergibt

$$\frac{\Gamma}{2 \cdot \pi} \cdot \frac{\partial\left(\arctan\left(\frac{y}{x}\right)\right)}{\partial y} = \frac{\Gamma}{2 \cdot \pi} \cdot \frac{1}{\left(1 + \frac{y^2}{x^2}\right)} \cdot \frac{1}{x}.$$

Weiter umgeformt

$$\frac{\Gamma}{2 \cdot \pi} \cdot \frac{\partial\left(\arctan\left(\frac{y}{x}\right)\right)}{\partial y} = \frac{\Gamma}{2 \cdot \pi} \cdot \frac{x^2}{(x^2 + y^2)} \cdot \frac{1}{x}$$

führt schließlich zum Ergebnis

$$\frac{\Gamma}{2 \cdot \pi} \cdot \frac{\partial\left(\arctan\left(\frac{y}{x}\right)\right)}{\partial y} = \frac{\Gamma}{2 \cdot \pi} \cdot \frac{x}{(x^2 + y^2)}.$$

Die Geschwindigkeitskomponente $c_y(x, y)$ lautet dann zunächst

$$c_y(x, y) = -\left(\frac{M}{2 \cdot \pi} \cdot \frac{2 \cdot x \cdot y}{(x^2 + y^2)^2} + \frac{\Gamma}{2 \cdot \pi} \cdot \frac{x}{(x^2 + y^2)}\right).$$

Unter Verwendung von

$$\frac{M}{2 \cdot \pi} = c_\infty \cdot R^2 \quad \text{und} \quad \frac{\Gamma}{2 \cdot \pi} = c_\infty \cdot R \text{ mit } \Gamma \equiv \Gamma_i \text{ und } i = 1$$

entsteht schließlich

$$c_y(x, y) = -\left(c_\infty \cdot R^2 \cdot \frac{2 \cdot x \cdot y}{(x^2 + y^2)^2} + c_\infty \cdot R \cdot \frac{x}{(x^2 + y^2)}\right)$$

und $c_\infty \cdot R$ ausgeklammert

$$c_y(x, y) = -c_\infty \cdot R \cdot \left(R \cdot \frac{2 \cdot x \cdot y}{(x^2 + y^2)^2} + \frac{x}{(x^2 + y^2)}\right)$$

$c(x, y)$ Unter Anwendung des Gesetzes des Pythagoras $c(x, y) = \sqrt{c_x^2(x, y) + c_y^2(x, y)}$
wird bei Verwendung o. g. Ergebnisse

$$c(x, y) = \sqrt{\left(c_\infty \cdot \left(1 + R^2 \cdot \frac{(y^2 - x^2)}{(x^2 + y^2)^2} + R \cdot \frac{y}{(x^2 + y^2)}\right)\right)^2 + \left(c_\infty \cdot R \cdot \left(R \cdot \frac{2 \cdot x \cdot y}{(x^2 + y^2)^2} + \frac{x}{(x^2 + y^2)}\right)\right)^2}$$

Hiermit kann an jeder Stelle P(x; y) des Strömungsfelds die dort vorliegende Geschwindigkeit $c(x, y)$ ermittelt werden.

$c_x(r, \varphi), c_y(r, \varphi), c(r, \varphi), c(R, \varphi)$ In gleicher Weise wie die Abhängigkeit der Geschwindigkeiten von den kartesischen Koordinaten x und y sind $c_x(r, \varphi), c_y(r, \varphi), c(r, \varphi)$ in Verbindung mit den Polarkoordinaten r und φ von Bedeutung. Beginnen wir zunächst mit $c_x(r, \varphi)$.

$c_x(r, \varphi)$ Mit o. g. Gleichung für $c_x(x, y)$ und unter Verwendung von

$$x = r \cdot \cos\varphi; \quad y = r \cdot \sin\varphi \quad \text{sowie} \quad r^2 = x^2 + y^2 \quad \text{und} \quad \sin^2\varphi + \cos^2\varphi = 1$$

erhält man zunächst

$$c_x(r, \varphi) = c_\infty + R^2 \cdot c_\infty \cdot \frac{(r^2 \cdot \sin^2\varphi - r^2 \cdot \cos^2\varphi)}{(r^2 \cdot \sin^2\varphi + r^2 \cdot \cos^2\varphi)^2} + R \cdot c_\infty \cdot \frac{r \cdot \sin\varphi}{(r^2 \cdot \sin^2\varphi + r^2 \cdot \cos^2\varphi)}.$$

Das Ausklammern und Kürzen führt weiterhin zu

$$c_x(r, \varphi) = c_\infty + c_\infty \cdot \frac{R^2}{r^2} \cdot \frac{(\sin^2\varphi - \cos^2\varphi)}{(\sin^2\varphi + \cos^2\varphi)^2} + c_\infty \cdot \frac{R}{r} \cdot \frac{\sin\varphi}{(\sin^2\varphi + \cos^2\varphi)}$$

oder

$$c_x(r, \varphi) = c_\infty + c_\infty \cdot \frac{R^2}{r^2} \cdot (\sin^2\varphi - \cos^2\varphi) + c_\infty \cdot \frac{R}{r} \cdot \sin\varphi.$$

Des Weiteren kann man $(\sin^2\varphi - \cos^2\varphi) = (1 - 2 \cdot \cos^2\varphi)$ ersetzen.
   Hiermit erhält man im nächsten Schritt

$$c_x(r, \varphi) = c_\infty + c_\infty \cdot \frac{R^2}{r^2} \cdot (1 - 2 \cdot \cos^2\varphi) + c_\infty \cdot \frac{R}{r} \cdot \sin\varphi$$

oder c_∞ ausgeklammert dann

$$c_x(r, \varphi) = c_\infty \cdot \left(1 + \frac{R^2}{r^2} \cdot (1 - 2 \cdot \cos^2\varphi) + \frac{R}{r} \cdot \sin\varphi\right).$$

$c_y(r, \varphi)$ Mit o. g. Gleichung für $c_y(x, y)$ und unter Verwendung von

$$x = r \cdot \cos\varphi; \quad y = r \cdot \sin\varphi; \quad r^2 = x^2 + y^2; \quad \sin^2\varphi + \cos^2\varphi = 1$$

erhält man zunächst

$$c_y(r, \varphi) = -\left(c_\infty \cdot R^2 \cdot \frac{2 \cdot r \cdot \cos\varphi \cdot r \cdot \sin\kappa}{(r^2 \cdot \sin^2\varphi + r^2 \cdot \cos^2\varphi)^2} + c_\infty \cdot R \cdot \frac{r \cdot \cos\varphi}{(r^2 \cdot \sin^2\varphi + r^2 \cdot \cos^2\varphi)}\right).$$

Ausklammern und Kürzen führt weiterhin zu

$$c_y(r, \varphi) = -\left(c_\infty \cdot R^2 \cdot \frac{2 \cdot \cos\varphi \cdot \sin\varphi}{r^2 \cdot (\sin^2\varphi + \cos^2\varphi)^2} + c_\infty \cdot R \cdot \frac{\cos\varphi}{r \cdot (\sin^2\varphi + \cos^2\varphi)}\right)$$

bzw.

$$c_y(r, \varphi) = -\left(c_\infty \cdot \frac{R^2}{r^2} \cdot 2 \cdot \cos\varphi \cdot \sin\varphi + c_\infty \cdot \frac{R}{r} \cdot \cos\varphi\right).$$

Dann $c_\infty \cdot \frac{R}{r} \cdot \cos\varphi$ ausgeklammert liefert das Ergebnis

$$c_y(r,\varphi) = -c_\infty \cdot \frac{R}{r} \cdot \cos\varphi \cdot \left(2 \cdot \frac{R}{r} \cdot \sin\varphi + 1\right).$$

$c(r,\varphi)$ Mit

$$c(r,\varphi) = \sqrt{c_x^2(r,\varphi) + c_y^2(r,\varphi)}$$

erhält man bei Verwendung der o. g. Ergebnisse zunächst

$$c(r,\varphi) = \sqrt{\left(c_\infty \cdot \left(1 + \frac{R^2}{r^2} \cdot (1 - 2 \cdot \cos^2\varphi) + \frac{R}{r} \cdot \sin\varphi\right)\right)^2 + \left(c_\infty \cdot \frac{R}{r} \cdot \cos\varphi \cdot \left(2 \cdot \frac{R}{r} \cdot \sin\varphi + 1\right)\right)^2}$$

und dann als Resultat

$$c(r,\varphi) = c_\infty \cdot \sqrt{\left(1 + \frac{R^2}{r^2} \cdot (1 - 2 \cdot \cos^2\varphi) + \frac{R}{r} \cdot \sin\varphi\right)^2 + \left(\frac{R}{r} \cdot \cos\varphi \cdot \left(2 \cdot \frac{R}{r} \cdot \sin\varphi + 1\right)\right)^2}.$$

Hiermit lässt sich an jeder Stelle P(r,φ) des Strömungsfelds die dort jeweils vorliegende Geschwindigkeit ermitteln.

$c(R,\varphi)$ Von besonderem Interesse ist die Geschwindigkeit am Zylinderumfang, da sie Grundlage der dort vorliegenden Druckverteilung ist. Diese wiederum ist Voraussetzung zur Bestimmung der wirksamen Querkraft am Zylinder.

Am **Zylinderumfang** ist $r = R$. In $c(r,\varphi)$ eingesetzt folgt

$$c(\varphi) = c_\infty \cdot \sqrt{\left(1 + \frac{R^2}{R^2} \cdot (1 - 2 \cdot \cos^2\varphi) + \frac{R}{R} \cdot \sin\varphi\right)^2 + \left(\frac{R}{R} \cdot \cos\varphi \cdot \left(2 \cdot \frac{R}{R} \cdot \sin\varphi + 1\right)\right)^2}$$

$$c(\varphi) = c_\infty \cdot \sqrt{(1 + (1 - 2 \cdot \cos^2\varphi) + \sin\varphi)^2 + (\cos\varphi \cdot (2 \cdot \sin\varphi + 1))^2}$$

$$c(\varphi) = c_\infty \cdot \sqrt{(2 \cdot (1 - \cos^2\varphi) + \sin\varphi)^2 + (2 \cdot \sin\varphi \cdot \cos\varphi + \cos\varphi)^2}$$

oder mit $\cos^2\varphi = 1 - \sin^2\varphi$

$$c(\varphi) = c_\infty \cdot \sqrt{(2 \cdot (1 - (1 - \sin^2\varphi) + \sin\varphi))^2 + (2 \cdot \sin\varphi \cdot \cos\varphi + \cos\varphi)^2}$$

$$c(\varphi) = c_\infty \cdot \sqrt{(2 \cdot \sin^2\varphi + \sin\varphi)^2 + (2 \cdot \sin\varphi \cdot \cos\varphi + \cos\varphi)^2}.$$

Die Klammerausdrücke ausquadriert führt zu

$$c(\varphi) = c_\infty \cdot \sqrt{\begin{array}{l} 4 \cdot \sin^4 \varphi + 4 \cdot \sin^3 \varphi + \sin^2 \varphi + 4 \cdot \sin^2 \varphi \cdot \cos^2 \varphi \\ + 4 \cdot \sin \varphi \cdot \cos^2 \varphi + \cos^2 \varphi \end{array}}.$$

Das Umstellen der Glieder unter der Wurzel liefert dann zunächst

$$c(\varphi) = c_\infty \cdot \sqrt{\begin{array}{l} 4 \cdot \sin^4 \varphi + 4 \cdot \sin^2 \varphi \cdot \cos^2 \varphi + 4 \cdot \sin^3 \varphi + 4 \cdot \sin \varphi \cdot \cos^2 \varphi \\ + (\sin^2 \varphi + \cos^2 \varphi) \end{array}}.$$

Das Aufspalten der Glieder in Produkte mit $(\sin^2 \varphi + \cos^2 \varphi)$ ergibt

$$c(\varphi) = c_\infty \cdot \sqrt{\begin{array}{l} 4 \cdot \sin^2 \varphi \cdot (\sin^2 \varphi + \cos^2 \varphi) + 4 \cdot \sin \varphi \cdot (\sin^2 \varphi + \cos^2 \varphi) \\ + (\sin^2 \varphi + \cos^2 \varphi) \end{array}}.$$

Weiterhin $(\sin^2 \varphi + \cos^2 \varphi) = 1$ eingesetzt führt zu

$$c(\varphi) = c_\infty \cdot \sqrt{4 \cdot \sin^2 \varphi + 4 \cdot \sin \varphi + 1}$$

oder als Resultat

$$c(\varphi) = 2 \cdot c_\infty \cdot \sqrt{\sin^2 \varphi + \sin \varphi + \frac{1}{4}}.$$

Hiermit lässt sich die Geschwindigkeit an jeder Stelle des Zylinderumfangs ermitteln. Der Geschwindigkeitsverlauf im Fall der Zuströmgeschwindigkeit $c_\infty = 10 \frac{m}{s}$ ist in Abb. 4.33 zu erkennen.

$p(r, \varphi)$ Die Druckverteilung im Strömungsfeld kann sowohl mit kartesischen Koordinaten als auch Polarkoordinaten beschrieben werden. Da eine Hauptanwendung der Druckverteilung in der Bestimmung der am Zylinder wirkenden Querkraft liegt, wird im Folgenden den Polarkoordinaten der Vorzug gegeben. Mit diesen lässt sich der Druck an der Zylinderoberfläche nur in Abhängigkeit vom Winkel φ ermitteln.

Die Bernoulli'sche Energiegleichung an den Stellen P_∞ und $P(r, \varphi)$ angewendet liefert zunächst

$$\frac{p_\infty}{\rho} + \frac{c_\infty^2}{2} = \frac{p(r, \varphi)}{\rho} + \frac{c^2(r, \varphi)}{2}$$

bei vernachlässigten Höhengliedern. Multipliziert mit ρ und nach $p(r, \varphi)$ aufgelöst ergibt

$$p(r, \varphi) = p_\infty + \frac{\rho}{2} \cdot c_\infty^2 - \frac{\rho}{2} \cdot c^2(r, \varphi).$$

Die Verwendung des oben ermittelten Ergebnisses für $c(r, \varphi)$ führt zu

$$p(r, \varphi) = p_\infty + \frac{\rho}{2} \cdot c_\infty^2 - \frac{\rho}{2} \cdot c_\infty^2 \cdot \left[\left(1 + \frac{R^2}{r^2} \cdot (1 - 2 \cdot \cos^2 \varphi) + \frac{R}{r} \cdot \sin \varphi \right)^2 \right.$$
$$\left. + \left(\frac{R}{r} \cdot \cos \varphi \cdot (2 \cdot \frac{R}{r} \cdot \sin \varphi + 1) \right)^2 \right]$$

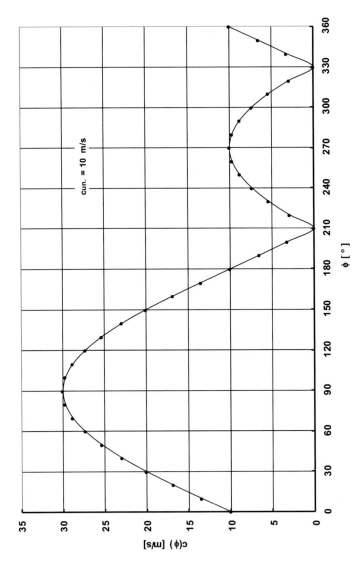

Abb. 4.33 Geschwindigkeitsverteilung am Zylinderumfang ($R = 0{,}3989$ m) bei einer Parallelanströmung von $c_\infty = 10\,\frac{m}{s}$

oder auch als weiter vereinfachtes Resultat der Druckverteilungsberechnung im Strömungsfeld

$$p(r, \varphi) = p_\infty + \frac{\rho}{2} \cdot c_\infty^2 \cdot \left[1 - \left(1 + \frac{R^2}{r^2} \cdot (1 - 2 \cdot \cos^2 \varphi) + \frac{R}{r} \cdot \sin \varphi \right)^2 \right.$$
$$\left. - \left(\frac{R}{r} \cdot \cos \varphi \cdot \left(2 \cdot \frac{R}{r} \cdot \sin \varphi + 1 \right) \right)^2 \right]$$

Hiermit kann an jeder Stelle P(r, φ) des Strömungsfelds der dort vorliegende Druck ermittelt werden.

$\boldsymbol{p(R, \varphi)}$ Am **Zylinderumfang** ist $r = R$ (Abb. 4.32). In $p(r, \varphi)$ eingesetzt folgt

$$p(\varphi) = p_\infty + \frac{\rho}{2} \cdot c_\infty^2 \cdot \left[1 - \left(1 + \frac{R^2}{R^2} \cdot (1 - 2 \cdot \cos^2 \varphi) + \frac{R}{R} \cdot \sin \varphi \right)^2 \right.$$
$$\left. - \left(\frac{R}{R} \cdot \cos \varphi \cdot \left(2 \cdot \frac{R}{R} \cdot \sin \varphi + 1 \right) \right)^2 \right]$$
$$p(\varphi) = p_\infty + \frac{\rho}{2} \cdot c_\infty^2 \cdot \left[1 - (2 \cdot (1 - \cos^2 \varphi) + \sin \varphi)^2 - (2 \cdot \sin \varphi \cdot \cos \varphi + \cos \varphi)^2 \right]$$
$$p(\varphi) = p_\infty + \frac{\rho}{2} \cdot c_\infty^2 \cdot \left[1 - (2 \cdot \sin^2 \varphi + \sin \varphi)^2 - (2 \cdot \sin \varphi \cdot \cos \varphi + \cos \varphi)^2 \right].$$

Die Klammern ausmultipliziert führt zunächst zu

$$p(\varphi) = p_\infty + \frac{\rho}{2} \cdot c_\infty^2 \cdot \left[1 - (4 \cdot \sin^4 \varphi + 4 \cdot \sin^3 \varphi + \sin^2 \varphi) \right.$$
$$\left. - (4 \cdot \sin^2 \varphi \cdot \cos^2 \varphi + 4 \cdot \sin \varphi \cdot \cos^2 \varphi + \cos^2 \varphi) \right]$$
$$p(\varphi) = p_\infty + \frac{\rho}{2} \cdot c_\infty^2 \cdot \left[1 - 4 \cdot \sin^4 \varphi - 4 \cdot \sin^3 \varphi - \sin^2 \varphi \right.$$
$$\left. - 4 \cdot \sin^2 \varphi \cdot (1 - \sin^2 \varphi) - 4 \cdot \sin \varphi \cdot (1 - \sin^2 \varphi) - (1 - \sin^2 \varphi) \right]$$
$$p(\varphi) = p_\infty + \frac{\rho}{2} \cdot c_\infty^2 \cdot \left[1 - 4 \cdot \sin^4 \varphi - 4 \cdot \sin^3 \varphi - \sin^2 \varphi \right.$$
$$\left. - 4 \cdot \sin^2 \varphi + 4 \cdot \sin^4 \varphi - 4 \cdot \sin \varphi + 4 \cdot \sin^3 \varphi - 1 + \sin^2 \varphi \right]$$

Die Klammer zusammengefasst liefert

$$p(\varphi) = p_\infty + \frac{\rho}{2} \cdot c_\infty^2 \cdot \left[-4 \cdot \sin^2 \varphi - 4 \cdot \sin \varphi \right]$$

oder umgeformt

$$p(\varphi) = p_\infty - \frac{\rho}{2} \cdot c_\infty^2 \cdot 4 \cdot (\sin^2 \varphi + \sin \varphi).$$

Damit ist der statische Druck an jeder Stelle des **Zylinderumfangs** bestimmbar. Der
Druckverlauf im Fall des gegebenen Zahlenmaterials ist in Abb. 4.34 zu erkennen.

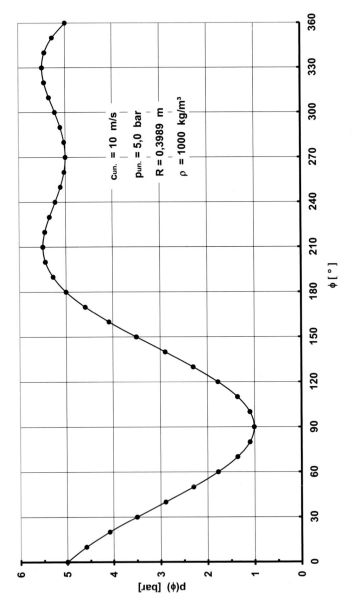

Abb. 4.34 Druckverteilung am Zylinderumfang ($R = 0,3989\,$m) bei einer Parallelanströmung von $c_\infty = 10\,\frac{m}{s}$

$c_p(\varphi)$ Der Druckbeiwert $c_p(\varphi)$ am Umfang $r = R$ des Zylinders ist wie folgt definiert

$$c_p(\varphi) = \frac{(p(\varphi) - p_\infty)}{\frac{\rho}{2} \cdot c_\infty^2}.$$

Man erhält zunächst mit $p(\varphi)$ am Umfang $r = R$ (s. o.)

$$c_p(\varphi) = \frac{[p(\varphi) - p_\infty]}{\frac{\rho}{2} \cdot c_\infty^2} = \frac{\left[p_\infty - \frac{\rho}{2} \cdot c_\infty^2 \cdot 4 \cdot (\sin^2 \varphi + \sin \varphi) - p_\infty \right]}{\frac{\rho}{2} \cdot c_\infty^2}.$$

Vereinfacht und gekürzt entsteht das Resultat für den Druckbeiwert

$$c_p(\varphi) = \frac{[p(\varphi) - p_\infty]}{\frac{\rho}{2} \cdot c_\infty^2} = -4 \cdot (\sin^2 \varphi + \sin \varphi)$$

wie folgt

$$c_p(\varphi) = -4 \cdot (\sin^2 \varphi + \sin \varphi).$$

Der Verlauf des Druckbeiwertes c_p in Abhängigkeit vom Winkel φ ist Abb. 4.35 zu entnehmen.

F_y Die Querkraft am rotierenden Zylinder senkrecht zu c_∞ lautet gemäß Abb. 4.36

$$F_y = \int\limits_0^{2 \cdot \pi} dF_y.$$

Hierin ist $dF_y = dF \cdot \sin \varphi$. dF wiederum lässt sich mit $dF = p(\varphi) \cdot dA$, wobei $dA = B \cdot R \cdot d\varphi$ ist, angeben. Somit erhält man

$$F_y = \int\limits_0^{2 \cdot \pi} p(\varphi) \cdot B \cdot R \cdot \sin \varphi \cdot d\varphi.$$

Jetzt $p(\varphi)$ nach dem o. g. Ergebnis eingesetzt liefert

$$F_y = \int\limits_0^{2 \cdot \pi} \left[p_\infty - \frac{\rho}{2} \cdot c_\infty^2 \cdot 4 \cdot (\sin^2 \varphi + \sin \varphi) \right] \cdot B \cdot R \cdot \sin \varphi \cdot d\varphi.$$

Umgeformt führt zu

$$F_y = B \cdot R \cdot \int\limits_0^{2 \cdot \pi} \left[p_\infty - \frac{\rho}{2} \cdot c_\infty^2 \cdot 4 \cdot (\sin^2 \varphi + \sin \varphi) \right] \cdot \sin \varphi \cdot d\varphi$$

oder

$$F_y = B \cdot R \cdot \left\{ \int\limits_0^{2 \cdot \pi} p_\infty \cdot \sin \varphi \cdot d\varphi - 2 \cdot \rho \cdot c_\infty^2 \cdot \left(\int\limits_0^{2 \cdot \pi} \sin^2 \varphi \cdot d\varphi + \int\limits_0^{2 \cdot \pi} \sin^3 \varphi \cdot d\varphi \right) \right\}$$

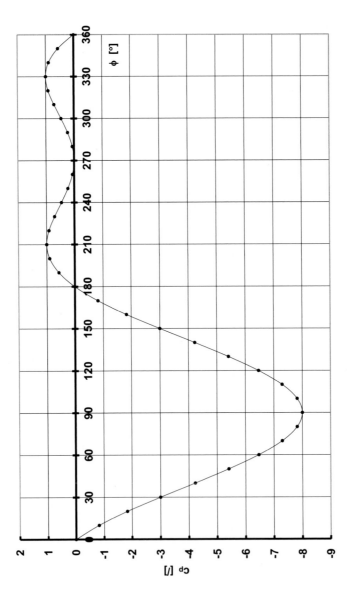

Abb. 4.35 Druckbeiwert am Zylinder

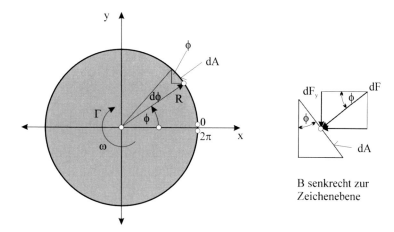

Abb. 4.36 Rotierender Zylinder mit Abmessungen und infinitesimaler Kraft dF

Die drei Integrale werden jetzt nacheinander gelöst:

1. $\displaystyle\int\limits_{0}^{2\cdot\pi} p_\infty \cdot \sin\varphi \cdot d\varphi$:

$$p_\infty \cdot \int\limits_{0}^{2\cdot\pi} \sin\varphi \cdot d\varphi = p_\infty \cdot \left|-\cos\varphi\right|_{0}^{2\cdot\pi} = -p_\infty \cdot (1-1) = 0$$

$$\int\limits_{0}^{2\cdot\pi} p_\infty \cdot \sin\varphi \cdot d\varphi = 0$$

2. $\displaystyle\int\limits_{0}^{2\cdot\pi} \sin^2\varphi \cdot d\varphi$:

Hier muss man die **allgemeine Lösung** ansetzen

$$\int\limits_{0}^{2\cdot\pi} \sin^n\varphi \cdot d\varphi = -\left|\frac{\cos\varphi \cdot \sin^{(n-1)}\varphi}{n}\right|_{0}^{2\cdot\pi} + \frac{(n-1)}{n} \cdot \int\limits_{0}^{2\cdot\pi} \sin^{(n-2)}\varphi \cdot d\varphi, \ n=1,2,3,\ldots$$

$n=2$:

$$\int\limits_{0}^{2\cdot\pi} \sin^2\varphi \cdot d\varphi = -\left|\frac{\cos\varphi \cdot \sin^{(2-1)}\varphi}{2}\right|_{0}^{2\cdot\pi} + \frac{(2-1)}{2} \cdot \int\limits_{0}^{2\cdot\pi} \sin^{(2-2)}\varphi \cdot d\varphi$$

$$\int\limits_{0}^{2\cdot\pi} \sin^2\varphi \cdot d\varphi = -\frac{1}{2} \cdot \left|\cos\varphi \cdot \sin\varphi\right|_{0}^{2\cdot\pi} + \frac{1}{2} \cdot \int\limits_{0}^{2\cdot\pi} 1 \cdot d\varphi$$

$$\int\limits_{0}^{2\cdot\pi} \sin^2\varphi \cdot d\varphi = -\frac{1}{2} \cdot [\cos(2\cdot\pi) \cdot \sin(2\cdot\pi) - \cos(0) \cdot \sin(0)] + \frac{1}{2} \cdot [2\cdot\pi - 0]$$

$$\int\limits_{0}^{2\cdot\pi} \sin^2\varphi \cdot d\varphi = -\frac{1}{2} \cdot [1\cdot 0 - 1\cdot 0] + \pi$$

$$\int\limits_{0}^{2\cdot\pi} \sin^2\varphi \cdot d\varphi = \pi$$

3. $\displaystyle\int\limits_{0}^{2\cdot\pi} \sin^3\varphi \cdot d\varphi$:

Mit o. g. allgemeinen Gleichung folgt für

$n = 3$:

$$\int\limits_{0}^{2\cdot\pi} \sin^3\varphi \cdot d\varphi = -\left|\frac{\cos\varphi \cdot \sin^{(3-1)}\varphi}{3}\right|_{0}^{2\cdot\pi} + \frac{(3-1)}{3} \cdot \int\limits_{0}^{2\cdot\pi} \sin^{(3-2)}\varphi \cdot d\varphi$$

$$\int\limits_{0}^{2\cdot\pi} \sin^3\varphi \cdot d\varphi = -\frac{1}{3} \cdot \left|\cos\varphi \cdot \sin^2\varphi\right|_{0}^{2\cdot\pi} + \frac{2}{3} \cdot \int\limits_{0}^{2\cdot\pi} \sin\varphi \cdot d\varphi$$

$$\int\limits_{0}^{2\cdot\pi} \sin^3\varphi \cdot d\varphi = -\frac{1}{3} \cdot \left|\cos\varphi \cdot \sin^2\varphi\right|_{0}^{2\cdot\pi} - \frac{2}{3} \cdot \left|\cos\varphi\right|_{0}^{2\cdot\pi}$$

$$\int\limits_{0}^{2\cdot\pi} \sin^3\varphi \cdot d\varphi = -\frac{1}{3} \cdot \left[\cos(2\cdot\pi) \cdot \sin^2(2\cdot\pi) - \cos 0 \cdot \sin^2 0\right] - \frac{2}{3} \cdot [\cos(2\cdot\pi) - \cos 0]$$

$$\int\limits_{0}^{2\cdot\pi} \sin^3\varphi \cdot d\varphi = -\frac{1}{3} \cdot [1\cdot 0 - 1\cdot 0] - \frac{2}{3} \cdot [1 - 1]$$

$$\int\limits_{0}^{2\cdot\pi} \sin^3\varphi \cdot d\varphi = 0.$$

Die gesuchte Kraft am rotierenden Zylinder lautet somit

$$F_y = B \cdot R \cdot \left[0 - 2\cdot\rho\cdot c_\infty^2 \cdot (\pi + 0)\right]$$
$$F_y = -(2\cdot\pi\cdot R) \cdot B \cdot \rho \cdot c_\infty^2.$$

Das negative Vorzeichen besagt, dass die Querkraft entgegen der in Abb. 4.36 angenommenen Richtung von dF bzw. dF_y wirksam wird.

Mit $\Gamma = 2 \cdot \pi \cdot c_\infty \cdot R$ erhält man auch das nach **Kutta-Joukowski** benannte Gesetz

$$F_y = \Gamma \cdot B \cdot \rho \cdot c_\infty$$

Zahlenbeispiel Bei Verwendung der in den vorangegangenen Beispielen verwendeten Daten $c_\infty = 10 \, \frac{m}{s}$; $R = 0{,}3989$ m; sowie bei **Luftströmung** mit $\rho_L = 1{,}2 \, \frac{kg}{m^3}$ folgt für

$$\frac{F_y}{B} = 2 \cdot \pi \cdot 0{,}3989 \cdot 1{,}2 \cdot 10^2 \, \frac{N}{m}$$
$$\frac{F_y}{B} \approx 300 \, \frac{N}{m}$$

Im Fall eines im Jahr 2018 mit einem Flettner-Rotor ausgestatteten Mehrzweckfrachters „Fehn Pollux" lauten die Rotorabmessungen $R = 1{,}5$ m und $B = 18$ m. In diesem Fall wird bei $c_\infty = 10 \, \frac{m}{s}$ und $\rho_L = 1{,}2 \, \frac{kg}{m^3}$ eine theoretische Querkraft $F_y = 2 \cdot \pi \cdot 1{,}5 \cdot 18 \cdot 1{,}2 \cdot 10^2$ N

$$F_y \approx 20{,}4 \, kN$$

wirksam.

Staupunkte an der Zylinderoberfläche

Ausgangspunkt der Staupunktermittlung ist die Geschwindigkeit im Strömungsfeld

$$c(x, y) = \sqrt{c_x^2(x, y) + c_y^2(x, y)}.$$

In den Staupunkten auf der Zylinderoberfläche nimmt die Geschwindigkeit $c(x, y)$ den Wert Null an und infolge dessen auch die Komponenten $c_x(x, y)$ und $c_y(x, y)$. Verwendet man z. B. die weiter oben hergeleitete y-Komponente von $c(x, y)$gemäß

$$c_y(x, y) = -\left(\frac{M}{2 \cdot \pi} \cdot \frac{2 \cdot x \cdot y}{(x^2 + y^2)^2} + \frac{\Gamma}{2 \cdot \pi} \cdot \frac{x}{(x^2 + y^2)} \right)$$

und überführt sie in Polarkoordinaten, so entsteht ein Zusammenhang zwischen den Staupunkten und dem Winkel φ wie folgt.

Mit $r = R$ an der Zylinderoberfläche sowie $x = r \cdot \cos \varphi$, $y = r \cdot \sin \varphi$, $r^2 = x^2 + y^2$, $\frac{M}{2 \cdot \pi} = c_\infty \cdot R^2$ sowie $\frac{\Gamma}{2 \cdot \pi} = 2 \cdot \pi \cdot R^2 \cdot n_i$ folgt zunächst

$$-\left(c_\infty \cdot R^2 \cdot \frac{2 \cdot R \cdot \cos \varphi \cdot R \cdot \sin \varphi}{R^4} + 2 \cdot \pi \cdot R^2 \cdot n_i \cdot \frac{R \cdot \cos \varphi}{R^2} \right) = 0$$

oder

$$-(c_\infty \cdot 2 \cdot \cos \varphi \cdot \sin \varphi + 2 \cdot \pi \cdot n_i \cdot R \cdot \cos \varphi) = 0.$$

Mit der Zylinderdrehzahl

$$n_i = \frac{i \cdot c_\infty}{2 \cdot \pi \cdot R},$$

wobei $2 \geq i \geq 0$, oben eingesetzt erhält man jetzt

$$-\left(c_\infty \cdot 2 \cdot \cos\varphi \cdot \sin\varphi + 2 \cdot \pi \cdot \frac{i \cdot c_\infty}{2 \cdot \pi \cdot R} \cdot R \cdot \cos\varphi\right) = 0$$

und folglich

$$c_\infty \cdot 2 \cdot \cos\varphi \cdot \sin\varphi = -i \cdot c_\infty \cdot \cos\varphi.$$

Als Resultat folgt

$$\sin\varphi = -\frac{i}{2}$$

bzw.

$$\varphi = \arcsin\left(-\frac{i}{2}\right).$$

Zahlenbeispiel

1. $i = 0$ $n_i = 0\,\frac{1}{s}$ $\varphi = \arcsin(0)$ $\varphi_1 = 0°$ $\varphi_2 = 180°$ (s. Abschn. 4.4)

2. $i = 1$ $n_i \approx 4\,\frac{1}{s}$ $\varphi = \arcsin(-\frac{1}{2})$ $\varphi_1 = -30°$ $\varphi_2 = 210°$

3. $i = 2$ $n_i \approx 8\,\frac{1}{s}$ $\varphi = \arcsin(-1)$ $\varphi_1 = -90°$ $\varphi_2 = 270°$

4. $i = 0{,}376$ $n_i \approx 1{,}5\,\frac{1}{s}$ $\varphi = \arcsin(-0{,}188)$ $\varphi_1 = -10{,}8°$ $\varphi_2 = 190{,}8°$

Die Winkel φ_2 ermitteln sich aus $\sin(-\varphi_1) = \sin(180 + \varphi_1)$. Die Staupunkte 2. und 4. liegen den Abb. 4.26 und 4.29 zugrunde. Liegen größere Zylinderdrehzahlen mit $i \geq 2$ vor, verschiebt sich der Staupunkt in das Strömungsfeld (Abb. 4.28), was anschaulich nicht verständlich ist.

4.6 Potentialwirbel mit Quelleströmung

In Abb. 4.37 sind die Stromlinien zweier Basisströmungen zu erkennen. Hierbei handelt es sich um eine Quelleströmung und einen Potentialwirbel. Die Überlagerung (Superposition) dieser zwei Basisströmungen führt zu der Potentialströmung einer Wirbelquelle. Von der Quelleströmung ist die Ergiebigkeit E bekannt. Der Potentialwirbel wird

Abb. 4.37 Stromlinien der Quelleströmung und des Potentialwirbels

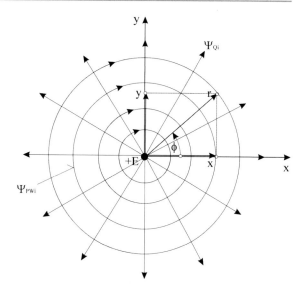

durch die gegebene Zirkulation Γ gekennzeichnet. Neben Strom- und Potentialfunktion der Wirbelquelle $\Psi_{\text{Ges}}(x, y)$ bzw. $\Psi_{\text{Ges}}(r, \phi)$ und $\Phi_{\text{Ges}}(x, y)$ bzw. $\Phi_{\text{Ges}}(r, \phi)$ werden die Zusammenhänge zur Ermittlung der Strom- und Potentiallinien mittels eines Tabellenkalkulationsprogramms gesucht. Die resultierende Geschwindigkeit $c(x, y)$ bzw. $c(r, \phi)$ einschließlich ihrer x- und y-Komponenten sind ebenfalls Gegenstand dieses Kapitels. Bei den Herleitungen der Strom- und Potentialfunktionen Ψ_{Ges}und Φ_{Ges} wird auf die Strom- und Potentialfunktionen der Quelleströmung sowie des Potentialwirbels gemäß Abschn. 2.2 und 2.5 zurückgegriffen. Hierbei und auch bei den weiteren Schritten macht man von den in Abb. 4.37 eingetragenen Größen Gebrauch. Die Ergebnisse der Strom- und Potentialfunktionen genannter Basisströmungen seien hier nochmals aufgelistet.

Stromfunktion Ψ_{Ges} und Potentialfunktion Φ_{Ges}

Kartesischen Koordinaten

Quelleströmung
Stromfunktion

$$\Psi_{\text{Q}}(x, y) = \frac{E}{2 \cdot \pi} \cdot \arctan \left(\frac{y}{x} \right)$$

Potentialfunktion

$$\Phi_{\text{Q}}(x, y) = \frac{E}{2 \cdot \pi} \cdot \ln \sqrt{x^2 + y^2}$$

Potentialwirbel
Stromfunktion

$$\Psi_{PW}(x, y) = \frac{\Gamma}{2 \cdot \pi} \cdot \ln\left[\sqrt{x^2 + y^2}\right] \quad \Gamma \text{ im Uhrzeigersinn}$$

Potentialfunktion

$$\Phi_{PW}(x, y) = -\frac{\Gamma}{2 \cdot \pi} \cdot \arctan\left(\frac{y}{x}\right) \quad \Gamma \text{ im Uhrzeigersinn}$$

Polarkoordinaten

Quelleströmung
Stromfunktion

$$\Psi_Q(r, \varphi) = \frac{E}{2 \cdot \pi} \cdot \varphi$$

Potentialfunktion

$$\Phi_Q(r, \varphi) = \frac{E}{2 \cdot \pi} \cdot \ln r$$

Potentialwirbel
Stromfunktion

$$\Psi_{PW}(r, \varphi) = \frac{\Gamma}{2 \cdot \pi} \cdot \ln r \quad \Gamma \text{ im Uhrzeigersinn}$$

Potentialfunktion

$$\Phi_{PW}(r, \varphi) = -\frac{\Gamma}{2 \cdot \pi} \cdot \varphi \quad \Gamma \text{ im Uhrzeigersinn}$$

Im Fall der **Überlagerung** entsteht für die Strom- und Potentialfunktion

Kartesischen Koordinaten
Stromfunktion

$$\Psi_{Ges}(x, y) = \Psi_Q(x, y) + \Psi_{PW}(x, y)$$

$$\Psi_{Ges}(x, y) = \frac{E}{2 \cdot \pi} \cdot \arctan\left(\frac{y}{x}\right) + \frac{\Gamma}{2 \cdot \pi} \cdot \ln\left[\sqrt{x^2 + y^2}\right]$$

Potentialfunktion

$$\Phi_{Ges}(x, y) = \Phi_Q(x, y) + \Phi_{PW}(x, y)$$

$$\Phi_{Ges}(x, y) = \frac{E}{2 \cdot \pi} \cdot \ln\sqrt{x^2 + y^2} - \frac{\Gamma}{2 \cdot \pi} \cdot \arctan\left(\frac{y}{x}\right)$$

Polarkoordinaten

Stromfunktion

$$\Psi_{\text{Ges}}(r, \varphi) = \Psi_{\text{Q}}(r, \varphi) + \Psi_{\text{PW}}(r, \varphi)$$

$$\Psi_{\text{Ges}}(r, \varphi) = \frac{E}{2 \cdot \pi} \cdot \varphi + \frac{\Gamma}{2 \cdot \pi} \cdot \ln r \quad \Gamma \text{ im Uhrzeigersinn}$$

Potentialfunktion

$$\Phi_{\text{Ges}}(r, \varphi) = \Phi_{\text{Q}}(r, \varphi) + \Phi_{\text{PW}}(r, \varphi)$$

$$\Phi_{\text{Ges}}(r, \varphi) = \frac{E}{2 \cdot \pi} \cdot \ln r - \frac{\Gamma}{2 \cdot \pi} \cdot \varphi \quad \Gamma \text{ im Uhrzeigersinn}$$

Stromlinienverlauf mittels Tabellenkalkulationsprogramm

Für die Stromlinien wird der Zusammenhang $y(x; \Psi_{\text{Ges}} = \text{konst.})$gesucht. Da auch hier die Stromfunktion Ψ_{Ges} in kartesischen Koordinaten implizit vorliegt, wird über den Umweg mit Polarkoordinaten die Funktion $y(x; \Psi_{\text{Ges}} = \text{konst.})$ ermittelt. Die nachfolgenden Zusammenhänge lassen sich für alle Stromlinien anwenden. Insofern wird auf eine weitere Indizierung $i = 1, 2, 3, 4, \ldots$ verzichtet. Zur Bestimmung und Darstellung der Stromlinien mit einem Tabellenkalkulationsprogramm (hier EXCEL) wird folgender Ansatz verwendet:

$$\Psi_{\text{Ges}}(r, \varphi) = \frac{E}{2 \cdot \pi} \cdot \varphi + \frac{\Gamma}{2 \cdot \pi} \cdot \ln r.$$

Das Umstellen nach dem Radius r führt zunächst zu

$$\frac{\Gamma}{2 \cdot \pi} \cdot \ln r = \Psi_{\text{Ges}}(r, \varphi) - \frac{E}{2 \cdot \pi} \cdot \varphi.$$

Mit $\frac{2 \cdot \pi}{\Gamma}$ multipliziert liefert

$$\ln r = \frac{2 \cdot \pi}{\Gamma} \cdot \left(\Psi_{\text{Ges}}(r, \varphi) - \frac{E}{2 \cdot \pi} \cdot \varphi \right)$$

oder mit $e^{\ln a} = a$

$$r = e^{\frac{2 \cdot \pi}{\Gamma} \cdot \left(\Psi_{\text{Ges}}(r, \varphi) - \frac{E}{2 \cdot \pi} \cdot \varphi \right)}.$$

Mit den oben ermittelten Zusammenhängen lassen sich alle Punkte der Stromlinien mit jeweils $\Psi_{\text{Ges}} = \text{konst.}$ ermitteln. Die nachstehenden Schritte werden exemplarisch für eine Stromlinie $\Psi_{\text{Ges}} = \text{konst.}$ beschrieben. Die Erweiterung auf die i-Stromlinien erfolgt analog hierzu. Die jeweils vorgegebenen Größen sind E, Γ sowie die gewählte Stromfunktion Ψ_{Ges} als Kurvenparameter. Dann führen folgende Schritte zur Lösung.

1.	E	vorgeben
2.	Γ	vorgeben
3.	$\Psi_{\text{Ges}}(r, \varphi)$	als Parameter vorgeben
4.	$\widehat{\varphi}$	als Variable wählen
5.	r (s. o.)	somit bekannt
6.	$y = r \cdot \sin \varphi$	somit bekannt
7.	$x = r \cdot \cos \varphi$	somit bekannt

Zahlenbeispiel

1.	$E = 8 \, \dfrac{\text{m}^2}{\text{s}}$	vorgegeben
2.	$\Gamma = 3 \, \dfrac{\text{m}^2}{\text{s}}$	vorgegeben
3.	$\Psi_{\text{Ges}} = 2{,}0 \, \dfrac{\text{m}^2}{\text{s}}$	als Parameter gewählt
4.	$\varphi^\circ = 60^\circ \equiv \widehat{\varphi} = 1{,}047$	als Variable gewählt
5.	$r = e^{\frac{2 \cdot \pi}{3} \cdot (2 - \frac{8}{2 \cdot \pi} \cdot 1{,}0474)}$	$= 4{,}04 \, \text{m}$
6.	$x = 4{,}04 \cdot \cos 60^\circ$	$= 2{,}02 \, \text{m}$
7.	$y = 4{,}04 \cdot \sin 60^\circ$	$= 3{,}50 \, \text{m}$

Damit ist ein Punkt $P(x; y) = P(2{,}02 \, \text{m}; 3{,}50 \, \text{m})$ der Stromlinie $\Psi_{\text{Ges}} = 2 \, \frac{\text{m}^2}{\text{s}}$ bekannt. Dieser Punkt ist in Abb. 4.38 größer dargestellt. Durch Variation von φ lassen sich nach der gezeigten Vorgehensweise weitere Punkte für $\Psi_{\text{Ges}} = 2 \, \frac{\text{m}^2}{\text{s}}$ finden. Das gleiche Procedere wird für alle anderen Stromlinien Ψ_{Ges_i} angewendet. Das Ergebnis dieser Auswertungen für eine willkürlich gewählte Anzahl von Stromlinien ist Abb. 4.38 zu entnehmen.

Potentiallinienverlauf mittels Tabellenkalkulationsprogramm
Wie bei den Stromlinien wird auch für die Potentiallinien die Funktion $y(x; \Phi_{\text{Ges}} = \text{konst.})$ gesucht. Da auch hier die Potentialfunktion Φ_{Ges} in kartesischen Koordinaten implizit vorliegt, wird ebenfalls über den Umweg mit Polarkoordinaten der Zusammenhang $y(x; \Phi_{\text{Ges}} = \text{konst.})$ ermittelt. Die nachfolgenden Schritte lassen sich für alle Potentiallinien anwenden. Insofern wird auf eine weitere Indizierung $i = 1, 2, 3, 4, \ldots$ verzichtet. Zur Bestimmung und Darstellung der Potentiallinien mit einem Tabellenkalkulationsprogramm (hier EXCEL) wird folgender Ansatz verwendet:

$$\Phi_{\text{Ges}}(r, \varphi) = \frac{E}{2 \cdot \pi} \cdot \ln r - \frac{\Gamma}{2 \cdot \pi} \cdot \varphi.$$

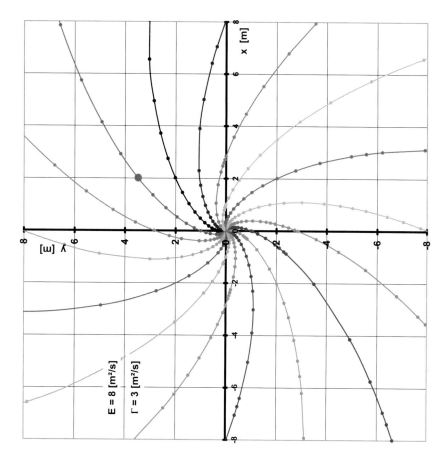

Abb. 4.38 Stromlinien der Überlagerung von Potentialwirbel mit Quelleströmung

Das Umstellen nach dem Radius r führt zunächst zu

$$\frac{E}{2 \cdot \pi} \cdot \ln r = \Phi_{\text{Ges}}(r, \varphi) + \frac{\Gamma}{2 \cdot \pi} \cdot \varphi.$$

Mit $\frac{2 \cdot \pi}{E}$ multipliziert liefert

$$\ln r = \frac{2 \cdot \pi}{E} \cdot \left(\Phi_{\text{Ges}}(r, \varphi) + \frac{\Gamma}{2 \cdot \pi} \cdot \varphi \right)$$

oder mit $e^{\ln a} = a$

$$r = e^{\frac{2 \cdot \pi}{E} \cdot \left(\Phi_{\text{Ges}}(r, \varphi) + \frac{\Gamma}{2 \cdot \pi} \cdot \varphi \right)}.$$

Mit den oben ermittelten Gleichungen lassen sich alle Punkte der Potentiallinien mit jeweils $\Phi_{\text{Ges}_i} = $ konst. ermitteln. Die nachstehenden Schritte werden exemplarisch für eine Potentiallinie $\Phi_{\text{Ges}} = $ konst. beschrieben. Die Erweiterung auf die i-Potentiallinien erfolgt analog hierzu. Die jeweils vorgegebenen Größen sind E, Γ sowie die gewählte Potentialfunktion Φ_{Ges} als Kurvenparameter. Dann führen folgende Schritte zur Lösung.

1. E vorgeben
2. Γ vorgeben
3. $\Phi_{\text{Ges}}(r, \varphi)$ als Parameter vorgeben
4. $\widehat{\varphi}$ $-360° \leq \varphi \leq 360°$ als Variable wählen
5. r (s. o.)   somit bekannt
6. $y = r \cdot \sin \varphi$ somit bekannt
7. $x = r \cdot \cos \varphi$ somit bekannt

Zahlenbeispiel

1. $E = 8 \, \dfrac{\text{m}^2}{\text{s}}$ vorgegeben

2. $\Gamma = 3 \, \dfrac{\text{m}^2}{\text{s}}$ vorgegeben

3. $\Phi_{\text{Ges}} = 3{,}0 \, \dfrac{\text{m}^2}{\text{s}}$ als Parameter gewählt

4. $\varphi° = 30° \equiv \widehat{\varphi} = 0{,}524$ als Variable gewählt

5. $r = e^{\frac{2 \cdot \pi}{8} \cdot \left(3 + \frac{3}{2 \cdot \pi} \cdot 0{,}524 \right)}$ $= 12{,}84 \, \text{m}$

6. $x = 12{,}84 \cdot \cos 30°$ $= 11{,}12 \, \text{m}$

7. $y = 12{,}84 \cdot \sin 30°$ $= 6{,}42 \, \text{m}$

Damit ist ein Punkt $P(x; y) = P(11{,}12 \, \text{m}; 6{,}42 \, \text{m})$ der Potentiallinie $\Phi_{\text{Ges}} = 3 \, \frac{\text{m}^2}{\text{s}}$ bekannt. Dieser Punkt ist in Abb. 4.39 größer dargestellt. Durch Variation von φ lassen sich nach der

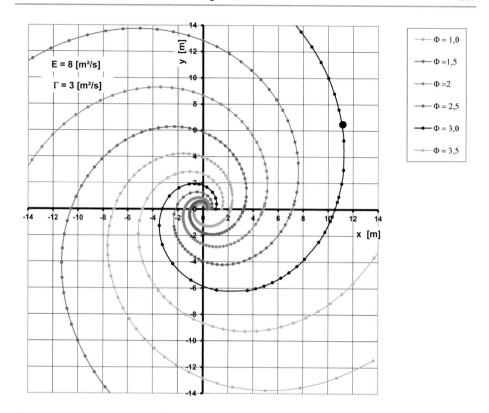

Abb. 4.39 Potentiallinien der Überlagerung von Potentialwirbel mit Quellestörmung

gezeigten Vorgehensweise weitere Punkte für $\Phi_{Ges} = 3 \frac{m^2}{s}$ finden. Das gleiche Procedere wird für alle anderen Potentiallinien Φ_{Ges_i} angewendet. Das Ergebnis dieser Auswertungen für eine willkürlich gewählte Anzahl von Potentiallinien ist Abb. 4.39 zu entnehmen.

Geschwindigkeiten c_x, c_y und c

Die Geschwindigkeit c im Strömungsfeld lässt sich mittels der Komponenten c_x und c_y bestimmen. Zunächst wird die Darstellung in Form kartesischer Koordinaten $c_x(x, y)$ und $c_y(x, y)$ benutzt. Die Umrechnung auf Polarkoordinaten $c_x(r, \varphi)$ und $c_y(r, \varphi)$ soll ebenfalls Gegenstand dieses Kapitels sein, da diese Variante später noch gebraucht wird.

$c_x(x, y)$ Aufgrund der Kenntnis von Stromfunktion $\Psi_{Ges}(x, y)$ und Potentialfunktion $\Phi_{Ges}(x, y)$ des überlagerten Potentialwirbels mit einer Quellestörmung lassen sich die Geschwindigkeitskomponenten c_x und c_y unter Anwendung von z. B.

$$c_x(x, y) = \frac{\partial \Psi(x, y)_{Ges}}{\partial y} \quad \text{sowie} \quad c_y(x, y) = -\frac{\partial \Psi_{Ges}(x, y)}{\partial x}$$

wie folgt ermitteln.

Mit

$$\Psi_{\text{Ges}}(x, y) = \frac{E}{2 \cdot \pi} \cdot \arctan\left(\frac{y}{x}\right) + \frac{\Gamma}{2 \cdot \pi} \cdot \ln\left[\sqrt{x^2 + y^2}\right] \quad \text{(s. o.)}$$

erhält man

$$c_x(x, y) = \frac{\partial\left(\frac{E}{2\cdot\pi} \cdot \arctan\left(\frac{y}{x}\right) + \frac{\Gamma}{2\cdot\pi} \cdot \ln\left[\sqrt{x^2 + y^2}\right]\right)}{\partial y}$$

oder auch aufgespalten

$$c_x(x, y) = \frac{E}{2 \cdot \pi} \cdot \frac{\partial\left(\arctan\left(\frac{y}{x}\right)\right)}{\partial y} + \frac{\Gamma}{2 \cdot \pi} \cdot \frac{\partial\left(\ln\left[\sqrt{x^2 + y^2}\right]\right)}{\partial y}.$$

1. $\dfrac{\partial\left(\arctan\left(\frac{y}{x}\right)\right)}{\partial y}$:

   Mit der Substitution $z \equiv \frac{y}{x}$ gelangt man zu

$$\frac{\partial(\arctan z)}{\partial y} = \frac{\partial(\arctan z)}{\partial z} \cdot \frac{\partial z}{\partial y}.$$

   Hierin lauten $\frac{\partial(\arctan z)}{\partial z} = \frac{1}{1+z^2}$ und $\frac{\partial z}{\partial y} = \frac{1}{x}$.
   Oben eingesetzt und die Substitution wieder zurückgeführt liefert zunächst

$$\frac{\partial\left(\arctan\left(\frac{y}{x}\right)\right)}{\partial y} = \frac{1}{1 + \frac{y^2}{x^2}} \cdot \frac{1}{x}$$

oder

$$\frac{\partial\left(\arctan\left(\frac{y}{x}\right)\right)}{\partial y} = \frac{x^2}{(x^2 + y^2)} \cdot \frac{1}{x}$$

bzw.

$$\frac{\partial\left(\arctan\left(\frac{y}{x}\right)\right)}{\partial y} = \frac{x}{(x^2 + y^2)}.$$

2. $\dfrac{\partial(\ln\left[\sqrt{x^2 + y^2}\right])}{\partial y}$:

   Mit den Substitutionen $z = x^2 + y^2$ und $u = \sqrt{z}$ gelangt man zu

$$\frac{\partial(\ln u)}{\partial y} = \frac{\partial(\ln u)}{\partial u} \cdot \frac{\partial u}{\partial z} \cdot \frac{\partial z}{\partial y}.$$

Weiterhin ist $\frac{\partial(\ln u)}{\partial u} = \frac{1}{u}$; $\frac{\partial u}{\partial z} = \frac{1}{2} \cdot \frac{1}{z^{\frac{1}{2}}}$; $\frac{\partial z}{\partial y} = 2 \cdot y$.

Oben eingesetzt liefert zunächst

$$\frac{\partial(\ln u)}{\partial y} = \frac{1}{u} \cdot \frac{1}{2} \cdot \frac{1}{\sqrt{z}} \cdot 2 \cdot y$$

und dann die Substitutionen zurückgesetzt

$$\frac{\partial\left(\ln\left[\sqrt{x^2 + y^2}\right]\right)}{\partial y} = \frac{1}{\sqrt{x^2 + y^2}} \cdot \frac{1}{2} \cdot \frac{1}{\sqrt{x^2 + y^2}} \cdot 2 \cdot y$$

oder

$$\frac{\partial\left(\ln\left[\sqrt{x^2 + y^2}\right]\right)}{\partial y} = \frac{y}{(x^2 + y^2)}.$$

Mit den Ergebnissen für 1. und 2. in der Ausgangsgleichung lautet das Ergebnis für $c_x(x, y)$:

$$c_x(x, y) = \frac{1}{(x^2 + y^2)} \cdot \left(\frac{E}{2 \cdot \pi} \cdot x + \frac{\Gamma}{2 \cdot \pi} \cdot y \right).$$

$c_y(\boldsymbol{x}, \boldsymbol{y})$ Mittels

$$c_y(x, y) = -\frac{\partial \Psi_{\text{Ges}}(x, y)}{\partial x}$$

sowie mit

$$\Psi_{\text{Ges}}(x, y) = \frac{E}{2 \cdot \pi} \cdot \arctan\left(\frac{y}{x}\right) + \frac{\Gamma}{2 \cdot \pi} \cdot \ln\left[\sqrt{x^2 + y^2}\right] \quad \text{(s. o.)}$$

erhält man

$$c_y(x, y) = -\frac{\partial\left(\frac{E}{2 \cdot \pi} \cdot \arctan\left(\frac{y}{x}\right) + \frac{\Gamma}{2 \cdot \pi} \cdot \ln\left[\sqrt{x^2 + y^2}\right]\right)}{\partial x}$$

oder auch aufgespalten

$$c_y(x, y) = -\left(\frac{E}{2 \cdot \pi} \cdot \frac{\partial\left(\arctan\left(\frac{y}{x}\right)\right)}{\partial x} + \frac{\Gamma}{2 \cdot \pi} \cdot \frac{\partial\left(\ln\left[\sqrt{x^2 + y^2}\right]\right)}{\partial x} \right)$$

1. $\dfrac{\partial\left(\arctan\left(\frac{y}{x}\right)\right)}{\partial x}$:

Mit der Substitution $z \equiv \frac{y}{x}$ gelangt man zu

$$\frac{\partial(\arctan z)}{\partial x} = \frac{\partial(\arctan z)}{\partial z} \cdot \frac{\partial z}{\partial x}.$$

Hierin lauten $\frac{\partial(\arctan z)}{\partial z} = \frac{1}{1+z^2}$ und $\frac{\partial z}{\partial x} = -\frac{y}{x^2}$.

Oben eingesetzt und die Substitution wieder zurückgeführt liefert zunächst

$$\frac{\partial\left(\arctan\left(\frac{y}{x}\right)\right)}{\partial x} = -\frac{1}{1 + \frac{y}{x^2}^2} \cdot \frac{y}{x^2}$$

oder

$$\frac{\partial\left(\arctan\left(\frac{y}{x}\right)\right)}{\partial x} = -\frac{x^2}{(x^2 + y^2)} \cdot \frac{y}{x^2}$$

bzw.

$$\frac{\partial\left(\arctan\left(\frac{y}{x}\right)\right)}{\partial x} = -\frac{y}{(x^2 + y^2)}.$$

2. $\dfrac{\partial(\ln\left[\sqrt{x^2 + y^2}\right])}{\partial x}$:

Mit den Substitutionen $z = x^2 + y^2$ und $u = \sqrt{z}$ gelangt man zu

$$\frac{\partial(\ln u)}{\partial x} = \frac{\partial(\ln u)}{\partial u} \cdot \frac{\partial u}{\partial z} \cdot \frac{\partial z}{\partial x}.$$

Weiterhin ist $\frac{\partial(\ln u)}{\partial u} = \frac{1}{u}$; $\frac{\partial u}{\partial z} = \frac{1}{2} \cdot \frac{1}{z^{\frac{1}{2}}}$; $\frac{\partial z}{\partial x} = 2 \cdot x$.

Oben eingesetzt liefert zunächst

$$\frac{\partial(\ln u)}{\partial x} = \frac{1}{u} \cdot \frac{1}{2} \cdot \frac{1}{\sqrt{z}} \cdot 2 \cdot x$$

und dann die Substitutionen zurückgesetzt

$$\frac{\partial(\ln\left[\sqrt{x^2 + y^2}\right])}{\partial x} = \frac{1}{\sqrt{x^2 + y^2}} \cdot \frac{1}{2} \cdot \frac{1}{\sqrt{x^2 + y^2}} \cdot 2 \cdot x$$

oder

$$\frac{\partial(\ln\left[\sqrt{x^2 + y^2}\right])}{\partial x} = \frac{x}{(x^2 + y^2)}.$$

Mit den Ergebnissen für 1. und 2. in der Ausgangsgleichung lautet das Ergebnis für $c_y(x, y)$:

$$c_y(x, y) = \frac{1}{(x^2 + y^2)} \cdot \left(\frac{E}{2 \cdot \pi} \cdot y - \frac{\Gamma}{2 \cdot \pi} \cdot x \right).$$

$c(x, y)$ Aufgrund des rechtwinkligen Dreiecks der Geschwindigkeit $c(x, y)$ und ihren Komponenten $c_x(x, y)$ und $c_y(x, y)$ lautet nach Pythagoras

$$c^2(x, y) = c_x^2(x, y) + c_y^2(x, y).$$

Mit den oben festgestellten Ergebnissen für $c_x(x, y)$ und $c_y(x, y)$ erhält man

$$c_x^2(x, y) = \frac{1}{(2 \cdot \pi \cdot (x^2 + y^2))^2} \cdot (E \cdot x + \Gamma \cdot y)^2$$

sowie

$$c_y^2(x, y) = \frac{1}{(2 \cdot \pi \cdot (x^2 + y^2))^2} \cdot (E \cdot y - \Gamma \cdot x)^2.$$

Nach Ausmultiplizieren der jeweils rechts stehenden Klammerausdrücke folgt

$$c_x^2(x, y) = \frac{1}{(2 \cdot \pi \cdot (x^2 + y^2))^2} \cdot (E^2 \cdot x^2 + 2 \cdot E \cdot x \cdot \Gamma \cdot y + \Gamma^2 \cdot y^2)$$

und

$$c_y^2(x, y) = \frac{1}{(2 \cdot \pi \cdot (x^2 + y^2))^2} \cdot (E^2 \cdot y^2 - 2 \cdot E \cdot x \cdot \Gamma \cdot y + \Gamma^2 \cdot x^2).$$

In $c^2(x, y) = c_x^2(x, y) + c_y^2(x, y)$ eingesetzt führt zu

$$c^2(x, y) = \frac{1}{(2 \cdot \pi \cdot (x^2 + y^2))^2} \cdot (E^2 \cdot x^2 + 2 \cdot E \cdot x \cdot \Gamma \cdot y + \Gamma^2 \cdot y^2 + E^2 \cdot y^2 \\ - 2 \cdot E \cdot x \cdot \Gamma \cdot y + \Gamma^2 \cdot x^2)$$

oder umsortiert

$$c^2(x, y) = \frac{1}{(2 \cdot \pi \cdot (x^2 + y^2))^2} \cdot (E^2 \cdot (x^2 + y^2) + \Gamma^2 \cdot (x^2 + y^2))$$

bzw.

$$c^2(x, y) = \frac{(x^2 + y^2)}{(2 \cdot \pi)^2 \cdot (x^2 + y^2)^2} \cdot (E^2 + \Gamma^2).$$

Jetzt noch die Wurzel gezogen liefert das Resultat

$$c(x, y) = \frac{1}{2 \cdot \pi \cdot \sqrt{(x^2 + y^2)}} \cdot \sqrt{(E^2 + \Gamma^2)}.$$

$c_x(r, \varphi)$, $c_y(r, \varphi)$, $c(r, \varphi)$ In gleicher Weise wie die Abhängigkeit der Geschwindigkeiten von den kartesischen Koordinaten x und y sind $c_x(r, \varphi), c_y(r, \varphi), c(r, \varphi)$ in Verbindung mit den Polarkoordinaten r und φ von Bedeutung. Beginnen wir zunächst mit $c_x(r, \varphi)$.

$c_x(r, \varphi)$ Mit o. g. Gleichung für $c_x(x, y)$ und unter Verwendung von $x = r \cdot \cos \varphi$; $y = r \cdot \sin \varphi$ sowie $r^2 = x^2 + y^2$ erhält man

$$c_x(r, \varphi) = \frac{1}{r^2} \cdot \left(\frac{E}{2 \cdot \pi} \cdot r \cdot \cos \varphi + \frac{\Gamma}{2 \cdot \pi} \cdot r \cdot \sin \varphi \right)$$

oder

$$c_x(r, \varphi) = \frac{1}{2 \cdot \pi \cdot r} \cdot (E \cdot \cos \varphi + \Gamma \cdot \sin \varphi).$$

$c_y(r, \varphi)$ Mit o. g. Gleichung für $c_y(x, y)$ und unter Verwendung von $x = r \cdot \cos \varphi$; $y = r \cdot \sin \varphi$ sowie $r^2 = x^2 + y^2$ erhält man

$$c_y(x, y) = \frac{1}{r^2} \cdot \left(\frac{E}{2 \cdot \pi} \cdot r \cdot \sin \varphi - \frac{\Gamma}{2 \cdot \pi} \cdot r \cdot \cos \varphi \right)$$

oder

$$c_y(r, \varphi) = \frac{1}{2 \cdot \pi \cdot r} \cdot (E \cdot \sin \varphi - \Gamma \cdot \cos \varphi).$$

$c(r, \varphi)$: Mit o. g. Gleichung für $c(x, y)$ und unter Verwendung von $r = \sqrt{(x^2 + y^2)}$ erhält man

$$c(r, \varphi) = \frac{1}{2 \cdot \pi \cdot r} \cdot \sqrt{(E^2 + \Gamma^2)}.$$

Stromlinienverlauf

In Abb. 4.40 ist eine Stromlinie $\Psi_i = $ konst. der Wirbelquelle mit einem am Radius r unter dem Winkel ϕ auf der Stromlinie angeordneten Punkt P(r, ϕ) zu erkennen. Die der Quelleströmung überlagerte Kreisströmung (Zirkulation Γ) soll im Uhrzeigersinn vorliegen. Die Geschwindigkeit $c \equiv c(r, \varphi)$ ist entlang der Stromlinie in allen Punkten definitionsgemäß Tangente an die Kurve. Es soll ein Zusammenhang zwischen der Geschwindigkeitsrichtung α und den spezifischen Gegebenheiten der Wirbelquelle hergestellt werden.

Ausgangspunkt gemäß Abb. 4.40 ist

$$\tan \alpha = \frac{c_r}{c_\varphi}.$$

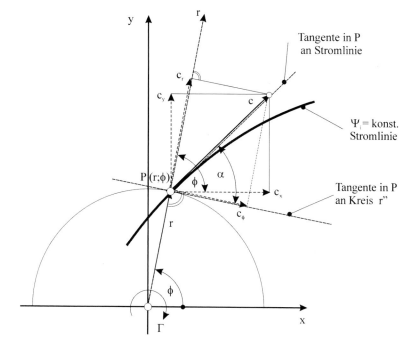

Abb. 4.40 Punkt $P(r, \phi)$ auf der Stromlinie $\Psi_i = $ konst. mit wichtigen Gr枚脽en

Hierin lauten gem盲脽 Abschn. 1.8

$$c_r = \frac{1}{r} \cdot \frac{\partial \Psi_{\text{Ges}}}{\partial \varphi}$$

und

$$c_\varphi = -\frac{\partial \Psi_{\text{Ges}}}{\partial r}.$$

Benutzt man die f眉r die Wirbelquelle ermittelte Stromfunktion

$$\Psi_{\text{Ges}}(r, \varphi) = \frac{E}{2 \cdot \pi} \cdot \varphi + \frac{\Gamma}{2 \cdot \pi} \cdot \ln r,$$

wobei die Kreisstr枚mung (Zirkulation Γ) im Uhrzeigersinn gerichtet ist, so erh盲lt man die partiellen Differentialquotienten $\frac{\partial \Psi_{\text{Ges}}}{\partial \varphi}$ und $\frac{\partial \Psi_{\text{Ges}}}{\partial r}$ wie folgt:

$$\frac{\partial \Psi_{\text{Ges}}}{\partial \varphi} = \frac{\left(\frac{E}{2 \cdot \pi} \cdot \varphi + \frac{\Gamma}{2 \cdot \pi} \cdot \ln r \right)}{\partial \varphi} = \frac{\partial \left(\frac{E}{2 \cdot \pi} \cdot \varphi \right)}{\partial \varphi} + \underbrace{\frac{\partial \left(\frac{\Gamma}{2 \cdot \pi} \cdot \ln r \right)}{\partial \varphi}}_{=0}$$

oder

$$\frac{\partial \Psi_{Ges}}{\partial \varphi} = \frac{E}{2 \cdot \pi}.$$

$$\frac{\partial \Psi_{Ges}}{\partial r} = \frac{\left(\frac{E}{2\cdot\pi} \cdot \varphi + \frac{\Gamma}{2\cdot\pi} \cdot \ln r\right)}{\partial r} = \underbrace{\frac{\partial \left(\frac{E}{2\cdot\pi} \cdot \varphi\right)}{\partial r}}_{=0} + \frac{\partial \left(\frac{\Gamma}{2\cdot\pi} \cdot \ln r\right)}{\partial r}$$

oder

$$\frac{\partial \Psi_{Ges}}{\partial r} = \frac{\Gamma}{2 \cdot \pi} \cdot \frac{\partial (\ln r)}{\partial r}$$

bzw.

$$\frac{\partial \Psi_{Ges}}{\partial r} = \frac{1}{r} \cdot \frac{\Gamma}{2 \cdot \pi}.$$

Oben eingesetzt führt zunächst zu

$$\tan \alpha = -\frac{\frac{1}{r} \cdot \frac{E}{2\cdot\pi}}{\frac{1}{r} \cdot \frac{\Gamma}{2\cdot\pi}}$$

und nach Kürzen

$$\tan \alpha = -\frac{E}{\Gamma}.$$

Im Fall der Zirkulationsrichtung gegen den Uhrzeigersinn erhält man

$$\tan \alpha = \frac{E}{\Gamma}.$$

Da die Ergiebigkeit E und die Zirkulation Γ als feste Größen vorgegeben werden, bedeutet dies, dass der **Winkel α** entlang der Stromlinie **konstant** ist. Dies trifft auf eine **Logarithmische Spirale** zu.

Isotachen
Die Ermittlung der Linien gleicher Geschwindigkeit (Isotachen) gestaltet sich im vorliegenden Fall einfach. Ausgangspunkt ist die oben erhaltene Gleichung

$$c(r) = \frac{1}{2 \cdot \pi \cdot r} \cdot \sqrt{(E^2 + \Gamma^2)},$$

die umgestellt wie folgt lautet

$$r = \frac{1}{2 \cdot \pi \cdot c(r, \varphi)} \cdot \sqrt{(E^2 + \Gamma^2)}.$$

Bei vorgewählten Größen Ergiebigkeit E und Zirkulation Γ sowie als Kurvenparameter die Geschwindigkeit $c(r)$ entstehen als Isotachen kreisförmige Kurvenverläufe. Für beliebige Geschwindigkeiten $c_i(r)$ erhält man

$$r_i = \frac{1}{2 \cdot \pi \cdot c_i(r)} \cdot \sqrt{(E^2 + \Gamma^2)}.$$

Im Folgenden soll beispielhaft die Auswertung dieses Zusammenhangs mit einem Tabellenkalkulationsprogramm vorgestellt werden.

1. E vorgeben
2. Γ vorgeben
3. c_i als Parameter vorgeben
4. r_i (s. o.)   somit bekannt
5. $\widehat{\varphi}$ $0° \leq \varphi \leq 360°$ als Variable wählen
6. $x = r \cdot \cos \varphi$ somit bekannt
7. $y = r \cdot \sin \varphi$ somit bekannt

Zahlenbeispiel

1. $E = 8 \,\dfrac{\text{m}^2}{\text{s}}$ vorgegeben

2. $\Gamma = 3 \,\dfrac{\text{m}^2}{\text{s}}$ vorgegeben

3. $c_1 = 2 \,\dfrac{\text{m}}{\text{s}}$ als Parameter gewählt

4. $r_1 = \dfrac{1}{2 \cdot \pi \cdot 2} \cdot \sqrt{(8^2 + 3^2)} \quad = 0{,}680 \,\text{m}$

5. $\varphi° = 30° \equiv \widehat{\varphi} = 0{,}524$ als Variable gewählt

6. $x = 0{,}680 \cdot \cos 30° \qquad = 0{,}589 \,\text{m}$

7. $y = 0{,}680 \cdot \sin 30° \qquad = 0{,}340 \,\text{m}$

Damit ist ein Punkt $P(x; y) = P(0{,}589 \,\text{m}; 0{,}34 \,\text{m})$ der Isotache $c_1 = 2 \frac{\text{m}}{\text{s}}$ bekannt. Dieser Punkt ist in Abb. 4.41 größer dargestellt. Durch Variation von φ lassen sich nach der gezeigten Vorgehensweise weitere Punkte für $c_1 = 2 \frac{\text{m}}{\text{s}}$ finden. Das gleiche Procedere wird für alle anderen Isotachen c_i angewendet. Das Ergebnis dieser Auswertungen für eine willkürlich gewählte Anzahl von Isotachen ist Abb. 4.41 zu entnehmen.

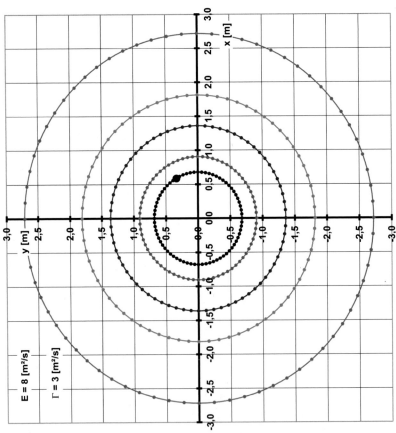

Abb. 4.41 Isotachen der Überlagerung von Potentialwirbel mit Quellleströmung

Isobaren

Bei der Bestimmung der Linien gleicher Druckdifferenz (Isobaren) kommt wieder die Bernoulli'sche Energiegleichung der stationären Strömung eines idealen, inkompressiblen Fluids zur Anwendung.

$$\frac{p_0}{\rho} + \frac{c_0^2}{2} = \frac{p}{\rho} + \frac{c^2}{2}.$$

Der Index „0" weist auf einen beliebig wählbaren **Bezugspunkt** hin, wo die betreffenden Größen p_0 und c_0 bekannt sein müssen. Bei Überlagerungen mit Parallelströmungen entspricht dies bekanntlich p_∞ und c_∞. Die Gleichung umgeformt führt zu

$$\frac{p}{\rho} - \frac{p_0}{\rho} = \frac{c_0^2 - c^2}{2}$$

bzw. mit der Definition

$$\frac{\Delta p}{\rho} = \frac{p}{\rho} - \frac{p_0}{\rho}$$

dann

$$\frac{\Delta p}{\rho} = \frac{c_0^2 - c^2}{2}.$$

Da c (s. o.) bekannt ist und Δp als Parameter der Isobaren gewählt wird, ist es jetzt sinnvoll wie folgt umzuformen

$$\frac{c^2}{2} = \frac{c_0^2}{2} - \frac{\Delta p}{\rho}$$

oder

$$c^2 = c_0^2 - \frac{2 \cdot \Delta p}{\rho}.$$

Die Geschwindigkeit

$$c(r) = \frac{1}{2 \cdot \pi \cdot r} \cdot \sqrt{(E^2 + \Gamma^2)}$$

eingesetzt liefert

$$\frac{1}{4 \cdot \pi^2 \cdot r^2} \cdot (E^2 + \Gamma^2) = c_0^2 - \frac{2 \cdot \Delta p}{\rho}$$

oder mit $\frac{4 \cdot \pi^2}{(E^2 + \Gamma^2)}$ multipliziert führt zu

$$\frac{1}{r^2} = \frac{4 \cdot \pi^2}{(E^2 + \Gamma^2)} \cdot \left(c_0^2 - \frac{2 \cdot \Delta p}{\rho} \right).$$

Wir formen um zu

$$r^2 = \frac{(E^2 + \Gamma^2)}{4 \cdot \pi^2 \cdot \left(c_0^2 - \frac{2 \cdot \Delta p}{\rho} \right)}$$

und ziehen dann die Wurzel, was zum Ergebnis führt.

$$r = \pm \sqrt{\frac{(E^2 + \Gamma^2)}{4 \cdot \pi^2 \cdot \left(c_0^2 - \frac{2 \cdot \Delta p}{\rho} \right)}}$$

Für beliebige Druckunterschiede (Index i) erhält man auch

$$r_i = \pm \sqrt{\frac{(E^2 + \Gamma^2)}{4 \cdot \pi^2 \cdot \left(c_0^2 - \frac{2 \cdot \Delta p_i}{\rho} \right)}}.$$

Bei vorgewählten Größen Ergiebigkeit E, Zirkulation Γ, Dichte ρ, Bezugsgeschwindigkeit c_0 sowie als Kurvenparameter die Druckdifferenz Δp_i entstehen als Isobaren kreisförmige Kurvenverläufe. Der jeweilige Δp_i-Bereich liegt über die Bedingung $c_0^2 - \frac{2 \cdot \Delta p_i}{\rho} > 0$ und somit

$$\Delta p_i < \frac{\rho}{2} \cdot c_0^2$$

fest.

Im Folgenden soll beispielhaft die Auswertung dieses Zusammenhangs mit einem Tabellenkalkulationsprogramm vorgestellt werden.

1. E vorgeben

2. Γ vorgeben

3. c_0 vorgeben

4. Δp_i als Parameter vorgeben

5. r_i (s. o.)   somit bekannt

6. $\widehat{\varphi}$ $0° \leq \varphi \leq 360°$ als Variable wählen

7. $x = r \cdot \cos \varphi$ somit bekannt

8. $y = r \cdot \sin \varphi$ somit bekannt

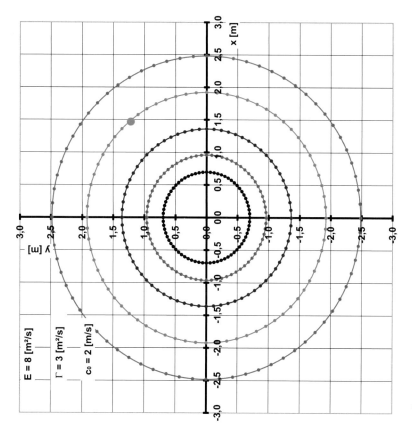

Abb. 4.42 Isobaren der Überlagerung von Potentialwirbel mit Quelleströmung

Zahlenbeispiel

1. $E = 8 \, \dfrac{\text{m}^2}{\text{s}}$ vorgegeben

2. $\Gamma = 3 \, \dfrac{\text{m}^2}{\text{s}}$ vorgegeben

3. $c_0 = 2 \, \dfrac{\text{m}}{\text{s}}$ vorgegeben

4. $\Delta p_1 = 1750 \, \text{Pa}$ als Parameter gewählt

5. $r_1 = \pm \sqrt{\dfrac{(8^2 + 3^2)}{4 \cdot \pi^2 \cdot \left(2^2 - \frac{2 \cdot 1750}{1000}\right)}} = 1{,}923 \, \text{m}$

6. $\varphi° = 50° \equiv \widehat{\varphi} = 0{,}8727$ als Variable gewählt

7. $x = 1{,}923 \cdot \cos 50°$ $= 1{,}236 \, \text{m}$

8. $y = 1{,}923 \cdot \sin 50°$ $= 1{,}473 \, \text{m}$

Damit ist ein Punkt $P(x; y) = P(1{,}236 \, \text{m}; 1{,}473 \, \text{m})$ der Isobare $\Delta p_1 = 1750 \, \text{Pa}$ bekannt. Dieser Punkt ist in Abb. 4.42 größer dargestellt. Durch Variation von φ lassen sich nach der gezeigten Vorgehensweise weitere Punkte für $\Delta p_1 = 1750 \, \text{Pa}$ finden. Das gleiche Procedere wird für alle anderen Isobaren Δp_i angewendet. Das Ergebnis dieser Auswertungen für eine willkürlich gewählte Anzahl von Isobaren ist Abb. 4.42 zu entnehmen.

4.7 Parallelströmung mit Potentialwirbel

Eine weitere Überlagerung der Stromlinien zweier Basisströmungen soll im Folgenden vorgenommen werden. Hierbei handelt es sich um eine Parallelströmung und einen Potentialwirbel, deren prinzipielle Stromlinienbilder in Abb. 4.43 dargestellt sind. Von der Parallelströmung ist die Geschwindigkeit c_∞ bei einem Winkel $\alpha = 0°$ bekannt. Der Potentialwirbel wird durch die gegebene Zirkulation Γ gekennzeichnet. Neben Strom- und Potentialfunktion der überlagerten Strömung $\Psi_{\text{Ges}}(x, y)$ bzw. $\Psi_{\text{Ges}}(r, \phi)$ und $\Phi_{\text{Ges}}(x, y)$ bzw. $\Phi_{\text{Ges}}(r, \phi)$ werden die Zusammenhänge zur Ermittlung der Strom- und Potentiallinien mittels eines Tabellenkalkulationsprogramms gesucht. Die resultierende Geschwindigkeit $c(x, y)$ bzw. $c(r, \varphi)$ einschließlich ihrer x- und y-Komponenten sind ebenfalls Gegenstand dieses Kapitels. Bei den Herleitungen der Strom- und Potentialfunktionen Ψ_{Ges} und Φ_{Ges} wird auf die Strom- und Potentialfunktionen der Parallelströmung sowie des Potentialwirbels gemäß Abschn. 2.1 und 2.5 zurückgegriffen. Hierbei und auch bei den weiteren Schritten macht man von den in Abb. 4.43 eingetragenen Größen Gebrauch.

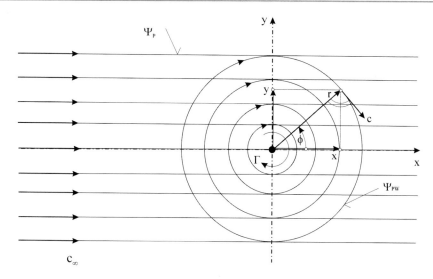

Abb. 4.43 Stromlinien der Parallelströmung und des Potentialwirbels

Stromfunktion Ψ_{Ges} und Potentialfunktion Φ_{Ges}

Die Ergebnisse der Strom- und Potentialfunktionen genannter Basisströmungen seien hier nochmals aufgelistet.

Kartesische Koordinaten

Parallelströmung
Stromfunktion

$$\Psi_{\text{P}}(x; y) = c_\infty \cdot y$$

Potentialfunktion

$$\Phi_{\text{P}}(x; y) = c_\infty \cdot x$$

Potentialwirbel
Stromfunktion

$$\Psi_{\text{PW}}(x, y) = \frac{\Gamma}{2 \cdot \pi} \cdot \ln\left[\sqrt{x^2 + y^2}\right] \quad \Gamma \text{ im Uhrzeigersinn}$$

Potentialfunktion

$$\Phi_{\text{PW}}(x, y) = -\frac{\Gamma}{2 \cdot \pi} \cdot \arctan\left(\frac{y}{x}\right) \quad \Gamma \text{ im Uhrzeigersinn}$$

Polarkoordinaten

Parallelströmung
Stromfunktion

$$\Psi_P(r, \varphi) = c_\infty \cdot r \cdot \sin \varphi$$

Potentialfunktion

$$\Phi_P(r, \varphi) = c_\infty \cdot r \cdot \cos \varphi$$

Potentialwirbel
Stromfunktion

$$\Psi_{PW}(r, \varphi) = \frac{\Gamma}{2 \cdot \pi} \cdot \ln r \quad \Gamma \text{ im Uhrzeigersinn}$$

Potentialfunktion

$$\Phi_{PW}(r, \varphi) = -\frac{\Gamma}{2 \cdot \pi} \cdot \varphi \quad \Gamma \text{ im Uhrzeigersinn}$$

Im Fall der **Überlagerung** entsteht für die Strom- und Potentialfunktion

Kartesischen Koordinaten
Stromfunktion

$$\Psi_{Ges}(x, y) = \Psi_P(x; y) + \Psi_{PW}(x, y)$$

$$\Psi_{Ges}(x, y) = c_\infty \cdot y + \frac{\Gamma}{2 \cdot \pi} \cdot \ln \left[\sqrt{x^2 + y^2} \right]$$

Potentialfunktion

$$\Phi_{Ges}(x, y) = \Phi_P(x; y) + \Phi_{PW}(x, y)$$

$$\Phi_{Ges}(x, y) = c_\infty \cdot x - \frac{\Gamma}{2 \cdot \pi} \cdot \arctan \left(\frac{y}{x} \right)$$

Polarkoordinaten
Stromfunktion

$$\Psi_{Ges}(r, \varphi) = \Psi_P(r, \varphi) + \Psi_{PW}(r, \varphi)$$

$$\Psi_{Ges}(r, \varphi) = c_\infty \cdot r \cdot \sin \varphi + \frac{\Gamma}{2 \cdot \pi} \cdot \ln r \quad \Gamma \text{ im Uhrzeigersinn}$$

Potentialfunktion

$$\Phi_{Ges}(r, \varphi) = \Phi_P(r, \varphi) + \Phi_{PW}(r, \varphi)$$

$$\Phi_{Ges}(r, \varphi) = c_\infty \cdot r \cdot \cos \varphi - \frac{\Gamma}{2 \cdot \pi} \cdot \varphi \quad \Gamma \text{ im Uhrzeigersinn}$$

Stromlinienverlauf mittels Tabellenkalkulationsprogramm

Für die Stromlinien wird der Zusammenhang $y(x; \Psi_{Ges} = $ konst.) gesucht. Da auch hier die Stromfunktion Ψ_{Ges} in kartesischen Koordinaten implizit vorliegt, wird folgender alternativer Lösungsweg für $y(x; \Psi_{Ges} = $ konst.) gewählt. Diese Vorgehensweise lässt sich für alle Stromlinien anwenden. Insofern wird auf eine weitere Indizierung $i = 1, 2, 3, 4, \ldots$ verzichtet. Zur Bestimmung und Darstellung der Stromlinien mit einem Tabellenkalkulationsprogramm (hier EXCEL) wird z. B. folgender Ansatz verwendet:

$$\Psi_{Ges}(x, y) = c_\infty \cdot y + \frac{\Gamma}{2 \cdot \pi} \cdot \ln\left[\sqrt{x^2 + y^2}\right].$$

Ersetzt man jetzt

$$r = \sqrt{x^2 + y^2},$$

so folgt zunächst

$$\Psi_{Ges} = c_\infty \cdot y + \frac{\Gamma}{2 \cdot \pi} \cdot \ln r$$

oder umgestellt

$$\frac{\Gamma}{2 \cdot \pi} \cdot \ln r = \Psi_{Ges} - c_\infty \cdot y.$$

Multipliziert mit $\frac{2 \cdot \pi}{\Gamma}$ führt zu

$$\ln r = \frac{2 \cdot \pi}{\Gamma} \cdot (\Psi_{Ges} - c_\infty \cdot y).$$

$e^{\ln a} = a$ oben angewendet liefert das Resultat

$$r = e^{\frac{2 \cdot \pi}{\Gamma} \cdot (\Psi_{Ges} - c_\infty \cdot y)}.$$

Mit diesem Ergebnis sowie dem bekannten Zusammenhang $x = \sqrt{r^2 - y^2}$ lassen sich alle Punkte der Stromlinien mit jeweils $\Psi_{Ges_i} = $ konst. ermitteln. Die nachstehenden Schritte werden exemplarisch für eine Stromlinie $\Psi_{Ges} = $ konst. beschrieben. Die Erweiterung auf die i-Stromlinien erfolgt analog hierzu. Die jeweils vorgegebenen Größen sind c_∞, Γ sowie die gewählte Stromfunktion Ψ_{Ges} als Kurvenparameter. Dann führen folgende Schritte zur Lösung.

1. c_∞ vorgeben
2. Γ vorgeben
3. Ψ_{Ges} als Parameter vorgeben
4. y als Variable wählen
5. r (s. o.)   somit bekannt
6. $x = \pm\sqrt{r^2 - y^2}$ somit bekannt

Zahlenbeispiel

1. $c_\infty = 1 \, \dfrac{m}{s}$ vorgegeben

2. $\Gamma = 8 \, \dfrac{m^2}{s}$ vorgegeben

3. $\Psi_{\text{Ges}} = 1,0 \, \dfrac{m^2}{s}$ als Parameter gewählt

4. $y = 0,50 \, m$ als Variable gewählt

5. $r = e^{\frac{2\cdot\pi}{8}\cdot(1,0-1\cdot0,5)}$ $= 1,481 \, m$

6. $x = \pm\sqrt{1,481^2 - 0,5^2}$ $= \pm1,394 \, m$

Damit sind zwei Punkte $P(x; y) = P(\pm1,394 \, m; 0,5 \, m)$ der Stromlinie $\Psi_{\text{Ges}} = 1,0 \, \frac{m^2}{s}$ bekannt. Diese Punkte sind in Abb. 4.44 größer dargestellt. Durch Variation von y lassen sich nach der gezeigten Vorgehensweise weitere Punkte für $\Psi_{\text{Ges}} = 1,0 \, \frac{m^2}{s}$ finden. Das gleiche Procedere wird für alle anderen Stromlinien Ψ_{Ges_i} angewendet. Das Ergebnis dieser Auswertungen für eine willkürlich gewählte Anzahl von Stromlinien ist Abb. 4.44 zu entnehmen.

Wie man leicht erkennen kann ist oberhalb der Singularität (Nullpunkt) eine ausgeprägte Stromlinienverdichtung und unterhalb eine Aufweitung der Stromlinien festzustellen. Dies geht einher mit größeren Geschwindigkeiten im Fall der Verdichtung gegenüber verkleinerten Geschwindigkeiten im Fall der Aufweitung. Den Nachweis hierfür liefern die Betrachtungen zu den Geschwindigkeitsverhältnissen der vorliegenden überlagerten Basisströmungen. Unter Beachtung der Bernoulli'schen Energiegleichung stellen sich umgekehrte Druckverhältnisse dar und zwar höhere Drücke bei den kleineren Geschwindigkeiten sowie kleinere Druckwerte im Fall der größeren Geschwindigkeiten.

Potentiallinienverlauf mittels Tabellenkalkulationsprogramm
Wie bei den Stromlinien wird auch für die Potentiallinien der Zusammenhang $y(x; \Phi_{\text{Ges}} =$ konst.)gesucht. Da auch hier die Potentialfunktion Φ_{Ges} in kartesischen Koordinaten implizit vorliegt, wird über den Umweg mit Polarkoordinaten der Zusammenhang $y(x; \Phi_{\text{Ges}} = \text{konst.})$ ermittelt. Die nachfolgenden Zusammenhänge lassen sich für alle Potentiallinien anwenden. Insofern wird auf eine weitere Indizierung $i = 1, 2, 3, 4, \ldots$ verzichtet. Zur Bestimmung und Darstellung der Potentiallinien mit einem Tabellenkalkulationsprogramm (hier EXCEL) wird folgender Ansatz verwendet:

$$\Phi_{\text{Ges}}(r, \varphi) = c_\infty \cdot r \cdot \cos\varphi - \frac{\Gamma}{2 \cdot \pi} \cdot \varphi.$$

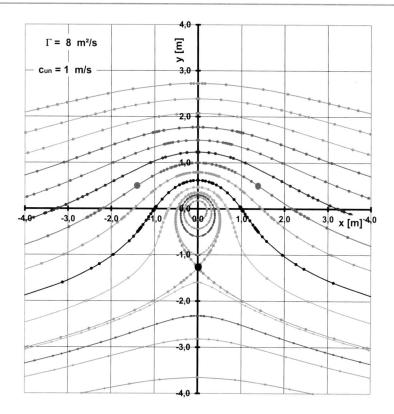

Abb. 4.44 Stromlinien der Überlagerung von Parallelströmung mit Potentialwirbel

Das Umstellen nach dem Radius r führt zunächst zu

$$c_\infty \cdot r \cdot \cos\varphi = \Phi_{\text{Ges}}(r, \varphi) + \frac{\Gamma}{2 \cdot \pi} \cdot \varphi.$$

Durch $c_\infty \cdot \cos\varphi$ dividiert liefert

$$r = \frac{\Phi_{\text{Ges}}(r, \varphi)}{c_\infty \cdot \cos\varphi} + \frac{\Gamma}{2 \cdot \pi \cdot c_\infty} \cdot \frac{\varphi}{\cos\varphi}.$$

Mit den oben ermittelten Zusammenhängen lassen sich alle Punkte der Potentiallinien mit jeweils $\Phi_{\text{Ges}_i} = \text{konst.}$ ermitteln. Die nachstehenden Schritte werden exemplarisch für eine Potentiallinie Φ_{Ges} = konst. beschrieben. Die Erweiterung auf die i-Potentiallinien erfolgt analog hierzu. Die jeweils vorgegebenen Größen sind c_∞, Γ sowie die gewählte Potentialfunktion Φ_{Ges} als Kurvenparameter. Dann führen folgende Schritte zur Lösung.

1. c_∞ vorgeben

2. Γ vorgeben

3. $\Phi_{Ges}(r, \varphi)$ als Parameter vorgeben

4. $\widehat{\varphi}$ als Variable wählen

5. r (s. o.)   somit bekannt

6. $y = r \cdot \sin\varphi$ somit bekannt

7. $x = \pm\sqrt{r^2 - y^2}$ somit bekannt

Zahlenbeispiel

1. $c_\infty = 1\,\dfrac{m}{s}$ vorgegeben

2. $\Gamma = 8\,\dfrac{m^2}{s}$ vorgegeben

3. $\Phi_{Ges} = 2{,}0\,\dfrac{m^2}{s}$ als Parameter gewählt

4. $\varphi° = 30° \equiv \widehat{\varphi} = 0{,}524$ als Variable gewählt

5. $r = \dfrac{2}{1 \cdot \cos 30°} + \dfrac{8}{2 \cdot \pi \cdot 1} \cdot \dfrac{0{,}524}{\cos 30°}$ $= 3{,}080\,m$

6. $y = 3{,}080 \cdot \sin 30°$ $= 1{,}54\,m$

7. $x = \pm\sqrt{3{,}08^2 - 1{,}54^2}$ $= \pm 2{,}667\,m$

Damit sind zwei Punkte $P(x; y)$ = $P(\pm 2{,}667\,m; 1{,}54\,m)$ der Potentiallinie $\Phi_{Ges} = 2\,\frac{m^2}{s}$ bekannt. Diese Punkte sind in Abb. 4.45 größer dargestellt. Durch Variation von φ lassen sich nach der gezeigten Vorgehensweise weitere Punkte für $\Phi_{Ges} = 2\,\frac{m^2}{s}$ finden. Das gleiche Procedere wird für alle anderen Potentiallinien Φ_{Ges_i} angewendet. Das Ergebnis dieser Auswertungen für eine willkürlich gewählte Anzahl von Potentiallinien ist Abb. 4.45 zu entnehmen.

Geschwindigkeiten c_x, c_y und c
Die Geschwindigkeit c im Strömungsfeld lässt sich mittels der Komponenten c_x und c_y bestimmen. Zunächst wird die Darstellung in Form kartesischer Koordinaten $c_x(x, y)$ und $c_y(x, y)$ benutzt. Die Umrechnung auf Polarkoordinaten $c_x(r, \varphi)$ und $c_y(r, \varphi)$ soll ebenfalls Gegenstand dieses Kapitels sein.

$c_x(x, y)$ Aufgrund der Kenntnis von Stromfunktion $\Psi_{Ges}(x, y)$ und Potentialfunktion $\Phi_{Ges}(x, y)$ der überlagerten Parallelströmung mit einem Potentialwirbel lassen sich die

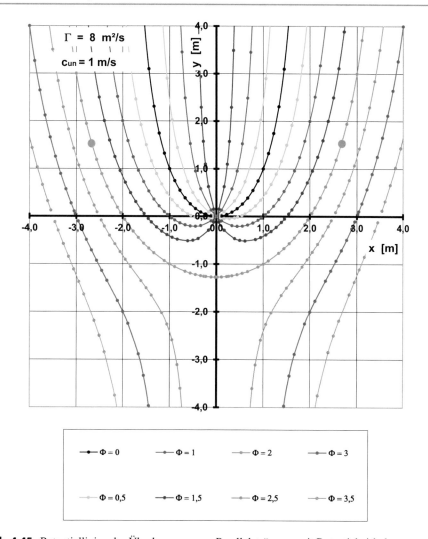

Abb. 4.45 Potentiallinien der Überlagerung von Parallelströmung mit Potentialwirbel

Geschwindigkeitskomponenten c_x und c_y unter Anwendung von z. B.

$$c_x(x, y) = \frac{\partial \Psi(x, y)_{\text{Ges}}}{\partial y} \quad \text{sowie} \quad c_y(x, y) = -\frac{\partial \Psi_{\text{Ges}}(x, y)}{\partial x}$$

wie folgt ermitteln.

Mit

$$\Psi_{\text{Ges}}(x, y) = c_\infty \cdot y + \frac{\Gamma}{2 \cdot \pi} \cdot \ln\left[\sqrt{x^2 + y^2}\right] \quad \text{(s. o.)}$$

erhält man

$$c_x(x, y) = \frac{\partial\left(c_\infty \cdot y + \frac{\Gamma}{2\cdot\pi} \cdot \ln\left[\sqrt{x^2 + y^2}\right]\right)}{\partial y}$$

oder auch aufgespalten

$$c_x(x, y) = \frac{\partial(c_\infty \cdot y)}{\partial y} + \frac{\Gamma}{2\cdot\pi} \cdot \frac{\partial\left(\ln\left[\sqrt{x^2 + y^2}\right]\right)}{\partial y}.$$

1. $\dfrac{\partial(c_\infty \cdot y)}{\partial y}$:

$$\frac{\partial(c_\infty \cdot y)}{\partial y} = c_\infty.$$

2. $\dfrac{\partial\left(\ln\left[\sqrt{x^2 + y^2}\right]\right)}{\partial y}$:

Mit den Substitutionen $z = x^2 + y^2$ und $u = \sqrt{z}$ gelangt man zu

$$\frac{\partial(\ln u)}{\partial y} = \frac{\partial(\ln u)}{\partial u} \cdot \frac{\partial u}{\partial z} \cdot \frac{\partial z}{\partial y}.$$

Weiterhin ist

$$\frac{\partial(\ln u)}{\partial u} = \frac{1}{u}; \quad \frac{\partial u}{\partial z} = \frac{1}{2} \cdot \frac{1}{z^{\frac{1}{2}}}; \quad \frac{\partial z}{\partial y} = 2\cdot y.$$

Oben eingesetzt liefert zunächst

$$\frac{\partial(\ln u)}{\partial y} = \frac{1}{u} \cdot \frac{1}{2} \cdot \frac{1}{\sqrt{z}} \cdot 2\cdot y$$

und dann die Substitutionen zurückgesetzt

$$\frac{\partial\left(\ln\left[\sqrt{x^2 + y^2}\right]\right)}{\partial y} = \frac{1}{\sqrt{x^2 + y^2}} \cdot \frac{1}{2} \cdot \frac{1}{\sqrt{x^2 + y^2}} \cdot 2\cdot y$$

oder

$$\frac{\partial\left(\ln\left[\sqrt{x^2 + y^2}\right]\right)}{\partial y} = \frac{y}{(x^2 + y^2)}.$$

Mit den Ergebnissen für 1. und 2. in der Ausgangsgleichung lautet das Ergebnis für $c_x(x, y)$:

$$c_x(x, y) = c_\infty + \frac{\Gamma}{2\cdot\pi} \cdot \frac{y}{(x^2 + y^2)}.$$

$c_y(x, y)$ Mittels

$$c_y(x, y) = -\frac{\partial \Psi_{\text{Ges}}(x, y)}{\partial x}$$

sowie

$$\Psi_{\text{Ges}}(x, y) = c_\infty \cdot y + \frac{\Gamma}{2 \cdot \pi} \cdot \ln \left[\sqrt{x^2 + y^2} \right] \quad \text{(s. o.)}$$

erhält man

$$c_y(x, y) = -\frac{\partial \left(c_\infty \cdot y + \frac{\Gamma}{2 \cdot \pi} \cdot \ln \left[\sqrt{x^2 + y^2} \right] \right)}{\partial x}$$

oder auch aufgespalten

$$c_y(x, y) = -\left(\frac{\partial (c_\infty \cdot y)}{\partial x} + \frac{\Gamma}{2 \cdot \pi} \cdot \frac{\partial \left(\ln \left[\sqrt{x^2 + y^2} \right] \right)}{\partial x} \right).$$

1. $\frac{\partial (c_\infty \cdot y)}{\partial x}$:

$$\frac{\partial (c_\infty \cdot y)}{\partial x} = 0.$$

2. $\frac{\partial \left(\ln \left[\sqrt{x^2 + y^2} \right] \right)}{\partial x}$:

Mit den Substitutionen $z = x^2 + y^2$ und $u = \sqrt{z}$ gelangt man zu

$$\frac{\partial (\ln u)}{\partial x} = \frac{\partial (\ln u)}{\partial u} \cdot \frac{\partial u}{\partial z} \cdot \frac{\partial z}{\partial x}.$$

Weiterhin ist

$$\frac{\partial (\ln u)}{\partial u} = \frac{1}{u}; \quad \frac{\partial u}{\partial z} = \frac{1}{2} \cdot \frac{1}{z^{\frac{1}{2}}}; \quad \frac{\partial z}{\partial x} = 2 \cdot x.$$

Oben eingesetzt liefert zunächst

$$\frac{\partial (\ln u)}{\partial x} = \frac{1}{u} \cdot \frac{1}{2} \cdot \frac{1}{\sqrt{z}} \cdot 2 \cdot x$$

und dann die Substitutionen zurückgesetzt

$$\frac{\partial \left(\ln \left[\sqrt{x^2 + y^2} \right] \right)}{\partial x} = \frac{1}{\sqrt{x^2 + y^2}} \cdot \frac{1}{2} \cdot \frac{1}{\sqrt{x^2 + y^2}} \cdot 2 \cdot x$$

oder

$$\frac{\partial \left(\ln \left[\sqrt{x^2 + y^2} \right] \right)}{\partial x} = \frac{x}{(x^2 + y^2)}.$$

Mit den Ergebnissen für 1. und 2. in der Ausgangsgleichung lautet das Ergebnis für $c_y(x, y)$:

$$c_y(x, y) = -\frac{\Gamma}{2 \cdot \pi} \cdot \frac{x}{(x^2 + y^2)}.$$

$c(x, y)$ Aufgrund des rechtwinkligen Dreiecks der Geschwindigkeit $c(x, y)$ und ihren Komponenten $c_x(x, y)$ und $c_y(x, y)$ lautet nach Pythagoras

$$c^2(x, y) = c_x^2(x, y) + c_y^2(x, y).$$

Mit den oben festgestellten Ergebnissen für $c_x(x, y)$ und $c_y(x, y)$ erhält man

$$c_x^2(x, y) = \left(c_\infty + \frac{\Gamma}{2 \cdot \pi} \cdot \frac{y}{(x^2 + y^2)} \right)^2$$

sowie

$$c_y^2(x, y) = \left(-\frac{\Gamma}{2 \cdot \pi} \cdot \frac{x}{(x^2 + y^2)} \right)^2.$$

Nach Ausmultiplizieren der jeweils rechts stehenden Klammerausdrücke folgt

$$c_x^2(x, y) = \left(c_\infty^2 + 2 \cdot c_\infty \cdot \frac{\Gamma}{2 \cdot \pi} \cdot \frac{y}{(x^2 + y^2)} + \left(\frac{\Gamma}{2 \cdot \pi} \cdot \frac{y}{(x^2 + y^2)} \right)^2 \right)$$

und

$$c_y^2(x, y) = \left(-\frac{\Gamma}{2 \cdot \pi} \cdot \frac{x}{(x^2 + y^2)} \right)^2.$$

In $c^2(x, y) = c_x^2(x, y) + c_y^2(x, y)$ eingesetzt führt zu

$$c^2(x, y) = c_\infty^2 + 2 \cdot c_\infty \cdot \frac{\Gamma}{2 \cdot \pi} \cdot \frac{y}{(x^2 + y^2)}$$
$$+ \left(\frac{\Gamma}{2 \cdot \pi} \cdot \frac{y}{(x^2 + y^2)} \right)^2 + \left(\frac{\Gamma}{2 \cdot \pi} \cdot \frac{x}{(x^2 + y^2)} \right)^2$$

oder

$$c^2(x, y) = c_\infty^2 + 2 \cdot c_\infty \cdot \frac{\Gamma}{2 \cdot \pi} \cdot \frac{y}{(x^2 + y^2)} + \left(\frac{\Gamma}{2 \cdot \pi} \right)^2 \cdot \frac{1}{(x^2 + y^2)^2} \cdot (x^2 + y^2)$$

bzw.

$$c^2(x, y) = c_\infty^2 + 2 \cdot c_\infty \cdot \frac{\Gamma}{2 \cdot \pi} \cdot \frac{y}{(x^2 + y^2)} + \left(\frac{\Gamma}{2 \cdot \pi}\right)^2 \cdot \frac{1}{(x^2 + y^2)}.$$

Weiter vereinfacht führt zu

$$c^2(x, y) = c_\infty^2 + \frac{\Gamma}{2 \cdot \pi} \cdot \frac{1}{(x^2 + y^2)} \cdot \left(2 \cdot c_\infty \cdot y + \frac{\Gamma}{2 \cdot \pi}\right).$$

Jetzt noch die Wurzel gezogen liefert das Resultat

$$c(x, y) = \sqrt{c_\infty^2 + \frac{\Gamma}{2 \cdot \pi} \cdot \frac{1}{(x^2 + y^2)} \cdot \left(2 \cdot c_\infty \cdot y + \frac{\Gamma}{2 \cdot \pi}\right)}.$$

$c_x(r, \varphi), c_y(r, \varphi), c(r, \varphi)$ In gleicher Weise wie die Abhängigkeit der Geschwindigkeiten von den kartesischen Koordinaten x und y sind $c_x(r, \varphi), c_y(r, \varphi), c(r, \varphi)$ in Verbindung mit den Polarkoordinaten r und φ von Bedeutung. Beginnen wir zunächst mit $c_x(r, \varphi)$.

$c_x(r, \varphi)$ Mit o. g. Gleichung für $c_x(x, y)$ und unter Verwendung von $x = r \cdot \cos \varphi$; $y = r \cdot \sin \varphi$ sowie $r^2 = x^2 + y^2$ erhält man

$$c_x(r, \varphi) = c_\infty + \frac{\Gamma}{2 \cdot \pi} \cdot \frac{r \cdot \sin \varphi}{r^2}$$

oder

$$c_x(r, \varphi) = c_\infty + \frac{\Gamma}{2 \cdot \pi} \cdot \frac{\sin \varphi}{r}.$$

$c_y(r, \varphi)$ Mit o. g. Gleichung für $c_y(x, y)$ und unter Verwendung von $x = r \cdot \cos \varphi$; $y = r \cdot \sin \varphi$ sowie $r^2 = x^2 + y^2$ erhält man

$$c_y(r, \varphi) = -\frac{\Gamma}{2 \cdot \pi} \cdot \frac{r \cdot \cos \varphi}{r^2}$$

oder

$$c_y(r, \varphi) = -\frac{\Gamma}{2 \cdot \pi} \cdot \frac{\cos \varphi}{r}.$$

$c(r, \varphi)$ Mit o. g. Gleichung für $c(x, y)$ und unter Verwendung von $r = \sqrt{(x^2 + y^2)}$ liefert

$$c(r, \varphi) = \sqrt{\left(c_\infty + \frac{\Gamma}{2 \cdot \pi} \cdot \frac{\sin \varphi}{r}\right)^2 + \left(-\frac{\Gamma}{2 \cdot \pi} \cdot \frac{\cos \varphi}{r}\right)^2}.$$

Den Klammerausdruck unter der Wurzel ausmultipliziert und mit $\sin^2\varphi + \cos^2\varphi = 1$ vereinfacht führt zum Ergebnis

$$c(r,\varphi) = \sqrt{c_\infty^2 + \frac{\Gamma}{2\cdot\pi}\cdot\frac{1}{r^2}\cdot\left(2\cdot c_\infty\cdot r\cdot\sin\varphi + \frac{\Gamma}{2\cdot\pi}\right)}.$$

Geschwindigkeit $c(y)$ an der Stelle $x = 0$

Zu der schon erwähnten Geschwindigkeitszunahme bei einer Stromlinienverdichtung und umgekehrt soll folgendes Beispiel dienen. Der Einfachheit halber wird $x = 0$, also die Ebene der y-Achse, gewählt. Dann lässt sich die Geschwindigkeitsverteilung gemäß

$$c(y) = \sqrt{c_\infty^2 + \frac{\Gamma}{2\cdot\pi}\cdot\frac{1}{y^2}\cdot\left(2\cdot c_\infty\cdot y + \frac{\Gamma}{2\cdot\pi}\right)}$$

in drei Teilabschnitten ermitteln.

1. $0 \le y \le +\infty$
2. $y_G \le y \le 0$
3. $-\infty \le y \le y_G$

Den Grenzwert y_G erhält man aufgrund der Voraussetzung, dass der Wurzelausdruck größer oder gerade gleich Null sein muss, also

$$c_\infty^2 + \frac{\Gamma}{2\cdot\pi}\cdot\frac{1}{y_G^2}\cdot\left(2\cdot c_\infty\cdot y_G + \frac{\Gamma}{2\cdot\pi}\right) \ge 0.$$

Mit $\frac{y_G^2}{c_\infty^2}$ multipliziert liefert zunächst bei gleichzeitiger Ausmultiplikation der Klammer

$$c_\infty^2\cdot\frac{y_G^2}{c_\infty^2} + \left(\frac{\Gamma}{2\cdot\pi}\right)\cdot\frac{1}{y_G^2}\cdot\frac{y_G^2}{c_\infty^2}\cdot 2\cdot c_\infty\cdot y_G + \left(\frac{\Gamma}{2\cdot\pi}\right)\cdot\left(\frac{\Gamma}{2\cdot\pi}\right)\cdot\frac{1}{y_G^2}\cdot\frac{y_G^2}{c_\infty^2} \ge 0.$$

Das Kürzen und Zusammenfassen führt weiterhin zu

$$y_G^2 + 2\cdot y_G\cdot\left(\frac{\Gamma}{2\cdot\pi\cdot c_\infty}\right) + \left(\frac{\Gamma}{2\cdot\pi\cdot c_\infty}\right)^2 \ge 0$$

oder

$$\left(y_G + \frac{\Gamma}{2\cdot\pi\cdot c_\infty}\right)^2 \ge 0.$$

Nach dem Wurzel ziehen und Umstellen erhält man als Resultat für y_G

$$y_G \ge -\frac{\Gamma}{2\cdot\pi\cdot c_\infty}.$$

Es sollen jetzt folgende Größen zur Anwendung kommen: $c_\infty = 1\,\frac{m}{s}$; $\Gamma = 8\,\frac{m^2}{s}$.
Dann lautet zunächst

$$y_G \geq -\frac{8}{2 \cdot \pi \cdot 1} = -1{,}2732\,\text{m}.$$

In diesem Punkt $P(x = 0; y_G = -1{,}2732\,\text{m})$ stellt man des Weiteren fest, dass die Geschwindigkeit den Wert $c = 0$ annimmt, hier also der „Staupunkt S" vorliegt. Die Ermittlung der Geschwindigkeitsverteilung bei $x = 0$ lässt sich in den anschließenden Schritten vornehmen. Die Zahlenwertgleichung für $c(y)$ lautet hierbei:

$$c(y) = \sqrt{1^2 + \frac{8}{2 \cdot \pi} \cdot \frac{1}{y^2} \cdot \left(2 \cdot 1 \cdot y + \frac{8}{2 \cdot \pi}\right)}$$

Nach Auswerten dieser Gleichung stellt sich der Geschwindigkeitsverlauf $c(y)$ gemäß Abb. 4.46 für die drei erwähnten y-Bereiche in der anschließenden Beschreibung wie folgt dar.

1. $0 \leq y \leq +\infty$
    Der erste Abschnitt der Geschwindigkeitsverteilung bei $x = 0$ mit ausschließlich positiven y-Werten ist in Abb. 4.46 mit „1" markiert. Lässt man $y \to +\infty$ streben, so nähert sich die Geschwindigkeit $c \to c_\infty$, d. h. der Einfluss des Potentialwirbels auf die Parallelströmung verschwindet. Nähert sich dagegen $y \to 0$, also der Singularität, so strebt $c \to \infty$. Diese Geschwindigkeitsverteilung mit großem Geschwindigkeitsgradienten entspricht qualitativ der Stromlinienverdichtung in Abb. 4.44.
2. $y_G \leq y \leq 0$
    In diesem zweiten Abschnitt wird die Geschwindigkeitsverteilung bei negativen y-Werten ausgehend von $y = 0$ bis zum Staupunkt $y_G = -1{,}2732\,\text{m}$ erfasst, dargestellt in Abb. 4.46 mit der Markierung „2". Auch hier stellt man fest, dass bei $-y \to 0$ die Geschwindigkeit $c \to \infty$ strebt. Lässt man andererseits die $-y$-Koordinate zum Staupunkt „S" bei $y_G = -1{,}2732\,\text{m}$ hin verlaufen, so wird dort wie erwartet $c(y_G) = 0$.
3. $-\infty \leq y \leq y_G$
    Der dritte Abschnitt von $c(y)$ ist gemäß Abb. 4.46 mit der Markierung „3" versehen. Vom Staupunkt aus wächst die Geschwindigkeit bei $-\infty \leq y \leq y_G$ zwar wieder an, ist aber bezüglich des Geschwindigkeitsgradienten deutlich schwächer ausgeprägt. Dies geht einher mit der Stromlinienaufweitung gemäß Abb. 4.44. Im Extremfall nähert sich für $y \to -\infty$ die Geschwindigkeit der Parallelströmung $c \to c_\infty$, wo also auch wieder der Einfluss des Potentialwirbels abklingt.

Druckbeiwert $c_p(x, y)$
Bei der Ermittlung des Druckbeiwertes geht man zunächst von der Bernoulli'schen Energiegleichung der stationären, inkompressiblen Strömung reibungsfreier Fluide aus. Die

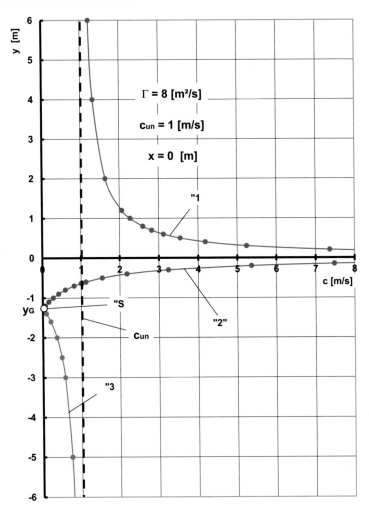

Abb. 4.46 Geschwindigkeitsverteilung der überlagerten Parallelströmung mit Potentialwirbel bei $x = 0$

Höhenglieder sollen des Weiteren ebenso nicht berücksichtigt werden, was bei horizontalen Systemen der Fall ist.

$$\frac{p_\infty}{\rho} + \frac{c_\infty^2}{2} = \frac{p(x, y)}{\rho} + \frac{c^2(x, y)}{2}$$

Nach Druck- und Geschwindigkeitsgliedern umsortiert führt zu

$$\frac{p(x, y)}{\rho} - \frac{p_\infty}{\rho} = \frac{c_\infty^2}{2} - \frac{c^2(x, y)}{2}.$$

Auf der rechten Seite noch $\frac{c_\infty^2}{2}$ ausgeklammert hat dann

$$\frac{(p(x,y) - p_\infty)}{\rho} = \frac{c_\infty^2}{2} \cdot \left(1 - \frac{c^2(x,y)}{c_\infty^2}\right)$$

zur Folge. Dividiert durch $\frac{c_\infty^2}{2}$ liefert schließlich

$$\frac{(p(x,y) - p_\infty)}{\frac{\rho}{2} \cdot c_\infty^2} = \left(1 - \frac{c^2(x,y)}{c_\infty^2}\right).$$

In Verbindung mit der **Definition** des Druckbeiwertes $c_p(x,y)$

$$c_p(x,y) = \frac{(p(x,y) - p_\infty)}{\frac{\rho}{2} \cdot c_\infty^2}$$

lautet dieser in Abhängigkeit von den Geschwindigkeiten

$$c_p(x,y) = \left(1 - \frac{c^2(x,y)}{c_\infty^2}\right).$$

Unter Anwendung der oben abgeleiteten Geschwindigkeit $c(x,y)$ nach dem Quadrieren

$$c^2(x,y) = c_\infty^2 + \frac{\Gamma}{2 \cdot \pi} \cdot \frac{1}{(x^2 + y^2)} \cdot \left(2 \cdot c_\infty \cdot y + \frac{\Gamma}{2 \cdot \pi}\right)$$

und durch $\frac{c_\infty^2}{2}$ dividiert ergibt zunächst

$$\frac{c^2(x,y)}{c_\infty^2} = 1 + \frac{\Gamma}{2 \cdot \pi} \cdot \frac{1}{(x^2 + y^2)} \cdot \frac{1}{c_\infty^2} \cdot \left(2 \cdot c_\infty \cdot y + \frac{\Gamma}{2 \cdot \pi}\right).$$

Stellt man jetzt noch wie folgt um

$$1 - \frac{c^2(x,y)}{c_\infty^2} = -\frac{\Gamma}{2 \cdot \pi} \cdot \frac{1}{(x^2 + y^2)} \cdot \frac{1}{c_\infty^2} \cdot \left(2 \cdot c_\infty \cdot y + \frac{\Gamma}{2 \cdot \pi}\right),$$

so erhält man den gesuchten Druckbeiwert $c_p(x,y)$ gemäß

$$c_p(x,y) = -\frac{\Gamma}{2 \cdot \pi} \cdot \frac{1}{(x^2 + y^2)} \cdot \frac{1}{c_\infty^2} \cdot \left(2 \cdot c_\infty \cdot y + \frac{\Gamma}{2 \cdot \pi}\right).$$

Hiermit lassen sich die Druckbeiwerte dieser überlagerten Potentialströmung bei bekannter Zirkulation Γ, Fluiddichte ρ, Druck p_∞ und Geschwindigkeit c_∞ der Parallelströmung und auch der Druck $p(x,y)$ ermitteln.

Druckbeiwert $c_p(r, \varphi)$

Ergänzend soll der Druckbeiwert noch in Verbindung mit Polarkoordinaten genannt werden. Mit $r^2 = x^2 + y^2$ sowie $y = r \cdot \sin \varphi$ oben eingesetzt liefert

$$c_p(r, \varphi) = -\frac{\Gamma}{2 \cdot \pi} \cdot \frac{1}{r^2} \cdot \frac{1}{c_\infty^2} \cdot \left(2 \cdot c_\infty \cdot r \cdot \sin \varphi + \frac{\Gamma}{2 \cdot \pi} \right).$$

Druckbeiwert $c_p(y)$ an der Stelle $x = 0$

Ebenso wie die Geschwindigkeitsverteilung z. B. bei $x = 0$ von Interesse ist kommt dort der Verteilung des Druckbeiwertes und folglich auch des Drucks besondere Bedeutung zu. In der oben angegebenen Gleichung für $c_p(x, y)$ wird zunächst $x = 0$ gesetzt, also

$$c_p(y) = -\frac{\Gamma}{2 \cdot \pi} \cdot \frac{1}{y^2} \cdot \frac{1}{c_\infty^2} \cdot \left(2 \cdot c_\infty \cdot y + \frac{\Gamma}{2 \cdot \pi} \right)$$

und dann $c_\infty \cdot y$ ausgeklammert ergibt

$$c_p(y) = -\frac{\Gamma}{2 \cdot \pi} \cdot \frac{1}{y^2} \cdot \frac{1}{c_\infty^2} \cdot c_\infty \cdot y \cdot \left(2 + \frac{\Gamma}{2 \cdot \pi} \cdot \frac{1}{c_\infty \cdot y} \right),$$

wobei das Kürzen betreffender Größen dann das Ergebnis liefert

$$c_p(y) = -\frac{\Gamma}{2 \cdot \pi \cdot c_\infty} \cdot \frac{1}{y} \cdot \left(\frac{\Gamma}{2 \cdot \pi \cdot c_\infty} \cdot \frac{1}{y} + 2 \right).$$

Auch im Fall der Verteilung des Druckbeiwertes (respektive des Drucks $p(y)$), entlang der y-Koordinate müssen, wie schon bei der Geschwindigkeit $c(y)$, drei Bereiche unterschieden werden. Diese sollen mittels o. g. Gleichung diskutiert werden. Die Ergebnisse sind in Abb. 4.47 dargestellt.

1. $0 \leq y \leq +\infty$
2. $y_G \leq y \leq 0$
3. $-\infty \leq y \leq y_G$

Verwenden wir wie bisher folgende Größen $c_\infty = 1\,\frac{m}{s}$; $\Gamma = 8\,\frac{m^2}{s}$, dann entsteht die Zahlenwertgleichung

$$c_p(y) = -\frac{8}{2 \cdot \pi \cdot 1} \cdot \frac{1}{y} \cdot \left(\frac{8}{2 \cdot \pi \cdot 1} \cdot \frac{1}{y} + 2 \right).$$

Nach Auswerten dieser Gleichung stellt sich der Druckbeiwert in den o. g. drei Bereichen folgendermaßen dar:

1. $0 \leq y \leq +\infty$

   Der erste Abschnitt der Verteilung des Druckbeiwertes $c_p(y)$ im Fall $x = 0$ mit ausschließlich positiven y-Werten ist in Abb. 4.47 mit „1" markiert. Lässt man $y \to +\infty$

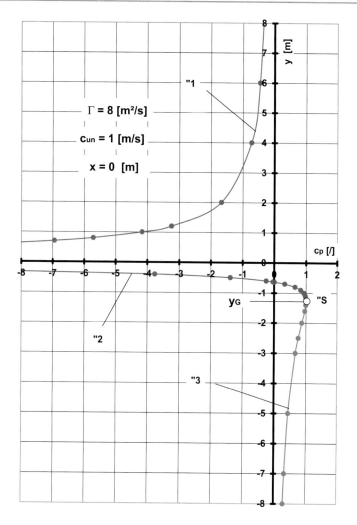

Abb. 4.47 Verteilung des Druckbeiwertes der überlagerten Parallelströmung mit Potentialwirbel bei $x = 0$

streben, so bewegt sich $c_p \to 0$. Dies bedeutet, dass sich der Druck $p(y)$ dem Druck der Parallelströmung p_∞ annähert, der Einfluss der Zirkulation auf den Druck bei $y \to +\infty$ somit aufhört.

Nähert sich dagegen $y \to 0$, so strebt $c_p \to -\infty$. In diesem Fall wächst mit $p(y) \geq 0$, der gewählten Geschwindigkeit c_∞ sowie der Fluiddichte ρ der **erforderliche Druck** $p_\infty \to \infty$.

2. $y_G \leq y \leq 0$

Der zweite Abschnitt der Verteilung des Druckbeiwertes $c_p(y)$ im Fall $x = 0$ ist in Abb. 4.47 mit „2" gekennzeichnet. Wählt man in diesem Bereich zunächst $y = y_G$, wobei (s. o.)

$$y_G \geq -\frac{\Gamma}{2 \cdot \pi \cdot c_\infty}$$

lautet und setzt y_G in

$$c_p(y) = -\frac{\Gamma}{2 \cdot \pi \cdot c_\infty} \cdot \frac{1}{y} \cdot \left(\frac{\Gamma}{2 \cdot \pi \cdot c_\infty} \cdot \frac{1}{y} + 2 \right)$$

ein, so folgt

$$c_p(y) = (-1)\frac{\Gamma}{2 \cdot \pi \cdot c_\infty} \cdot \frac{2 \cdot \pi \cdot c_\infty}{(-1)\Gamma} \cdot \left(\frac{\Gamma}{2 \cdot \pi \cdot c_\infty} \cdot \frac{2 \cdot \pi \cdot c_\infty}{(-1)\Gamma} + 2 \right),$$

oder

$$c_p(y_G) = +1 \cdot (-1 + 2)$$

d. h.

$$c_p(y_G) = 1 \ .$$

Dies ist im „Staupunkt" der Fall, wenn $c(y_G) = 0$ und somit $p(y_G) = p_\infty + \frac{\rho}{2} \cdot c_\infty^2$ wird.

Weiterhin $-y \to 0$ oben eingesetzt führt zu $c_p \to -\infty$, was dieselben Konsequenzen wie unter 1. hat.

3. $-\infty \leq y \leq y_G$

Der dritte Abschnitt von $c_p(y)$ ist gemäß Abb. 4.47 mit der Markierung „3" versehen. Vom „Staupunkt" aus wird c_p, beginnend bei $c_p(y_G) = 1$, stetig kleiner und erreicht bei $y \to -\infty$ den Wert $c_p = 0$. Die ist der Fall, wenn der örtliche Druck den der Außenströmung erreicht $p = p_\infty$ und der Einfluss des Potentialwirbels abgeklungen ist.

Isotachen

Neben den Geschwindigkeits- und Druckverläufen in der y-Ebene bei $x = 0$ interessieren noch die Linien gleicher Geschwindigkeit (Isotachen) und gleichen Drucks (Isobaren) **im Strömungsfeld**. Zunächst zu den Isotachen.

Als Ausgangspunkt wird von der Geschwindigkeit $c(x, y)$ gemäß

$$c(x, y) = \sqrt{c_\infty^2 + \frac{\Gamma}{2 \cdot \pi} \cdot \frac{1}{(x^2 + y^2)} \cdot \left(2 \cdot c_\infty \cdot y + \frac{\Gamma}{2 \cdot \pi} \right)}$$

ausgegangen. Nach dem Quadrieren folgt

$$c^2(x, y) = c_\infty^2 + \frac{\Gamma}{2 \cdot \pi} \cdot \frac{1}{(x^2 + y^2)} \cdot \left(2 \cdot c_\infty \cdot y + \frac{\Gamma}{2 \cdot \pi} \right)$$

oder umgestellt

$$c^2(x, y) - c_\infty^2 = \frac{\Gamma}{2 \cdot \pi} \cdot \frac{1}{(x^2 + y^2)} \cdot \left(2 \cdot c_\infty \cdot y + \frac{\Gamma}{2 \cdot \pi} \right).$$

Multipliziert mit $\frac{(x^2+y^2)}{c^2(x,y)-c_\infty^2}$ führt zu

$$x^2 + y^2 = \frac{\Gamma}{2 \cdot \pi} \cdot \frac{1}{(c^2(x, y) - c_\infty^2)} \cdot \left(2 \cdot c_\infty \cdot y + \frac{\Gamma}{2 \cdot \pi} \right).$$

Zur Vereinfachung werden nachstehende Substitutionen eingesetzt

$$a \equiv \frac{\Gamma}{2 \cdot \pi}; \quad b \equiv \frac{1}{(c^2(x, y) - c_\infty^2)}; \quad d \equiv 2 \cdot c_\infty.$$

Dies hat zur Folge

$$x^2 + y^2 = a \cdot b \cdot (d \cdot y + a)$$

oder auch

$$x^2 + y^2 = a \cdot b \cdot d \cdot y + a^2 \cdot b.$$

Mit einer weiteren Substitution $e \equiv a \cdot b \cdot d$ erhält man dann

$$x^2 + y^2 = e \cdot y + a^2 \cdot b$$

bzw. umgestellt

$$y^2 - e \cdot y = a^2 \cdot b - x^2.$$

Die Addition von $(\frac{1}{2} \cdot e)^2$ auf beiden Gleichungsseiten ergibt zunächst

$$y^2 - e \cdot y + \left(\frac{1}{2} \cdot e \right)^2 = a^2 \cdot b + \left(\frac{1}{2} \cdot e \right)^2 - x^2.$$

Gemäß $a^2 - 2 \cdot a \cdot b + b^2 = (a - b)^2$ entsteht

$$\left(y - \frac{1}{2} \cdot e \right)^2 = a^2 \cdot b + \left(\frac{1}{2} \cdot e \right)^2 - x^2.$$

Jetzt noch die Wurzel gezogen liefert

$$y = \frac{1}{2} \cdot e \pm \sqrt{a^2 \cdot b + \left(\frac{1}{2} \cdot e\right)^2 - x^2}.$$

Mit der Zurückführung der Substitutionen Schritt für Schritt

$$y = \frac{1}{2} \cdot a \cdot b \cdot d \pm \sqrt{a^2 \cdot b + \frac{1}{4} \cdot a^2 \cdot b^2 \cdot d^2 - x^2}$$

$$y = \frac{1}{2} \cdot \frac{\Gamma}{2 \cdot \pi} \cdot \frac{1}{(c^2(x, y) - c_\infty^2)} \cdot 2 \cdot c_\infty$$

$$\pm \sqrt{\left(\frac{\Gamma}{2 \cdot \pi}\right)^2 \cdot \frac{1}{(c^2(x, y) - c_\infty^2)} + \frac{1}{4} \cdot \left(\frac{\Gamma}{2 \cdot \pi}\right)^2 \cdot \frac{1}{(c^2(x, y) - c_\infty^2)^2} \cdot 4 \cdot c_\infty^2 - x^2}$$

erhält man vereinfacht zunächst

$$y = \frac{\Gamma}{2 \cdot \pi} \cdot \frac{c_\infty}{(c^2(x, y) - c_\infty^2)}$$

$$\pm \sqrt{\left(\frac{\Gamma}{2 \cdot \pi}\right)^2 \cdot \frac{1}{(c^2(x, y) - c_\infty^2)} + \left(\frac{\Gamma}{2 \cdot \pi}\right)^2 \cdot \frac{c_\infty^2}{(c^2(x, y) - c_\infty^2)^2} - x^2}.$$

Der Wurzelausdruck lässt sich noch umschreiben zu

$$y = \frac{\Gamma}{2 \cdot \pi} \cdot \frac{c_\infty}{(c^2(x, y) - c_\infty^2)}$$

$$\pm \sqrt{\left(\frac{\Gamma}{2 \cdot \pi}\right)^2 \cdot \left(\frac{1}{(c^2(x, y) - c_\infty^2)} + \frac{c_\infty^2}{(c^2(x, y) - c_\infty^2)^2}\right) - x^2}$$

oder auch

$$y = \frac{\Gamma}{2 \cdot \pi} \cdot \frac{c_\infty}{(c^2(x, y) - c_\infty^2)} \pm \sqrt{\left(\frac{\Gamma}{2 \cdot \pi}\right)^2 \cdot \left(\frac{(c^2(x, y) - c_\infty^2) + c_\infty^2}{(c^2(x, y) - c_\infty^2)^2}\right) - x^2}.$$

Als Resultat zur Ermittlung der Isotachen mittels kartesischer Koordinaten folgt

$$y = \frac{\Gamma}{2 \cdot \pi} \cdot \frac{c_\infty}{(c^2(x, y) - c_\infty^2)} \pm \sqrt{\left(\frac{\Gamma}{2 \cdot \pi}\right)^2 \cdot \left(\frac{c^2(x, y)}{(c^2(x, y) - c_\infty^2)^2}\right) - x^2}.$$

Neben der Zirkulation Γ des Potentialwirbels und der Geschwindigkeit c_∞ der Parallelströmung wird als **Kurvenparameter** die Geschwindigkeit $c(x, y)$ vorgegeben. Als Kurvenverläufe entstehen offensichtlich Kreise, wie dies auch in Abb. 4.48 zu erkennen ist.

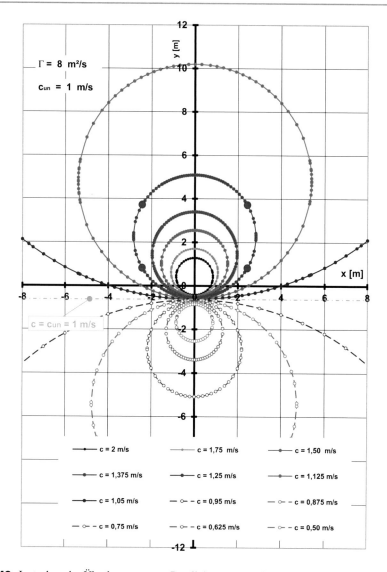

Abb. 4.48 Isotachen der Überlagerung von Parallelströmung mit Potentialwirbel

Die Berechnung und Darstellung wird mit einem Tabellenkalkulationsprogramm durchgeführt.

1. c_∞ vorgeben
2. Γ vorgeben
3. $c(x, y)$ Kurvenparameter
4. x Variable
5. y (s. o.)   somit bekannt

Zahlenbeispiel

1. $c_\infty = 1\,\dfrac{m}{s}$ vorgegeben

2. $\Gamma = 8\,\dfrac{m^2}{s}$ vorgegeben

3. $c(x, y) = 1{,}25\,\dfrac{m}{s}$ Kurvenparameter

4. $x = \pm 2{,}44\,m$ Variable

5. $y = \dfrac{8}{2 \cdot \pi} \cdot \dfrac{1}{(1{,}25^2 - 1^2)} \pm \sqrt{\left(\dfrac{8}{2 \cdot \pi}\right)^2 \cdot \left(\dfrac{1{,}25^2}{(1{,}25^2 - 1^2)^2}\right) - (\pm 2{,}44)^2}$

   $y_{1,3} = +3{,}696\,m$ somit bekannt

   $y_{2,4} = +0{,}831\,m$ somit bekannt

Damit sind vier Punkte der Isotache $c(x, y) = 1{,}25\,\frac{m}{s} =$ konst. an den Stellen $x_1 = +2{,}44\,m$ und $y_1 = +3{,}696\,m$ sowie $y_2 = +0{,}831\,m$ und außerdem bei $x_2 = -2{,}44\,m$ mit $y_3 = +3{,}696\,m$ und $y_4 = +0{,}831\,m$ bekannt. Durch die Variation von x lassen sich nach der gezeigten Vorgehensweise weitere Punkte finden. Das Ergebnis der Auswertungen für den Fall $\Gamma = 8\,\frac{m^2}{s}$ und $c_\infty = 1{,}0\,\frac{m}{s}$ ist in Abb. 4.48 zu erkennen.

Neben der schon erwähnten Kreisform der Isotachen, die man übrigens auch aus der o. g. Gleichung nachweisen kann, bestätigen sie u. a. die in der y-Achse ($x = 0$) vorliegenden Geschwindigkeiten gemäß Abb. 4.46. Qualitativ lassen sich ebenso die in Abb. 4.44 dargestellten Stromlinien bewerten. Stromlinienverdichtungen gehen einher mit vergrößerten Geschwindigkeiten, Stromlinienerweiterungen dagegen mit Verkleinerung der Geschwindigkeiten. Die Isotachen decken letztlich das gesamte Geschwindigkeitsfeld dieser Parallelströmung mit einem Potentialwirbel ab.

Isobaren

Ausgangspunkt zur Herleitung der Isobaren im Strömungsfeld ist der weiter oben ermittelte Zusammenhang

$$c_p(x, y) = -\frac{\Gamma}{2 \cdot \pi} \cdot \frac{1}{(x^2 + y^2)} \cdot \frac{1}{c_\infty^2} \cdot \left(2 \cdot c_\infty \cdot y + \frac{\Gamma}{2 \cdot \pi}\right).$$

Es sollen jetzt Kurven $y(x)$ bei vorgegebenen Größen Zirkulation Γ, Geschwindigkeit der Parallelströmung c_∞ sowie gewähltem Kurvenparameter $c_p(x, y)$ bestimmt und in einem Graphen dargestellt werden. Zur Vereinfachung sollen zunächst nachstehende Substitutionen dienen:

$$a \equiv \frac{\Gamma}{2 \cdot \pi} \cdot \frac{1}{c_\infty^2}; \quad b \equiv 2 \cdot c_\infty \quad \text{und} \quad d \equiv \frac{\Gamma}{2 \cdot \pi}.$$

Dann entsteht

$$c_p(x, y) = -a \cdot \frac{1}{(x^2 + y^2)} \cdot (b \cdot y + d).$$

Mit $\frac{(x^2 + y^2)}{a}$ multipliziert liefert

$$c_p(x, y) \cdot \frac{(x^2 + y^2)}{a} = -(b \cdot y + d).$$

Jetzt mit $\frac{a}{c_p(x,y)}$ nochmals multipliziert führt zu

$$x^2 + y^2 = -\frac{a}{c_p(x, y)} \cdot (b \cdot y + d)$$

bzw.

$$y^2 = -\frac{a}{c_p(x, y)} \cdot (b \cdot y + d) - x^2$$

oder

$$y^2 = -\frac{a \cdot b}{c_p(x, y)} \cdot y - \frac{a \cdot d}{c_p(x, y)} - x^2.$$

Nach y-Gliedern umsortiert ergibt

$$y^2 + \frac{a \cdot b}{c_p(x, y)} \cdot y = -\frac{a \cdot d}{c_p(x, y)} - x^2.$$

Addieren wir noch $(\frac{1}{2} \cdot \frac{a \cdot b}{c_p(x,y)})^2$ hinzu, so lautet die Gleichung dann

$$y^2 + \frac{a \cdot b}{c_p(x, y)} \cdot y + \left(\frac{1}{2} \cdot \frac{a \cdot b}{c_p(x, y)}\right)^2 = \left(\frac{1}{2} \cdot \frac{a \cdot b}{c_p(x, y)}\right)^2 - \frac{a \cdot d}{c_p(x, y)} - x^2.$$

Gemäß $a^2 + 2 \cdot a \cdot b + b^2 = (a + b)^2$ folgt im vorliegenden Fall

$$\left(y + \frac{1}{2} \cdot \frac{a \cdot b}{c_p(x, y)}\right)^2 = \left(\frac{1}{2} \cdot \frac{a \cdot b}{c_p(x, y)}\right)^2 - \frac{a \cdot d}{c_p(x, y)} - x^2.$$

Jetzt noch die Wurzel gezogen und y links allein angeordnet liefert zunächst

$$y = -\frac{1}{2} \cdot \frac{a \cdot b}{c_p(x,y)} \pm \sqrt{\left(\frac{1}{2} \cdot \frac{a \cdot b}{c_p(x,y)}\right)^2 - \frac{a \cdot d}{c_p(x,y)} - x^2}.$$

Es müssen nun noch die Substitutionen wie folgt zurückgeführt werden. Dies ergibt

$$y = -\frac{1}{2} \cdot \frac{\Gamma}{2 \cdot \pi} \cdot \frac{1}{c_\infty^2} \cdot 2 \cdot c_\infty \cdot \frac{1}{c_p(x,y)}$$

$$\pm \sqrt{\left(\frac{1}{2} \cdot \frac{\Gamma}{2 \cdot \pi} \cdot \frac{1}{c_\infty^2} \cdot 2 \cdot c_\infty\right)^2 \cdot \frac{1}{c_p{}^2(x,y)} - \frac{\Gamma}{2 \cdot \pi} \cdot \frac{1}{c_\infty^2} \cdot \frac{\Gamma}{2 \cdot \pi} \cdot \frac{1}{c_p(x,y)} - x^2}$$

$$y = -\frac{\Gamma}{2 \cdot \pi \cdot c_\infty} \cdot \frac{1}{c_p(x,y)}$$

$$\pm \sqrt{\left(\frac{\Gamma}{2 \cdot \pi \cdot c_\infty}\right)^2 \cdot \frac{1}{c_p{}^2(x,y)} - \left(\frac{\Gamma}{2 \cdot \pi \cdot c_\infty}\right)^2 \cdot \frac{1}{c_p(x,y)} - x^2}.$$

Unter der Wurzel kann noch vereinfacht

$$y = -\frac{\Gamma}{2 \cdot \pi \cdot c_\infty} \cdot \frac{1}{c_p(x,y)} \pm \sqrt{\left(\frac{\Gamma}{2 \cdot \pi \cdot c_\infty}\right)^2 \cdot \left(\frac{1}{c_p{}^2(x,y)} - \frac{1}{c_p(x,y)}\right) - x^2}.$$

und dann als Resultat angeschrieben werden

$$y = -\frac{\Gamma}{2 \cdot \pi \cdot c_\infty} \cdot \frac{1}{c_p(x,y)} \pm \sqrt{\left(\frac{\Gamma}{2 \cdot \pi \cdot c_\infty}\right)^2 \cdot \frac{1}{c_p{}^2(x,y)} \cdot (1 - c_p(x,y)) - x^2}.$$

Neben der Zirkulation Γ des Potentialwirbels und der Geschwindigkeit c_∞ der Parallelströmung wird als **Kurvenparameter** der Druckbeiwert $c_p(x,y)$ vorgegeben. Als Kurvenverläufe entstehen ebenfalls wieder Kreise, wie dies auch in Abb. 4.49 zu erkennen ist.

Die Berechnung und Darstellung wird mit einem Tabellenkalkulationsprogramm durchgeführt.

1. c_∞ vorgeben

2. Γ vorgeben

3. $c_p(x,y)$ Kurvenparameter

4. x Variable

5. y (s. o.)   somit bekannt

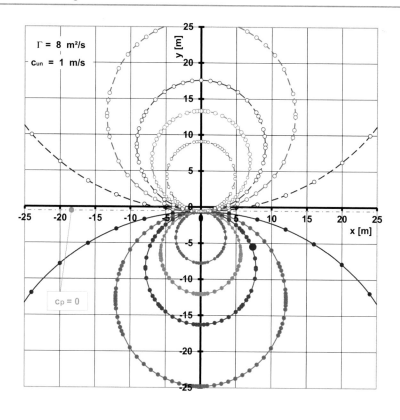

Abb. 4.49 Isobaren (Druckbeiwert) der Überlagerung von Parallelströmung mit Potentialwirbel

Zahlenbeispiel

1. $c_\infty = 1 \dfrac{\mathrm{m}}{\mathrm{s}}$ vorgegeben

2. $\Gamma = 8 \dfrac{\mathrm{m}^2}{\mathrm{s}}$ vorgegeben

3. $c_p(x, y) = 0{,}15$ Kurvenparameter

4. $x = +7{,}2\,\mathrm{m}$ Variable

5. $y = -\dfrac{8}{2 \cdot \pi \cdot 1} \cdot \dfrac{1}{0{,}15} \pm \sqrt{\left(\dfrac{8}{2 \cdot \pi \cdot 1}\right)^2 \cdot \dfrac{1}{0{,}15^2} \cdot (1 - 0{,}15) - 7{,}2^2}$

   $y = -5{,}42\,\mathrm{m}$ somit bekannt

Damit ist ein erster Punkt der Isobare $c_p(x, y) = 0{,}15 =$ konst. an der Stelle $x = +7{,}20\,\text{m}$ und $y = -5{,}42\,\text{m}$ bekannt. Durch die Variation von x lassen sich nach der gezeigten Vorgehensweise weitere Punkte finden. Das Ergebnis der Auswertungen für den Fall $\Gamma = 8\,\frac{\text{m}^2}{\text{s}}$ und $c_\infty = 1{,}0\,\frac{\text{m}}{\text{s}}$ ist in Abb. 4.49 zu erkennen.

Neben der schon erwähnten Kreisform der Isobaren, die man übrigens auch aus der o. g. Gleichung nachweisen kann, bestätigen sie u. a. die in der y-Achse ($x = 0$) vorliegenden Drücke bzw. Druckbeiwerte gemäß Abb. 4.47. Qualitativ lassen sich ebenso die in Abb. 4.44 dargestellten Stromlinien bewerten. Stromlinienverdichtungen gehen einher mit vergrößerten Geschwindigkeiten und somit verringerten Drücken, Stromlinienerweiterungen dagegen mit Verkleinerung der Geschwindigkeiten und folglich Druckanstiegen. Die Isobaren decken letztlich das gesamte Druckgeschehen dieser Parallelströmung mit einem Potentialwirbel ab.

Fallbeispiele von Potentialströmungen

5

Nachdem in den vorangegangenen Kapiteln wesentliche Basispotentialströmungen und verschiedene Überlagerungsfälle ausführlich und detailliert behandelt wurden sollen im Folgenden einige Anwendungsbeispiele die Gesamtthematik abrunden. Hierbei stehen zunächst die Ermittlung von Stromfunktionen und Potentialfunktionen, Nachweise der Potentialströmung, Potentiallinien- und Stromlinienbestimmung, etc. im Vordergrund. Verschiedene technische Anwendungen mit konkretem Hintergrund sollen die Bedeutung der vorgestellten Grundlagen der ebenen Potentialströmung verdeutlichen.

5.1 Ebene Potentialströmung 1

Von vier ebenen, inkompressiblen, stationären und reibungsfreien Strömungen sind die Geschwindigkeitsfelder mit ihren Geschwindigkeitskomponenten c_x und c_y bekannt. Zunächst soll festgestellt werden, ob es sich um Potentialströmungen handelt und wenn ja, sind die jeweiligen Strom- und Potentialfunktionen zu ermitteln.

$$\text{Fall 1.} \quad c_x = x^2 \cdot y; \quad c_y = y^2 \cdot x$$
$$\text{Fall 2.} \quad c_x = x; \quad c_y = y$$
$$\text{Fall 3.} \quad c_x = y; \quad c_y = -x$$
$$\text{Fall 4.} \quad c_x = y; \quad c_y = +x$$

© Der/die Autor(en), exklusiv lizenziert durch Springer-Verlag GmbH, DE, ein Teil von Springer Nature 2022
V. Schröder, *Ebene Potentialströmungen*, https://doi.org/10.1007/978-3-662-64353-2_5

5.1.1 Potentialströmungsnachweis

Eine Potentialströmung ist dadurch gekennzeichnet, dass sowohl **Kontinuität** als auch **Wirbelfreiheit** erfüllt sein müssen. Dies lässt sich wie folgt feststellen:

Kontinuität:

$$\frac{\partial c_x}{\partial x} + \frac{\partial c_y}{\partial y} = 0$$

Wirbelfreiheit:

$$\frac{\partial c_y}{\partial x} - \frac{\partial c_x}{\partial y} = 0.$$

Fall 1. $c_x = x^2 \cdot y; c_y = y^2 \cdot x$

Kontinuität:

$$\frac{\partial c_x}{\partial x} = \frac{\partial(x^2 \cdot y)}{\partial x} = 2 \cdot x \cdot y$$

$$\frac{\partial c_y}{\partial y} = \frac{\partial(y^2 \cdot x)}{\partial x} = 2 \cdot x \cdot y$$

Man erhält

$$\frac{\partial c_x}{\partial x} + \frac{\partial c_y}{\partial y} = 2 \cdot x \cdot y + 2 \cdot x \cdot y = 4 \cdot x \cdot y \neq 0.$$

Wirbelfreiheit:

$$\frac{\partial c_y}{\partial x} = \frac{\partial(y^2 \cdot x)}{\partial x} = y^2$$

$$\frac{\partial c_x}{\partial y} = \frac{\partial(x^2 \cdot y)}{\partial y} = x^2$$

und somit

$$\frac{\partial c_y}{\partial x} - \frac{\partial c_x}{\partial y} = y^2 - x^2 \neq 0.$$

Da weder Kontinuität noch Wirbelfreiheit nachgewiesen kann, liegt im vorliegenden Fall 1 keine Potentialströmung vor.

Fall 2. $c_x = x; c_y = y$

Kontinuität:

$$\frac{\partial c_x}{\partial x} = \frac{\partial(x)}{\partial x} = 1$$

$$\frac{\partial c_y}{\partial y} = \frac{\partial(y)}{\partial y} = 1$$

Man erhält

$$\frac{\partial c_x}{\partial x} + \frac{\partial c_y}{\partial y} = 1 + 1 = 2 \neq 0.$$

Wirbelfreiheit:

$$\frac{\partial c_y}{\partial x} = \frac{\partial(y)}{\partial x} = 0$$
$$\frac{\partial c_x}{\partial y} = \frac{\partial(x)}{\partial y} = 0$$

und somit

$$\frac{\partial c_y}{\partial x} - \frac{\partial c_x}{\partial y} = 0 - 0 = 0.$$

Wenn auch Wirbelfreiheit nachgewiesen werden kann ist auch bei diesem Beispiel keine Potentialströmung vorhanden, da der Nachweis der Kontinuität misslingt.

Fall 3. $c_x = y$; $c_y = -x$
Kontinuität:

$$\frac{\partial c_x}{\partial x} = \frac{\partial(y)}{\partial x} = 0$$
$$\frac{\partial c_y}{\partial y} = \frac{\partial(-x)}{\partial y} = 0$$

Man erhält

$$\frac{\partial c_x}{\partial x} + \frac{\partial c_y}{\partial y} = 0 + 0 = 0.$$

Wirbelfreiheit:

$$\frac{\partial c_y}{\partial x} = \frac{\partial(-x)}{\partial x} = -1$$
$$\frac{\partial c_x}{\partial y} = \frac{\partial(y)}{\partial y} = 1$$

und somit

$$\frac{\partial c_y}{\partial x} - \frac{\partial c_x}{\partial y} = -1 - 1 = -2 \neq 0.$$

Im vorliegenden Fall ist zwar die Kontinuität nachweisbar aber keine Wirbelfreiheit vorhanden und folglich auch keine Potentialströmung.

Fall 4. $c_x = y$; $c_y = x$

Kontinuität:

$$\frac{\partial c_x}{\partial x} = \frac{\partial(y)}{\partial x} = 0$$

$$\frac{\partial c_y}{\partial y} = \frac{\partial(x)}{\partial y} = 0$$

Man erhält

$$\frac{\partial c_x}{\partial x} + \frac{\partial c_y}{\partial y} = 0 + 0 = 0.$$

Wirbelfreiheit:

$$\frac{\partial c_y}{\partial x} = \frac{\partial(x)}{\partial x} = 1$$

$$\frac{\partial c_x}{\partial y} = \frac{\partial(y)}{\partial y} = 1$$

und somit

$$\frac{\partial c_y}{\partial x} - \frac{\partial c_x}{\partial y} = 1 - 1 = 0.$$

Im vorliegenden Fall ist sowohl Kontinuität als auch Wirbelfreiheit vorhanden und folglich liegt eine Potentialströmung vor.

5.1.2 Strom- und Potentialfunktion

Da es sich nur im Fall 4 um eine nachgewiesene Potentialströmung handelt, soll die Ermittlung der Strom- und Potentialfunktion auch nur hierfür erfolgen.

Gegeben $c_x = y$; $c_y = x$

$$c_x = \frac{\partial \Psi}{\partial y}; \quad c_y = -\frac{\partial \Psi}{\partial x}; \quad c_x = \frac{\partial \Phi}{\partial x}; \quad c_y = \frac{\partial \Phi}{\partial y}$$

Gesucht

Stromfunktion $\Psi(x, y)$
Potentialfunktion $\Phi(x, y)$

$\Psi(x, y)$ Mit z. B.

$$c_x = \frac{\partial \Psi}{\partial y} \quad \text{und} \quad c_x = y$$

erhält man

$$\frac{\partial \Psi}{\partial y} = y$$

oder

$$\partial \Psi = y \cdot \partial y.$$

Die Integration bei festgehaltenem x liefert

$$\int \partial \Psi = \int y \cdot \partial y$$

$$\Psi = \frac{1}{2} \cdot y^2 + C(x)$$

Die „Integrationskonstante" $C(x)$ kann man wie folgt ermitteln. Die Gleichung umgestellt zu

$$C(x) = \Psi - \frac{1}{2} \cdot y$$

und partiell (bei $y = $ konst.) nach x differenziert

$$\frac{\partial C(x)}{\partial x} = \frac{\partial \Psi}{\partial x} - \frac{1}{2} \cdot \underbrace{\frac{\partial y}{\partial x}}_{=0}$$

ergibt

$$\frac{\partial C(x)}{\partial x} = \frac{\partial \Psi}{\partial x}$$

oder mit $\frac{\partial \Psi}{\partial x} = -c_y = -x$

$$\frac{\partial C(x)}{\partial x} = -x$$

bzw.

$$\partial C(x) = -x \cdot \partial x.$$

Die Integration

$$\int \partial C(x) = -\int x \cdot \partial x$$

hat

$$C(x) = -\frac{1}{2} \cdot x^2 + C$$

zur Folge.

Als Resultat der Stromfunktion entsteht

$$\Psi(x, y) = \frac{1}{2} \cdot (y^2 - x^2) + C.$$

$\boldsymbol{\Phi(x, y)}$ Mit z. B.

$$c_x = \frac{\partial \Phi}{\partial x} \quad \text{und} \quad c_x = y$$

erhält man

$$\frac{\partial \Phi}{\partial x} = y$$

oder

$$\partial \Phi = y \cdot \partial x.$$

Die Integration bei festgehaltenem y liefert

$$\int \partial \Phi = y \cdot \int \partial x$$

$$\Phi = x \cdot y + C(y)$$

Die „Integrationskonstante" $C(y)$ kann man wie folgt ermitteln. Die Gleichung umgestellt zu

$$C(y) = \Phi - x \cdot y$$

und partiell (bei $x = $ konst.) nach y differenziert

$$\frac{\partial C(y)}{\partial y} = \frac{\partial \Phi}{\partial y} - \frac{\partial (x \cdot y)}{\partial y}$$

ergibt

$$\frac{\partial C(y)}{\partial y} = c_y - x$$

oder mit $c_y = x$

$$\frac{\partial C(y)}{\partial y} = x - x = 0$$

bzw.

$$\partial C(y) = 0 \cdot \partial y.$$

Die Integration $\int \partial C(y) = \int 0 \cdot \partial y$ hat

$$C(y) = C$$

zur Folge.

Als Resultat der Stromfunktion entsteht

$$\Phi(x, y) = x \cdot y + C.$$

5.2 Ebene Potentialströmung 2

Nachstehende Größen sind von einem ebenen Strömungsfeld gegeben. Die weiter unten aufgeführten Fragestellungen sollen Schritt für Schritt ausführlich bearbeitet werden.

Gegeben $\Psi(x; y) = \dfrac{c_\infty}{y_{\text{ref}}} \cdot x \cdot y$; c_∞; $\mathrm{P}(x_{\text{ref}}; y_{\text{ref}})$; ρ

Gesucht

1. Potentialfunktion $\Phi(x; y)$
2. Liegt eine Potentialströmung vor?
3. Druckbeiwert $c_p(x, y)$
4. Isotachen
5. Geschwindigkeit $c_1(x_1; y_1)$ und Druck $p_1(x_1; y_1)$
6. Stromlinienverlauf

Zahlenwerte

$$c_\infty = 2\,\frac{\text{m}}{\text{s}}; \quad x_{\text{ref}} = 0\,\text{m}; \quad y_{\text{ref}} = 2\,\text{m}; \quad \rho = 1000\,\frac{\text{kg}}{\text{m}^3}; \quad x_1 = 2\,\text{m}; \quad y_1 = 2\,\text{m}$$

Anmerkungen

$$c_x = \frac{\partial \Phi(x;y)}{\partial x}; \quad c_y = \frac{\partial \Phi(x;y)}{\partial y}; \quad c_x = \frac{\partial \Psi(x;y)}{\partial y}; \quad c_y = -\frac{\partial \Psi(x;y)}{\partial x}$$

Lösungsschritte – Fall 1

Zunächst zu den Geschwindigkeitskomponenten, die zur Lösung der Aufgabe benötigt werden. Sie lassen sich leicht mittels der gegebenen Stromfunktion bestimmen.

Es lautet

$$c_x = \frac{\partial\left(\frac{c_\infty}{y_{\mathrm{ref}}} \cdot x \cdot y\right)}{\partial y}$$

und somit

$$c_x = \frac{c_\infty}{y_{\mathrm{ref}}} \cdot x.$$

Des Weiteren ist

$$c_y = -\frac{\partial\left(\frac{c_\infty}{y_{\mathrm{ref}}} \cdot x \cdot y\right)}{\partial x}.$$

Es folgt

$$c_y = -\frac{c_\infty}{y_{\mathrm{ref}}} \cdot y.$$

Mittels

$$c_x = \frac{\partial \Phi(x;y)}{\partial x}$$

sowie

$$c_x = \frac{c_\infty}{y_{\mathrm{ref}}} \cdot x$$

erhält man

$$\frac{\partial \Phi(x;y)}{\partial x} = \frac{c_\infty}{y_{\mathrm{ref}}} \cdot x$$

bzw.

$$\partial \Phi(x;y) = \frac{c_\infty}{y_{\mathrm{ref}}} \cdot x \cdot \partial x.$$

Die Integration bei konstantem y liefert

$$\Phi(x; y) = \frac{c_\infty}{y_{\text{ref}}} \cdot \int x \cdot \partial x$$

$$\Phi(x; y) = \frac{c_\infty}{y_{\text{ref}}} \cdot \frac{x^2}{2} + C(y).$$

Die Ermittlung der Integrationskonstanten $C(y)$ gestaltet sich folgendermaßen. O. g. Gleichung umgestellt

$$C(y) = \Phi(x; y) - \frac{c_\infty}{y_{\text{ref}}} \cdot \frac{x^2}{2}$$

und nach y differenziert ergibt

$$\frac{\partial C(y)}{\partial y} = \frac{\partial \Phi(x; y)}{\partial y} - \underbrace{\frac{\partial \left(\frac{c_\infty}{y_{\text{ref}}} \cdot \frac{x^2}{2} \right)}{\partial y}}_{=0}.$$

also

$$\frac{\partial C(y)}{\partial y} = \frac{\partial \Phi(x; y)}{\partial y}.$$

Da

$$c_y = \frac{\partial \Phi(x; y)}{\partial y} \quad \text{und} \quad c_y = -\frac{c_\infty}{y_{\text{ref}}} \cdot y$$

wird

$$\frac{\partial C(y)}{\partial y} = \frac{\partial \Phi(x; y)}{\partial y} = c_y = -\frac{c_\infty}{y_{\text{ref}}} \cdot y$$

bzw.

$$\frac{\partial C(y)}{\partial y} = -\frac{c_\infty}{y_{\text{ref}}} \cdot y$$

oder

$$\partial C(y) = -\frac{c_\infty}{y_{\text{ref}}} \cdot y \cdot \partial y.$$

Die Integration liefert

$$C(y) = \int \partial C(y) = -\frac{c_\infty}{y_{\text{ref}}} \cdot \int y \cdot \partial y$$

und schließlich

$$C(y) = -\frac{c_\infty}{y_{\text{ref}}} \cdot \frac{y^2}{2} + C.$$

Als Ergebnis folgt

$$\Phi(x; y) = \frac{1}{2} \cdot \frac{c_\infty}{y_{\text{ref}}} \cdot (x^2 - y^2) + C.$$

Lösungsschritte – Fall 2

Der Nachweis einer **Potentialströmung** ist erbracht, wenn Drehungsfreiheit (Wirbelfreiheit) und Kontinuität vorliegen. Die Zusammenhänge lauten wie folgt

Drehungsfreiheit:

$$\frac{\partial c_y}{\partial x} - \frac{\partial c_x}{\partial y} = 0$$

Kontinuität:

$$\frac{\partial c_x}{\partial x} + \frac{\partial c_y}{\partial y} = 0$$

Zunächst zur Drehungsfreiheit bei

$$c_x = \frac{c_\infty}{y_{\text{ref}}} \cdot x \quad \text{und} \quad c_y = -\frac{c_\infty}{y_{\text{ref}}} \cdot y.$$

Es lautet

$$\frac{\partial c_y}{\partial x} = \frac{\partial \left(-\frac{c_\infty}{y_{\text{ref}}} \cdot y\right)}{\partial x} = 0$$

sowie

$$\frac{\partial c_x}{\partial y} = \frac{\partial \left(\frac{c_\infty}{y_{\text{ref}}} \cdot x\right)}{\partial y} = 0$$

also

$$0 - 0 = 0.$$

Drehungsfreiheit ist folglich nachgewiesen.

Jetzt zur Kontinuität bei

$$c_x = \frac{c_\infty}{y_{\text{ref}}} \cdot x \quad \text{und} \quad c_y = -\frac{c_\infty}{y_{\text{ref}}} \cdot y.$$

Es lautet

$$\frac{\partial c_x}{\partial x} = \frac{\partial\left(\frac{c_\infty}{y_{\text{ref}}} \cdot x\right)}{\partial x} = \frac{c_\infty}{y_{\text{ref}}}$$

sowie

$$\frac{\partial c_y}{\partial y} = \frac{\partial\left(-\frac{c_\infty}{y_{\text{ref}}} \cdot y\right)}{\partial y} = -\frac{c_\infty}{y_{\text{ref}}}.$$

Damit

$$\frac{c_\infty}{y_{\text{ref}}} - \frac{c_\infty}{y_{\text{ref}}} = 0.$$

Auch der Nachweis der **Kontinuität** ist somit erbracht und somit sind die Kriterien der Potentialströmung erfüllt.

Lösungsschritte – Fall 3

Die Ermittlung des Druckbeiwertes $c_p(x, y)$ macht u. a. die Anwendung der Bernoulli'schen Energiegleichung erforderlich, nach der die Gesamtenergie entlang der Stromlinien konstant ist. Weiterhin wird von den gegebenen und ermittelten Größen Gebrauch gemacht. Die Definition des Druckbeiwertes lautet auf den vorliegenden Fall bezogen

$$c_p(x, y) = \frac{(p(x, y) - p_{\text{ref}})}{\rho \cdot \frac{c_{\text{ref}}^2}{2}}.$$

Die Bernoulligleichung an den Stellen $P(x; y)$ und $P(x_{\text{ref}}; y_{\text{ref}})$ lautet

$$\frac{p(x, y)}{\rho} + \frac{c(x, y)^2}{2} = \frac{p_{\text{ref}}}{\rho} + \frac{c_{\text{ref}}^2}{2} \quad \text{(horizontales System)}$$

Nach der Druckdifferenz umgeformt führt zu

$$\frac{(p(x, y) - p_{\text{ref}})}{\rho} = \frac{c_{\text{ref}}^2}{2} - \frac{c(x, y)^2}{2}.$$

Nach Ausklammern von $\frac{c_{\text{ref}}^2}{2}$ auf der rechten Gleichungsseite erhält man

$$\frac{(p(x, y) - p_{\text{ref}})}{\rho} = \frac{c_{\text{ref}}^2}{2} \cdot \left(1 - \frac{c(x, y)^2}{c_{\text{ref}}^2}\right).$$

Die Division mit $\frac{c_{\text{ref}}^2}{2}$ liefert zunächst

$$c_p(x, y) = \frac{(p(x, y) - p_{\text{ref}})}{\rho \cdot \frac{c_{\text{ref}}^2}{2}} = \left(1 - \frac{c(x, y)^2}{c_{\text{ref}}^2}\right).$$

Die Geschwindigkeitsquadrate $c(x, y)^2$ und c_{ref}^2 lassen sich noch durch ihre Komponenten folgendermaßen ersetzen

$$c(x, y)^2 = c_x^2 + c_y^2 \quad \text{sowie} \quad c_{ref}^2 = c_{x_{ref}}^2 + c_{y_{ref}}^2.$$

Da oben $c_x = \frac{c_\infty}{y_{ref}} \cdot x$ und $c_y = -\frac{c_\infty}{y_{ref}} \cdot y$ sowie $c_{x_{ref}} = \frac{c_\infty}{y_{ref}} \cdot x_{ref}$ und $c_{y_{ref}} = -\frac{c_\infty}{y_{ref}} \cdot y_{ref}$ festgestellt wurden, können die Geschwindigkeitsquadrate auch in der Form

$$c(x, y)^2 = \left(\frac{c_\infty}{y_{ref}}\right)^2 \cdot (x^2 + (-y)^2)$$

sowie

$$c_{ref}^2 = \left(\frac{c_\infty}{y_{ref}}\right)^2 \cdot (x_{ref}^2 + (-y_{ref})^2)$$

angeben werden.

In die oben gefundene Gleichung des Druckbeiwerts eingesetzt

$$c_p(x, y) = \left(1 - \frac{\left(\frac{c_\infty}{y_{ref}}\right)^2 \cdot (x^2 + y^2)}{\left(\frac{c_\infty}{y_{ref}}\right)^2 \cdot (x_{ref}^2 + y_{ref}^2)}\right)$$

führt zum Resultat

$$c_p(x, y) = \left(1 - \frac{(x^2 + y^2)}{(x_{ref}^2 + y_{ref}^2)}\right).$$

Lösungsschritte – Fall 4

Zur Isotachenbestimmung, d. h. der Linien gleicher Geschwindigkeit, geht man sinnvoller Weise von dem Geschwindigkeitsquadrat

$$c(x, y)^2 = c_x^2 + c_y^2$$

aus. Die Geschwindigkeitskomponenten $c_x = \frac{c_\infty}{y_{ref}} \cdot x$ und $c_y = -\frac{c_\infty}{y_{ref}} \cdot y$ wieder verwendet liefert

$$c(x, y)^2 = \left(\frac{c_\infty}{y_{ref}}\right)^2 \cdot (x^2 + y^2).$$

Es wird eine Funktion $y(x)$ bei konstanter Geschwindigkeit $c(x, y)$ (Parameter) gesucht. Dann muss wie folgt umgeformt werden

$$y^2 = \left(\frac{y_{ref}}{c_\infty}\right)^2 \cdot c(x, y)^2 - x^2.$$

Die Wurzel gezogen führt zum Ergebnis

$$y = \pm \sqrt{\left(\frac{y_{\text{ref}}}{c_\infty} \cdot c(x, y) \right)^2 - x^2}.$$

Die Isotachen sind also Kreise mit der Geschwindigkeit $c(x, y)$ als Parameter und dem Radius

$$r = \frac{y_{\text{ref}}}{c_\infty} \cdot c(x, y).$$

Lösungsschritte – Fall 5

Es sollen an der Stelle $P_1(x_1; y_1)$ die Geschwindigkeit c_1 und der Druck p_1 aufgrund der oben gegebenen Daten $x_1 = 2\,\text{m}$ und $y_1 = 2\,\text{m}$ sowie weiterer vorliegender Größen bestimmt werden.

c_1 Ausgangspunkt ist

$$c_1 = \sqrt{c_{x_1}^2 + c_{y_1}^2},$$

wobei

$$c_{x_1} = \frac{c_\infty}{y_{\text{ref}}} \cdot x_1 \quad \text{und} \quad c_{y_1} = -\frac{c_\infty}{y_{\text{ref}}} \cdot y_1.$$

Oben eingesetzt folgt

$$c_1 = \sqrt{\left(\frac{c_\infty}{y_{\text{ref}}} \right)^2 \cdot (x_1^2 + (-y_1)^2)}$$

Mit den gegebenen Zahlenwerten erhält man

$$c_1 = \sqrt{\left(\frac{2}{1} \right)^2 \cdot (2^2 + 2^2)} = \sqrt{4 \cdot (4 + 4)} = \sqrt{32}$$

$$c_1 = 5{,}66 \, \frac{\text{m}}{\text{s}}.$$

p_1 Die Bernoulli'sche Energiegleichung an den Stellen $P_1(x_1; y_1)$ und $P(x_{\text{ref}}; y_{\text{ref}})$ lautet

$$\frac{p_1}{\rho} + \frac{c_1^2}{2} = \frac{p_{\text{ref}}}{\rho} + \frac{c_{\text{ref}}^2}{2}.$$

Nach dem gesuchten Druck p_1 umgestellt liefert

$$p_1 = p_{\text{ref}} + \frac{\rho}{2} \cdot c_{\text{ref}}^2 - \frac{\rho}{2} \cdot c_1^2.$$

Hierin fehlt nur noch die Geschwindigkeit c_{ref} im Referenzpunkt P(x_{ref}; y_{ref}). Man erhält sie wie folgt.

Mit

$$c_{\text{ref}} = \sqrt{c_{x_{\text{ref}}}^2 + c_{y_{\text{ref}}}^2}$$

und

$$c_{x_{\text{ref}}} = \frac{c_\infty}{y_{\text{ref}}} \cdot x_{\text{ref}} \quad \text{und} \quad c_{y_{\text{ref}}} = -\frac{c_\infty}{y_{\text{ref}}} \cdot y_{\text{ref}}$$

führt zu

$$c_{\text{ref}} = \sqrt{\left(\frac{c_\infty}{y_{\text{ref}}}\right)^2 \cdot (x_{\text{ref}}^2 + (-y_{\text{ref}})^2)}.$$

Mit den gegebenen Zahlenwerten erhält man

$$c_{\text{ref}} = \sqrt{\left(\frac{2}{2}\right)^2 \cdot (0 + (-2)^2)} = \sqrt{4}$$

oder schließlich

$$c_{\text{ref}} = 2\,\frac{\text{m}}{\text{s}}.$$

Jetzt kann man den gesuchten Druck p_1 mittels o. g. Gleichung bestimmen.

$$p_1 = 100.000 + \frac{1000}{2} \cdot 2^2 - \frac{1000}{2} \cdot 5{,}66^2$$

$$p_1 = 85.982\,\text{Pa}.$$

Lösungsschritte – Fall 6

Die Frage nach dem Verlauf der Stromlinien lässt sich wie folgt beantworten. Hierin wird die Stromfunktion als jeweils konstante Größe festgelegt. Die im vorliegenden Fall vorgegebene Stromfunktion

$$\Psi(x; y) \equiv \Psi = \frac{c_\infty}{y_{\text{ref}}} \cdot x \cdot y$$

umgeformt zu

$$y = \frac{y_{\text{ref}}}{c_\infty} \cdot \Psi \cdot \frac{1}{x}$$

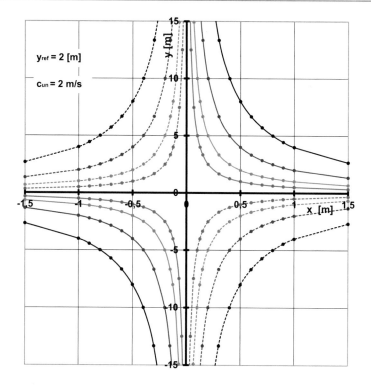

$$\text{—•—} \ \Psi = 0{,}5 \qquad \text{---•---} \ \Psi = -0{,}5 \qquad \text{—•—} \ \Psi = 1 \qquad \text{---•---} \ \Psi = -1$$

$$\text{—•—} \ \Psi = 2 \qquad \text{---•---} \ \Psi = -2 \qquad \text{—•—} \ \Psi = 4 \qquad \text{---•---} \ \Psi = -4$$

Abb. 5.1 Stromlinienverläufe zu Aufgabe 5.2

und mit den festgelegten Größen $c_\infty = 2 \, \frac{m}{s}$ sowie $y_{ref} = 2 \, m$ eingesetzt liefert

$$y = \frac{2}{2} \cdot \Psi \cdot \frac{1}{x}$$
$$y = \Psi \cdot \frac{1}{x}.$$

Die Auswertung dieser Gleichung für verschiedene Parameter Ψ ist in Abb. 5.1 zu erkennen. Bei den Kurvenverläufen handelt es sich um **Hyperbeln**.

5.3   Ebene Potentialströmung 3

Von einem ebenen Strömungsfeld ist die Potentialfunktion $\Phi(x; y)$ bekannt. Die nachstehenden Aufgaben sollen in detaillierten Schritten gelöst werden.

Gegeben $\Phi(x; y) = y \cdot x^2 - \dfrac{y^3}{3}$

Gesucht

1. Geschwindigkeitskomponenten $c_x(x, y)$ und $c_y(x, y)$
2. Stromfunktion $\Psi(x; y)$
3. Liegt eine Potentialströmung vor?
4. Stromlinienverlauf

Anmerkungen

$$c_x = \frac{\partial \Phi(x; y)}{\partial x}; \quad c_y = \frac{\partial \Phi(x; y)}{\partial y}; \quad c_x = \frac{\partial \Psi(x; y)}{\partial y}; \quad c_y = -\frac{\partial \Psi(x; y)}{\partial x}$$

Lösungsschritte – Fall 1

Zunächst zu den Geschwindigkeitskomponenten, die zur Lösung der Aufgabe benötigt werden. Sie lassen sich leicht mittels der gegebenen Potentialfunktion bestimmen.

Es lautet

$$c_x = \frac{\partial \left(y \cdot x^2 - \frac{y^3}{3} \right)}{\partial x}$$

und somit

$$c_x = 2 \cdot x \cdot y.$$

Des Weiteren ist

$$c_y = \frac{\partial \left(y \cdot x^2 - \frac{y^3}{3} \right)}{\partial y}.$$

Es folgt

$$c_y = x^2 - y^2.$$

Lösungsschritte – Fall 2

Mittels

$$c_x = \frac{\partial \Psi(x; y)}{\partial y}$$

umgeformt zu

$$\partial \Psi(x; y) = c_x \cdot \partial y$$

bzw.

$$\partial \Psi(x; y) = 2 \cdot x \cdot y \cdot \partial y.$$

Die Integration bei konstantem x liefert

$$\Psi(x; y) = 2 * x \cdot \int y \cdot \partial y$$

oder

$$\Psi(x; y) = 2 \cdot x \cdot \frac{y^2}{2} + C(x)$$

bzw.

$$\Psi(x; y) = x \cdot y^2 + C(x)$$

Die Ermittlung der Integrationskonstanten $C(x)$ gestaltet sich folgendermaßen.

O. g. Gleichung umgestellt

$$C(x) = \Psi(x; y) - x \cdot y^2$$

und nach x differenziert ergibt

$$\frac{\partial C(x)}{\partial x} = \frac{\Psi(x; y)}{\partial x} - \frac{\partial(x \cdot y^2)}{\partial x}.$$

also

$$\frac{\partial C(x)}{\partial x} = \frac{\Psi(x; y)}{\partial x} - y^2.$$

Da

$$\frac{\partial \Psi(x; y)}{\partial x} = -c_y \quad \text{und} \quad c_y = (x^2 - y^2)$$

wird

$$\frac{\partial C(x)}{\partial x} = -(x^2 - y^2) - y^2$$

bzw.

$$\frac{\partial C(x)}{\partial x} = -x^2$$

oder

$$\partial C(x) = -x^2 \cdot \partial x.$$

Die Integration liefert

$$C(x) = \int \partial C(x) = - \int x^2 \cdot \partial x$$

und schließlich

$$C(y) = -\frac{x^3}{3} + C.$$

Als Ergebnis folgt

$$\Psi(x; y) = x \cdot y^2 - \frac{1}{3} \cdot x^3 + C.$$

Lösungsschritte – Fall 3

Der Nachweis einer **Potentialströmung** ist erbracht, wenn Drehungsfreiheit (Wirbelfreiheit) und Kontinuität vorliegen. Die Zusammenhänge lauten wie folgt

Drehungsfreiheit:

$$\frac{\partial c_y}{\partial x} - \frac{\partial c_x}{\partial y} = 0$$

Kontinuität:

$$\frac{\partial c_x}{\partial x} + \frac{\partial c_y}{\partial y} = 0$$

Zunächst zur Drehungsfreiheit bei $c_x = 2 \cdot x \cdot y$ und $c_y = x^2 - y^2$.

Es lautet

$$\frac{\partial c_y}{\partial x} = \frac{\partial (x^2 - y^2)}{\partial x} = 2 \cdot x$$

sowie

$$\frac{\partial c_x}{\partial y} = \frac{\partial (2 \cdot x \cdot y)}{\partial y} = 2 \cdot x$$

also

$$2 \cdot x - 2 \cdot x = 0.$$

Drehungsfreiheit ist folglich nachgewiesen.

Jetzt zur Kontinuität bei $c_x = 2 \cdot x \cdot y$ und $c_y = x^2 - y^2$.

$$\frac{\partial c_x}{\partial x} = \frac{\partial (2 \cdot x \cdot y)}{\partial x} = 2 \cdot y$$

sowie

$$\frac{\partial c_y}{\partial y} = \frac{\partial (x^2 - y^2)}{\partial y} = -2 \cdot y.$$

Damit

$$2 \cdot y - 2 \cdot y = 0.$$

Auch der Nachweis der Kontinuität ist somit erbracht und somit sind die Kriterien der Potentialströmung erfüllt.

Lösungsschritte – Fall 4

Die Frage nach dem Verlauf der Stromlinien lässt sich wie folgt beantworten. Hierin wird die Stromfunktion als jeweils konstante Größe festgelegt. Die im vorliegenden Fall vorgegebene Stromfunktion mit $C = 0$ gesetzt

$$\Psi(x; y) = x \cdot y^2 - \frac{1}{3} \cdot x^3$$

zunächst umgeformt zu

$$x \cdot y^2 = \Psi(x; y) + \frac{1}{3} \cdot x^3$$

Abb. 5.2 Stromlinienverläufe
zu Aufgabe 5.3

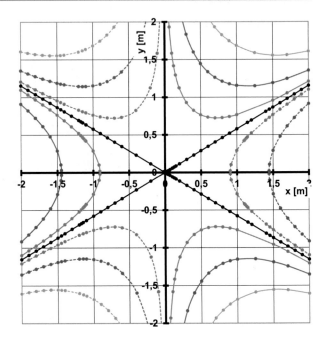

$$\text{——•—— } \Psi = 0 \qquad \text{——•—— } \Psi = 0{,}25 \qquad \text{---•--- } \Psi = -0{,}25$$

$$\text{——•—— } \Psi = 1 \qquad \text{---•--- } \Psi = -1 \qquad \text{——•—— } \Psi = 2{,}5$$

$$\text{---•--- } \Psi = -2{,}5$$

und dividiert durch x

$$y^2 = \frac{\Psi(x; y)}{x} + \frac{1}{3} \cdot x^2$$

und die Wurzel gezogen liefert das Ergebnis

$$y = \pm \sqrt{\frac{\Psi(x; y)}{x} + \frac{1}{3} \cdot x^2}.$$

Die Auswertung dieser Gleichung für verschiedene Parameter Ψ ist in Abb. 5.2 zu erkennen. Für $\Psi = 0$ reduziert sich der Zusammenhang auf

$$y = \pm x \cdot \frac{1}{\sqrt{3}}.$$

5.4 Wasserbecken mit senkrechtem Auslauf

In Abb. 5.3 ist im Längsschnitt ein Wasserbecken mit einem vertikal angeordneten zylindrischen Auslauf zu erkennen. Im Bereich $r \geq R_0$ sollen die Stromlinien aus der Überlagerung eines Potentialwirbels mit einer Senkenströmung gebildet werden, so wie dies vergleichsweise in Abschn. 4.6 mit der Quelleströmung und einem Potentialwirbel der Fall ist. Ab $r < R_0$ soll die Überlagerung nicht mehr zulässig sein. Durch den Auslauf fließt ein Volumenstrom $\dot{V}$ ab, wobei hierdurch die Höhen des Wasserspiegels sich zeitlich nicht ändern sollen. Ebenfalls in Abb. 5.3 dargestellt sind am Radius R_0 beispielhaft an vier Punkten die Geschwindigkeit c_0 mit ihren Komponenten c_{r_0} und c_{φ_0}. Am Radius R_0 lautet die Wasserhöhe h_0, am beliebigen Radius r dagegen $h(r)$. Gegenüber der Tangente an den Kreis R_0 schließt c_0 den Winkel α ein.

Gegeben R_0; h_0; $\dot{V}$; α

Gesucht

1. Ergiebigkeit E
2. Stromfunktion Ψ_{Ges} für $r \geq R_0$
3. Zirkulation Γ
4. Wasserhöhe $h(r)$ für $r \geq R_0$
5. Wasserhöhe h_∞ für $r \to \infty$
6. E, Γ und h_∞, wenn $R_0 = 0{,}10\,\text{m}$; $h_0 = 0{,}020\,\text{m}$; $\dot{V} = 0{,}5 \cdot 10^{-3}\,\frac{\text{m}^3}{\text{s}}$; $\alpha = 30°$
7. Stromlinienverlauf mittels Tabellenkalkulationsprogramm

Abb. 5.3 Offenes Wasserbecken mit senkrechtem Auslauf

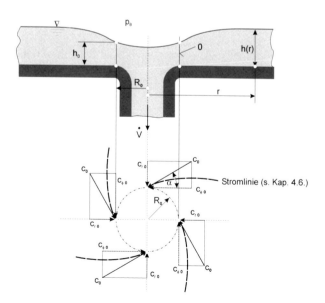

Abb. 5.4 Stromlinien der Senkenströmung Ψ_{S_i} und des Potentialwirbels Ψ_{PW_i}

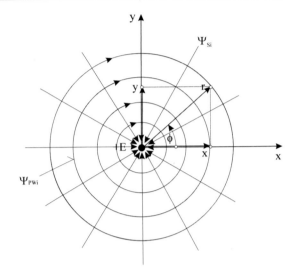

Lösungsschritte – Fall 1

Die Ergiebigkeit der Senke an der Stelle R_0 lautet $E = -\dfrac{\dot{V}}{h_0}$.

Lösungsschritte – Fall 2

Aufgrund der Voraussetzung, dass der Stromfunktion für $r \geq R_0$ die Überlagerung der Senkenströmung mit dem Potentialwirbel gemäß Abb. 5.4 zugrunde liegen soll, kann Ψ_{Ges} in folgenden Schritten hergeleitet werden.

Es gilt

$$\Psi_{Ges} = \Psi_S + \Psi_{PW}.$$

Mit den bekannten Zusammenhängen der Stromfunktionen der Senke

$$\Psi_S = -\frac{E}{2 \cdot \pi} \cdot \widehat{\varphi}$$

und des Potentialwirbels

$$\Psi_{PW} = +\frac{\Gamma}{2 \cdot \pi} \cdot \ln r$$

im Uhrzeigersinn und $r \geq R_0$ folgt

$$\Psi_{Ges} = -\frac{E}{2 \cdot \pi} \cdot \widehat{\varphi} + \frac{\Gamma}{2 \cdot \pi} \cdot \ln r.$$

Lösungsschritte – Fall 3

Die Zirkulation lautet allgemein

$$\Gamma = 2 \cdot \pi \cdot c(r) \cdot r.$$

Auf den vorliegenden Fall bei $r = R_0$ übertragen erhält man mit $c(r) \equiv c_{\varphi_0}(R_0)$

$$\Gamma = 2 \cdot \pi \cdot c_{\varphi_0} \cdot R_0.$$

c_{φ_0} lässt sich aus

$$\tan \alpha = \frac{c_{r_0}}{c_{\varphi_0}}$$

anschreiben zu

$$c_{\varphi_0} = \frac{c_{r_0}}{\tan \alpha}.$$

Die noch fehlende Komponente c_{r_0} steht in Verbindung mit dem Durchflussgesetz

$$\dot{V} = c_{r_0} \cdot A_0,$$

wobei A_0 mit

$$A_0 = 2 \cdot \pi \cdot R_0 \cdot h_0$$

beschrieben wird. Dies führt zu

$$c_{r_0} = \frac{\dot{V}}{A_0} = \frac{\dot{V}}{2 \cdot \pi \cdot R_0 \cdot h_0}.$$

Die so gefundenen Zusammenhänge in die o. g. Zirkulation eingesetzt

$$\Gamma = 2 \cdot \pi \cdot \frac{\dot{V}}{2 \cdot \pi \cdot R_0 \cdot h_0 \cdot \tan \alpha} \cdot R_0$$

liefern das Resultat

$$\Gamma = \frac{\dot{V}}{h_0 \cdot \tan \alpha}.$$

Lösungsschritte – Fall 4

Zur Ermittlung der Wasserhöhe $h(r)$ an einem beliebigen Radius $r \geq R_0$ bedient man sich sinnvoller Weise der Bernoulli'schen Energiegleichung an der Oberfläche bei R_0 und r wie folgt.

$$\frac{p_0}{\rho} + \frac{c_0^2}{2} + g \cdot Z_0 = \frac{p(r)}{\rho} + \frac{c^2(r)}{2} + g \cdot Z(r).$$

Wegen $p_0 = p(r) = p_B$ und $Z_0 = h_0$ sowie $Z(r) = h(r)$ erhält man zunächst

$$\frac{c_0^2}{2} + g \cdot h_0 = \frac{c^2(r)}{2} + g \cdot h(r)$$

oder nach $h(r)$ aufgelöst

$$h(r) = \frac{c_0^2}{2 \cdot g} - \frac{c^2(r)}{2 \cdot g} + h_0.$$

Nun zu den noch fehlenden Geschwindigkeitsquadraten c_0^2 und $c^2(r)$:

c_0^2 Gemäß Pythagoras folgt

$$c_0^2 = c_{\varphi_0}^2 + c_{r_0}^2.$$

Mit

$$c_{r_0} = \frac{\dot{V}}{2 \cdot \pi \cdot R_0 \cdot h_0} \quad \text{sowie} \quad c_{\varphi_0} = \frac{c_{r_0}}{\tan \alpha}$$

und somit

$$c_{\varphi_0} = \frac{\dot{V}}{2 \cdot \pi \cdot R_0 \cdot h_0 \cdot \tan \alpha}$$

erhält man

$$c_0^2 = \left(\frac{\dot{V}}{2 \cdot \pi \cdot R_0 \cdot h_0 \cdot \tan \alpha} \right)^2 + \left(\frac{\dot{V}}{2 \cdot \pi \cdot R_0 \cdot h_0} \right)^2$$

oder nach Ausklammern und Umstellen

$$c_0^2 = \left(\frac{\dot{V}}{2 \cdot \pi \cdot R_0 \cdot h_0} \right)^2 \cdot \left(1 + \frac{1}{\tan^2 \alpha} \right).$$

Mit $\sin^2 \alpha + \cos^2 = 1$ und $\tan \alpha = \frac{\sin \alpha}{\cos \alpha}$ erhält man auch

$$c_0^2 = \left(\frac{\dot{V}}{2 \cdot \pi \cdot R_0 \cdot h_0} \right)^2 \cdot \frac{1}{\sin^2 \alpha}.$$

$c^2(r)$ Im Fall des Potentialwirbels ist die Zirkulation Γ konstant (Abschn. 2.5), d. h.

$$\Gamma_0 = \Gamma = c_{\varphi 0} \cdot R_0 = c_\varphi(r) \cdot r.$$

Nach $c_\varphi(r)$ umgeformt liefert dann

$$c_\varphi(r) = c_{\varphi 0} \cdot \frac{R_0}{r}.$$

Des Weiteren ist der Winkel α entlang den Stromlinien bei Überlagerung von Quelleströmung (bzw. Senken-) und Potentialwirbel („log. Spirale" gemäß Abschn. 4.6) konstant. Dann kann man schreiben

$$\cos\alpha = \frac{c_\varphi(r)}{c(r)} = \frac{c_{\varphi 0}}{c_0}$$

bzw. umgestellt

$$c_\varphi(r) = c(r) \cdot \frac{c_{\varphi 0}}{c_0}.$$

Die beiden Zusammenhänge für $c_\varphi(r)$ liefern zunächst

$$c(r) \cdot \frac{c_{\varphi 0}}{c_0} = c_{\varphi 0} \cdot \frac{R_0}{r}$$

oder als Resultat

$$c^2(r) = c_0^2 \cdot \frac{R_0^2}{r^2}.$$

Die beiden Ergebnissen für c_0^2 und $c^2(r)$ in die Ausgangsgleichung von $h(r)$ eingesetzt

$$h(r) = h_0 + \frac{c_0^2}{2 \cdot g} - \frac{c_0^2}{2 \cdot g} \cdot \frac{R_0^2}{r^2}$$

liefert

$$h(r) = h_0 + \frac{c_0^2}{2 \cdot g} \cdot \left(1 - \frac{R_0^2}{r^2}\right).$$

Benutzt man jetzt noch das Resultat für c_0^2, so erhält man die gesuchte Höhe $h(r)$ wie folgt

$$h(r) = h_0 + \frac{1}{2 \cdot g} \cdot \left(\frac{\dot{V}}{2 \cdot \pi \cdot R_0 \cdot h_0}\right)^2 \cdot \frac{1}{\sin^2\alpha} \cdot \left(1 - \frac{R_0^2}{r^2}\right)$$

bzw.

$$h(r) = h_0 + \frac{1}{8 \cdot g} \cdot \left(\frac{\dot{V}}{\pi \cdot R_0 \cdot h_0 \cdot \sin\alpha}\right)^2 \cdot \left(1 - \frac{R_0^2}{r^2}\right).$$

Lösungsschritte – Fall 5

Wenn $r \to \infty$ strebt, wird $\frac{R_0^2}{r^2} \to 0$ laufen und folglich der Klammerausdruck $(1 - \frac{R_0^2}{r^2}) \to 1$. Damit resultiert als maximale Höhe h_∞

$$h_\infty = h_0 + \frac{1}{8 \cdot g} \cdot \left(\frac{\dot{V}}{\pi \cdot R_0 \cdot h_0 \cdot \sin \alpha} \right)^2.$$

Lösungsschritte – Fall 6

Mit den Daten

$$R_0 = 0{,}10 \, \text{m}; \quad h_0 = 0{,}020 \, \text{m}; \quad \dot{V} = 0{,}5 \cdot 10^{-3} \, \frac{\text{m}^3}{\text{s}}; \quad \alpha = 30°$$

erhält man

$$E = -\frac{0{,}5}{10^3 \cdot 0{,}020}$$

$$E = -0{,}025 \, \frac{\text{m}^2}{\text{s}}$$

$$\Gamma = \frac{0{,}5}{10^3 \cdot 0{,}020 \cdot \tan 30°}$$

$$\Gamma = 0{,}0433 \, \frac{\text{m}^2}{\text{s}}$$

$$h_\infty = 0{,}020 + \frac{1}{8 \cdot 9{,}81} \cdot \left(\frac{0{,}5}{\pi \cdot 10^3 \cdot 0{,}10 \cdot 0{,}02 \cdot \sin 30°} \right)^2$$

$$h_\infty = 0{,}0203 \, \text{m}$$

Lösungsschritte – Fall 7

Für die Stromlinien wird der Zusammenhang $y(x; \Psi_{\text{Ges}} = \text{konst.})$ gesucht. Da auch hier die Stromfunktion Ψ_{Ges} in kartesischen Koordinaten implizit vorliegt, wird über den Umweg mit Polarkoordinaten der Zusammenhang $y(x; \Psi_{\text{Ges}} = \text{konst.})$ ermittelt. Die nachfolgenden Zusammenhänge lassen sich für alle Stromlinien anwenden. Insofern wird auf eine weitere Indizierung $i = 1, 2, 3, 4, \ldots$ verzichtet. Zur Bestimmung und Darstellung der Stromlinien mit einem Tabellenkalkulationsprogramm (hier EXCEL) wird folgender Ansatz verwendet:

$$\Psi_{\text{Ges}}(r, \varphi) = -\frac{E}{2 \cdot \pi} \cdot \varphi + \frac{\Gamma}{2 \cdot \pi} \cdot \ln r.$$

Das Umstellen nach dem Radius r führt zunächst zu

$$\frac{\Gamma}{2 \cdot \pi} \cdot \ln r = \Psi_{\text{Ges}}(r, \varphi) + \frac{E}{2 \cdot \pi} \cdot \varphi.$$

Mit $\frac{2 \cdot \pi}{\Gamma}$ multipliziert liefert

$$\ln r = \frac{2 \cdot \pi}{\Gamma} \cdot \left(\Psi_{\text{Ges}}(r, \varphi) + \frac{E}{2 \cdot \pi} \cdot \varphi \right)$$

oder mit $e^{\ln a} = a$

$$r = e^{\frac{2 \cdot \pi}{\Gamma} \cdot \left(\Psi_{\text{Ges}}(r, \varphi) + \frac{E}{2 \cdot \pi} \cdot \varphi \right)}.$$

Mit den oben ermittelten Zusammenhängen lassen sich alle Punkte der Stromlinien mit jeweils $\Psi_{\text{Ges}_i} = $ konst. ermitteln. Die nachstehenden Schritte werden exemplarisch für eine Stromlinie $\Psi_{\text{Ges}} = $ konst. beschrieben. Die Erweiterung auf die i-Stromlinien erfolgt analog hierzu. Die jeweils vorgegebenen Größen sind E, Γ sowie die gewählte Stromfunktion Ψ_{Ges} als Kurvenparameter. Dann führen folgende Schritte zur Lösung.

1.	E	vorgeben
2.	Γ	vorgeben
3.	$\Psi_{\text{Ges}}(r, \varphi)$	als Parameter vorgeben
4.	$\widehat{\varphi}$	als Variable wählen
5.	r (s. o.)	somit bekannt
6.	$y = r \cdot \sin \varphi$	somit bekannt
7.	$x = r \cdot \cos \varphi$	somit bekannt

Zahlenbeispiel

1.	$E = -0{,}025 \, \frac{\text{m}^2}{\text{s}}$	vorgegeben
2.	$\Gamma = 0{,}0433 \, \frac{\text{m}^2}{\text{s}}$	vorgegeben
3.	$\Psi_{\text{Ges}} = 0{,}004 \, \frac{\text{m}^2}{\text{s}}$	als Parameter gewählt
4.	$\varphi° = 120° \equiv \widehat{\varphi} = 2{,}094$	als Variable gewählt
5.	$r = e^{\frac{2 \cdot \pi}{0{,}0433} \cdot \left(0{,}004 - \frac{0{,}025}{2 \cdot \pi} \cdot 2{,}094 \right)}$	$= 0{,}533 \, \text{m}$
6.	$x = 0{,}533 \cdot \cos 120°$	$= -0{,}266 \, \text{m}$
7.	$y = 0{,}533 \cdot \sin 120°$	$= 0{,}462 \, \text{m}$

Damit ist ein Punkt $P(x; y) = P(-0{,}266 \, \text{m}; 0{,}462 \, \text{m})$ der Stromlinie $\Psi_{\text{Ges}} = 0{,}004 \, \frac{\text{m}^2}{\text{s}}$ bekannt. Dieser Punkt ist in Abb. 5.5 größer dargestellt. Durch Variation von φ lassen sich nach der gezeigten Vorgehensweise weitere Punkte für $\Psi_{\text{Ges}} = 0{,}004 \, \frac{\text{m}^2}{\text{s}}$ finden. Das gleiche Procedere wird für alle anderen Stromlinien Ψ_{Ges_i} angewendet. Das Ergebnis dieser Auswertungen für eine willkürlich gewählte Anzahl von Stromlinien ist Abb. 5.5 zu entnehmen.

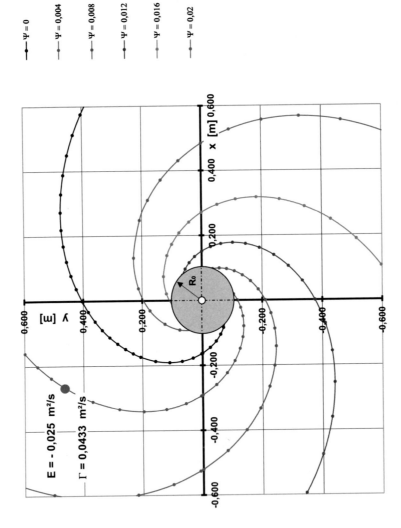

Abb. 5.5 Stromlinien für den vorliegenden Fall der Überlagerung der Senkenströmung und Potentialwirbel

5.5 Umströmter Zylinder

Gemäß Abb. 5.6 wird ein Zylinder von einem Fluid mit c_∞ senkrecht zu seiner y-Achse angeströmt. Die Stromlinien können gemäß Abschn. 4.4 aus der Überlagerung einer Parallelströmung mit einer Dipolströmung dargestellt werden. Folgende zwei Aufgaben sind zu lösen.

Gegeben c_∞; p_∞; R

Gesucht

1. Kurvenverlauf (Isobare) mit $p(r, \varphi) = p_\infty$
2. Verlauf des Druckbeiwerts $c_p(\varphi)$ entlang eines Kreises mit dem Radius $r = 2 \cdot R$.

Lösungsschritte – Fall 1
Der $c_p(r; \varphi)$-Wert ist definiert mit

$$c_p(r, \varphi) = \frac{(p(r, \varphi) - p_\infty)}{\rho \cdot \frac{c_\infty^2}{2}}.$$

Aus der Bedingung für die gesuchte Isobare $p(r, \varphi) = p_\infty$ erhält man

$$c_p(r, \varphi) = 0.$$

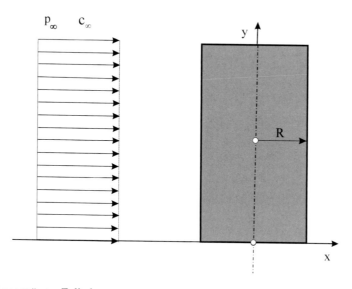

Abb. 5.6 Angeströmter Zylinder

Des Weiteren konnte gemäß Abschn. 4.4 hergeleitet werden

$$c_p(r, \varphi) = 2 \cdot \frac{R^2}{r^2} - 4 \cdot \frac{R^2}{r^2} \cdot \sin^2 \varphi - \frac{R^4}{r^4}.$$

Somit folgt

$$0 = 2 \cdot \frac{R^2}{r^2} - 4 \cdot \frac{R^2}{r^2} \cdot \sin^2 \varphi - \frac{R^4}{r^4}$$

und dann noch $\frac{R^2}{r^2}$ ausgeklammert liefert

$$0 = \frac{R^2}{r^2} \cdot \left(2 - 4 \cdot \sin^2 \varphi - \frac{R^2}{r^2} \right).$$

Dies führt zu

$$2 - 4 \cdot \sin^2 \varphi - \frac{R^2}{r^2} = 0$$

oder

$$\frac{R^2}{r^2} = 2 - 4 \cdot \sin^2 \varphi$$

und schließlich durch Umstellen

$$r^2 = \frac{R^2}{2 \cdot (1 - 2 \cdot \sin^2 \varphi)}$$

bzw.

$$r = R \cdot \sqrt{\frac{1}{2 \cdot (1 - 2 \cdot \sin^2 \varphi)}}.$$

Da des Weiteren

$$(1 - 2 \cdot \sin^2 \varphi) = \cos(2 \cdot \varphi)$$

lautet das Ergebnis der gesuchten Isobaren $p(r, \varphi) = p_\infty$

$$r = R \cdot \sqrt{\frac{1}{2 \cdot \cos(2 \cdot \varphi)}}.$$

Die Darstellung mittels **kartesischer Koordinaten** lässt sich wie folgt durchführen. O. g. Zusammenhang quadriert sowie $\cos(2 \cdot \varphi) = 1 - 2 \cdot \sin^2 \varphi$ benutzt führt zu

$$r^2 = \frac{R^2}{2 \cdot (1 - 2 \cdot \sin^2 \varphi)}.$$

Des Weiteren

$$\sin^2 \varphi = \frac{y^2}{r^2}$$

eingesetzt liefert zunächst

$$r^2 = \frac{R^2}{2 \cdot \left(1 - 2 \cdot \frac{y^2}{r^2}\right)}$$

oder auch

$$r^2 = \frac{R^2}{2 \cdot \left(\frac{r^2 - 2 \cdot y^2}{r^2}\right)}$$

bzw.

$$1 = \frac{R^2}{2 \cdot (r^2 - 2 \cdot y^2)}.$$

Mit $r^2 = x^2 + y^2$ gilt

$$1 = \frac{R^2}{2 \cdot (x^2 + y^2 - 2 \cdot y^2)}$$

und dann

$$1 = \frac{R^2}{2 \cdot (x^2 - y^2)}.$$

Die Multiplikation mit $\frac{2 \cdot (x^2 - y^2)}{R^2}$ ergibt

$$\frac{2 \cdot (x^2 - y^2)}{R^2} = 1$$

bzw. umgestellt

$$\frac{x^2}{\left(\frac{R^2}{2}\right)} - \frac{y^2}{\left(\frac{R^2}{2}\right)} = 1.$$

Substituiert man ($a^2 = \frac{R^2}{2}$) entsteht

$$\frac{x^2}{a^2} - \frac{y^2}{a^2} = 1.$$

Dies ist die Gleichung einer **gleichseitigen Hyperbel**.

Lösungsschritte – Fall 2

Zur Lösung der hier gestellten Frage wird wieder die Gleichung des Druckbeiwertes $c_p(r, \varphi)$ verwendet (s. o.)

$$c_p(r, \varphi) = 2 \cdot \frac{R^2}{r^2} - 4 \cdot \frac{R^2}{r^2} \cdot \sin^2 \varphi - \frac{R^4}{r^4},$$

jetzt für den vorgegebenen Radius $r = 2 \cdot R$. Dies eingesetzt liefert zunächst

$$c_p(2 \cdot R, \varphi) = 2 \cdot \frac{R^2}{4 \cdot R^2} - 4 \cdot \frac{R^2}{4 \cdot R^2} \cdot \sin^2 \varphi - \frac{R^4}{16 \cdot R^4}$$

oder

$$c_p(2 \cdot R, \varphi) = \frac{1}{2} - \frac{1}{16} - \sin^2 \varphi.$$

Das Resultat lautet dann

$$c_p(2 \cdot R, \varphi) = \frac{7}{16} - \sin^2 \varphi.$$

5.6 Schräg angeströmter Zylinder mit Bohrungen

In Abb. 5.7 ist der Querschnitt durch einen Zylinder zu erkennen. Zwei Bohrungen 1 und 2 sind mit einem Differenzdruckmessgerät verbunden (hier nicht zu erkennen). Die beiden Bohrungen weisen zur x-Achse jeweils den Winkel α auf. Der Zylinder wird mit der Geschwindigkeit c_∞ unter dem Winkel ε zur x-Achse angeströmt. Hierbei entsteht ein Druckunterschied Δp zwischen den beiden Bohrungen, der u. a. vom Anströmwinkel ε abhängt.

Gegeben c_∞; ρ; α

Gesucht

1. $\Delta p = f(\varepsilon)$
2. Wie groß muss α werden, um bei jedem Winkel ε jeweils Δp_{max} zu erhalten?

Abb. 5.7 Schräg angeströmter Zylinder

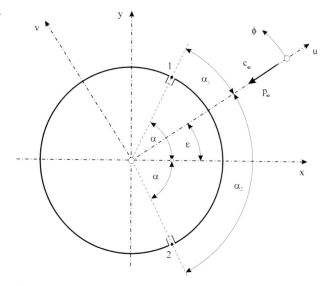

Lösungsschritte – Fall 1

Ausgangspunkt ist die Bernoulli'sche Energiegleichung, die man einmal an den Punkten ∞ und 1 und zweitens an den Punkten ∞ und 2 ansetzen kann. Höhenglieder werden hierbei nicht berücksichtigt.

Stelle ∞ und 1

$$\frac{p_\infty}{\rho} + \frac{c_\infty^2}{2} = \frac{p_1}{\rho} + \frac{c_1^2}{2}$$

Umgeformt führt zu

$$\frac{p_1}{\rho} - \frac{p_\infty}{\rho} = \frac{c_\infty^2}{2} - \frac{c_1^2}{2}$$

oder

$$\frac{p_1}{\rho} - \frac{p_\infty}{\rho} = \frac{c_\infty^2}{2} \cdot \left(1 - \frac{c_1^2}{c_\infty^2}\right).$$

Dividiert durch $\frac{c_\infty^2}{2}$ liefert

$$\frac{(p_1 - p_\infty)}{\rho \cdot \frac{c_\infty^2}{2}} = \left(1 - \frac{c_1^2}{c_\infty^2}\right).$$

Dies ist aber nichts anderes als der Druckbeiwert c_{p_1}, also

$$c_{p_1} = \frac{(p_1 - p_\infty)}{\rho \cdot \frac{c_\infty^2}{2}}.$$

Stelle ∞ und 2   Analog gilt hier

$$c_{p_2} = \frac{(p_2 - p_\infty)}{\rho \cdot \frac{c_\infty^2}{2}}.$$

Löst man beide Gleichungen jetzt nach p_∞ auf, so erhält man

$$p_\infty = p_1 - c_{p_1} \cdot \rho \cdot \frac{c_\infty^2}{2}$$

und

$$p_\infty = p_2 - c_{p_2} \cdot \rho \cdot \frac{c_\infty^2}{2}.$$

Das Gleichsetzen liefert

$$p_1 - c_{p_1} \cdot \rho \cdot \frac{c_\infty^2}{2} = p_2 - c_{p_2} \cdot \rho \cdot \frac{c_\infty^2}{2}$$

oder als Zwischenergebnis mit $\Delta p = (p_1 - p_2)$

$$\frac{(p_1 - p_2)}{\rho \cdot \frac{c_\infty^2}{2}} = \frac{\Delta p}{\rho \cdot \frac{c_\infty^2}{2}} = (c_{p_1} - c_{p_2}).$$

Nun zu den beiden Druckbeiwerten. Gemäß Abschn. 4.4 liegt der Zylinderumströmung eine zur x-Achse parallele Zuströmung von c_∞ zugrunde. Hierfür wurde der Druckbeiwert an der Zylinderoberfläche zu

$$c_p(\varphi) = 1 - 4 \cdot \sin^2 \varphi$$

hergeleitet. Da im vorliegenden Fall die Zuströmung unter dem Winkel ε zur x-Achse erfolgt, wird ein neues Koordinatensystem u-v derart gewählt, dass c_∞ in der u-Achse liegt. Der Winkel φ startet somit auch von dieser neuen Achse. Somit wird gemäß Abb. 5.7
c_p an der Stelle 1:

$$c_{p_1} = 1 - 4 \cdot \sin^2 \alpha_1$$

c_p an der Stelle 2:

$$c_{p_2} = 1 - 4 \cdot \sin^2(360° - \alpha_2).$$

Da weiterhin

$$\sin(360° - \alpha_2) = -\sin\alpha_2$$

folgt

$$c_{p_2} = 1 - 4 \cdot \sin^2\alpha_2.$$

Setzen wir dies in die Gleichung für Δp ein, so entsteht zunächst

$$\frac{\Delta p}{\rho \cdot \frac{c_\infty^2}{2}} = (1 - 4 \cdot \sin^2\alpha_1 - 1 + 4 \cdot \sin^2\alpha_2)$$

oder

$$\frac{\Delta p}{\rho \cdot \frac{c_\infty^2}{2}} = 4 \cdot (\sin^2\alpha_2 - \sin^2\alpha_1).$$

Hierin müssen jetzt noch die Winkel α_1 und α_2 in Verbindung gebracht werden mit dem gegebenen Winkel α und dem Winkel ε. Diese Zusammenhänge lauten wie folgt

$$\alpha_1 = (\alpha - \varepsilon) \quad \text{und} \quad \alpha_2 = (\alpha + \varepsilon).$$

In o. g. Gleichung eingefügt liefert zunächst

$$\Delta p = 2 \cdot \rho \cdot c_\infty^2 \cdot (\sin^2(\alpha + \varepsilon) - \sin^2(\alpha - \varepsilon)).$$

Mittels der Additionstheoreme trigonometrischer Funktionen lässt sich auch schreiben

$$\sin(\alpha + \varepsilon) = \sin\alpha \cdot \cos\varepsilon + \cos\alpha \cdot \sin\varepsilon$$

sowie

$$\sin(\alpha - \varepsilon) = \sin\alpha \cdot \cos\varepsilon - \cos\alpha \cdot \sin\varepsilon.$$

Somit erhält man

$$\Delta p = 2 \cdot \rho \cdot c_\infty^2 \cdot ((\sin\alpha \cdot \cos\varepsilon + \cos\alpha \cdot \sin\varepsilon)^2 - (\sin\alpha \cdot \cos\varepsilon - \cos\alpha \cdot \sin\varepsilon)^2).$$

Die Klammerausdrücke ausquadriert ergibt zunächst

$$(\sin\alpha \cdot \cos\varepsilon + \cos\alpha \cdot \sin\varepsilon)^2$$
$$= \sin^2\alpha \cdot \cos^2\varepsilon + 2 \cdot \sin\alpha \cdot \cos\varepsilon \cdot \cos\alpha \cdot \sin\varepsilon + \cos^2\alpha \cdot \sin^2\varepsilon$$
$$(\sin\alpha \cdot \cos\varepsilon - \cos\alpha \cdot \sin\varepsilon)^2$$
$$= \sin^2\alpha \cdot \cos^2\varepsilon - 2 \cdot \sin\alpha \cdot \cos\varepsilon \cdot \cos\alpha \cdot \sin\varepsilon + \cos^2\alpha \cdot \sin^2\varepsilon.$$

Die Subtraktion der Klammerausdrücke liefert

$$(\sin\alpha \cdot \cos\varepsilon + \cos\alpha \cdot \sin\varepsilon)^2 - (\sin\alpha \cdot \cos\varepsilon - \cos\alpha \cdot \sin\varepsilon)^2$$

$$= \sin^2\alpha \cdot \cos^2\varepsilon + 2 \cdot \sin\alpha \cdot \cos\varepsilon \cdot \cos\alpha \cdot \sin\varepsilon + \cos^2\alpha \cdot \sin^2\varepsilon$$

$$- \sin^2\alpha \cdot \cos^2\varepsilon + 2 \cdot \sin\alpha \cdot \cos\varepsilon \cdot \cos\alpha \cdot \sin\varepsilon - \cos^2\alpha \cdot \sin^2\varepsilon$$

$$= 4 \cdot \sin\alpha \cdot \cos\alpha \cdot \sin\varepsilon \cdot \cos\varepsilon$$

Wieder oben eingesetzt führt zunächst zu

$$\Delta p = 8 \cdot \rho \cdot c_\infty^2 \cdot \sin\alpha \cdot \cos\alpha \cdot \sin\varepsilon \cdot \cos\varepsilon.$$

Eine weitere Vereinfachung kann wie folgt vorgenommen werden. Ein weiteres Additionstheorem lautet

$$\sin\alpha \cdot \cos\alpha = \frac{1}{2} \cdot \sin(2 \cdot \alpha)$$

bzw.

$$\sin\varepsilon \cdot \cos\varepsilon = \frac{1}{2} \cdot \sin(2 \cdot \varepsilon).$$

Als Ergebnis kann man jetzt schreiben

$$\Delta p = 8 \cdot \rho \cdot c_\infty^2 \cdot \frac{1}{2} \cdot \sin(2 \cdot \alpha) \cdot \frac{1}{2} \cdot \sin(2 \cdot \varepsilon)$$

und schließlich

$$\Delta p = 2 \cdot \rho \cdot c_\infty^2 \cdot \sin(2 \cdot \alpha) \cdot \sin(2 \cdot \varepsilon).$$

Lösungsschritte – Fall 2

Der jeweils größte Druckunterschied bei unterschiedlichen Winkeln ε entsteht dann, wenn der Winkel

$$\alpha = \frac{\pi}{2} \equiv 90°$$

gewählt wird. In diesem Fall wird $\sin(2 \cdot \alpha) = \sin(2 \cdot \frac{\pi}{2}) = 1$ und folglich

$$\Delta p_{max}(\varepsilon) = 2 \cdot \rho \cdot c_\infty^2 \cdot \sin(2 \cdot \varepsilon)$$

5.7 Zylindrischer Brückenpfeiler

Ein zylindrischer Brückenpfeiler wird von einem Fluss horizontal angeströmt. Dies ist in Abb. 5.8 sowohl im Längsschnitt als auch im Grundriss zu erkennen. Wichtige Größen sind dort ebenfalls eingetragen. Geschwindigkeit und Wasserhöhe weit vor dem Pfeiler lauten c_∞ und h_∞; der Pfeiler weist den Radius R auf. Die Wasserhöhe an der Pfeilerkontur ändert sich in Abhängigkeit vom Winkel φ.

Gegeben c_∞; h_∞; ρ; g

Gesucht

1. $h_K(\varphi)$
2. $h_K(\varphi = 0°$ und $\varphi = 180°)$
3. $h_{K_{min}}$
4. Pkte. 2. und 3., wenn $c_\infty = 1\,\frac{m}{s}$; $h_\infty = 6\,m$; $g = 9{,}81\,\frac{m}{s^2}$.

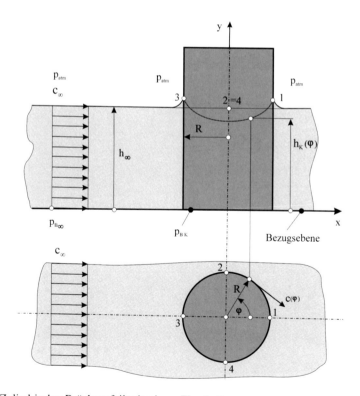

Abb. 5.8 Zylindrischer Brückenpfeiler in einem Flussbett

Anmerkungen

c_∞ Homogene Zuströmgeschwindigkeit weit vor dem Pfeiler

$c(\varphi)$ Geschwindigkeit an der Kontur des Pfeilers (tangiert diesen)

h_∞ Wasserhöhe weit vor dem Pfeiler

$h_K(\varphi)$ Wasserhöhe an der **K**ontur des Pfeilers bei dem Winkel φ

$p_{B\infty}$ **B**odendruck weit vor dem Pfeiler

$p_{B_K}(\varphi)$ **B**odendruck an der Kontur des Pfeilers bei dem Winkel φ

Lösungsschritte – Fall 1

Bei der Ermittlung der Höhe $h_K(\varphi)$ geht man von der Bernoulli'schen Energiegleichung aus. Diese wird an den Stellen ∞ der Bezugsebene (hier der Flussboden) und an der Kontur $r = R$ beim Winkel φ angesetzt

$$\frac{p_{B\infty}}{\rho} + \frac{c_\infty^2}{2} = \frac{p_{B_K}(\varphi)}{\rho} + \frac{c^2(\varphi)}{2}.$$

Nach Druck- und Geschwindigkeitsgliedern umsortiert liefert

$$\frac{p_{B_K}(\varphi)}{\rho} - \frac{p_{B\infty}}{\rho} = \frac{c_\infty^2}{2} - \frac{c^2(\varphi)}{2}$$

oder

$$\frac{(p_{B_K}(\varphi) - p_{B\infty})}{\rho} = \frac{c_\infty^2}{2} \cdot \left(1 - \frac{c^2(\varphi)}{c_\infty^2}\right).$$

Dividiert durch $\frac{c_\infty^2}{2}$ führt zu

$$\frac{(p_{B_K}(\varphi) - p_{B\infty})}{\frac{\rho}{2} \cdot c_\infty^2} = \left(1 - \frac{c^2(\varphi)}{c_\infty^2}\right).$$

Das entspricht dem Druckbeiwert, der an der Zylinderwand wie folgt lautet

$$c_{pB}(\varphi) = \frac{(p_{B_K}(\varphi) - p_{B\infty})}{\frac{\rho}{2} \cdot c_\infty^2}$$

und gemäß Abschn. 4.4

$$c_{pB}(\varphi) = \left(1 - \frac{c^2(\varphi)}{c_\infty^2}\right) = (1 - 4 \cdot \sin^2 \varphi).$$

Dies liefert dann

$$\frac{(p_{B_K}(\varphi) - p_{B\infty})}{\frac{\rho}{2} \cdot c_\infty^2} = (1 - 4 \cdot \sin^2 \varphi)$$

oder umgeformt

$$(p_{B_K}(\varphi) - p_{B_\infty}) = \frac{\rho}{2} \cdot c_\infty^2 \cdot (1 - 4 \cdot \sin^2 \varphi).$$

Wir ersetzen noch die beiden Bodendrücke $p_{B_K}(\varphi)$ und p_{B_∞} mit

$$p_{B_K}(\varphi) = p_{atm} + \rho \cdot g \cdot h_K(\varphi)$$

sowie

$$p_{B_\infty} = p_{atm} + \rho \cdot g \cdot h_\infty.$$

Damit erhalten wir zunächst

$$(p_{atm} + \rho \cdot g \cdot h_K(\varphi) - p_{atm} - \rho \cdot g \cdot h_\infty) = \frac{\rho}{2} \cdot c_\infty^2 \cdot (1 - 4 \cdot \sin^2 \varphi)$$

bzw. nach Umstellen und Division durch $\rho \cdot g$ das gesuchte Resultat

$$h_K(\varphi) = h_\infty + \frac{1}{2 \cdot g} \cdot c_\infty^2 \cdot (1 - 4 \cdot \sin^2 \varphi).$$

Man sieht, dass sich die Wasserhöhe $h_K(\varphi)$ am Zylinderumfang unterschiedlich einstellt.

Lösungsschritte – Fall 2

$h_K(0°; 180°)$ Unter Verwendung der Winkel $\varphi = 0°$ und $\varphi = 180°$ an den Stellen 1 und 3 wird $\sin 0° = 0$ ebenso wie $\sin 180° = 0$. Das hat dann

$$h_K(0°; 180°) = h_\infty + \frac{1}{2 \cdot g} \cdot c_\infty^2$$

zur Folge.

Lösungsschritte – Fall 3

$h_{K_{min}}$ Im Fall von $(\sin \varphi)_{max}$ erreicht h_K den Kleinstwert. Dies ist bei $\varphi = 90°$ bzw. $270°$ an den Stellen 2 und 4 der Fall, da hier $\sin \varphi = 1$ wird. Dann entsteht

$$h_K(\varphi) = h_\infty + \frac{1}{2 \cdot g} \cdot c_\infty^2 \cdot (1 - 4)$$

oder als Resultat

$$h_{K_{min}} = h_\infty - 3 \cdot \frac{c_\infty^2}{2 \cdot g}.$$

Lösungsschritte – Fall 4

Mit $c_\infty = 1\,\frac{\text{m}}{\text{s}}$; $h_\infty = 6\,\text{m}$; $g = 9{,}81\,\frac{\text{m}}{\text{s}^2}$ erhält man

$$h_K(0°; 180°) = 6 + \frac{1}{2 \cdot 9{,}81} \cdot 1^2$$

$$h_K(0°; 180°) = 6{,}05\,\text{m}$$

und

$$h_{K_{\min}} = 6 - 3 \cdot \frac{1^2}{2 \cdot 9{,}81}$$

$$h_{K_{\min}} = 5{,}85\,\text{m}.$$

5.8 Quer angeströmtes Hallendach

In Abb. 5.9 ist ein Glasdach zu erkennen, welches auf zwei kreissegmentförmigen Mauern abgelegt ist. Die so gebildete Halle wird einseitig einem Luftstrom ausgesetzt. In der dem Luftstrom zugewandten Mauer ist eine Öffnung vorgesehen. Das Glasdach in Verbindung mit den Mauern weisen einen halbkreisförmigen Querschnitt auf. Die stirnseitigen Flächen der Halle sind abgedeckt (in der Abb. 5.9 nicht erkennbar), sodass nur über die genannte Öffnung eine Verbindung nach außen besteht. Mittels der weiter unten genannten Größen soll überprüft werden, ob die Gewichtskraft des Glasdachs durch die an ihm angreifende Druckkraft zu einer Verringerung oder Vergrößerung der Stützkraft auf der Mauer führt.

Gegeben F_G; L; R; c_∞; p_∞; α; ρ

Gesucht

1. F_S
2. F_S, wenn $F_G = 10^7\,\text{N}$; $L = 100\,\text{m}$; $R = 10\,\text{m}$; $c_\infty = 50\,\frac{\text{m}}{\text{s}}$; $\alpha = 45°$; $\rho = 1{,}25\,\frac{\text{kg}}{\text{m}^3}$

Anmerkungen

F_G Gewichtskraft des Dachs

L Dachlänge

R Dachradius

c_∞ Anströmgeschwindigkeit

p_∞ Statischer Druck in der unbeeinflussten Zuströmung

α Winkel zwischen Boden und Aufstandslinie des Dachs

ρ Fluiddichte

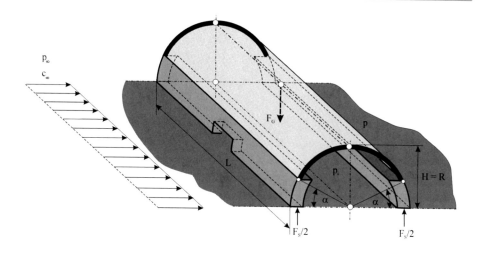

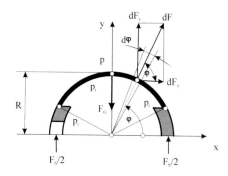

Abb. 5.9 Perspektivische Ansicht und Querschnitt eines quer angeströmten Dachs

Hinweis   Da die Halle bis auf die Öffnung am Fuß der Mauer ein geschlossenes System ist, bildet sich in der Öffnung ein Staupunkt mit dem resultierenden Gesamtdruck aus. Dieser ist dann auch im Inneren der Halle wirksam.

Lösungsschritte – Fall 1

Zur Ermittlung der Stützkraft wird gemäß Abb. 5.9 sinnvoller Weise die Kräftebilanz in y-Richtung angesetzt:

$$\sum F_{i_y} = 0 = 2 \cdot \frac{F_S}{2} + \int\limits_{\frac{\pi}{4}}^{\frac{3}{4}\cdot\pi} dF_y - F_G.$$

Umgeformt nach der gesuchten Abstützkraft liefert

$$F_S = F_G - \int\limits_{\frac{\pi}{4}}^{\frac{3}{4}\cdot\pi} dF_y.$$

Die aus dem Druckunterschied zwischen Halleninnraum und Außenumgebung resultierende Kraft $F_y = \int_{\frac{\pi}{4}}^{\frac{3}{4} \cdot \pi} dF_y$ lässt sich wie folgt ermitteln. Als Ansatz dient $dF_y = dF \cdot \sin \varphi$, wobei $dF = (p_i - p(\varphi)) \cdot dA$ mit $dA = dU \cdot L$ sowie $dU = R \cdot d\varphi$ bekannt sind. Somit wird

$$dF_y = (p_i - p(\varphi)) \cdot R \cdot L \cdot \sin \varphi \cdot d\varphi.$$

Nun zu den beiden Drücken p_i und $p(\varphi)$. Zunächst zum Druck im Halleninneren

p_i Bei dem Halleninnendruck handelt es sich um den im Staupunkt vor der Öffnung wirksamen Gesamtdruck, also

$$p_i (\equiv p_S) = p_\infty + \frac{\rho}{2} \cdot c_\infty^2.$$

$p(\varphi)$ In Abschn. 4.4 konnte für die Druckverteilung am Zylinderumfang hergeleitet werden

$$c_p(\varphi) = \frac{(p(\varphi) - p_\infty)}{\frac{\rho}{2} \cdot c_\infty^2} = (1 - 4 \cdot \sin^2 \varphi).$$

Umgestellt nach $p(\varphi)$ folgt

$$p(\varphi) = p_\infty + \frac{\rho}{2} \cdot c_\infty^2 \cdot (1 - 4 \cdot \sin^2 \varphi).$$

Beide Drücke jetzt oben eingesetzt führt zu

$$dF_y = \left(p_\infty + \frac{\rho}{2} \cdot c_\infty^2 - p_\infty - \frac{\rho}{2} \cdot c_\infty^2 \cdot (1 - 4 \cdot \sin^2 \varphi) \right) \cdot R \cdot L \cdot \sin \varphi \cdot d\varphi$$

oder

$$dF_y = \left(\frac{\rho}{2} \cdot c_\infty^2 \cdot 4 \cdot \sin^2 \varphi \right) \cdot R \cdot L \cdot \sin \varphi \cdot d\varphi$$

bzw.

$$dF_y = 2 \cdot \rho \cdot c_\infty^2 \cdot R \cdot L \cdot \sin^3 \varphi \cdot d\varphi.$$

Damit lautet

$$F_S = F_G - 2 \cdot \rho \cdot c_\infty^2 \cdot R \cdot L \int_{\frac{\pi}{4}}^{\frac{3}{4} \cdot \pi} \sin^3 \varphi \cdot d\varphi$$

Bei der Ermittlung des Integrals $\int_{\frac{\pi}{4}}^{\frac{3}{4}\cdot\pi} \sin^3\varphi \cdot d\varphi$ wird von der allgemeinen Lösung

$$\int \sin^n\varphi \cdot d\varphi = -\frac{\cos\varphi \cdot \sin^{n-1}\varphi}{n} + \frac{n-1}{n} \cdot \int \sin^{n-2}\varphi \cdot d\varphi + C$$

ausgegangen.

Wegen $n = 3$ im vorliegenden Fall folgt

$$\int \sin^3\varphi \cdot d\varphi = -\frac{\cos\varphi \cdot \sin^2\varphi}{3} + \frac{2}{3} \cdot \int \sin\varphi \cdot d\varphi + C.$$

Weiterhin ist

$$\int \sin\varphi \cdot d\varphi = -\cos\varphi$$

und folglich resultiert

$$\int_{\frac{\pi}{4}}^{\frac{3}{4}\cdot\pi} \sin^3\varphi \cdot d\varphi = \left| -\frac{\cos\varphi \cdot \sin^2\varphi}{3} - \frac{2}{3} \cdot \cos\varphi \right|_{\frac{\pi}{4}}^{\frac{3}{4}\cdot\pi}$$

oder

$$\int_{\frac{\pi}{4}}^{\frac{3}{4}\cdot\pi} \sin^3\varphi \cdot d\varphi = -\frac{1}{3} \cdot \left| \cos\varphi \cdot (\sin^2\varphi + 2) \right|_{\frac{\pi}{4}}^{\frac{3}{4}\cdot\pi}$$

bzw. mit $\sin^2\varphi = 1 - \cos^2\varphi$

$$\int_{\frac{\pi}{4}}^{\frac{3}{4}\cdot\pi} \sin^3\varphi \cdot d\varphi = -\frac{1}{3} \cdot \left| \cos\varphi \cdot (3 - \cos^2\varphi) \right|_{\frac{\pi}{4}}^{\frac{3}{4}\cdot\pi}$$

$$\int_{\frac{\pi}{4}}^{\frac{3}{4}\cdot\pi} \sin^3\varphi \cdot d\varphi = \left| -\cos\varphi + \frac{1}{3} \cdot \cos^3\varphi \right|_{\frac{\pi}{4}}^{\frac{3}{4}\cdot\pi}.$$

oder

$$\int_{\frac{\pi}{4}}^{\frac{3}{4}\cdot\pi} \sin^3\varphi \cdot d\varphi = -\left| \cos\varphi - \frac{1}{3} \cdot \cos^3\varphi \right|_{\frac{\pi}{4}}^{\frac{3}{4}\cdot\pi}.$$

Die Stützkraft lautet vorerst

$$F_S = F_G + 2 \cdot \rho \cdot c_\infty^2 \cdot R \cdot L \cdot \left| \cos\varphi - \frac{1}{3} \cdot \cos^3\varphi \right|_{\frac{\pi}{4}}^{\frac{3}{4}\cdot\pi}.$$

Werden jetzt noch die Integrationsgrenzen eingesetzt, so erhalten wir mit $\cos(\frac{3}{4} \cdot \pi) = -\frac{1}{2} \cdot \sqrt{2}$ und $\cos(\frac{\pi}{4}) = \frac{1}{2} \cdot \sqrt{2}$

$$F_S = F_G + 2 \cdot \rho \cdot c_\infty^2 \cdot R \cdot L \cdot \left\{ \left[\left(-\frac{1}{2}\cdot\sqrt{2}\right) - \frac{1}{3}\cdot\left(-\frac{1}{2}\cdot\sqrt{2}\right)^3 \right] \right.$$
$$\left. - \left[\left(\frac{1}{2}\cdot\sqrt{2}\right) - \frac{1}{3}\cdot\left(\frac{1}{2}\cdot\sqrt{2}\right)^3 \right] \right\}$$

oder

$$F_S = F_G + 2 \cdot \rho \cdot c_\infty^2 \cdot R \cdot L \cdot \left\{ \left[-\frac{1}{2}\cdot\sqrt{2} - \frac{1}{3}\cdot\left(-\frac{2}{8}\cdot\sqrt{2}\right) \right] \right.$$
$$\left. - \left[\frac{1}{2}\cdot\sqrt{2} - \frac{1}{3}\cdot\left(\frac{2}{8}\cdot\sqrt{2}\right) \right] \right\}$$

bzw. zusammengefasst

$$F_S = F_G + 2 \cdot \rho \cdot c_\infty^2 \cdot R \cdot L \cdot \left(-\frac{1}{2}\cdot\sqrt{2} - \frac{1}{2}\cdot\sqrt{2} + \frac{1}{12}\cdot\sqrt{2} + \frac{1}{12}\cdot\sqrt{2} \right)$$

und weiter vereinfacht

$$F_S = F_G - 2 \cdot \rho \cdot c_\infty^2 \cdot R \cdot L \cdot \left(\sqrt{2} - \frac{2}{12}\cdot\sqrt{2} \right)$$

liefert zunächst

$$F_S = F_G - 2 \cdot \sqrt{2} \cdot \rho \cdot c_\infty^2 \cdot R \cdot L \cdot \left(1 - \frac{1}{6} \right)$$

und schlussendlich

$$F_S = F_G - \frac{5}{3} \cdot \sqrt{2} \cdot \rho \cdot c_\infty^2 \cdot R \cdot L.$$

Lösungsschritte – Fall 2
Mit oben entwickelter Gleichung lässt sich leicht feststellen, dass es zu einer Verkleinerung der Stützkraft gegenüber der Gewichtskraft kommt. Mit den gegebenen Zahlenwerten erhält man schließlich

$$F_S = 10.000.000 - \frac{5}{3} \cdot \sqrt{2} \cdot 1{,}25 \cdot 50^2 \cdot 10 \cdot 100\,\text{N}$$

$$F_S = 2.634.304\,\text{N} \approx 2{,}63 \cdot 10^6\,\text{N} < F_G = 10 \cdot 10^6\,\text{N}$$

5.9 Schütztafel

In Abb. 5.10 ist der Längsschnitt durch einen Wasserspeicher (Schleusen, Wehre, etc.) zu erkennen, der durch eine Schütztafel gegenüber der Umgebung abgesperrt ist. Der Speicher ist bis zur Höhe Z_0 gefüllt. Nach Anheben um die Spalthöhe s strömt Wasser nach außen. Dieser Vorgang lässt sich angenähert mittels der Senkenströmung erfassen. Im Folgenden sind verschiedene Teilaufgaben zu bearbeiten.

Gegeben p_B; ρ; g; $Z_0 = R_0$; $s = r_a$; B

Gesucht

1. $\Delta p(z)$
2. $\frac{\Delta F}{B}$
3. Pkt. 1 und Pkt. 2 bei: $\rho = 1000\,\frac{\text{kg}}{\text{m}^3}$; $Z_0 = 8$ m; $s = 0{,}025 \cdot Z_0; 0{,}10 \cdot Z_0; 0{,}25 \cdot Z_0$

Anmerkungen

p_B	Barometrischer Druck (Umgebungsdruck)
$\Delta p(z)$	Differenzdruck an der Stelle $z = r$
ρ	Flüssigkeitsdichte

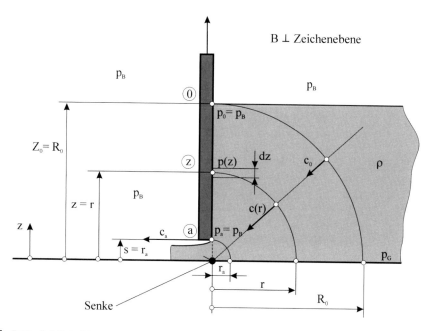

Abb. 5.10 Schütztafel

ΔF Resultierende Kraft auf die Schütztafel

Z_0 Flüssigkeitshöhe im Speicher

s Spalthöhe

B Spaltbreite

Lösungsschritte – Fall 1

$\Delta p(z)$ Die Verteilung des Differenzdrucks $\Delta p(z)$ an der Schütztafelfläche lässt sich in folgenden Schritten ermitteln. Ausgangspunkt hierbei soll die Annahme sein, dass der Ausströmvorgang als **Senkenströmung** beschrieben werden kann. In diesem Fall gilt das Kontinuitätsgesetz der Senkenströmung gemäß $\dot{V} = c \cdot A$ sowie $A = 2 \cdot \pi \cdot r \cdot B$. Dies liefert $\dot{V} = 2 \cdot \pi \cdot c \cdot r \cdot B$. Durch B dividiert führt zu

$$E = \frac{\dot{V}}{B} = 2 \cdot \pi \cdot c \cdot r \quad (E = \text{Ergiebigkeit} = \text{konst.}).$$

Bei einem Viertelkreis, wie im vorliegenden Fall, erhält man wegen $\dot{V}_{1/4} = A_{1/4} \cdot c(r)$ und $\dot{V}_{1/4} = \dot{V}/4$ sowie $A_{1/4} = A/4$ wieder dieselbe Ergiebigkeit E. Oben genannte Gleichung nach c aufgelöst liefert

$$c = \frac{E}{2 \cdot \pi} \cdot \frac{1}{r}.$$

An den drei Stellen $(0), (z), (a)$ angewendet ergibt dann

$$(0): \quad c_0 = \frac{E}{2 \cdot \pi} \cdot \frac{1}{R_0} = \frac{E}{2 \cdot \pi} \cdot \frac{1}{Z_0}$$

$$(z): \quad c(r) = \frac{E}{2 \cdot \pi} \cdot \frac{1}{r} \equiv c(z) = \frac{E}{2 \cdot \pi} \cdot \frac{1}{z}$$

$$(a): \quad c_a = \frac{E}{2 \cdot \pi} \cdot \frac{1}{r_a} = \frac{E}{2 \cdot \pi} \cdot \frac{1}{s}.$$

Da $\frac{E}{2 \cdot \pi}$ = konst. ist, lässt sich folgern

$$c_a \cdot s = c(z) \cdot z = c_0 \cdot Z_0.$$

Hieraus kann angegeben werden

$$c_a = c_0 \cdot \frac{Z_0}{s} \quad \text{und} \quad c_0 = c(z) \cdot \frac{z}{Z_0}.$$

Mit diesen Ergebnissen und der Bernoulli'schen Energiegleichung soll zunächst die Geschwindigkeitsenergie $\frac{c(z)^2}{2}$ an der Stelle (z) mit den gegebenen Größen bestimmt werden.

Die Bernoulli'sche Energiegleichung an den Stellen (0) und (a) lautet

$$\frac{p_0}{\rho} + \frac{c_0^2}{2} + g \cdot Z_0 = \frac{p_a}{\rho} + \frac{c_a^2}{2} + g \cdot Z_a.$$

Da $p_0 = p_a = p_B$ und $Z_a = s$, entsteht dann

$$\frac{p_B}{\rho} + \frac{c_0^2}{2} + g \cdot Z_0 = \frac{p_B}{\rho} + \frac{c_a^2}{2} + g \cdot s$$

bzw.

$$\frac{c_0^2}{2} + g \cdot Z_0 = \frac{c_a^2}{2} + g \cdot s.$$

Mit $c_a = c_0 \cdot \frac{Z_0}{s}$ in der Gleichung ersetzt führt zu

$$\frac{c_0^2}{2} + g \cdot Z_0 = \frac{c_0^2}{2} \cdot \frac{Z_0^2}{s^2} + g \cdot s.$$

Weiter nach Geschwindigkeitsenergie- und Höhengliedern sortiert

$$\frac{c_0^2}{2} \cdot \frac{Z_0^2}{s^2} - \frac{c_0^2}{2} = g \cdot Z_0 - g \cdot s$$

und $\frac{c_0^2}{2}$ ausgeklammert

$$\frac{c_0^2}{2} \cdot \left(\frac{Z_0^2}{s^2} - 1 \right) = g \cdot (Z_0 - s)$$

und danach auch $\frac{1}{s^2}$ liefert

$$\frac{c_0^2}{2} \cdot \frac{1}{s^2} \cdot (Z_0^2 - s^2) = g \cdot (Z_0 - s).$$

Da

$$(Z_0^2 - s^2) = (Z_0 - s) \cdot (Z_0 + s),$$

folgt

$$\frac{c_0^2}{2} \cdot \frac{1}{s^2} \cdot (Z_0 - s) \cdot (Z_0 + s) = g \cdot (Z_0 - s)$$

und schließlich

$$\frac{c_0^2}{2} = g \cdot \frac{s^2}{(Z_0 + s)}.$$

Jetzt wird von $c_0 = c(z) \cdot \frac{z}{Z_0}$ Gebrauch gemacht. Dies ergibt dann

$$\frac{c(z)^2}{2} \cdot \frac{z^2}{Z_0^2} = g \cdot \frac{s^2}{(Z_0 + s)}$$

und letztendlich das Resultat

$$\frac{c(z)^2}{2} = g \cdot \frac{Z_0^2}{z^2} \cdot \frac{s^2}{(Z_0 + s)}.$$

Um die gesuchte Druckdifferenz $\Delta p(z)$ zu ermitteln, wird jetzt die Bernoulli'sche Energiegleichung an den Stellen (0) und (z) angesetzt

$$\frac{p_0}{\rho} + \frac{c_0^2}{2} + g \cdot Z_0 = \frac{p(z)}{\rho} + \frac{c(z)^2}{2} + g \cdot z.$$

Mit $p_0 = p_B$ und $c_0 = c(z) \cdot \frac{z}{Z_0}$ erhält man zunächst

$$\frac{p_B}{\rho} + \frac{c(z)^2}{2} \cdot \frac{z^2}{Z_0^2} + g \cdot Z_0 = \frac{p(z)}{\rho} + \frac{c(z)^2}{2} + g \cdot z.$$

Nach der gesuchten Druckdifferenz $\Delta p(z)$ umgeformt liefert (da p_B außer bei (0) auch auf der luftseitigen Tafelfläche wirkt)

$$\Delta p(z) = (p(z) - p_B) = \frac{\rho}{2} \cdot c(z)^2 \cdot \frac{z^2}{Z_0^2} - \frac{\rho}{2} \cdot c(z)^2 + \rho \cdot g \cdot (Z_0 - z)$$

oder

$$\Delta p(z) = \rho \cdot g \cdot (Z_0 - z) + \frac{\rho}{2} \cdot c(z)^2 \cdot \left(\frac{z^2}{Z_0^2} - 1 \right).$$

Mit dem oben gefundenen Ergebnis für $\frac{c(z)^2}{2}$ entsteht jetzt

$$\Delta p(z) = g \cdot \rho \cdot (Z_0 - z) + g \cdot \rho \cdot \frac{Z_0^2}{z^2} \cdot \frac{s^2}{(Z_0 + s)} \cdot \left(\frac{z^2}{Z_0^2} - 1 \right)$$

bzw.

$$\Delta p(z) = g \cdot \rho \cdot (Z_0 - z) + g \cdot \rho \cdot \frac{Z_0^2}{z^2} \cdot \frac{s^2}{(Z_0 + s)} \cdot \left(\frac{z^2 - Z_0^2}{Z_0^2} \right)$$

und weiterhin

$$\Delta p(z) = g \cdot \rho \cdot (Z_0 - z) + g \cdot \rho \cdot \frac{s^2}{(Z_0 + s)} \cdot \left(\frac{z^2 - Z_0^2}{z^2} \right).$$

Dieses Ergebnis noch umgestellt und vereinfacht führt zur Lösung

$$\Delta p(z) = g \cdot \rho \cdot \left[(Z_0 - z) - \frac{s^2}{(Z_0 + s)} \cdot \left(\frac{Z_0^2}{z^2} - 1 \right) \right].$$

Lösungsschritte – Fall 2

$\dfrac{\Delta F}{B}$ Die an der Schütztafel resultierende Kraft ΔF lässt sich aufgrund der bekannten Differenzdruckverteilung (s. o.) wie folgt ermitteln. Ausgangspunkt ist die an der Stelle z angreifende infinitesimale Kraftdifferenz

$$d(\Delta F(z)) = \Delta p(z) \cdot dA(z) \quad \text{mit } dA(z) = dz \cdot B,$$

also

$$d(\Delta F(z)) = \Delta p(z) \cdot dz \cdot B.$$

Mit der Integration zwischen den Grenzen (s) und (Z_0) erhält man dann die gesuchte Kraft ΔF bzw. $\frac{\Delta F}{B}$. Die einzelnen Schritte lauten wie folgt.

$$\Delta F = \int_s^{Z_0} d(\Delta F(z)) = B \cdot \int_s^{Z_0} \Delta p(z) \cdot dz$$

bzw.

$$\frac{\Delta F}{B} = \int_s^{Z_0} \Delta p(z) \cdot dz.$$

Mit der bekannten Druckverteilung entsteht

$$\frac{\Delta F}{B} = \int_s^{Z_0} \left\{ g \cdot \rho \cdot \left[(Z_0 - z) - \frac{s^2}{(Z_0 + s)} \cdot \left(\frac{Z_0^2}{z^2} - 1 \right) \right] \right\} \cdot dz$$

oder in Teilintegrale aufgelöst

$$\frac{\Delta F}{B} = g \cdot \rho \cdot \int_s^{Z_0} (Z_0 - z) \cdot dz - g \cdot \rho \cdot \frac{s^2}{(Z_0 + s)} \cdot \int_s^{Z_0} \frac{Z_0^2}{z^2} \cdot dz + g \cdot \rho \cdot \frac{s^2}{(Z_0 + s)} \cdot \int_s^{Z_0} dz.$$

Die einzelnen Glieder integriert lauten:

1. $g \cdot \rho \cdot \int\limits_{s}^{Z_0} (Z_0 - z) \cdot dz = g \cdot \rho \cdot Z_0 \cdot (Z_0 - s) - \dfrac{1}{2} \cdot g \cdot \rho \cdot (Z_0^2 - s^2)$

2. $g \cdot \rho \cdot \dfrac{s^2}{(Z_0 + s)} \cdot \int\limits_{s}^{Z_0} \dfrac{Z_0^2}{z^2} \cdot dz = -g \cdot \rho \cdot \dfrac{s^2}{(Z_0 + s)} \cdot Z_0^2 \cdot \left(\dfrac{1}{Z_0} - \dfrac{1}{s} \right)$

3. $g \cdot \rho \cdot \dfrac{s^2}{(Z_0 + s)} \cdot \int\limits_{s}^{Z_0} dz = g \cdot \rho \cdot \dfrac{s^2}{(Z_0 + s)} \cdot (Z_0 - s)$

Zusammengefasst erhält man jetzt

$$\dfrac{\Delta F}{B} = g \cdot \rho \cdot Z_0 \cdot (Z_0 - s) - \dfrac{1}{2} \cdot g \cdot \rho \cdot (Z_0 - s) \cdot (Z_0 + s)$$
$$+ g \cdot \rho \cdot \dfrac{s^2}{(Z_0 + s)} \cdot Z_0^2 \cdot \left(\dfrac{1}{Z_0} - \dfrac{1}{s} \right) + g \cdot \rho \cdot \dfrac{s^2}{(Z_0 + s)} \cdot (Z_0 - s)$$

oder zunächst $(Z_0 - s)$ ausgeklammert

$$\dfrac{\Delta F}{B} = (Z_0 - s) \cdot \left[g \cdot \rho \cdot Z_0 - \dfrac{1}{2} \cdot g \cdot \rho \cdot (Z_0 + s) \right.$$
$$\left. + g \cdot \rho \cdot \dfrac{s^2}{(Z_0 + s)} \cdot Z_0^2 \cdot \left(\dfrac{1}{Z_0} - \dfrac{1}{s} \right) \cdot \dfrac{1}{(Z_0 - s)} + g \cdot \rho \cdot \dfrac{s^2}{(Z_0 + s)} \right].$$

Da

$$\left(\dfrac{1}{Z_0} - \dfrac{1}{s} \right) = \dfrac{(s - Z_0)}{Z_0 \cdot s} = -\dfrac{(Z_0 - s)}{Z_0 \cdot s}$$

folgt

$$\dfrac{\Delta F}{B} = (Z_0 - s) \cdot \left[g \cdot \rho \cdot Z_0 - \dfrac{1}{2} \cdot g \cdot \rho \cdot (Z_0 + s) \right.$$
$$\left. - g \cdot \rho \cdot \dfrac{s^2}{(Z_0 + s)} \cdot Z_0^2 \cdot \dfrac{(Z_0 - s)}{Z_0 \cdot s} \cdot \dfrac{1}{(Z_0 - s)} + g \cdot \rho \cdot \dfrac{s^2}{(Z_0 + s)} \right]$$
$$\dfrac{\Delta F}{B} = g \cdot \rho \cdot (Z_0 - s) \cdot \left[Z_0 - \dfrac{1}{2} \cdot (Z_0 + s) - \dfrac{s \cdot Z_0}{(Z_0 + s)} + \dfrac{s^2}{(Z_0 + s)} \right]$$

bzw.

$$\dfrac{\Delta F}{B} = g \cdot \rho \cdot (Z_0 - s) \cdot \left[Z_0 - \dfrac{1}{2} \cdot Z_0 - \dfrac{1}{2} \cdot s - \dfrac{s \cdot Z_0}{(Z_0 + s)} + \dfrac{s^2}{(Z_0 + s)} \right]$$

und weiter zusammengefasst

$$\frac{\Delta F}{B} = g \cdot \rho \cdot (Z_0 - s) \cdot \left[\frac{1}{2} \cdot (Z_0 - s) - \frac{s}{(Z_0 + s)} \cdot (Z_0 - s)\right].$$

Nochmals $(Z_0 - s)$ ausgeklammert führt zum Ergebnis

$$\frac{\Delta F}{B} = g \cdot \rho \cdot (Z_0 - s)^2 \cdot \left[\frac{1}{2} - \frac{s}{(Z_0 + s)}\right].$$

Lösungsschritte – Fall 3

$\mathbf{\Delta p(z)}$ Mit $\rho = 1000\,\frac{\text{kg}}{\text{m}^3}$; $Z_0 = 8\,\text{m}$; $s = 0{,}025 \cdot Z_0; 0{,}10 \cdot Z_0; 0{,}25 \cdot Z_0$ erhält man die Differenzdruckverläufe gemäß Abb. 5.11 bei drei verschiedenen Spaltweiten.

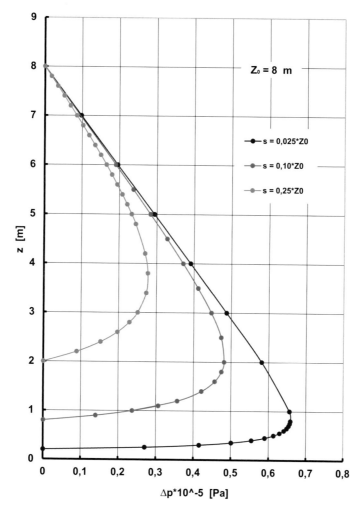

Abb. 5.11 Differenzdruckverlauf über der Schütztafelhöhe z bei verschiedenen Spaltweiten

$\dfrac{\Delta F}{B}$ Mit $\rho = 1000\,\frac{\text{kg}}{\text{m}^3}$; $Z_0 = 8\,\text{m}$; $s = 0{,}025 \cdot Z_0$; $0{,}10 \cdot Z_0$; $0{,}25 \cdot Z_0$ erhält man $\frac{\Delta F}{B}$ bei den drei verschiedenen Spaltweiten wie folgt:

$s = 0{,}025 \cdot Z_0$:

$$\frac{\Delta F}{B} = 9{,}81 \cdot 1000 \cdot (8 - 0{,}025 \cdot 8)^2 \cdot \left[\frac{1}{2} - \frac{0{,}025 \cdot 8}{(8 + 0{,}025 \cdot 8)} \right]$$

$$\frac{\Delta F}{B} = 283.900\,\frac{\text{N}}{\text{m}}$$

$s = 0{,}10 \cdot Z_0$:

$$\frac{\Delta F}{B} = 9{,}81 \cdot 1000 \cdot (8 - 0{,}1 \cdot 8)^2 \cdot \left[\frac{1}{2} - \frac{0{,}1 \cdot 8}{(8 + 0{,}1 \cdot 8)} \right]$$

$$\frac{\Delta F}{B} = 208.040\,\frac{\text{N}}{\text{m}}$$

$s = 0{,}25 \cdot Z_0$:

$$\frac{\Delta F}{B} = 9{,}81 \cdot 1000 \cdot (8 - 0{,}25 \cdot 8)^2 \cdot \left[\frac{1}{2} - \frac{0{,}25 \cdot 8}{(8 + 0{,}25 \cdot 8)} \right]$$

$$\frac{\Delta F}{B} = 106.000\,\frac{\text{N}}{\text{m}}.$$

5.10 Formteil der Querschnittsänderung

In Abb. 5.12 sind Austritts- und Eintrittsebene (dick gestrichelt) eines Formteils der Querschnittsänderung dargestellt. Während die Austrittsebene mit Höhe h und Breite B vorgegeben ist kennt man von der Eintrittsebene nur den Abstand L zum Austritt. Zwei an den Stellen 1 und 2 um a zur Symmetrieachse versetzte Potentialwirbel sollen zur Ermittlung des Strömungsfelds im Formteil herangezogen werden. Die Potentialwirbel weisen den Betrag $|\Gamma_1| = |\Gamma_2| = |\Gamma|$ auf und drehen in entgegen gesetzter Richtung.

Gegeben h; a; L; $|\Gamma_1| = |\Gamma_2| = |\Gamma|$; ρ

Gesucht

1. $y(x; \Psi_{\text{Ges}_i} = \text{konst.})$ Stromlinien des Strömungsfelds
2. $c_x(x; 0)$ Geschwindigkeitsverteilung entlang x-Achse
3. $c_x(0; y)$ Geschwindigkeitsverteilung entlang y-Achse im Austrittsquerschnitt
4. $p(x; 0)$; $c_p(x; 0)$ Druck und Druckbeiwert entlang x-Achse
5. $\dot{V}$ Volumenstrom
6. Pkte., wenn $|\Gamma_1| = |\Gamma_2| = |\Gamma| = 20\,\frac{\text{m}^2}{\text{s}}$; $L = 0{,}60\,\text{m}$; $a = 1{,}0\,\text{m}$; $h = 0{,}40\,\text{m}$; $B = 2{,}0\,\text{m}$; $p_B = 10^5\,\text{Pa}$; $\rho = 1{,}226\,\frac{\text{kg}}{\text{m}^3}$.

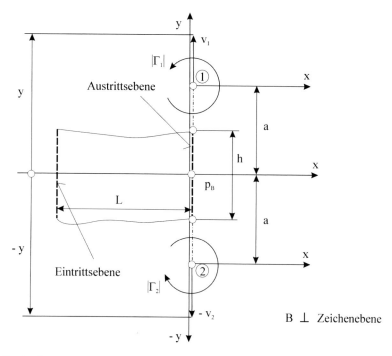

Abb. 5.12 Größen des Formteils

Anmerkungen

p_B	Barometrischer Druck am Austritt des Formteils
$\vert\Gamma_1\vert = \vert\Gamma_2\vert = \vert\Gamma\vert$	Betrag der Zirkulation an den Stellen 1 und 2
ρ	Fluiddichte
L	Länge des Formteils
h	Höhe am Austritt des Formteils
B	Breite am Austritt des Formteils
a	Abstand der Potentialwirbel von der x-Achse

Hinweis   Die Zirkulationen an den Stellen 1 und 2 sollen mit den dort vorhandenen Koordinatensystemen x; v_1 und x; v_2 beschrieben werden.

Lösungsschritte – Fall 1

Die gesuchten Stromlinien $y(x; \Psi_{\mathrm{Ges}_i})$, d. h. Linien gleicher Stromfunktionswerte Ψ_{Ges_i}, lassen sich mittels Überlagerung der Stromfunktionen von Potentialwirbel 1 und Potentialwirbel 2 bestimmen. Grundlage hierbei ist die in Abschn. 2.5 ermittelte Stromfunktion des Potentialwirbels im x-y System mit Drehrichtung entgegen dem Uhrzeigersinn:

$$\Psi = -\frac{\Gamma}{2 \cdot \pi} \cdot \ln \sqrt{x^2 + y^2}.$$

Beide Potentialwirbel sind auf der y-Achse um den Betrag a vom Ursprung versetzt. Dies macht bei der Anwendung o. g. Gleichung eine Koordinatentransformation erforderlich. Aus Abb. 5.12 erkennt man für
Potentialwirbel 1:

$$y = v_1 + a \quad \text{und somit } v_1 = y - a$$

Potentialwirbel 2:

$$-y = a + (-v_2) \quad \text{und somit } v_2 = y + a.$$

Die x-Koordinate bleibt in beiden Fällen erhalten. Die Stromfunktionen lauten zunächst
Potentialwirbel 1:

$$\Psi_1 = -\frac{\Gamma}{2 \cdot \pi} \cdot \ln \sqrt{x^2 + v_1^2} \quad \text{(entgegen Uhrzeigersinn)}$$

Potentialwirbel 2:

$$\Psi_2 = \frac{\Gamma}{2 \cdot \pi} \cdot \ln \sqrt{x^2 + v_2^2} \quad \text{(im Uhrzeigersinn).}$$

Mit den Koordinatentransformationen entsteht dann:
Potentialwirbel 1:

$$\Psi_1 = -\frac{\Gamma}{2 \cdot \pi} \cdot \ln \sqrt{x^2 + (y - a)^2}$$

Potentialwirbel 2:

$$\Psi_2 = \frac{\Gamma}{2 \cdot \pi} \cdot \ln \sqrt{x^2 + (y + a)^2}.$$

Die gesuchte gemeinsame Stromfunktion erhält man aus der Überlagerung (Superposition) beider Einzelfunktionen, also

$$\Psi_{\text{Ges}} = \Psi_1 + \Psi_2$$

oder

$$\Psi_{\text{Ges}} = \frac{\Gamma}{2 \cdot \pi} \cdot (\ln \sqrt{x^2 + (y + a)^2} - \ln \sqrt{x^2 + (y - a)^2}).$$

Das Ziel, die Stromlinien $y(x; \Psi_{\text{Ges}_i})$ darzustellen, erreicht man durch folgende Schritte. Zunächst muss o. g. Gleichung durch Multiplikation mit $\frac{2 \cdot \pi}{\Gamma}$ umgeformt werden zu

$$\frac{2 \cdot \pi \cdot \Psi_{\text{Ges}}}{\Gamma} = \ln \sqrt{x^2 + (y + a)^2} - \ln \sqrt{x^2 + (y - a)^2}.$$

Wegen einer vereinfachten Schreibweise substituieren wir

$$c \equiv \frac{2 \cdot \pi \cdot \Psi_{\text{Ges}}}{\Gamma}; \quad m \equiv \sqrt{x^2 + (y + a)^2}; \quad n \equiv \sqrt{x^2 + (y - a)^2},$$

und es folgt

$$c = \ln m - \ln n$$

oder

$$c = \ln \frac{m}{n}.$$

Mit

$$e^c = e^{\ln\left(\frac{m}{n}\right)} = \frac{m}{n}$$

und zurück substituiert liefert jetzt

$$e^c = \frac{\sqrt{x^2 + (y + a)^2}}{\sqrt{x^2 + (y - a)^2}}.$$

Quadrieren wir jetzt die Gleichung, dann entsteht

$$e^{2 \cdot c} = \frac{(x^2 + (y + a)^2)}{(x^2 + (y - a)^2)}$$

oder umgeformt

$$e^{2 \cdot c} \cdot (x^2 + (y - a)^2) = (x^2 + (y + a)^2).$$

Der Einfachheit halber wird $e^{2 \cdot c} \equiv d$ gesetzt, also

$$d \cdot (x^2 + (y - a)^2) = (x^2 + (y + a)^2).$$

Die inneren Klammern noch ausmultipliziert ergibt

$$d \cdot (x^2 + y^2 - 2 \cdot a \cdot y + a^2) = (x^2 + y^2 + 2 \cdot a \cdot y + a^2)$$

oder

$$d \cdot x^2 + d \cdot y^2 - 2 \cdot a \cdot y \cdot d + d \cdot a^2 = x^2 + y^2 + 2 \cdot a \cdot y + a^2.$$

Das Sortieren nach gleichen Gliedern führt zunächst zu

$$x^2 \cdot (1 - d) + y^2 \cdot (1 - d) + 2 \cdot a \cdot y \cdot (1 + d) + a^2(1 - d) = 0.$$

Dividiert durch $(1 - d)$ liefert

$$x^2 + y^2 + 2 \cdot a \cdot y \cdot \frac{(1 + d)}{(1 - d)} + a^2 = 0$$

oder

$$y^2 + 2 \cdot a \cdot y \cdot \frac{(1 + d)}{(1 - d)} = -x^2 - a^2.$$

Mit $k \equiv a \cdot \frac{(1+d)}{(1-d)}$ substituiert folgt

$$y^2 + 2 \cdot y \cdot k = -x^2 - a^2.$$

Addieren wir noch auf beiden Seiten k^2, so entsteht

$$y^2 + 2 \cdot y \cdot k + k^2 = k^2 - x^2 - a^2$$

oder

$$(y + k)^2 = k^2 - x^2 - a^2.$$

Jetzt noch die Wurzel gezogen und umgeformt liefert

$$y = -k \pm \sqrt{k^2 - x^2 - a^2}.$$

Nach Zurückführen aller Substitutionen lautet das Resultat

$$y = -a \cdot \frac{\left(1 + e^{\frac{4 \cdot \pi \cdot \Psi_{\text{Ges}}}{\Gamma}}\right)}{\left(1 - e^{\frac{4 \cdot \pi \cdot \Psi_{\text{Ges}}}{\Gamma}}\right)} \pm \sqrt{a^2 \cdot \frac{\left(1 + e^{\frac{4 \cdot \pi \cdot \Psi_{\text{Ges}}}{\Gamma}}\right)^2}{\left(1 - e^{\frac{4 \cdot \pi \cdot \Psi_{\text{Ges}}}{\Gamma}}\right)^2} - x^2 - a^2}.$$

Hiermit lassen sich bei gegebenen Größen a und Γ sowie Ψ_{Ges} als Parameter die gesuchten Stromlinien ermitteln. Ein Berechnungsbeispiel unter Verwendung der vorgegebenen Größen dient als Grundlage der Stromlinienermittlung gemäß Abb. 5.13. Die Berechnung und Darstellung wird mit einem Tabellenkalkulationsprogramm durchgeführt.

1. a vorgeben

2. Γ vorgeben

3. Ψ_{Ges} Parameter

4. x Variable

5. y (s. o.)   somit bekannt

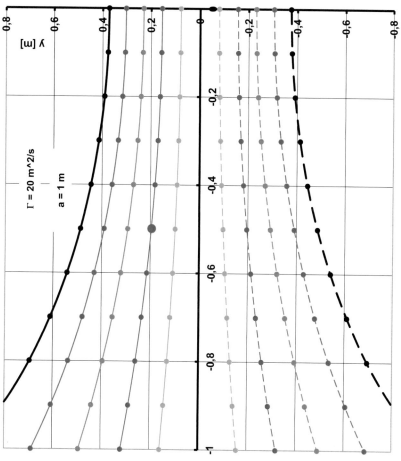

Abb. 5.13 Stromlinien des Formteils

Zahlenbeispiel

1. $a = 1,0\,\text{m}$ vorgegeben

2. $\Gamma = 20\,\dfrac{\text{m}^2}{\text{s}}$ vorgegeben

3. $\Psi_{\text{Ges}} = 1,0\,\dfrac{\text{m}^2}{\text{s}}$ Parameter

4. $x = -0,5\,\text{m}$ Variable

5. $y = -1 \cdot \dfrac{\left(1 + e^{\frac{4 \cdot \pi \cdot 1}{\Gamma}}\right)}{\left(1 - e^{\frac{4 \cdot \pi \cdot 1}{\Gamma}}\right)} + \sqrt{1^2 \cdot \dfrac{\left(1 + e^{\frac{4 \cdot \pi \cdot 1}{\Gamma}}\right)^2}{\left(1 - e^{\frac{4 \cdot \pi \cdot 1}{\Gamma}}\right)^2} - (-0,5)^2 - 1^2}$

      $y = 0,1959\,\text{m}$ somit bekannt

Damit ist ein erster Punkt der Stromlinie $\Psi_{\text{Ges}} = 1,0\,\frac{\text{m}^2}{\text{s}} = \text{konst.}$ an der Stelle $x = -0,5\,\text{m}$ und $y = 0,1959\,\text{m}$ bekannt und ist in Abb. 5.13 größer dargestellt. Durch die Variation von x lassen sich nach der gezeigten Vorgehensweise weitere Punkte finden. Das Ergebnis der Auswertungen ist in Abb. 5.13 zu erkennen. Da die Stromlinien Kurven sind, an denen die Geschwindigkeiten tangieren, also keine Normalkomponenten vorliegen, können die Kurvenverläufe auch als jeweils feste Wände eines durchströmten Formteils verstanden werden: Hier eine **Düse**.

Lösungsschritte – Fall 2

Ausgangspunkt zur Lösung der Frage nach $c_x(x;0)$ ist die in Abschn. 1.7 angegebene Definition

$$c_x(x, y) = \frac{\partial \Psi_{\text{Ges}}}{\partial y}.$$

Die Kenntnis der Stromfunktion der überlagerten Strömung beider Potentialwirbel Ψ_{Ges} ist dem zu Folge die Grundlage der weiteren Schritte

$$\Psi_{\text{Ges}} = \frac{\Gamma}{2 \cdot \pi} \cdot \left(\ln \sqrt{x^2 + (y + a)^2} - \ln \sqrt{x^2 + (y - a)^2}\right).$$

Die Differentiation wird in zwei Schritten vorgenommen.

1. $\dfrac{\partial\left(\ln \sqrt{x^2 + (y + a)^2}\right)}{\partial y}$

Folgende Substitutionen sollen den Vorgang übersichtlicher gestalten:

$$z = \ln m \quad m = \sqrt{x^2 + (y + a)^2} \quad m = \sqrt{n}$$
$$n = x^2 + (y + a)^2 = x^2 + y^2 + 2 \cdot a \cdot y + a^2.$$

Dann erhält man mit der Kettenregel zunächst

$$\frac{\partial(\ln \sqrt{x^2 + (y + a)^2})}{\partial y} = \frac{\partial z}{\partial m} \cdot \frac{\partial m}{\partial n} \cdot \frac{\partial n}{\partial y},$$

wobei

$$\frac{\partial z}{\partial m} = \frac{1}{m}; \quad \frac{\partial m}{\partial n} = \frac{1}{2} \cdot \frac{1}{\sqrt{n}}; \quad \frac{\partial n}{\partial y} = 2 \cdot y + 2 \cdot a.$$

Baut man diese Resultate oben ein, so folgt

$$\frac{\partial(\ln \sqrt{x^2 + (y + a)^2})}{\partial y} = \frac{1}{\sqrt{x^2 + (y + a)^2}} \cdot \frac{1}{2} \cdot \frac{1}{\sqrt{x^2 + (y + a)^2}} \cdot 2 \cdot (y + a)$$

oder

$$\frac{\partial(\ln \sqrt{x^2 + (y + a)^2})}{\partial y} = \frac{(y + a)}{(x^2 + (y + a)^2)}.$$

2. $\dfrac{\partial(\ln \sqrt{x^2 + (y - a)^2})}{\partial y}$

Die Vorgehensweise erfolgt analog zu Schritt 1. Folgende Substitutionen werden jetzt verwendet:

$$z = \ln m \quad m = \sqrt{x^2 + (y - a)^2} \quad m = \sqrt{n}$$
$$n = x^2 + (y - a)^2 = x^2 + y^2 - 2 \cdot a \cdot y + a^2.$$

Dann erhält man mit der Kettenregel zunächst

$$\frac{\partial(\ln \sqrt{x^2 + (y - a)^2})}{\partial y} = \frac{\partial z}{\partial m} \cdot \frac{\partial m}{\partial n} \cdot \frac{\partial n}{\partial y},$$

wobei

$$\frac{\partial z}{\partial m} = \frac{1}{m}; \quad \frac{\partial m}{\partial n} = \frac{1}{2} \cdot \frac{1}{\sqrt{n}}; \quad \frac{\partial n}{\partial y} = 2 \cdot y - 2 \cdot a.$$

Baut man diese Resultate oben ein, so folgt

$$\frac{\partial(\ln \sqrt{x^2 + (y - a)^2})}{\partial y} = \frac{1}{\sqrt{x^2 + (y - a)^2}} \cdot \frac{1}{2} \cdot \frac{1}{\sqrt{x^2 + (y - a)^2}} \cdot 2 \cdot (y - a)$$

oder

$$\frac{\partial(\ln \sqrt{x^2 + (y + a)^2})}{\partial y} = \frac{(y - a)}{(x^2 + (y - a)^2)}.$$

Diese beiden Ergebnisse in $c_x(x, y) = \frac{\partial \Psi_{\text{Ges}}}{\partial y}$ eingesetzt führt zur gesuchten Geschwindigkeitskomponente

$$c_x(x, y) = \frac{\partial \Psi_{\text{Ges}}}{\partial y} = \frac{\Gamma}{2 \cdot \pi} \cdot \left(\frac{(y + a)}{(x^2 + (y + a)^2)} - \frac{(y - a)}{(x^2 + (y - a)^2)} \right).$$

Die Geschwindigkeitsverteilung entlang der x-Achse $c_x(x, 0)$ beinhaltet, dass $y = 0$ gesetzt wird. Dies hat dann

$$c_x(x, 0) = \frac{\Gamma}{2 \cdot \pi} \cdot \left(\frac{a}{(x^2 + a^2)} - \frac{-a}{(x^2 + a^2)} \right)$$

oder weiter

$$c_x(x, 0) = \frac{\Gamma}{2 \cdot \pi} \cdot \left(\frac{2 \cdot a}{(x^2 + a^2)} \right)$$

und schließlich

$$c_x(x, 0) = \frac{\Gamma}{\pi} \cdot \frac{1}{a} \cdot \left(\frac{1}{1 + \frac{x^2}{a^2}} \right)$$

zur Folge.

Zur dimensionslosen Darstellung (Abb. 5.15) wird folgende Umformung vorgenommen.

Da $c_x(0,0) = \frac{\Gamma}{\pi} \cdot \frac{1}{a}$, folgt

$$\frac{c_x(x, 0)}{c_x(0,0)} = \left(\frac{1}{1 + \frac{x^2}{a^2}} \right)$$

Lösungsschritte – Fall 3

Die Geschwindigkeitsverteilung entlang der y-Achse $c_x(0, y)$ beinhaltet, dass $x = 0$ gesetzt wird. Dies hat dann

$$c_x(0, y) = \frac{\Gamma}{2 \cdot \pi} \cdot \left(\frac{(y + a)}{((y + a)^2)} - \frac{(y - a)}{((y - a)^2)} \right)$$

oder

$$c_x(0, y) = \frac{\Gamma}{2 \cdot \pi} \cdot \left(\frac{1}{((y + a))} - \frac{1}{((y - a))} \right)$$

bzw.

$$c_x(0, y) = \frac{\Gamma}{2 \cdot \pi} \cdot \left(\frac{(y - a) - (y + a)}{(y + a) \cdot (y - a)} \right)$$

und schließlich

$$c_x(0, y) = -\frac{\Gamma}{2 \cdot \pi} \cdot \left(\frac{2 \cdot a}{(y - a)^2} \right)$$

zur Folge.

Eine weitere Umstellung führt dann zum Ergebnis

$$c_x(0, y) = \frac{\Gamma}{\pi} \cdot \frac{1}{a} \cdot \left(\frac{1}{1 - \frac{y^2}{a^2}} \right).$$

Die dimensionslose Darstellung (Abb. 5.16) entsteht durch nachstehende Umformung.
Mit $c_x(0,0) = \frac{\Gamma}{\pi} \cdot \frac{1}{a}$, folgt

$$\frac{c_x(0, y)}{c_x(0,0)} = \left(\frac{1}{1 - \frac{y^2}{a^2}} \right).$$

Lösungsschritte – Fall 4

Auch bei der Druckverteilung $p(x, y)$ entlang der x-Achse wird $y = 0$ gesetzt, also $p(x, 0)$gesucht. Um diese Druckverteilung zu ermitteln, wird von der Bernoulli'schen Energiegleichung der stationären, inkompressiblen Strömung an den Stellen x und A(ustritt) Gebrauch gemacht. Sie lautet

$$\frac{p(x, 0)}{\rho} + \frac{c^2(x, 0)}{2} = \frac{p_A}{\rho} + \frac{c_A^2}{2}.$$

Hierin bedeuten

$p(x, 0)$: Druck an der Stelle x auf der x-Achse
$c(x, 0)$: Geschwindigkeit an der Stelle x auf der x-Achse
p_A: Druck im Austrittsquerschnitt
c_A: Geschwindigkeit im Austrittsquerschnitt

Diese Größen lassen sich aufgrund der bisherigen Zusammenhänge wie folgt ersetzen.

$$c_x(x, 0) = \frac{\Gamma}{\pi} \cdot \frac{1}{a} \cdot \left(\frac{1}{1 + \frac{x^2}{a^2}} \right) \quad (\text{s. o.})$$

$$p_A = p_B$$

$$c_A = c_x(0,0) = \frac{\Gamma}{\pi} \cdot \frac{1}{a}.$$

In die Bernoulli'sche Gleichung eingesetzt und nach dem gesuchten Druck aufgelöst ergibt

$$p(x,0) = p_B + \frac{\rho}{2} \cdot \left(\frac{\Gamma}{\pi} \cdot \frac{1}{a}\right)^2 - \frac{\rho}{2} \cdot \left(\frac{\Gamma}{\pi} \cdot \frac{1}{a}\right)^2 \cdot \frac{1}{\left(1 + \frac{x^2}{a^2}\right)^2}$$

oder

$$p(x,0) = p_B + \frac{\rho}{2} \cdot \left(\frac{\Gamma}{\pi} \cdot \frac{1}{a}\right)^2 \cdot \left(1 - \frac{1}{\left(1 + \frac{x^2}{a^2}\right)^2}\right).$$

Dies kann man dann noch wie folgt umformen zu

$$p(x,0) = p_B + \frac{\rho}{2} \cdot \left(\frac{\Gamma}{\pi} \cdot \frac{1}{a}\right)^2 \cdot \left(\frac{\left(1 + \frac{x^2}{a^2}\right)^2 - 1}{\left(1 + \frac{x^2}{a^2}\right)^2}\right).$$

Die Klammern in dem äußeren Klammerausdruck ausmultipliziert liefert zunächst

$$p(x,0) = p_B + \frac{\rho}{2} \cdot \left(\frac{\Gamma}{\pi} \cdot \frac{1}{a}\right)^2 \cdot \left(\frac{1 + 2 \cdot \frac{x^2}{a^2} + \frac{x^4}{a^4} - 1}{1 + 2 \cdot \frac{x^2}{a^2} + \frac{x^4}{a^4}}\right)$$

und schließlich das Resultat für $p(x,0)$

$$p(x,0) = p_B + \frac{\rho}{2} \cdot \left(\frac{\Gamma}{\pi} \cdot \frac{1}{a}\right)^2 \cdot \left(\frac{2 \cdot \frac{x^2}{a^2} + \frac{x^4}{a^4}}{1 + 2 \cdot \frac{x^2}{a^2} + \frac{x^4}{a^4}}\right).$$

Der weiterhin gesuchte Druckbeiwert für vorliegenden Fall entsteht aus der Definition

$$c_p(x,0) = \frac{(p(x,0) - p_B)}{\frac{\rho}{2} \cdot \left(\frac{\Gamma}{a \cdot \pi}\right)^2}.$$

In Verbindung mit o. g. Gleichung lässt sich der Druckbeiwert wie folgt angeben

$$c_p(x,0) = \left(\frac{2 \cdot \frac{x^2}{a^2} + \frac{x^4}{a^4}}{1 + 2 \cdot \frac{x^2}{a^2} + \frac{x^4}{a^4}}\right).$$

Will man den Druckbeiwert nicht über x sondern über $\frac{x}{L}$ darstellen, dann lautet die Gleichung

$$c_p\left(\frac{x}{L},0\right) = \left(\frac{2 \cdot \frac{L^2}{a^2} \cdot \frac{x^2}{L^2} + \frac{L^4}{a^4} \cdot \frac{x^4}{L^4}}{1 + 2 \cdot \frac{L^2}{a^2} \cdot \frac{x^2}{L^2} + \frac{L^4}{a^4} \cdot \frac{x^4}{L^4}}\right).$$

Dieser Zusammenhang liegt dem Verlauf $c_p(\frac{x}{L},0)$ in Abb. 5.15 zugrunde.

Lösungsschritte – Fall 5

Ausgangspunkt zur Berechnung des Volumenstroms durch die Düse ist die Durchfluss-gleichung des infinitesimalen Volumenstroms an der Stelle y (Abb. 5.14)

$$d\dot{V} = c_x(0; y) \cdot dA,$$

wobei

$$dA = dy \cdot B \quad \text{und} \quad c_x(0, y) = \frac{\Gamma}{\pi} \cdot \frac{1}{a} \cdot \left(\frac{1}{1 - \frac{y^2}{a^2}} \right)$$

lauten. Damit erhält man

$$d\dot{V} = \frac{\Gamma}{\pi} \cdot \frac{1}{a} \cdot \left(\frac{1}{1 - \frac{y^2}{a^2}} \right) \cdot B \cdot dy.$$

Der Volumenstrom lässt sich dann aus der Integration von $d\dot{V}$ zwischen $-\frac{h}{2}$ und $+\frac{h}{2}$ ermitteln, also

$$\dot{V} = \int_{-\frac{h}{2}}^{+\frac{h}{2}} d\dot{V} = \frac{\Gamma}{\pi} \cdot \frac{B}{a} \cdot \int_{-\frac{h}{2}}^{+\frac{h}{2}} \left(\frac{1}{1 - \frac{y^2}{a^2}} \right) \cdot dy.$$

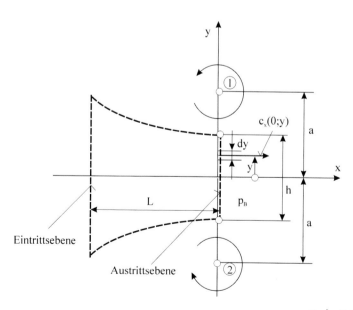

B $\perp$ Zeichenebene

Abb. 5.14 Größen zur Berechnung des Volumenstroms

Hierbei ist es sinnvoll die Substitution $z = \frac{y}{a}$ zu verwenden. Damit erhält man dann für $dy = a \cdot dz$. Somit entsteht zunächst

$$\dot{V} = \frac{\Gamma}{\pi} \cdot \frac{B}{a} \cdot \int \left(\frac{1}{1-z^2} \right) \cdot a \cdot dz = \frac{\Gamma}{\pi} \cdot B \cdot \int \left(\frac{1}{1-z^2} \right) \cdot dz.$$

$\int \left(\frac{1}{1-z^2} \right) \cdot dz$ ist ein Grundintegral und hat die Lösung

$$\int \left(\frac{1}{1-z^2} \right) \cdot dz = \operatorname{artanh}(z) + C = \ln \frac{\sqrt{1+z}}{\sqrt{1-z}} + C.$$

Der Volumenstrom lautet folglich

$$\dot{V} = \frac{\Gamma}{\pi} \cdot B \cdot \left| \ln \frac{\sqrt{1 + \frac{y}{a}}}{\sqrt{1 - \frac{y}{a}}} \right|_{-\frac{h}{2}}^{+\frac{h}{2}}$$

oder mit den vorliegenden Grenzen

$$\dot{V} = \frac{\Gamma}{\pi} \cdot B \cdot \left[\frac{\sqrt{1 + \frac{h}{2 \cdot a}}}{\sqrt{1 - \frac{h}{2 \cdot a}}} - \ln \frac{\sqrt{1 + \frac{-h}{2 \cdot a}}}{\sqrt{1 - \frac{-h}{2 \cdot a}}} \right]$$

bzw. das Resultat

$$\dot{V} = \frac{\Gamma}{\pi} \cdot B \cdot \left[\ln \left(\frac{\sqrt{1 + \frac{h}{2 \cdot a}}}{\sqrt{1 - \frac{h}{2 \cdot a}}} \right) - \ln \left(\frac{\sqrt{1 - \frac{h}{2 \cdot a}}}{\sqrt{1 + \frac{h}{2 \cdot a}}} \right) \right].$$

Lösungsschritte – Fall 6

Mit den vorgegebenen Größen $|\Gamma| = 20 \, \frac{\mathrm{m}^2}{\mathrm{s}}$; $L = 0{,}60 \, \mathrm{m}$; $a = 1{,}0 \, \mathrm{m}$; $h = 0{,}40 \, \mathrm{m}$; $B = 2{,}0$ sollen die dimensionslosen Darstellungen der Geschwindigkeiten $\frac{c_x(x,0)}{c_x(0,0)}$ und $\frac{c_x(0,y)}{c_x(0,0)}$ sowie des Druckbeiwertes $c_p(x,0)$ ermittelt werden. Weiterhin wird der vorliegende Volumenstrom $\dot{V}$ gesucht.

$\dfrac{c_x(x,0)}{c_x(0,0)}$ In diesem Fall ist es sinnvoll, das Geschwindigkeitsverhältnis in Abhängigkeit von dem Verhältnis $\frac{x}{L}$ darzustellen. Dann ist folgende Umformung erforderlich.

Abb. 5.15 Geschwindig-keitsverhältnis $\frac{c_x(x,0)}{c_x(0,0)}$ und Druckbeiwert $c_p(x,0)$ in Abhängigkeit von $\frac{x}{L}$

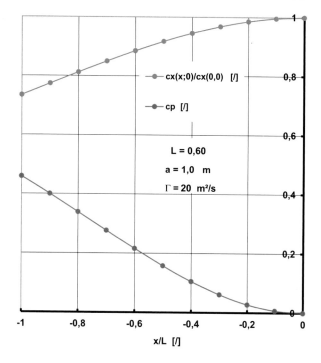

Mit (s. o.)

$$\frac{c_x(x,0)}{c_x(0,0)} = \left(\frac{1}{1 + \frac{x^2}{a^2}} \right)$$

wird

$$\frac{c_x(x,0)}{c_x(0,0)} = \left(\frac{1}{1 + \frac{x^2 \cdot L^2}{a^2 \cdot L^2}} \right)$$

oder auch

$$\frac{c_x(x,0)}{c_x(0,0)} = \left(\frac{1}{1 + \frac{L^2}{a^2} \cdot \frac{x^2}{L^2}} \right).$$

Die Zahlenwerte eingesetzt führt zu

$$\frac{c_x(x,0)}{c_x(0,0)} = \left(\frac{1}{1 + \frac{0,6^2}{1^2} \cdot \frac{x^2}{L^2}} \right) = \left(\frac{1}{1 + 0,36 \cdot \frac{x^2}{L^2}} \right).$$

Das Ergebnis des Verlaufs von $\frac{c_x(x,0)}{c_x(0,0)}$ zwischen $-1 \leq \frac{x}{L} \leq 0$ ist in Abb. 5.15 dargestellt.

$\dfrac{c_x(0,y)}{c_x(0,0)}$ Für dieses Geschwindigkeitsverhältnis soll die Darstellung $\frac{y}{h} = f(\frac{c_x(0,y)}{c_x(0,0)})$ be-

nutzt werden. Dann muss

$$\frac{c_x(0,y)}{c_x(0,0)} = \left(\frac{1}{1 - \frac{y^2}{a^2}} \right)$$

wie folgt umgeformt werden.

Zunächst wird

$$1 - \frac{y^2}{a^2} = \left(\frac{1}{\frac{c_x(0,y)}{c_x(0,0)}} \right)$$

bzw.

$$y^2 = a^2 \cdot \left[1 - \frac{1}{\frac{c_x(0,y)}{c_x(0,0)}} \right].$$

Die Wurzel gezogen liefert zunächst

$$y = \pm a \cdot \sqrt{1 - \frac{1}{\frac{c_x(0,y)}{c_x(0,0)}}}$$

oder als Resultat

$$\frac{y}{h} = \pm \frac{a}{h} \cdot \sqrt{1 - \frac{1}{\frac{c_x(0,y)}{c_x(0,0)}}}.$$

Die Austrittshöhe h variiert hierbei zwischen $-\frac{h}{2} \leq h \leq \frac{h}{2}$. Mit den o. g. Zahlenwerten folgt

$$\frac{y}{h} = \pm \frac{1}{0{,}4} \cdot \sqrt{1 - \frac{1}{\frac{c_x(0,y)}{c_x(0,0)}}} = \pm 2{,}5 \cdot \sqrt{1 - \frac{1}{\frac{c_x(0,y)}{c_x(0,0)}}}.$$

Das Ergebnis des Verlaufs von $\frac{y}{h} = f(\frac{c_x(0,y)}{c_x(0,0)})$ ist in Abb. 5.16 dargestellt.

$c_p\left(\dfrac{x}{L}, 0\right)$ Mit der o. g. Gleichung

$$c_p\left(\frac{x}{L}, 0\right) = \left(\frac{2 \cdot \frac{L^2}{a^2} \cdot \frac{x^2}{L^2} + \frac{L^4}{a^4} \cdot \frac{x^4}{L^4}}{1 + 2 \cdot \frac{L^2}{a^2} \cdot \frac{x^2}{L^2} + \frac{L^4}{a^4} \cdot \frac{x^4}{L^4}} \right)$$

und den Zahlenwerten für a und L folgt

$$c_p\left(\frac{x}{L}, 0\right) = \left(\frac{2 \cdot \frac{0{,}6^2}{1^2} \cdot \frac{x^2}{L^2} + \frac{0{,}6^4}{1^4} \cdot \frac{x^4}{L^4}}{1 + 2 \cdot \frac{0{,}6^2}{1^2} \cdot \frac{x^2}{L^2} + \frac{0{,}6^4}{1^4} \cdot \frac{x^4}{L^4}} \right)$$

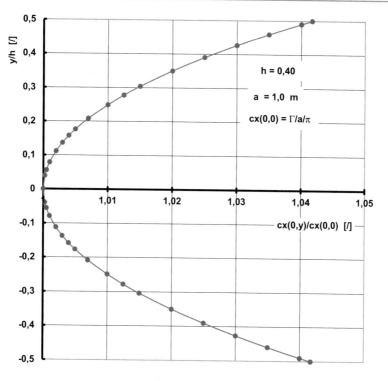

Abb. 5.16 Geschwindigkeitsverhältnis $\frac{c_x(0,y)}{c_x(0,0)}$ in Abhängigkeit von $\frac{y}{h}$

oder

$$c_p\left(\frac{x}{L},0\right) = \left(\frac{0{,}72 \cdot \frac{x^2}{L^2} + 0{,}1296 \cdot \frac{x^4}{L^4}}{1 + 0{,}72 \cdot \frac{x^2}{L^2} + 0{,}1296 \cdot \frac{x^4}{L^4}}\right).$$

Der Verlauf des Druckbeiwerts lässt sich Abb. 5.15 entnehmen.

$\dot{V}$ Der Volumenstrom kann mit der weiter oben ermittelten Gleichung bestimmt werden
zu

$$\dot{V} = \frac{20}{\pi} \cdot 2 \cdot \left[\ln\left(\frac{\sqrt{1 + \frac{0{,}4}{2\cdot 1}}}{\sqrt{1 - \frac{0{,}4}{2\cdot 1}}}\right) - \ln\left(\frac{\sqrt{1 - \frac{0{,}4}{2\cdot 1}}}{\sqrt{1 + \frac{0{,}4}{2\cdot 1}}}\right)\right]$$

$$\dot{V} = 12{,}73 \cdot [0{,}2027 - (-0{,}2027)]$$

$$\dot{V} = 5{,}161 \, \frac{\text{m}^3}{\text{s}}.$$

5.11 Doppelquelle

In Abb. 5.17 sind zwei Quellen gleicher Ergiebigkeit E an den Stellen 1 und 2 auf der y-Achse dargestellt. Beide Quellen sind um den Abstand a zur Symmetrieachse x versetzt. Gesucht werden die gemeinsame Stromfunktion sowie die hieraus herzuleitenden Stromlinien. Die Darstellung mittels Graphen gehört ebenfalls zum Aufgabenumfang.

Gegeben E; a

Gesucht

1. Ψ_{Ges_i} Stromfunktion des Strömungsfelds
2. $y(x; \Psi_{\text{Ges}_i} = \text{konst.})$ Stromlinien des Strömungsfelds

Anmerkungen

a Abstand der Quellen von der x-Achse

$E\ (= \frac{\dot{V}}{B})$ Ergiebigkeit der Quelle

Abb. 5.17 Zwei gleiche Quellen auf der y-Achse

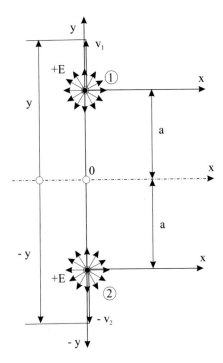

Hinweis Die Quellen an den Stellen 1 und 2 sollen mit den dort vorhandenen Koordinatensystemen $x; v_1$ und $x; v_2$ beschrieben werden.

Lösungsschritte – Fall 1

Beide Quellen sind auf der y-Achse um den Betrag a vom Ursprung versetzt. Dies macht eine Koordinatentransformation erforderlich. Aus Abb. 5.17 erkennt man für
Quelle 1:

$$y = v_1 + a \quad \text{und somit } v_1 = y - a$$

Quelle 2:

$$-y = a + (-v_2) \quad \text{und somit } v_2 = y + a.$$

Die x-Koordinate bleibt in beiden Fällen erhalten.

Stromfunktion Die gesuchte Stromfunktion Ψ_{Ges_i} lässt sich mittels Überlagerung der Stromfunktionen von Quelle 1 und Quelle 2 bestimmen. Grundlage hierbei ist die in Abschn. 2.2 ermittelte Stromfunktion der Quelle im x-y-System.

$$\Psi_Q = \frac{E}{2 \cdot \pi} \cdot \arctan\left(\frac{y}{x}\right).$$

Die einzelnen Stromfunktionen im vorliegenden lauten zunächst
Quelle 1:

$$\Psi_{Q_1} = \frac{E}{2 \cdot \pi} \cdot \arctan\left(\frac{v_1}{x}\right)$$

Quelle 2:

$$\Psi_{Q_2} = \frac{E}{2 \cdot \pi} \cdot \arctan\left(\frac{v_2}{x}\right).$$

Mit den Koordinatentransformationen entsteht dann:
Quelle 1:

$$\Psi_{Q_1} = \frac{E}{2 \cdot \pi} \cdot \arctan\left(\frac{y - a}{x}\right)$$

Quelle 2:

$$\Psi_{Q_2} = \frac{E}{2 \cdot \pi} \cdot \arctan\left(\frac{y + a}{x}\right).$$

Die gesuchte gemeinsame Stromfunktion erhält man aus der Überlagerung (Superposition) beider Einzelfunktionen, also

$$\Psi_{Ges} = \Psi_{Q_1} + \Psi_{Q_2}$$

oder

$$\Psi_{Ges} = \frac{E}{2 \cdot \pi} \cdot \left[\arctan\left(\frac{y-a}{x}\right) + \arctan\left(\frac{y+a}{x}\right) \right].$$

Hiervon ausgehend wird zur Vereinfachung zunächst Gebrauch gemacht von dem Additionstheorem

$$\arctan(m) + \arctan(n) = \arctan\frac{(m+n)}{(1 - m \cdot n)}$$

mit $m = \left(\frac{y-a}{x}\right)$ und $n = \left(\frac{y+a}{x}\right)$.

Dann erhält man im nächsten Schritt

$$\arctan\left(\frac{y-a}{x}\right) + \arctan\left(\frac{y+a}{x}\right) = \arctan\frac{\left(\left(\frac{y-a}{x}\right) + \left(\frac{y+a}{x}\right)\right)}{\left(1 - \left(\frac{y-a}{x}\right) \cdot \left(\frac{y+a}{x}\right)\right)}$$

oder

$$\arctan\left(\frac{y-a}{x}\right) + \arctan\left(\frac{y+a}{x}\right) = \arctan\frac{\left(\frac{y-a+y+a}{x}\right)}{\left(1 - \frac{1}{x^2} \cdot (y-a) \cdot (y+a)\right)}$$

$$\arctan\left(\frac{y-a}{x}\right) + \arctan\left(\frac{y+a}{x}\right) = \arctan\frac{\left(\frac{2 \cdot y}{x}\right)}{\left[\frac{1}{x^2} \cdot (x^2 - (y^2 - a^2))\right]}.$$

Hieraus kann man noch vereinfachend schreiben

$$\arctan\left(\frac{y-a}{x}\right) + \arctan\left(\frac{y+a}{x}\right) = \arctan\left(\frac{2 \cdot x \cdot y}{(x^2 - y^2 + a^2)}\right).$$

Das Ergebnis der gesuchten Stromfunktion beider überlagerten Quellen liegt somit fest mit

$$\Psi_{Ges} = \frac{E}{2 \cdot \pi} \cdot \arctan\left(\frac{2 \cdot x \cdot y}{(x^2 - y^2 + a^2)}\right).$$

Lösungsschritte – Fall 2

Das Ziel, die Stromlinien $y(x; \Psi_{Ges_i})$ darzustellen, erreicht man durch folgende Schritte. Zunächst muss o. g. Gleichung durch Multiplikation mit $\frac{2 \cdot \pi}{E}$ umgeformt werden zu

$$\frac{2 \cdot \pi \cdot \Psi_{Ges}}{E} = \arctan\left(\frac{2 \cdot x \cdot y}{x^2 - y^2 + a^2}\right).$$

Benutzt man nun den Tangens auf beiden Seiten der Gleichung, so folgt

$$\tan\left(\frac{2\cdot\pi\cdot\Psi_{\text{Ges}}}{E}\right) = \tan\left(\arctan\left(\frac{2\cdot x\cdot y}{x^2 - y^2 + a^2}\right)\right).$$

Da aber $\tan(\arctan\alpha) = \alpha$ ist, erhält man im nächsten Schritt

$$\frac{2\cdot x\cdot y}{(x^2 - y^2 + a^2)} = \tan\left(\frac{2\cdot\pi\cdot\Psi_{\text{Ges}}}{E}\right)$$

oder mit der reziproken Formulierung

$$\frac{(x^2 - y^2 + a^2)}{2\cdot x\cdot y} = \frac{1}{\tan\left(\frac{2\cdot\pi\cdot\Psi_{\text{Ges}}}{E}\right)}.$$

Multipliziert mit $2\cdot x\cdot y$ führt zu

$$x^2 - y^2 + a^2 = \frac{2\cdot x\cdot y}{\tan\left(\frac{2\cdot\pi\cdot\Psi_{\text{Ges}}}{E}\right)}.$$

Eine Umstellung hat weiterhin die nachstehende Veränderung zur Folge

$$y^2 + 2\cdot y\cdot\frac{x}{\tan\left(\frac{2\cdot\pi\cdot\Psi_{\text{Ges}}}{E}\right)} = x^2 + a^2.$$

Die Addition von $\frac{x^2}{\tan^2\left(\frac{2\cdot\pi\cdot\Psi_{\text{Ges}}}{E}\right)}$ auf der linken und rechten Seite liefert

$$y^2 + 2\cdot y\cdot\frac{x}{\tan\left(\frac{2\cdot\pi\cdot\Psi_{\text{Ges}}}{E}\right)} + \frac{x^2}{\tan^2\left(\frac{2\cdot\pi\cdot\Psi_{\text{Ges}}}{E}\right)} = x^2 + a^2 + \frac{x^2}{\tan^2\left(\frac{2\cdot\pi\cdot\Psi_{\text{Ges}}}{E}\right)},$$

was dann gleichbedeutend ist mit

$$\left[y + \frac{x}{\tan\left(\frac{2\cdot\pi\cdot\Psi_{\text{Ges}}}{E}\right)}\right]^2 = x^2\cdot\left[1 + \frac{1}{\tan^2\left(\frac{2\cdot\pi\cdot\Psi_{\text{Ges}}}{E}\right)}\right] + a^2.$$

Jetzt noch die Wurzel gezogen und umgestellt führt zum Resultat der Stromlinienglei-chung

$$y = -\frac{x}{\tan\left(\frac{2\cdot\pi\cdot\Psi_{\text{Ges}}}{E}\right)} \pm \sqrt{x^2\cdot\left[1 + \frac{1}{\tan^2\left(\frac{2\cdot\pi\cdot\Psi_{\text{Ges}}}{E}\right)}\right] + a^2}.$$

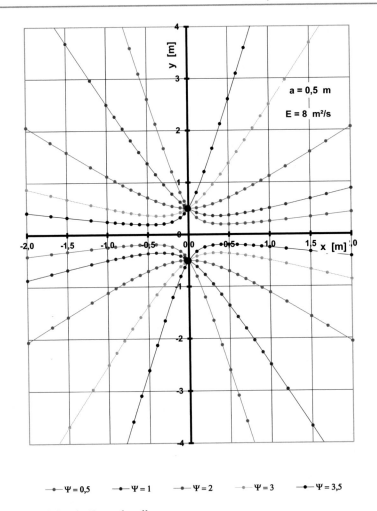

Abb. 5.18 Stromlinien der Doppelquelle

Diese Gleichung dient als Grundlage der Stromlinienermittlung gemäß Abb. 5.18. Die Berechnung und Darstellung wird mit einem Tabellenkalkulationsprogramm wie folgt durchgeführt.

1. a vorgeben
2. E vorgeben
3. Ψ_{Ges} Kurvenparameter vorgeben
4. x Variable
5. y (s. o.)   somit bekannt

Zahlenbeispiel

1. $a = 0,5\,\text{m}$ vorgegeben

2. $E = 8\,\dfrac{\text{m}^2}{\text{s}}$ vorgegeben

3. $\Psi_{\text{Ges}} = 1,0\,\dfrac{\text{m}^2}{\text{s}}$ Parameter

4. $x = 1,0\,\text{m}$ Variable

5. $y_{1;2} = -\dfrac{1}{\tan\left(\frac{2\cdot\pi\cdot 1,0}{8}\right)} \pm \sqrt{1^2 \cdot \left[1 + \dfrac{1}{\tan^2\left(\frac{2\cdot\pi\cdot 1}{8}\right)}\right] + 0,5^2}$

    $y_1 = 0,50\,\text{m}$

    $y_2 = -2,50\,\text{m}$ somit bekannt

Damit sind zwei erste Punkte der Stromlinie $\Psi_{\text{Ges}} = 1,0\,\frac{\text{m}^2}{\text{s}} = $ konst. an den Stellen $x = 1,0\,\text{m}$ und $y_1 = 0,50\,\text{m}$ sowie $x = 1,0\,\text{m}$ und $y_2 = -2,50\,\text{m}$ bekannt und in Abb. 5.18 größer dargestellt. Durch die Variation von x lassen sich nach der gezeigten Vorgehensweise weitere Punkte finden. Das Ergebnis der Auswertungen ist in Abb. 5.18 zu erkennen.

Nomenklatur

a	[m]	Abstand
A	[m^2]	Fläche, Querschnittsfläche
B, b	[m]	Breite
c	[m/s]	Absolutgeschwindigkeit
$c(z)$	[m/s]	komplexe Geschwindigkeit
$c^*(z)$	[m/s]	konjugiert komplexe Geschwindigkeit
c_∞	[m/s]	Geschwindigkeit in der ungestörten Parallelströmung
c_p	[–]	Druckbeiwert
c_x	[m/s]	x-Komponente von c
c_y	[m/s]	y-Komponente von c
c_z	[m/s]	z-Komponente von c
c_r	[m/s]	r-Komponente von c
c_φ	[m/s]	φ-Komponente von c
c_u	[m/s]	Umfangskomponente von c
d		Differential
D		Totales Differential
D, d	[m]	Dicke, Durchmesser
div		Divergenz
E	[m^2/s]	Ergiebigkeit
F_y	[N]	y-Komponente der Kraft F (Querkraft)
F_G	[N]	Gewichtskraft
F_S	[N]	Stützkraft
g	[m/s^2]	Fallbeschleunigung
grad		Gradient
H, h	[m]	Höhe
$\vec{i}, \vec{j}, \vec{k}$		Einheitsvektoren
i, j, k		laufender Zähler
$i = \sqrt{-1}$		imaginäre Einheit
Im(z)		Imaginärteil
L, l	[m]	Länge

V. Schröder, *Ebene Potentialströmungen*, https://doi.org/10.1007/978-3-662-64353-2

m	$[\mathrm{kg}, -]$	Masse, Steigung
$\dot{m}$	$[\mathrm{kg/s}]$	Massenstrom
M	$[\mathrm{m^3/s}]$	Dipolmoment
n	$[\mathrm{m}, -, 1/\mathrm{s}]$	Koordinate, Exponent, Drehzahl
p	$[\mathrm{Pa}]$	Druck
p_∞	$[\mathrm{Pa}]$	Druck in der ungestörten Parallelströmung
p_B	$[\mathrm{Pa}]$	Barometrischer Druck
R, r	$[\mathrm{m}]$	Radius
$\mathrm{Re}(z)$		Realteil
s	$[\mathrm{m}]$	Spaltweite, Wandstärke, Weg, Strecke
t	$[\mathrm{s}]$	Koordinate, Zeit
u	$[\mathrm{m/s}, \mathrm{m}]$	Umfangsgeschwindigkeit, Koordinate
U	$[\mathrm{m}]$	Umfang
V	$[\mathrm{m^3}]$	Volumen
v	$[\mathrm{m}]$	Koordinate
$\dot{V}$	$[\mathrm{m^3/s}]$	Volumenstrom
$X(z)$	$[\mathrm{m^2/s}]$	komplexe Potentialfunktion
x, y, z	$[\mathrm{m}]$	Kartesische Koordinaten
z	$[\mathrm{m}]$	komplexe Zahl
z^*	$[\mathrm{m}]$	konjugiert komplexe Zahl
Z	$[\mathrm{m}]$	Ortshöhe
α	$[°]$	Winkel
β	$[°]$	Winkel
γ	$[°]$	Winkel
Γ	$[\mathrm{m^2/s}]$	Zirkulation
∂		partielles Differential
Δ		Differenz
ε	$[°]$	Winkel
ϑ	$[°]$	Winkel
Λ	$[\mathrm{m^2/s}]$	Linienintegral
Φ	$[\mathrm{m^2/s}]$	Potentialfunktion
ϕ	$[°]$	Winkel
ρ	$[\mathrm{kg/m^3}]$	Dichte
ω	$[1/\mathrm{s}]$	Winkelgeschwindigkeit
Ψ	$[\mathrm{m^2/s}]$	Stromfunktion

Literatur

1. Evett, Jack B.; Liu, Cheng: 2500 Solved Problems In Fluid Mechanics and Hydraulics; The McGraw-Hill Companies, 1989
2. Giles, Ranald V.; Evett, Jack B.; Liu, Cheng: Fluid Mechanics and Hydraulics; The McGraw-Hill Companies, 1994
3. Käppeli, Ernst: Aufgabensammlung zur Fluidmechanik; Teil 1 „Potentialströmungen"; Verlag Harry Deutsch; Thun und Frankfurt a.M. , 1992
4. Käppeli, Ernst: Strömungslehre und Strömungsmaschinen; Verlag Harry Deutsch; Thun und Frankfurt a.M., 1987
5. Krause, Egon: Strömungslehre, Gasdynamik; B.G. Teubner Verlag; Stuttgart, 2003
6. Oertel, Herbert jr.; Böhle, Martin: Übungsbuch Strömungsmechanik; Vieweg & Sohn Verlag; Braunschweig, 2010
7. Schröder, Valentin: Prüfungstrainer Strömungsmechanik; Vieweg+Teubner-Verlag; Wiesbaden, 2011
8. Schröder, Valentin: Übungsaufgaben zur Strömungsmechanik; Band 1; Springer-Verlag; Berlin, 2018
9. Schröder, Valentin: Übungsaufgaben zur Strömungsmechanik; Band 2; Springer-Verlag; Berlin, 2019
10. Siekmann, H.E.: Strömungslehre; Springer-Verlag; Berlin, Heidelberg, 2000
11. Sigloch, Herbert: Technische Fluidmechanik; Springer-Verlag; Berlin, Heidelberg, 2005
12. Surek, Dominik; Stempin, Silke: Angewandte Strömungsmechanik; B.G. Teubner Verlag; Wiesbaden, 2007
13. Truckenbrodt, Erich: Lehrbuch der angewandten Fluidmechanik; Springer-Verlag; Berlin, Heidelberg, 1988
14. Zierep, Jürgen; Bühler, Karl: Grundzüge der Strömungslehre; Vieweg+Teubner Verlag; Wiesbaden, 2008

Stichwortverzeichnis

Printed in the United States
by Baker & Taylor Publisher Services